René Friedland

Numerische Lösung von restringierter Optimalsteuerungsaufgaben

René Friedland

Numerische Lösung von restringierter Optimalsteuerungsaufgaben

mit biologischen Anwendungen

Südwestdeutscher Verlag für Hochschulschriften

Imprint

Publisher:
Südwestdeutscher Verlag für Hochschulschriften
is a trademark of
Dodo Books Indian Ocean Ltd., member of the OmniScriptum S.R.L Publishing group
str. A.Russo 15, of. 61, Chisinau-2068, Republic of Moldova Europe
Printed at: see last page
ISBN: 978-3-8381-2464-3

Zugl. / Approved by: Greifswald, Ernst-Moritz-Arndt-Universität, Dissertation, 2010

Inhaltsverzeichnis

Kapitel 1

Einleitung

Die Koevolution von zwei interagierenden Arten ist einer der spannendsten Vorgänge in der Natur. Dabei passen sich zwei Populationen immer wieder aneinander an und entwickeln sich so weiter. Dabei kann es sein, dass sich eine Beuteart durch ausgeklügeltere Schutzmechanismen wie zum Beispiel die Produktion von Giften oder das Ausbilden von Stacheln gegen einen Räuber zu verteidigen versucht. Umgekehrt muss der Räuber sich dann zum Beispiel durch Giftresistenzen anpassen, wodurch der Beuteorganismus wiederum dem Zwang ausgeliefert ist, sich neu zu verteidigen. Weniger kriegerische Beispiele sind aber auch bekannt, so gibt es beispielsweise eine starke Koevolution zwischen zu bestäubenden Pflanzen und ihren Bestäubern.

In einem gewissen Sinne ist auch diese Dissertation als Koevolution zwischen zwei Bereichen der Angewandten Mathematik zu sehen - zum einen der Modellierung und zum anderen der numerischen Lösung der modellierten Aufgabenstellung.

Wie sehr oft begann die Arbeit an dieser Dissertation mit einer einfachen Frage:

"Wie kann die finanzielle Situation der Fischer in der optimal gesteuerten Fischerei berücksichtigt werden?"

Diese Frage kam auf, da im ursprünglichen Fischereimodell eine Phase auftreten kann, in der nicht gefischt wird, wodurch die Fischer kein Einkommen in dieser Zeit haben. Dies ist natürlich schlecht für die Fischer, weshalb nach einem Modell gesucht wurde, dass auch die soziale Situation der Fischer berücksichtigt. Nach einigen Überlegungen wurde klar, dass eine sozial-nachhaltiges Fischerei durch das Einführen geeigneter Nebenbedingungen modelliert werden kann. Daraus entwickelte sich sofort die Frage:

"Wie kann das – um die Nebenbedingung erweiterte – Optimalsteuerungsproblem gelöst werden?"

Dies führte zu dem in dieser Dissertation mehrfach verwendeten numerischen Ansatz der Quasilinearisierung. Die reine Lösung der Optimalsteuerungsaufgabe genügte aber noch nicht, stattdessen kam die nächste Frage auf:

"Wie kann das numerische Lösungsverfahren verbessert werden, um die restringierte Optimalsteuerungsaufgabe auch bei schlechteren Startwerten lösen zu können?"

Diese Frage kam aufgrund eines großen Nachteiles der Quasilinearisierung auf – und zwar müssen dem Iterationsverfahren relativ gute Startsteuerungen vorgegeben werden. Dieses Problem konnte erst durch die Umformulierung der Komplementaritätsbedingungen mit Hilfe der Fischer-Burmeister-Funktion umgegangen werden, so dass es möglich wurde, Startwerte zu verwenden, die keine Information über die Struktur der Lösung beinhalten.

Somit wurde bei dem Fischerei-Problem erst modelliert und danach wurde die numerische Lösung angegangen. Das Vorgehen änderte sich bei der Untersuchung eines Modells für die optimale Behandlung einer HIV-Erkrankung. Hier gab es bereits ein fertiges Modell, dessen numerische Lösung aber große Probleme bereitete. Daher stellte sich die Frage:

"Wie kann das HIV-Modell geändert werden, um bessere numerische Ergebnisse zu erzielen?"

Dies führte wiederum zu einer zusätzlichen Nebenbedingung und einer Änderung in den numerischen Lösungsverfahren. Aber auch hier benötigten die beide Bereiche Modellierung und Numerik einander, um zu einem sinnvollen Ergebnis zu kommen.

In Verbindung mit den beiden Iterationsverfahren zur Lösung restringierter Optimalsteuerungsaufgaben wurden verschiedene Ansätze zur Schrittweitenbestimmung untersucht, so dass sich bezüglich der Numerik mehrere Fragen stellten:

"Welches Iterationsverfahren liefert die besten Lösungen und hat in Verbindung mit welchem Schrittweitenansatz das beste Konvergenzverhalten?"

Entlang dieser Koevolution von Modellierung und Numerik ist diese Dissertation wie folgt aufgebaut. Im zweiten Kapitel wird kurz erklärt, welche Art von restringierten Optimalsteuerungsproblemen behandelt werden, wie sie gelöst werden sollen und welche Besonderheiten bei den hier vorgestellten Lösungen zu berücksichtigen sind. Dazu werden zwei numerische Verfahren eingeführt, die auf den notwendigen Bedingungen an eine Lösung basieren. Im dritten Kapitel wird zuerst das unrestringierte Fischereiproblem vorgestellt, um zu zeigen, dass eine zusätzliche Nebenbedingung notwendig ist. Danach werden die zuvor eingeführten numerischen Verfahren zur Lösung der um die neuen Nebenbedingungen erweiterten Aufgaben benutzt und ihre Ergebnisse bei verschiedenen Startwerten diskutiert. Im vierten Abschnitt wird der Vergleich der vorgestellten Iterationsverfahren mit der Lösung des Rayleigh-Problemes fortgesetzt.

Anschließend erfolgt der Übergang zu zustandsbeschränkten Optimalsteuerungsaufgaben, an die die Iterationsverfahren erst angepasst werden mussten. Aus diesem Grund wird in Kapitel fünf das verhältnismäßig einfache Minimum-Energy-Problem behandelt wird, dessen Lösung auch analytisch bestimmt werden kann, so dass die numerischen Lösungen überprüft werden konnten (und es zeigte sich, dass sie mit den analytischen Lösungen überein stimmten). Das sechste Kapitel ist der zweite Schwerpunkt dieser Dissertation (neben dem sozial-nachhaltigen Fischereimodell aus dem dritten Kapitel), denn dort wird das unrestringierte HIV-Modell (und damit die Motivation der Modellerweiterung) vorgestellt, sowie das - um die Zustandsbeschränkung - erweiterte Modell. Beide HIV-Modelle wurden numerisch für verschiedene Endzeiten gelöst, diese Ergebnisse und das Konvergenzverhalten der Iterationsverfahren werden anschließend wiederum diskutiert.

Den Abschluss der Arbeit bildet die Schätzung der Konvergenzgeschwindigkeit der verwendeten Iterationsverfahren, sowie eine Zusammenfassung.

Kapitel 2

Mathematische Grundlagen

In dieser Dissertation sollen Optimalsteuerungsprobleme mit verschiedenen Nebenbedingungen gelöst werden, wobei unterschieden wird zwischen den Kontrollgrößen $u : [0,T] \to \mathbb{R}^m$ und den Zustandsgrößen $x : [0,T] \to \mathbb{R}^n$, die durch ein Differentialgleichungssystem abhängig von den Steuerungen u beschrieben werden. Dabei können sowohl reine Zustandsbeschränkungen $h(x) \geq 0$ als auch gemischte Steuer-Zustandsbeschränkung $g(x,u) \geq 0$[1] auftreten. Vorerst sollen aber nur Steuer-Zustandsbeschränkungen $g(x,u) \geq 0$ betrachtet werden, da sich das Vorgehen bei reinen Zustandsbeschränkungen etwas ändert.

Als Zielfunktional wird ein Mayerfunktional verwendet und es wird sich auf autonome Probleme beschränkt, wobei die Anfangswerte aller Zustandsgrößen bekannt sind und es keine Endbedingung gibt:[2]

$$\max_u f_0(x(T)) \tag{2.1}$$

$$\text{mit:} \quad \dot{x}(t) = f(x(t), u(t)) \qquad x(0) = x_0 \tag{2.2}$$

$$g(x(t), u(t)) \geq 0 \qquad t \in [0,T] \tag{2.3}$$

Dabei sind $f_0 : \mathbb{R}^n \to \mathbb{R}$, $f : \mathbb{R}^n \times \mathbb{R}^m \to \mathbb{R}^n$ und $g : \mathbb{R}^n \times \mathbb{R}^m \to \mathbb{R}^l$. Um die Iterationsmethoden anwenden zu können, müssen f_0 einmal und f, sowie g zweimal differenzierbar in allen Argumenten sein. Für die Optimalsteuerungsaufgabe (2.1) - (2.3) kann die Lagrange-Funktion $L : \mathbb{R}^n \times \mathbb{R}^m \times \mathbb{R}^n \times \mathbb{R}^l \to \mathbb{R}$ aufgestellt werden (entsprechend Hartl et al. [9]):

$$L(a,b,c,d) = c^T \cdot f(a,b) + d^T \cdot g(a,b)$$

Seien $(x(\cdot), u(\cdot))$ optimal, dann existieren stückweise absolut stetige Funktionen $\lambda : [0,T] \to \mathbb{R}^n$ und stückweise stetige Funktionen $\mu : [0,T] \to \mathbb{R}^l$, so dass für fast alle $t \in [0,T]$ gilt:[3,4]

$$\dot{x}(t) = L_c(z)[t] = f(x,u)[t] \qquad x(0) = x_0 \tag{2.4}$$

$$\dot{\lambda}(t) = -L_a(z)[t] =: l(x,u,\lambda,\mu)[t] \qquad \lambda(T) = \frac{\partial f_0(x(T))}{\partial x(T)} \tag{2.5}$$

$$0 = L_b(z)[t] \tag{2.6}$$

$$0 = \mu(t) \cdot g(x,u)[t] \qquad \mu(t) \geq 0 \qquad g(x(t), u(t)) \geq 0 \tag{2.7}$$

Der Umgang mit den Komplementaritätsbedingungen (2.7) ist der einzige Unterschied in den nachfolgend vorgestellten Iterationsverfahren. Bei der Quasilinearisierung (**QL**, angelegt an das Vorgehen in Miele et al. [20]) werden die Gleichung $0 = \mu \cdot g(x,u)$ zur Bestimmung der Variationen und die Vorzeichenbedingungen zur Überprüfung der Optimalität der Lösung genutzt.

---

[1] In diese Klasse fallen auch reine Steuerbeschränkungen.

[2] Eine Erweiterung ist ohne weiteres möglich, so haben die in Kap. 3.4.1 und 5 behandelten Probleme Endbedingungen.

[3] Die Argumente der Lagrange-Funktion werden zusammengefasst zu $z := (x,u,\lambda,\mu)$.

[4] Das Zeitargument t wird meist vernachlässigt, falls notwendig wird die Abkürzung $f(x,u)[t] := f(x(t),u(t))$ benutzt.

Dies ändert sich bei dem Fischer-Burmeister-Ansatz (**FB**, ähnlich dem Vorgehen in Gerdts [6]), wenn die Fischer-Burmeister-Funktion $\varphi : \mathbb{R}^n \times \mathbb{R}^m \times \mathbb{R} \to \mathbb{R}$ auf die einzelnen Komplementaritätsbedingungen angewendet wird:

$$\varphi(x,u,\mu_i)[t] = \sqrt{g_i(x,u)[t]^2 + \mu_i(t)^2} - g_i(x,u)[t] - \mu_i(t) \overset{!}{=} 0 \qquad t \in [0,T] \qquad i = 1,\dots,l \quad (2.8)$$

2.1 Regularitätsbedingung von Mangasarian-Fromowitz

Bei den angegebenen notwendigen Bedingungen ist es nicht ohne weiteres gesichert, dass $(\lambda(t), \mu(t)) \neq 0$ für alle $t \in [0,T]$ gilt. Dies ändert sich erst, wenn die Lösung $(x^*(\cdot), u^*(\cdot))$ bestimmte Regularitätsbedingungen genügt, wobei hier (wie bei Gerdts [6]) die Mangasarian-Fromowitz-Bedingung verwendet wird. Folgende Punkte müssen dann erfüllt werden:

1. Die Nebenbedingung hat bezüglich der Steuerung vollen Rang

$$rang(g_u(x^*, u^*))[t] = l \quad \text{für fast alle} \quad t \in [0,T].$$

2. Wird eine Randbedingung an die Zustände gestellt, so dass $\psi(x(0), x(1)) = 0$ mit $\psi : \mathbb{R}^n \times \mathbb{R}^n \to \mathbb{R}^o$ ist, muss die Rangbedingung

$$rang\left(\psi_{x(0)}(x^*(0), x^*(1))\phi(0) + \psi_{x(1)}(x^*(0), x^*(1))\phi(1)\right) = o$$

erfüllt sein. Dabei ist ϕ die Lösung des folgenden Anfangswertproblemes:

$$\dot{\phi} = f_x(x^*, u^*) \cdot \phi, \quad \phi(0) = I.$$

Da in dieser Arbeit nur die Anfangswerte der Zustände als Randbedingung auftreten, ist diese Bedingung wegen $\psi_{x(0)}(x^*(0), x^*(1)) = \phi(0) = I$ und $\psi_{x(1)}(x^*(0), x^*(1)) = 0$ immer erfüllt.

3. Als letztes ist noch zu überprüfen, ob ein $\varepsilon > 0$ und ein $\tilde{u} : [0,T] \to \mathbb{R}^m$ existieren, so dass für fast alle $t \in [0,T]$ und mit $e = (1,\dots,1)^T \in \mathbb{R}^l$ gilt:

$$\Gamma(t) = g(x^*, u^*)[t] + g_x(x^*, u^*)[t]\tilde{x}(t) + g_u(x^*, u^*)[t]\tilde{u}(t) \geq \varepsilon e \quad (2.9)$$

$$\text{mit:} \quad \dot{\tilde{x}}(t) = f_x(x^*, u^*)[t]\tilde{x}(t) + f_u(x^*, u^*)[t]\tilde{u}(t) \quad (2.10)$$

$$\psi_{x(0)}\tilde{x}(0) + \psi_{x(1)}\tilde{x}(1) = 0 \quad (2.11)$$

2.2 Iterationsverfahren

2.2.1 Fischer-Burmeister-Ansatz

Basierend auf den notwendigen Bedingungen (2.4) - (2.6) + (2.8) soll die optimale Lösung[5] mit dem folgenden iterativen Verfahren bestimmt werden.[6]

0. Bestimme Startfunktionen u^0 und μ^0, setze $i = 0$
1. Berechne x^i und λ^i abhängig von u^i und μ^i aus dem Randwertproblem (2.4) und (2.5)
2. Überprüfe, ob die Gleichungsbedingungen $L_b(x,u,\lambda,\mu)[t] = 0$ und $\varphi(x,u,\mu)[t] = 0$ erfüllt sind und stoppe wenn ja.

[5] Zur Vereinfachung wird $n = m = l = 1$ angenommen. Eine Verallgemeinerung kann ohne Probleme durchgeführt werden. So sind die später betrachteten Optimalsteuerungsproblemen alle von höherer Dimension.

[6] Um die Übersichtlichkeit zu wahren, wird bei $z^i = (x^i, u^i, \lambda^i, \mu^i)$ der Iterationsindex i vernachlässigt.

3. Sind sie es nicht, werden Variationen Δz eingeführt, so dass die kombinierten Funktionen $z + \Delta z$ die notwendigen Bedingungen (zumindest annähernd) erfüllen:

$$0 = L_b(x + \Delta x, u + \Delta u, \lambda + \Delta\lambda, \mu + \Delta\mu) \tag{2.12}$$
$$0 = \varphi(x + \Delta x, u + \Delta u, \mu + \Delta\mu) \tag{2.13}$$
$$\dot{x} + \dot{\Delta x} = f(x + \Delta x, u + \Delta u) \qquad x(0) + \Delta x(0) = x_0 \tag{2.14}$$
$$\dot{\lambda} + \dot{\Delta\lambda} = l(x + \Delta x, u + \Delta u, \lambda + \Delta\lambda, \mu + \Delta\mu) \qquad \lambda(T) + \Delta\lambda(T) = \frac{\partial f_0(x(T))}{\partial x(T)} \tag{2.15}$$

Damit entsteht ein System von Differential- und algebraischen Gleichungen, das gelöst werden muss. Dabei werden die Gleichungen (2.12) und (2.13) benutzt, um $(\Delta u, \Delta\mu)$ als Funktionen von $(\Delta x, \Delta\lambda)$ zu bestimmen. Dann können sie aus dem Randwertproblem (2.14) und (2.15) eliminiert werden, so dass dieses nur noch von Δx und $\Delta\lambda$ abhängt. Zur Bestimmung von Δu und $\Delta\mu$ wird eine Taylor-Entwicklung erster Ordnung von (2.12) - (2.13) um den bekannten Punkt z vorgenommen:[7]

$$0 \approx L_b(z) + L_{ba}(z)\Delta x + L_{bb}(z)\Delta u + L_{bc}(z)\Delta\lambda + L_{bd}(z)\Delta\mu \tag{2.16}$$

$$\begin{aligned}
0 &\approx \varphi(x,u,\mu) + \varphi_x(x,u,\mu)\Delta x + \varphi_u(x,u,\mu)\Delta u + \varphi_\mu(x,u,\mu)\Delta\mu \\
&= \sqrt{g^2+\mu^2} - g - \mu + \Delta x\left(\frac{2g\cdot g_x}{2\sqrt{g^2+\mu^2}} - g_x\right) + \Delta u\left(\frac{2g\cdot g_u}{2\sqrt{g^2+\mu^2}} - g_u\right) + \Delta\mu\left(\frac{2\mu}{2\sqrt{g^2+\mu^2}} - 1\right) \\
&= g^2 + \mu^2 - (g+\mu)\sqrt{g^2+\mu^2} + g_x\Delta x(g - \sqrt{g^2+\mu^2}) + g_u\Delta u(g - \sqrt{g^2+\mu^2}) + \Delta\mu(\mu - \sqrt{g^2+\mu^2}) \\
&= g^2 + \mu^2 - \sqrt{g^2+\mu^2}(g+\mu) + (g - \sqrt{g^2+\mu^2})(g_x\Delta x + g_u\Delta u) + \Delta\mu(\mu - \sqrt{g^2+\mu^2}) \\
&= g(g - \sqrt{g^2+\mu^2}) + \mu(\mu - \sqrt{g^2+\mu^2}) + (g - \sqrt{g^2+\mu^2})(g_x\Delta x + g_u\Delta u) + \Delta\mu(\mu - \sqrt{g^2+\mu^2}) \\
&= \left(g - \sqrt{g^2+\mu^2}\right)(g + g_x\Delta x + g_u\Delta u) + \left(\mu - \sqrt{g^2+\mu^2}\right)(\mu + \Delta\mu)
\end{aligned} \tag{2.17}$$

Die Gleichungen (2.16) und (2.17) werden nun genutzt, um die Unbekannten $(\Delta u, \Delta\mu)$ als Funktionen von $(\Delta x, \Delta\lambda)$ zu bestimmen, wobei verschiedene Vorschriften für den Zeitpunkt $t \in [0, T]$ auftreten, abhängig von den Werten der Nebenbedingung und des Multiplikators:

- $g(x,u)[t] \neq 0$ oder $g(x,u)[t] = 0,\ \mu(t) < 0$ (immer $L_{bb}(z)[t] + R(t)g_u(x,u)[t]^2 \neq 0$):

$$\begin{aligned}
R &:= \frac{g - \sqrt{g^2+\mu^2}}{\sqrt{g^2+\mu^2} - \mu} \\
\Delta\mu &= -\mu + R\,(g + g_x\Delta x + g_u\Delta u) \\
\Delta u &= -\frac{1}{L_{bb} + Rg_u^2}\left[L_b - \mu g_u + Rgg_u + (L_{ba} + g_uRg_x)\Delta x + L_{bc}\Delta\lambda\right]
\end{aligned}$$

- $g(x,u)[t] = 0,\ \mu(t) > 0,\ g_u(x,u)[t] \neq 0$:

$$\begin{aligned}
\Delta u &= -\frac{g_x}{g_u}\Delta x \\
\Delta\mu &= \frac{-1}{g_u}\left[L_b + \left(L_{ba} - \frac{L_{bb}g_x}{g_u}\right)\Delta x + L_{bc}\Delta\lambda\right]
\end{aligned}$$

- $g(x,u)[t] = 0,\ g_u(x,u)[t] = 0,\ \mu(t) < 0,\ L_{bb}(z)[t] \neq 0$:

$$\begin{aligned}
\Delta u &= \frac{-1}{L_{bb}}\left[L_b + L_{ba}\Delta x + L_{bc}\Delta\lambda\right] \\
\Delta\mu &= -\mu - \frac{1}{2}g_x\Delta x
\end{aligned}$$

[7] Dafür ist es zwingend notwendig, dass μ und $g(x,u)$ ungleich 0 sind, da die Fischer-Burmeister-Funktion sonst nicht differenzierbar ist.

- Tritt einer der folgenden Fälle ein, können die Gleichungen nicht benutzt werden:[8]
  - $g(x,u)[t] \neq 0$ oder $g(x,u)[t] = 0,\ \mu(t) < 0$ aber $L_{bb}(z)[t] + R(t)g_u(x,u)[t]^2 = 0$:
  - $g(x,u)[t] = 0,\ \mu(t) = 0$
  - $g(x,u)[t] = 0,\ g_u(x,u)[t] = 0,\ \mu(t) \geq 0$
  - $g(x,u)[t] = 0,\ g_u(x,u)[t] = 0,\ \mu(t) < 0,\ L_{bb}(z)[t] = 0$

  Somit ergeben sich unstetige Eliminationsfunktionen $\Delta u = F_1(z, \Delta x, \Delta\lambda)$ und $\Delta\mu = F_2(z, \Delta x, \Delta\lambda)$, die linear in Δx und $\Delta\lambda$ sind.

4. Die Variationen Δx und $\Delta\lambda$ ergeben sich aus dem Randwertproblem (2.14) und (2.15), wobei erneut eine lineare Taylor-Entwicklung um den bekannten Punkt z durchgeführt wird. Da x bereits aus Gl. (2.4) und λ aus Gl. (2.5) berechnet wurden, vereinfacht sich das Randwertproblem zu:

$$\dot{\Delta x} = f_x \Delta x + f_u \Delta u \qquad \Delta x(0) = 0$$
$$\dot{\Delta\lambda} = l_x \Delta x + l_u \Delta u + l_\lambda \Delta\lambda + l_\mu \Delta\mu \qquad \Delta\lambda(T) = 0$$

   Da Δu und $\Delta\mu$ mit den obigen Vorschriften eliminiert werden können, bleibt ein lineares Randwertproblem in Δx und $\Delta\lambda$:

$$\dot{\Delta x} = f_x \Delta x + f_u \cdot F_1(z, \Delta x, \Delta\mu) \qquad \Delta x(0) = 0 \tag{2.18}$$
$$\dot{\Delta\lambda} = l_x \Delta x + l_u \cdot F_1(z, \Delta x, \Delta\mu) + l_\lambda \Delta\lambda + l_\mu \cdot F_2(z, \Delta x, \Delta\mu) \qquad \Delta\lambda(T) = 0 \tag{2.19}$$

5. Mit den Lösungen Δx^i und $\Delta\lambda^i$ aus dem Randwertproblem (2.18), (2.19) können Δu^i und $\Delta\mu^i$ berechnet werden.
6. Bestimme eine Schrittweite β^i.
7. Mit $u^{i+1} = u^i + \beta^i \Delta u^i$, $\mu^{i+1} = \mu^i + \beta^i \Delta\mu^i$ und $i = i + 1$ gehe zurück zu 1., falls die Änderungen nicht zu klein sind (sonst stoppe).

2.2.2 Quasilinearisierung

Bei der Quasilinearisierung ändert sich die Iteration nur bei der Bestimmung der Variationen $(\Delta u, \Delta\mu)$, die nun aus Gl. (2.16) und der Gleichungsbedingung aus dem Komplementaritätssystem bestimmt werden. Dabei gehen die Vorzeichenbedingungen $g(x,u) \geq 0$ und $\mu \geq 0$ verloren, die aber nachträglich benutzt werden können, um zu überprüfen, ob die berechnete Lösung den notwendigen Bedingungen genügt.

Die variierten Funktionen $z + \Delta z$ werden auf Gl. (2.7) angewandt, die wiederum linear approximiert wird:

$$0 = (\mu + \Delta\mu) g(x + \Delta x, u + \Delta u) \approx \mu(g + g_x \Delta x + g_u \Delta u) + g\Delta\mu \tag{2.20}$$

Somit wird hier Gl. (2.20) an Stelle von Gl. (2.17) im FB-Ansatz genutzt. Dadurch entstehen neue Vorschriften für Δu and $\Delta\mu$ (erneut abhängig von den Werten der Nebenbedingung und des Multiplikators):

- $g(x,u)[t] \neq 0,\ \left(\mu g_u^2(x,u) - g(x,u) L_{bb}(z)\right)[t] \neq 0$:

$$\Delta\mu = -\mu\left(1 + \frac{g_x \Delta x + g_u \Delta u}{g}\right)$$
$$\Delta u = \frac{g}{\mu g_u^2 - g L_{bb}}\left[L_b - \mu g_u + \left(L_{ba} - \mu\frac{g_u g_x}{g}\right)\Delta x + L_{bc}\Delta\lambda\right]$$

[8] Tritt einer dieser Fälle ein, werden die Steuerung $u(t)$ und der Multiplikator $\mu(t)$ etwas gestört, so dass eine Bestimmung der Variationen doch möglich wird.

- $g(x,u)[t] = 0,\ \mu(t) \neq 0,\ g_u(x,u)[t] \neq 0$:

$$\begin{aligned}\Delta u &= -\frac{g_x}{g_u}\Delta x \\ \Delta\mu &= \frac{-1}{g_u}\left[L_b + \left(L_{ba} - \frac{L_{bb}g_x}{g_u}\right)\Delta x + L_{bc}\Delta\lambda\right]\end{aligned}$$

- Tritt einer der folgenden Fälle ein, kann Gl. (2.20) nicht benutzt werden:[9]
  - $g(x,u)[t] = 0,\ \mu(t) = 0$
  - $g(x,u)[t] = 0,\ g_u(x,u)[t] = 0,\ \mu(t) \neq 0$
  - $g(x,u)[t] \neq 0,\ \left(\mu g_u^2(x,u) - g(x,u)L_{bb}(z)\right)[t] = 0$

2.3 Anmerkungen

Aus der Notwendigkeit, dass in jedem Iterationsschritt die Steuerung $u(t)$ und der Multiplikator $\mu(t)$ bekannt sein müssen, ergab sich ein Problem, da die Randwertprobleme komplett auf $[0,T]$ gelöst werden, die Lösung aber nur an endlich viele Punkte ausgegeben werden kann. Daher habe ich mich entschieden, die Steuerung und den Multiplikator nur als linear interpolierte Funktionen zu bestimmen. Dadurch genügt es, ihre Werte nur an den N Gitterpunkten der Zeitdiskretisierung

$$\{t_i : 0 = t_1 < t_2 < \ldots < t_N = T\}$$

zu bestimmen. In Folge dessen wurden die meisten zeitabhängigen Funktionen ebenfalls nur an den Gitterpunkten bestimmt:

- So wurde im zweiten Iterationsschritt die Abbruchbedingung nur an den t_i überprüft.
- Die Eliminierungsfunktionen im dritten Schritt werden nur an den t_i bestimmt. Dabei wird angenommen, dass die Beschränkung zwischen zwei Gitterpunkten aktiv bleibt, wenn sie es in den benachbarten Gitterpunkten ist (andernfalls wird sie als inaktiv angenommen).
- Die Variationen Δu und $\Delta\mu$ werden bei 5. ebenfalls nur in den Gitterpunkten bestimmt, da bei 7. die Aktualisierungen auch nur in den t_i vorgenommen werden.

Im 3. Iterationsschritt wurde zusätzlich eine Nebenbedingungsgenauigkeit ε eingeführt, wobei angenommen wurde, dass die Bedingung $g(x,u)[t] \geq 0$ aktiv ist, wenn nur $|g(x,u)[t]| \leq \varepsilon$ gilt.

Gerdts [7] hat gezeigt, dass seine Iterationsmethode (an die der Fischer-Burmeister-Ansatz angelegt ist) lokal superlinear konvergiert (Theorem 2.6). Um dies in der Theorie abzusichern, ist aber ein geeigneter Glättungsoperator notwendig (bei dem Übergang von $u + \beta\Delta u$ zum neuen u). Bislang ist dieser noch nicht gefunden, daher verwendet er auch $u^{neu} = u + \beta\Delta u$. Zum Vergleich habe ich in Kap. 7 die Konvergenzgeschwindigkeit der verwendeten Verfahren bestimmt.

Zu dem Verfahren von Gerdts [6] bestehen folgende Unterschiede:

- Am Ende der Iteration werden bei Gerdts alle Funktionen aktualisiert (also auch x und λ), während hier nur die Steuerung und der Multiplikator geändert werden.
- Gilt $g(x,u)[t] = \mu(t) = 0$ (oder einer der anderen Fälle, in denen die Variationen Δu und $\Delta\mu$ nicht bestimmt werden können) werden bei mir $u(t)$ und $\mu(t)$ leicht verändert, während Gerdts Gl. (2.17) ersetzt durch
$$0 = g_x(x,u)[t]\Delta x(t) + g_u(x,u)[t]\Delta u(t).$$
  Wobei $g_u(x,u)[t] \neq 0$ berücksichtigt werden muss.

[9] Wie bei dem FB-Ansatz werden $u(t)$ und $\mu(t)$ dann etwas gestört.

- Bei Gerdts wird das Zeitintervall ebenfalls zerlegt, die Differentialgleichungen werden von einem Gitterpunkt zum nächsten durch geeignete Euler-Schritte gelöst. Die Randbedingungen gehen dann ähnlich dem Mehrfachschiessen in die Lösung des resultierenden Gleichungssystems ein. Bei mir werden die Randwertproblem explizit gelöst, wodurch die Einhaltung der Randwerte in jedem Iterationsschritt gesichert ist. Andererseits steigt dadurch der Rechen- und Zeitaufwand deutlich.
- Es gibt keine Minimalschrittweite bei Gerdts, was bei mir zu großen Problemen geführt hat.

Die in dieser Arbeit verwendete Quasilinearisierung ist an das Vorgehen bei Miele et al. [20] angelegt. Für ihr Verfahren hat Lee [14] gezeigt, dass quadratische Konvergenz vorliegt, aber nur wenn das Verfahren überhaupt konvergiert (Lee [14], Abschnitt 2.12). Bei den hier verwendeten Iterationsverfahren bestehen ähnliche Unterschiede gegenüber dem Verfahren von Miele wie bei dem Verfahren von Gerdts. So werden wiederum alle Funktionen durch die Variationen angenähert und die Randwerte werden nicht explizit erfüllt.

2.4 Fehlerfunktionen Θ

Zur Bestimmung einer Schrittweite β ist es notwendig, einen geeigneten Fehler $\Theta(\beta)$ zu haben, um den Einfluss der Variationen Δz auf die Qualität der Lösung zu untersuchen. Gerdts [6] und Miele et al. [20] haben in ihren Arbeiten den Fehler als das Integral der 2-Norm über dem Optimierungsintervall $[0, T]$ verwendet. Bei meinem Iterationsverfahren scheint es mir sinnvoller, die Summe über die Diskretisierungspunkte t_i zu verwenden, da alle Funktionen nur an diesen ausgewertet werden, so dass sonst noch ein zusätzlicher Interpolationsfehler entstehen kann. In den nachfolgenden Berechnungen habe ich zwei verschiedene Fehlerarten verwendet – den angenäherten und den exakten Fehler.

2.4.1 Der approximierte Fehler Θ_{approx}

Hier werden die neuen Größen x^{i+1}, λ^{i+1} durch $x^i + \beta^i \Delta x^i$ bzw. $\lambda^i + \beta^i \Delta\lambda^i$ ersetzt. Bei Gerdts oder Miele scheint diese Annäherung sinnvoll zu sein, da bei ihnen im neuen Iterationsschritt x und λ auch auf diese Art bestimmt werden. Bei mir ist das anders, da sie mit dem Randwertproblem (2.4), (2.5) zu den neuen u und μ bestimmt werden. Daher beinhaltet Θ_{approx} nicht nur den Fehler in den Gleichungsbedingungen (2.6), (2.8) sondern auch den Fehler in den Differentialgleichungen:

$$\begin{aligned}\Theta_{approx}(\beta) &= \sum_{i=1}^{N} \Big\{ \left\| \dot{x}(t_i) + \beta\dot{\Delta x}(t_i) - f(x+\beta\Delta x, u+\beta\Delta u)[t_i] \right\|^2 \\ &\quad + \left\| \dot{\lambda}(t_i) + \beta\dot{\Delta\lambda}(t_i) - l(x+\beta\Delta x, u+\beta\Delta u, \lambda+\beta\Delta\lambda, \mu+\beta\Delta\mu)[t_i] \right\|^2 \\ &\quad + \left\| L_b\left(x+\beta\Delta x, u+\beta\Delta u, \lambda+\beta\Delta\lambda, \mu+\beta\Delta\mu\right)[t_i] \right\|^2 \\ &\quad + \left\| \varphi\left(x+\beta\Delta x, u+\beta\Delta u, \mu+\beta\Delta\mu\right)[t_i] \right\|^2 \Big\}\end{aligned}$$

Dafür hat der approximierte Fehler den Vorteil, dass die Variationen Δz eine Abstiegsrichtung sind (hier eingeschränkt auf die x-Differentialgleichung und die L_b-Gleichung):

$$\begin{aligned}&\left[\dot{x} + \beta\dot{\Delta x} - f(x+\beta\Delta x, u+\beta\Delta u)\right]^2 - [\dot{x} - f(x,u)]^2 \\ &\approx \left[\dot{x} + \beta\dot{\Delta x} - f(x,u) - \beta f_x(x,u)\cdot\Delta x - \beta f_u(x,u)\cdot\Delta u\right]^2 - [\dot{x} - f(x,u)]^2 \\ &= (\dot{x}-f)^2 + 2\beta(\dot{x}-f)\left(\dot{\Delta x} - f_x\Delta x - f_u\Delta u\right) + \beta^2\left(\dot{\Delta x} - f_x\Delta x - f_u\Delta u\right)^2 - (\dot{x}-f)^2 \\ &\approx 2\beta(\dot{x}-f)\left(\dot{\Delta x} - f_x\Delta x - f_u\Delta u\right) = -2\beta(\dot{x}-f)^2\end{aligned}$$

Da x aus dem Anfangswertproblem (2.2) bestimmt wird, verschwindet die lineare Näherung sogar.

$$\begin{aligned} &L_b(x+\beta\Delta x, u+\beta\Delta u, \lambda+\beta\Delta\lambda, \mu+\beta\Delta\mu)^2 - L_b(x,u,\lambda,\mu)^2 \\ &\quad\approx (L_b+\beta L_{ba}\Delta x+\beta L_{bb}\Delta u+\beta L_{bc}\Delta\lambda+\beta L_{bd}\Delta\mu)^2 - L_b^2 \\ &\quad\approx L_b^2 + 2\beta\left(L_{ba}\Delta x+L_{bb}\Delta u+L_{bc}\Delta\lambda+L_{bd}\Delta\mu\right) - L_b^2 = -2\beta L_b^2 \end{aligned}$$

Insgesamt gilt:

$$\Theta_{approx}(\beta) - \Theta_{approx}(0) = -2\beta\Theta_{approx}(0) + \mathcal{O}(\beta^2)$$

Somit folgt, dass der angenäherte Fehler eine negative Ableitung im Punkt $\beta = 0$ hat:

$$\Theta'_{approx}(0) = \frac{\partial\Theta_{approx}(0)}{\partial\beta} = \lim_{\beta\to 0}\frac{\Theta_{approx}(\beta)-\Theta_{approx}(0)}{\beta} \approx -2\Theta_{approx}(0) < 0$$

2.4.2 Der exakte Fehler Θ_{exakt}

Hier werden x und λ mit dem Randwertproblem (2.4), (2.5) unter Verwendung der neuen Funktionen $u^i+\beta^i\Delta u^i$ und $\mu^i+\beta^i\Delta\mu^i$ bestimmt, wodurch der Fehler in den Differentialgleichungen entfällt. Dafür ist mehr Rechenaufwand durch das Lösen der Randwertprobleme zu verschiedenen Schrittweiten notwendig und es ist nicht mehr gesichert, dass die Variationen eine Abstiegsrichtung sind:

$$\begin{aligned} \Theta_{exakt}(\beta) &= \sum_i^N \left\{\|L_b(x,u+\beta\Delta u,\lambda,\mu+\beta\Delta\mu)[t_i]\|^2 + \|\varphi(x,u+\beta\Delta u,\mu+\beta\Delta\mu)[t_i]\|^2\right\} \\ \text{mit:}\quad \dot{x} &= f(x,u+\beta\Delta u) \qquad\qquad x(0)=x_0 \\ \dot{\lambda} &= l(x,u+\beta\Delta u,\lambda,\mu+\beta\Delta\mu) \qquad \lambda(T)=\frac{\partial f_0}{\partial x(T)} \end{aligned}$$

2.5 Schrittweitenbestimmung

Unabhängig von dem verwendeten Fehler $\Theta(\beta)$ habe ich drei verschiedene Ansätze zur Schrittweitenbestimmung getestet (ein Beispiel ist in Abb. 2.1 zu sehen). Um zu kleine Schrittweiten zu verhindern, wird vorerst die Minimalschrittweite $\left(\frac{1}{2}\right)^6$ verwendet.

2.5.1 Optimale Schrittweite β_{opt}

Die optimale Schrittweite β_{opt} minimiert den Fehler:

$$\beta_{opt} = \underset{\beta\in\left[\left(\frac{1}{2}\right)^6,1\right]}{\arg\min}\ \Theta(\beta)$$

Wenn der Fehler bezüglich der Schrittweite ein Polynom höchstens vierten Grades ist, bietet sich hier die Möglichkeit an, ihn analytisch zu bestimmen. Dies kann aber höchstens bei der Verwendung des approximierten Fehlers geschehen. Ansonsten muss die optimale Schrittweite numerisch bestimmt werden, wobei ableitungsfreie Verfahren genutzt werden können, die weniger Rechenaufwand benötigen. So habe ich `fminbnd` in MATLAB benutzt, wodurch das Einhalten der Beschränkung $\beta \in \left[\left(\frac{1}{2}\right)^6, 1\right]$ gesichert war. Andererseits hat `fminbnd` aber den Nachteil, dass die Randwerte nie exakt sondern nur näherungsweise bestimmt werden. Dieses Problem besteht bei `fmincon` nicht, das ist aber aufgrund der Bestimmung des Gradienten rechenintensiver (da nur in einer Variable optimiert wird, bringt es hier auch keinen Vorteil, parallel zu arbeiten).

2.5.2 Effiziente Schrittweiten β_{approx} und $\beta_{\max}$

Hier soll die Schrittweite β der Armijo-Bedingung genügen

$$\Theta(\beta) \leq (1 - 2\sigma\beta)\,\Theta(0). \tag{2.21}$$

Dabei kann der Parameter $\sigma \in \left(0, \frac{1}{2}\right)$ frei gewählt werden (nach Gerdts [6]). Für die nachfolgenden Berechnungen wurde er auf die Intervallmitte $\frac{1}{4}$ gesetzt, um den beiden folgenden Punkten zu genügen: Zum einen soll der Fehler hinreichend stark verkleinert werden, dies spricht für ein großes σ. Dann kann es aber passieren, dass nur sehr kleine Schrittweiten die Bedingung erfüllen, was durch ein kleineres σ verhindert werden soll. In Abb. 2.1 ist zu sehen, wie sich eine Vergrößerung von σ auf die berechneten Schrittweiten auswirken würde.

In Verbindung mit dem exakten Fehler sind die effizienten Schrittweiten aber kritisch zu sehen, da nicht gesichert ist, dass die Variationen eine Abstiegsrichtung beschreiben, so dass der Fehler bereits in $\beta = 0$ ansteigend sein kann, wodurch der Fall eintreten kann, dass keine Schrittweite Bedingung (2.21) erfüllt.

In den Berechnungen habe ich zwei verschiedene Ansätze, eine effiziente Schrittweite zu bestimmen, verwendet:

1. Die angenäherte Schrittweite β_{approx}:
   Beginnend mit $\beta = 1$ wird die Schrittweite so lange halbiert, bis die Bedingung (2.21) erfüllt ist. Da mit der sechsten Halbierung die Minimalschrittweite erreicht wird, muss der Fehler hier höchstens für acht verschiedene Schrittweiten berechnet werden $\left(0, 1, \frac{1}{2}, \ldots, \left(\frac{1}{2}\right)^6\right)$, weshalb der maximale Rechenaufwand bei diesem Schrittenweitenansatz der geringste ist. In Verbindung mit dem approximierten Fehler Θ_{approx} entspricht dieses Vorgehen dem globalen Iterationsverfahren von Gerdts [6].

2. Die größte effiziente Schrittweite $\beta_{\max}$:
   Es wird die maximale Schrittweite gesucht, welche die Bedingung (2.21) erfüllt:

$$\beta_{\max} = \max_{\beta \in \left[\left(\frac{1}{2}\right)^6, 1\right]} \beta \qquad \text{mit:} \quad \Theta(\beta) \leq \left(1 - \frac{1}{2}\beta\right)\Theta(0)$$

   Analytisch scheint dieser Ansatz höchstens bei linearen Problemen[10] berechenbar zu sein, da selbst bei quadratischen Problemen die Nullstellen eines Polynoms vierten Grades zu bestimmen wäre (und auch nur in Verbindung mit Θ_{approx}). Somit kommen hier wieder numerische Verfahren zum Einsatz, wobei die Aufgabe als restringierte Optimierungsaufgabe oder als Nullstellenproblem betrachtet werden kann. Die restringierte Optimierungsaufgabe kann wiederum mit `fmincon` gelöst werden (mit dem gleichen Problem des hohen Aufwandes wie bei β_{opt}). Einfacher ist dagegen die Nullstellensuche mit `fzero` in MATLAB, wobei gesichert sein muss, dass eine Nullstelle in $\left[\left(\frac{1}{2}\right)^6, 1\right]$ liegt. Falls keine Nullstelle vorhanden ist, wird der Randwert mit dem kleineren Fehler verwendet. Sollten aber mehrere Nullstellen existieren, ist nicht gesichert, dass die Größte bestimmt wird.

[10] Dabei darf nicht vergessen werden, dass das verwendete Iterationsverfahren lineare Probleme gar nicht lösen kann, da die zweite Ableitung der Lagrange-Funktion nach der Steuerung nicht verschwinden darf.

2.6 Vorgehen bei einer reinen Zustandsbeschränkung

2.6.1 Eine globale Zustandsbeschränkung

In diesem Abschnitt soll angedeutet werden, wie sich die notwendigen Bedingungen und das Iterationsverfahren ändern, wenn das Optimalsteuerungsproblem (2.1) - (2.3) um die reine Zustandsbeschränkung $h(x(t)) \geq 0$ für alle $t \in [0,T]$ erweitert wird.

Dabei soll es sich um eine Zustandsbeschränkung erster Ordnung handeln, wie es im restringierten HIV-Problem der Fall ist. Bei reinen Zustandsbeschränkungen ergibt sich im Iterationsverfahren das Problem, dass die Variation der Nebenbedingung $h(x) \geq 0$ keine Aussage über die Steuerung entlang der Beschränkung zu lässt, daher muss die Steuerung entlang der aktiven Beschränkung $h(x) = 0$ auf einem anderen Weg bestimmt werden. Dabei wird hier dasselbe Vorgehen wie bei dem indirekten Ansatz von Hartl et al. [9] gewählt. So wird die Nebenbedingung $h(x) = 0$ einmal nach der Zeit abgeleitet, da $h(x)$ konstant sein soll und somit die erste Ableitung verschwindet. Da die Zustandsbeschränkung erster Ordnung ist, tritt dann die Steuerung bereits explizit in der Gleichungsbedingung auf:

$$0 = \dot{h}(x(t)) = \frac{\mathrm{d}}{\mathrm{dt}}h(x(t)) = \frac{\partial}{\partial x}h(x(t)) \cdot \dot{x}(t) = \frac{\partial}{\partial x}h(x(t)) \cdot f(x,u)[t] = H(x,u)[t]$$

Die so erhaltene Bedingung $H(x,u) = 0$ wird nun wie die gemischte Steuer-Zustandsbeschränkung $g(x,u)$ behandelt, dass heißt, sie wird mit einer Multiplikatorfunktion $\mu_H : [0,T] \to \mathbb{R}$ an die Lagrange-Funktion angekoppelt und das System der notwendigen Bedingungen wird um die Gleichung

$$0 = \mu_H(t) \cdot H(x,u)[t] \qquad \text{für fast alle } t \in [0,T] \tag{2.22}$$

erweitert, die dann wiederum für die Bestimmung der Variationen von Δu und $\Delta \mu_H$ genutzt werden kann. Da auf den freien Stücken $H(x,u)$ unterschiedliche Vorzeichen haben darf, kann Gl. (2.22) nicht mit der Fischer-Burmeister-Funktion behandelt werden. So lange $\mu_h(t) = 0$ für die Zeiten gilt, in denen die Zustandsbeschränkung nicht aktiv ist, wird die Bestimmung der Steuerungsänderung dort durch die zusätzliche Gleichung nicht beeinflusst. Wichtig wird nun aber auch der Zeitpunkt τ, ab dem die Zustandsbeschränkung aktiv wird, da das System der notwendigen Bedingungen noch um Sprungbedingungen der Adjungierten in τ erweitert wird (entsprechend Gl. (5.14) bei Hartl et al. [9]):

$$\lim_{t\to\tau^-} \lambda(t) = \lim_{t\to\tau^+} \lambda(t) + \omega \frac{\partial h(x(\tau))}{\partial x} \tag{2.23}$$

Dabei ist ω eine reelle Zahl und es gelten auch hier wiederum die Komplementaritätsbedingungen:

$$\omega \cdot h(x(\tau)) = 0 \qquad \omega \geq 0 \qquad h(x(\tau)) \geq 0 \tag{2.24}$$

Somit kann später die Fischer-Burmeister-Funktion auf die Bedingungen (2.24) angewendet werden. In den Iterationsverfahren müssen nun in jedem Schritt τ und ω vorgegeben werden, so dass hier der Wunsch nach Konvergenz trotz möglichst schlechter Startwerte nicht mehr erfüllt werden kann. Die Sprunggröße ω geht dabei mit in das System der Variationen ein, wobei $\dot{\Delta\omega} = 0$ gilt, da $\Delta\omega$ konstant sein soll.

Da nun in τ Sprünge auftreten, muss das Randwertproblem in x und λ um Bedingungen an den inneren Punkt erweitert werden (dies können Sprung-, Stetigkeits- oder Gleichungsbedingungen sein), so dass nun ein Drei-Punkt-Randwertproblem mit `bvp4c` in MATLAB zu lösen ist (dies bereitet aber keine Probleme).

Eine Bedingung zur Bestimmung des Umschaltpunktes τ ergibt sich aus der Stetigkeit der Lagrange-Funktion in τ (vergleiche Gl. (5.15) bei Hartl et al. [9] - da hier nur zeit-unabhängige Probleme bearbeitet werden, ergibt sich die Stetigkeit). Im Iterationsverfahren wurde die so erhaltene Bedingung wiederum mit einer Taylorentwicklung angenähert, die in jedem Iterationsschritt die Änderung $\Delta\tau$ lieferte.

2.6.2 Isolierte Zustandsbeschränkungen

Bei den verwendeten Iterationsverfahren ist es wichtig, von Anfang an zu wissen, ob die Zustandsbeschränkung für ein ganzes Intervall $[\tau_1, \tau_2]$ oder nur in einzelnen Punkten $\tau_1 < \tau_2 < \ldots < \tau_M$ aktiv wird, da dann der Umweg über $H(x, u)$ nicht notwendig ist, so dass Gl. (2.22) entfällt. Stattdessen werden nur die Sprung- und Gleichungsbedingungen (2.23) und (2.24) in $\tau_1, \ldots, \tau_M$ betrachtet (gemäß Abschnitt 6.3.4 bei Locatelli [16]).

Bei den in dieser Dissertation betrachteten Aufgaben war dieses Vorabwissen aber vorhanden, da bei dem Fischereiproblem a priori die Zustandsbeschränkung nur an einigen Punkten gefordert wurde, während bei dem HIV-Problem davon auszugehen war, dass die Beschränkung für ein ganzes Intervall aktiv sein würde. Einzig bei dem Minimum-Energy-Problem musste erst die analytische Lösung untersucht werden, um die Struktur der Beschränkung zu bestimmen. Insgesamt ist dieses Vorgehen aber nicht zufriedenstellend, da es so nicht möglich wird, sehr schlechte Startwerte, die keine Information über die Lösung beinhalten, zu verwenden.

Wie bereits bei den steuerrestringierten Optimalsteuerungsaufgaben ist es auch bei den Zustandsbeschränkungen notwendig, Regularitätsbedingungen zu stellen, um das Nichtverschwinden der Adjungierten zu sichern. Derartige Bedingungen sind zum Beispiel bei Malanowski [17] zu finden.

2.7 Numerische Lösung von Randwertproblemen

Basierend auf den notwendigen Bedingungen ergibt sich im Iterationsverfahren immer wieder die Notwendigkeit Randwertprobleme zu lösen. Daher soll in diesem Abschnitt das Kollokationsverfahren kurz vorgestellt werden, das in der MATLAB-Routine `bvp4c` umgesetzt ist (vorgestellt bei Shampine et al. [25]). Alternativ zur Kollokation können Randwertprobleme auch mit dem Mehrfachschießverfahren gelöst werden, auf das hier aber nicht näher angegangen werden soll, da bei allen Berechnungen in dieser Dissertation nur `bvp4c` genutzt wurde. Zur Vereinfachung wird nur das Randwertproblem (2.4) und (2.5) betrachtet, wobei die gesuchten Funktionen zu $y := (x, \lambda)$ zusammengefasst werden, so dass das folgende Problem zu lösen ist (u und μ sind bekannt):

$$\dot{y} = F(t, y) = (f(x, u)[t],\ l(x, u, \lambda, \mu)[t])^T \tag{2.25}$$

$$0 = G\left(y(0), y(T)\right) = \left(x(0) - x_0,\ \lambda(T) - \frac{\partial f_0}{\partial x(T)}\right)^T \tag{2.26}$$

Die Lösung y des Randwertproblemes (2.25) und (2.26) wird durch die stetige, stückweise kubische Funktion $S(t)$ approximiert. Dazu ist es notwendig, das Zeitintervall $[0, T]$ zu diskretisieren. Dafür werden die gleichen Zeitgitterpunkte wie bei der Diskretisierung der Steuerung verwendet. Somit setzt sich $[0, T]$ aus $N - 1$ Unterintervallen $[t_i, t_{i+1}]$ mit $0 = t_1 < t_2 < \ldots < t_{N-1} < t_N = T$ zusammen, wobei auf jedem Subintervall die Lösung des Randwertproblemes durch ein kubisches Polynom $S_i(t)$ ($t \in [t_i, t_{i+1}]$) approximiert wird. Zur Bestimmung der S_i wird an drei Stellen (dem Anfang, dem Ende und der Mitte des Teilintervalles) gefordert, dass die Differentialgleichung (2.25) exakt erfüllt wird. Hinzukommen noch Stetigkeitsbedingungen, damit die aus den Teillösungen zusammengesetzte Funktion $S(t)$ auf $[0, T]$ ebenfalls stetig ist und die Randbedingungen (2.26). Insgesamt ergibt sich somit das folgende nichtlineare Gleichungssystem:

$$\begin{aligned}
&S_i'(t_i) = F\left(t_i, S_i(t_i)\right) && i = 1, \ldots, N-1\\
&S_i'\left(\frac{t_i + t_{i+1}}{2}\right) = F\left(\frac{t_i + t_{i+1}}{2}, S_i\left(\frac{t_i + t_{i+1}}{2}\right)\right) && i = 1, \ldots, N-1\\
&S_i'(t_{i+1}) = F\left(t_{i+1}, S_i(t_{i+1})\right) && i = 1, \ldots, N-1\\
&S_{i-1}(t_i) = S_i(t_i) && i = 2, \ldots, N-1\\
&0 = G\left(S_1(t_1), S_N(t_N)\right)
\end{aligned}$$

Dieses nichtlineare Gleichungssystem wird in MATLAB iterativ durch Linearisierung gelöst. Nach Shampine et al. [25] ist $S(t)$ eine Approximation vierter Ordnung an eine isolierte Lösung $y(t)$ (es ist nicht auszuschließen, dass mehrere Lösungen existieren), dass heißt, es gilt

$$\|y(t) - S(t)\| \leq Ch^4 \qquad \text{mit: } h = \max_{i=1,\ldots,N} t_{i+1} - t_i \qquad \text{und } C \text{ konstant}$$

Zur korrekten Lösung des Randwertproblemes benötigt `bvp4c` zu Beginn neben einer Zeitdiskretisierung (falls nötig verkleinert MATLAB später die Unterintervalle) auch ein Startwerte für die gesuchten Größen, wobei das Verfahren bei den hier bearbeiteten Problemen meist sehr robust war, so dass ich die Werte meist mit 0 gewählt habe (bei dem unrestringierten HIV-Problem führte dieses Vorgehen zu großen Problemen, daher wurde in Kap. 6.2.4 eine Approximation des Startgitters durchgeführt).

Das Vorgehen zur numerischen Lösung von Randwertproblemen kann auch für Probleme mit Punktbedingungen im Inneren von $[0, T]$ angewendet werden, dazu wird die Stetigkeitsbedingung $S_{i-1}(t_i) = S_i(t_i)$ in den unstetigen Komponenten durch Sprungbedingungen ersetzt.

2.8 Lösung mit einem direkten Ansatz

Um die später aus den notwendigen Bedingungen berechneten Lösungen vergleichen zu können, wurde das Optimalsteuerungsproblem in eine diskrete Optimierungsaufgabe umgewandelt. Dazu wurden das Zeitintervall $[0, T]$ äquidistant aufgeteilt. Die Steuerungen wurden dann nur an den Gitterpunkten t_i bestimmt und dazwischen linear interpoliert (wie auch in den Iterationsverfahren). Damit ergab sich ein Optimierungsproblem über den $u_i := u(t_i)$ mit $i = 1, \ldots, N$, in dem die Werte der Steuerungen an den Gitterpunkten die Optimierungsvariablen waren. Das Anfangswertproblem (2.2) wurde dann von Gitterpunkt zu Gitterpunkt mit `ode45` gelöst (einem Runge-Kutta-Verfahren 4. Ordnung), so dass sich der Zielfunktionalswert $f_0(x(T))$ abhängig von den Optimierungsvariablen $u_1, \ldots, u_N$ ergab. Ebenso wurde die Nebenbedingung (2.3) diskretisiert, wodurch diese nur noch an den Gitterpunkten gefordert wurde, dass heißt, es gilt $g(x(t_i), u_i) \geq 0$ für alle $i = 1, \ldots, N$.

In MATLAB können restringierte Optimierungsaufgaben mit `fmincon` bearbeitet werden, dies ist ein SQP-Verfahren. Dabei zeigte sich, dass dieser Ansatz sehr robust ist, da unter Verwendung der gleichen Startwerte wie bei indirekten Verfahren, deren Lösungen bestätigt werden konnten. Ein weiterer Vorteil von `fmincon` ist, dass es parallel arbeiten kann, so dass zum Teil weniger Zeit als bei den indirekten Verfahren benötigt wurde.

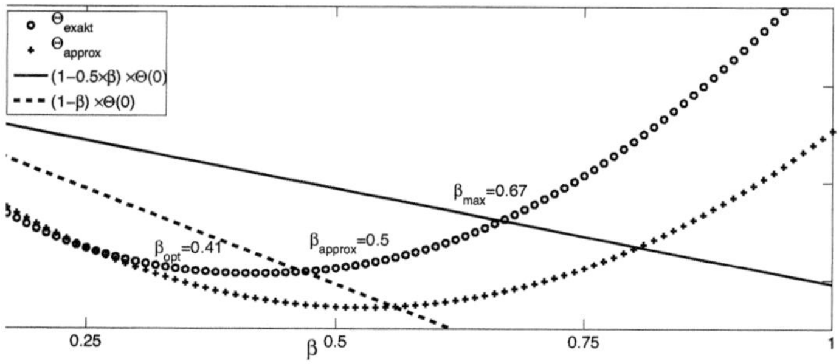

Abbildung 2.1: Die Fehlerfunktionen $\Theta_{exakt}(\beta)$ und $\Theta_{approx}(\beta)$ im Rayleigh-Problem (vergl. Kap. 4) für $u \equiv 0$, $\mu \equiv 1$. Nahe der 0 sind beide Fehler gleich. Danach steigt der exakte Fehler aber früher an. Außerdem wurden die berechneten Schrittweiten bezüglich $\Theta(\beta) \leq \left(1 - \frac{1}{2}\beta\right)\Theta(0)$ bestimmt. Eine Verdopplung von σ in Gl. (2.21) würde zu kleineren Schrittweiten $\beta_{\max}$ (0.47) und β_{approx} (0.25) führen.

Kapitel 3

Eine sozial-nachhaltige Fischerei

3.1 Das unrestringierte Fischereiproblem

Die Modellierung der optimalen Ernte einer nachwachsenden Ressource hat sich in den letzten 50 Jahren stark entwickelt. Der Anfang war das Schaefer-Modell (zu finden in [23]), danach haben vor allem Clark (insbesondere [2], [3]) sowie Hanson und Ryan [8] die bioökonomischen Modelle vorangebracht. In den letzten Jahren standen vermehrt Fragen der Nachhaltigkeit im Mittelpunkt, wobei die Arbeiten von Pauly et al. [21] und Beddington et al. [1] heraus stechen.

Bei der Suche nach nachhaltigen Fischereiregelungen muss aber auch die Situation der Fischer berücksichtigt werden. So ist es ökologisch (und auch ökonomisch) nachvollziehbar, dass eine Phase ohne Fischfang eingelegt werden sollte, wenn die Fischbiomasse sehr klein ist. Dass heißt aber auch, dass in dieser Phase die Fischer kein Einkommen haben, was zu sozialen Problemen und Arbeitslosigkeit führen kann. Dieser Abschnitt ist daher der Frage gewidmet, wie das Fischerei-Modell erweitert werden kann, um derartige Probleme zu vermeiden.

Das hier verwendete Fischerei-Modell ist an einigen Stellen stark vereinfachend. So wurde der Fall der "sole-owner fishery" benutzt (vergleiche Clark [2], Kot [13] oder Sethi [24]). Dabei wird von der Annahme ausgegangen, dass es nur eine Fischereigesellschaft gibt, die das Recht hat, die Fischpopulation auszubeuten. Da keine Endbedingung gestellt wird, kann dies sogar zur Ausrottung der Fischpopulation führen. Darüber hinaus wird nur ein einzelner See mit nur einer Fischpopulation betrachtet, so dass Räuber-Beute-Beziehungen ebenso wie Migrationen komplett vernachlässigt werden können. Daneben gibt es mehrere ökonomische Vereinfachungen wie konstante Preis- und Kostenfaktoren oder das Vernachlässigen der Diskontrate.

Das Wachstum der Fischpopulation wird mit einem deterministischen Modell beschrieben, dadurch werden zufällige Schwankungen der Umweltbedingungen ebenfalls vernachlässigt. Im Folgenden sei $x(t)$ die Biomasse der Fischpopulation, deren Entwicklung mit einer Differentialgleichung beschrieben wird (wobei gegenüber Clark [2] die "catchability" vernachlässigt wird, die keinen essentiellen Einfluss auf die Lösung hat):

$$\dot{x} = rx\left(1 - \frac{x}{G}\right) - ux \qquad\qquad x(0) = x_0$$

Die Entwicklung der Biomasse wird von zwei Prozessen beeinflusst: dem Wachstum der Population und dem Ernteerfolg. Das Wachstum soll dem logistischen Gesetz folgen, das durch die Wachstumsrate r und die Kapazität G des Ökosystems bestimmt ist. Die Fangrate ist proportional zur Fischbiomasse und dem Fischereiaufwand $u(t)$, der später die Kontrollgröße im Optimalsteuerungsproblem sein wird. Aufgrund der Struktur der Differentialgleichung ist die natürliche Bedingung, dass die Biomasse immer größer oder gleich 0 sein soll, automatisch erfüllt (solange der Startwert $x_0 \geq 0$ gewählt wird).

Für den Fischereiaufwand wird vorerst nur eine untere Schranke gefordert:[1]

$$u(t) \geq 0 \qquad t \in [0, T]$$

Im Modell wird zusätzlich das akkumulierte Kapital $y(t)$ der Fischer benötigt, dessen Entwicklung ebenfalls mit einer Differentialgleichung beschrieben wird:

$$\dot{y} = ux - \frac{1}{2}u^2 \qquad y(0) = 0$$

Der Kapitalbestand $y(t)$ wird von zwei Termen bestimmt: dem Geld, das die Fischer durch die Ernte verdienen und den Kosten, die sie dafür aufbringen müssen. Ich benutze einen quadratischen Kostenterm (wie Lewis [15], Ryan [22] oder Zhao [27]) an Stelle des linearen Terms von Clark [2], da im Iterationsverfahren die zweite Ableitung der Lagrange-Funktion nach der Steuerung benötigt wird. Das Ziel ist es, den Kapitalbestand am Ende des Optimierungsintervalls $[0, T]$ zu maximieren.

Kombiniert man die vorherigen Gleichungen, ergibt sich das folgende Optimalsteuerungsproblem:

$$\max_u f_0(y(T)) = \max_u y(T) \tag{3.1}$$

$$\text{mit:} \quad \dot{x}(t) = f_1(x(t), u(t)) = rx(t)\left(1 - \frac{x(t)}{G}\right) - u(t)x(t) \qquad x(0) = x_0 \tag{3.2}$$

$$\dot{y}(t) = f_2(x(t), u(t)) = u(t)x(t) - \frac{1}{2}u(t)^2 \qquad y(0) = 0 \tag{3.3}$$

$$g(u(t)) = u(t) \geq 0 \qquad t \in [0, T] \tag{3.4}$$

Für das Problem (3.1) - (3.4) kann die Lagrange-Funktion L aufgestellt werden, mit der sich die notwendigen Bedingungen bestimmt lassen (mit $a = (a_1, a_2)$, $c = (c_1, c_2)$):

$$L(a, b, c, d) = c_1 \cdot f_1(a_1, b) + c_2 \cdot f_2(a_1, b) + d \cdot b$$

Seien $x(\cdot), y(\cdot), u(\cdot)$ optimal, dann existieren stückweise absolut stetige Funktionen $\lambda_x(\cdot), \lambda_y(\cdot) : [0, T] \to \mathbb{R}$ und die stückweise stetige Funktion $\mu(\cdot) : [0, T] \to \mathbb{R}$, so dass für fast alle $t \in [0, T]$ gilt:[2]

$$\dot{x}(t) = L_{c_1}(z)[t] = rx(t)\left(1 - \frac{x(t)}{G}\right) - u(t)x(t) \qquad x(0) = x_0 \tag{3.5}$$

$$\dot{y}(t) = L_{c_2}(z)[t] = u(t)x(t) - \frac{1}{2}u(t)^2 \qquad y(0) = 0 \tag{3.6}$$

$$\dot{\lambda}_x(t) = -L_{a_1}(z)[t] = -u(t)\left[\lambda_y(t) - \lambda_x(t)\right] - \lambda_x(t)r\left(1 - \frac{2x(t)}{G}\right) \qquad \lambda_x(T) = \frac{\partial f_0}{\partial x} = 0 \tag{3.7}$$

$$\dot{\lambda}_y(t) = -L_{a_2}(z)[t] = 0 \qquad \lambda_y(T) = \frac{\partial f_0}{\partial y} = 1 \tag{3.8}$$

$$0 = L_b(z)[t] = \lambda_y(t)[x(t) - u(t)] - \lambda_x(t)x(t) + \mu(t) \tag{3.9}$$

$$0 = \mu(t) \cdot u(t) \qquad u(t) \geq 0 \qquad \mu(t) \geq 0 \tag{3.10}$$

Aus Gl. (3.8) folgt, dass λ_y konstant 1 ist ($\lambda_y \equiv 1$), was in den nachfolgenden Berechnungen berücksichtigt wird. Die Stetigkeit der Steuerung ist hier und im global-restringierten Fall gesichert, da die Lagrange-Funktion konkav bezüglich der Steuerung ist. Dies gilt, wenn λ_y positiv ist und da in den beiden Fällen λ_y konstant 1 ist, folgt somit die Konkavität. Im Falle von mehreren Punktbedingungen ergibt sich die Steuerung nur als stückweise stetig.

[1] Wäre u negativ, würde dies bedeuten, dass die Fischer die Biomasse aktiv vergrößern können. Dies ist zwar durch das Aussetzen von Jungfischen denkbar, sollte dann aber als eine zweite Steuerung in das Modell eingehen. Wobei eine Zeitretardierung eingebracht werden sollte, da die Fische Zeit bis zum Anwachsen auf Fanggröße benötigen.

[2] Die Argumente der Lagrange-Funktion werden zusammengefasst zu $z := (x, y, u, \lambda_x, \lambda_y, \mu)$

Mit Gl. (3.9) und (3.10) ergibt sich, dass die optimale Lösung (u^*, μ^*) aus zwei Komponenten besteht:

$$u^*(t) = \begin{cases} x(t)[1 - \lambda_x(t)] & \mu^*(t) = 0 & \text{wenn } \lambda_x(t) \leq 1 \\ 0 & \mu^*(t) = x(t)[\lambda_x(t) - 1] & \text{sonst} \end{cases}$$

In Abb. 3.1 ist die Lösung der Optimalsteuerungsaufgabe für verschiedene Anfangswerte der Biomasse x_0 zu sehen. Es bestätigt sich die These, dass, wenn die Anfangspopulation klein ist, es für die Fischer optimal ist, eine gewisse Zeit nicht zu fischen (bei $x_0 = 2$ das gesamte erste Jahr). Demzufolge haben die Fischer in dieser Zeit auch kein Einkommen und ihr Kapital bleibt 0. Außerdem ist erkennbar, dass das System in einen konstanten Zustand läuft, in dem sich die Biomasse und der Fischereiaufwand nicht verändern. Dies ist der so genannte "Maximum Sustainable Yield" (maximal nachhaltiger Ertrag, **MSY**), indem nur so viel gefangen wird, wie nachwächst, wodurch $\dot{x} = 0$ gilt. Damit dieser Zustand $(\bar{x}, \bar{u})$ gleichzeitig den größten Ertrag bringt, muss das Kapital im MSY maximal werden. Da $\bar{x}$ konstant ist und sich $\bar{u}$ dazu aus $\dot{x} = 0$ ergibt, kann die rechte Seite des akkumulierten Kapitals als Funktion $\bar{y}(\bar{x})$ aufgefasst und nach der Biomasse abgeleitet werden, um den maximierenden Zustand bestimmen zu können:

$$\begin{aligned} 0 &= r\bar{x}\left(1 - \frac{\bar{x}}{G}\right) - \bar{u}\bar{x} \qquad \Longrightarrow \bar{u} = r\left(1 - \frac{\bar{x}}{G}\right) \\ \bar{y}(\bar{x}) &= \bar{x}\bar{u} - \frac{1}{2}\bar{u}^2 = r\left(1 - \frac{\bar{x}}{G}\right)\left[\bar{x} - \frac{1}{2}r\left(1 - \frac{\bar{x}}{G}\right)\right] \\ 0 &= \bar{y}'(\bar{x}) = -\frac{r}{G^2}\left((2G + r)\bar{x} - G^2 - rG\right) \end{aligned}$$

Somit ergibt sich für den MSY $\bar{u} = \frac{rG}{2G+r}$ und $\bar{x} = \frac{G^2+rG}{2G+r}$.

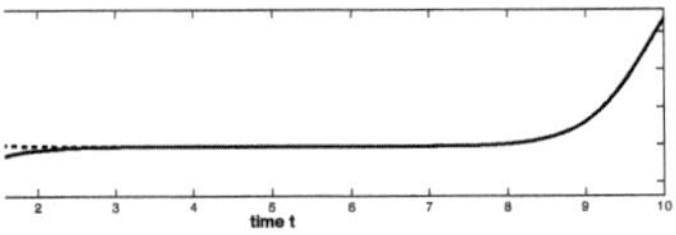

(a) Fischereiaufwand $u(t)$

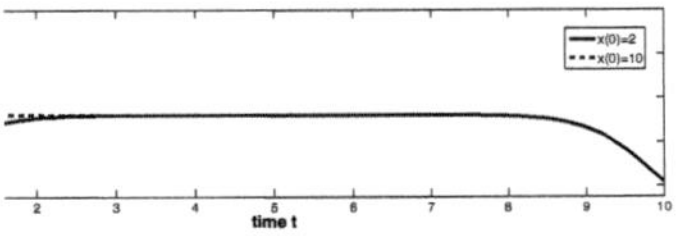

(b) Fischbiomasse $x(t)$

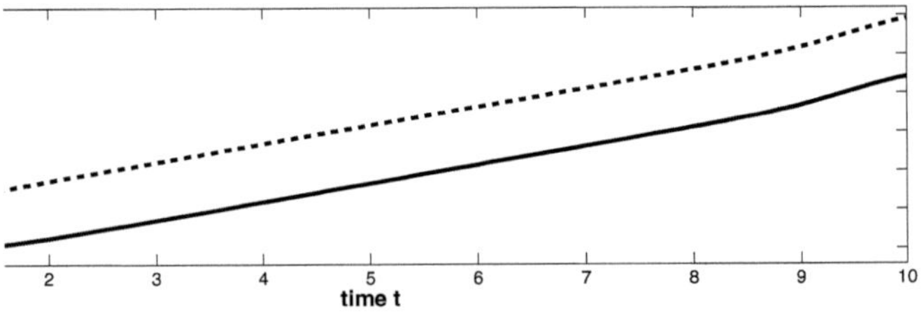

(c) Akkumuliertes Kapital $y(t)$

Abbildung 3.1: Lösung des unrestringierten Fischereiproblemes (3.1-3.4) für verschiedene Startwerte der Biomasse ($x_0 = 2$ - durchgezogene und $x_0 = 10$ - gestrichelte Linie, mit den Parametern $r = 1$, $G = 10$, $T = 10$): So lange die Biomasse unterhalb des MSY $\bar{x}$ ist, wird mit weniger als $\bar{u}$ gefischt, so dass die Population wachsen kann. Da keine Endbedingung gestellt wird, wird am Ende des Intervalls die Biomasse wieder sehr reduziert.

3.2 Eine globale Einnahmenbedingung

Eine Möglichkeit eine Phase ohne Einkommen für die Fischer zu verhindern, bietet die Forderung, dass das akkumulierte Kapital $y(t)$ streng monoton mit mindestens der Rate K_1 anwächst. Dann wird das Optimalsteuerungsproblem (3.1-3.4) um die globale Nebenbedingung (3.11) erweitert:

$$\dot{y}(t) = f_2(x(t), u(t)) = u(t)x(t) - \frac{1}{2}u(t)^2 \geq K_1 > 0$$

$$\Longrightarrow g(x(t), u(t)) = u(t)x(t) - \frac{1}{2}u(t)^2 - K_1 \geq 0 \qquad \text{fur alle } t \in [0,T] \tag{3.11}$$

Mit der gemischten Steuer-Zustandsbeschränkung wird die untere Schranke der Steuerung $u \geq 0$ obsolet, da negative Steuerungen die Nebenbedingung verletzten würden (da $x \geq 0$ ist). Somit ergibt sich die folgende restringierte Optimalsteuerungsaufgabe:

$$\max_u y(T)$$

$$\text{mit:} \quad \dot{x}(t) = f_1(x,u)[t] = x(t)\left[r\left(1 - \frac{x(t)}{G}\right) - u(t)\right] \qquad x(0) = x_0$$

$$\dot{y}(t) = f_2(x,u)[t] = x(t)u(t) - \frac{1}{2}u(t)^2 \qquad y(0) = 0$$

$$g(x,u)[t] = x(t)u(t) - \frac{1}{2}u(t)^2 - K \geq 0 \qquad \forall t \in [0,T]$$

Dazu kann wiederum die Lagrange-Funktion $L(a,b,c,d)$ aufgestellt werden (mit $a = (a_1, a_2)$, $c = (c_1, c_2)$):

$$L(a,b,c,d) = c_1 \cdot f_1(a_1, b) + c_2 \cdot f_2(a_1, b) + d \cdot g(a_1, b)$$

Seien $(x(\cdot), y(\cdot), u(\cdot))$ optimal, dann existieren stückweise absolut stetige Funktionen $\lambda, \lambda_y : [0,T] \to \mathbb{R}$ und die stückweise stetige Funktion $\mu : [0,T] \to \mathbb{R}$, so dass für fast alle $t \in [0,T]$ gilt:[3]

$$\dot{x}(t) = L_{c_1}(z)[t] = x(t)\left[r\left(1 - \frac{x(t)}{G}\right) - u(t)\right] \qquad x(0) = x_0 \tag{3.12}$$

$$\dot{y}(t) = L_{c_2}(z)[t] = x(t)u(t) - \frac{1}{2}u(t)^2 \qquad y(0) = 0$$

$$\dot{\lambda}(t) = -L_{a_1}(z)[t] = -u(t)[\lambda_y(t) + \mu(t) - \lambda(t)] - \lambda(t)r\left(1 - \frac{2x(t)}{G}\right) \qquad \lambda(T) = 0 \tag{3.13}$$

$$\dot{\lambda}_y(t) = -L_{a_2}(z)[t] = 0 \qquad \lambda_y(T) = 1 \tag{3.14}$$

$$0 = L_b(z)[t] = [\lambda_y(t) + \mu(t)]\,[x(t) - u(t)] - \lambda(t)x(t) \tag{3.15}$$

$$0 = \mu(t) \cdot g(x,u)[t] \qquad \mu(t) \geq 0 \qquad g(x(t), u(t)) \geq 0 \tag{3.16}$$

$$\Leftrightarrow 0 = \varphi(x,u,\mu)[t] = \sqrt{g(x,u)[t]^2 + \mu(t)^2} - g(x,u)[t] - \mu(t) \tag{3.17}$$

Aus Gl. (3.14) folgt, dass λ_y konstant 1 ist, was nachfolgend benutzt wird. Da die Lagrangefunktion nicht vom a_2-Argument abhängt, wird dieses vernachlässigt. Für K_1 können nicht beliebige Werte verwendet werden. Stattdessen kann eine Obergrenze hergeleitet werden mit der Annahme, dass die Fischbiomasse wachsen soll, während die Beschränkung aktiv ist. Diese Einschränkung ist bei dem hier betrachteten Fall, dass zu Beginn des Optimierungsintervall zu wenige Fische vorhanden, sinnvoll, da sonst ein Aussterben der Population eintreten kann. Entlang der Beschränkung ergibt sich die Steuerung mit

$$\hat{u} = x \pm \sqrt{x^2 - 2K_1} \tag{3.18}$$

wobei nur der kleinere Wert $\hat{u} = x - \sqrt{x^2 - 2K_1}$ optimal ist.

[3]Die Argumente der Lagrange-Funktion werden zusammengefasst zu $z := (x, y, u, \lambda, \lambda_y, \mu)$

Somit ergibt sich die rechte Seite der Differentialgleichung entlang der Beschränkung mit:

$$\dot{x} = f(x, \hat{u}) = x\left[r\left(1 - \frac{x}{G}\right) - x + \sqrt{x^2 - 2K_1}\right]$$

Für die Anfangszeit kann x durch den Anfangswert x_0 ersetzt werden, womit sich aus $f(x_0, \hat{u}) \geq 0$ die Bedingung ergibt:

$$K_1 \leq r\left(1 - \frac{x_0}{G}\right)\left[x_0 - \frac{1}{2}r\left(1 - \frac{x_0}{G}\right)\right] \tag{3.19}$$

Damit die Steuerung im Bereich der reellen Zahlen bleibt, ergibt sich aus Gl. (3.18) eine weitere Bedingung, so dass insgesamt gilt:

$$K_1 \leq \min\left\{r\left(1 - \frac{x_0}{G}\right)\left[x_0 - \frac{1}{2}r\left(1 - \frac{x_0}{G}\right)\right], \frac{1}{2}x_0^2\right\} \tag{3.20}$$

Für den in Abb. 3.2 (und auch den anderen numerischen Beispielrechnungen) verwendeten Parametersatz $r = 1$, $G = 10$, $T = 10$ und $x_0 = 2$ liefert Gl. (3.20) die Bedingung $K_1 \leq 1.28$. In Abb. 3.3 und Tab. 3.1 ist zu erkennen, wie sich der Wert der Nebenbedingung auf die Lösung auswirkt. Daraus können einige allgemeine Aussagen getroffen werden. So gilt für ansteigendes K_1:

- Die Fischpopulation erholt sich langsamer und braucht länger, um den MSY zu erreichen.
- Die Nebenbedingung bleibt länger aktiv (Abb. 3.3d).
- Das akkumulierte Kapital am Ende des Optimierungsintervalls $y(T)$ verringert sich von 22.09 im unrestringierten Fall über 21.36 bei $K_1 = 1$ bis zu 16.21 bei $K_1 = 1.279$ (Abb. 3.3c and Tab. 3.1).
- Der Fischereiaufwand entlang der aktiven Nebenbedingung wächst (Abb. 3.3a).

In Tab. 3.1 ist aber auch zu erkennen, dass der Fehler

$$R(u, \mu) = \max_i |[1 + \mu(t_i)][x(t_i) - u(t_i)] - \lambda(t_i)x(t_i)| + \max_i |\varphi(x, u, \mu)[t_i]| \tag{3.21}$$

der Lösung nie 0 wird und mit steigendem K_1 sogar anwächst. Dabei hängt der Fehler sehr stark von der Diskretisierungsfeinheit der Steuerung und des Multiplikators ab.

	101 Diskretisierungspunkte			1001 Diskretisierungspunkte		
K_1	$R(u,\mu)$	$y(T)$	τ	$R(u,\mu)$	$y(T)$	τ
0.9	0.0033	21.5612	2.2	$2.7 \cdot 10^{-5}$	21.5613	2.24
1.0	0.0036	21.3623	2.5	$4.3 \cdot 10^{-5}$	21.3624	2.58
1.1	0.0064	21.0389	3.0	0.0001	21.0389	3.08
1.2	0.0162	20.3662	3.9	0.0002	20.3661	3.96
1.25	0.0450	19.4738	4.9	0.0004	19.4736	4.95
1.27	0.1380	18.4302	5.9	0.0014	18.4299	5.98
1.279	1.3886	16.2097	7.9	0.0139	16.2093	7.95

Tabelle 3.1: Vergleich der Fehler $R(u, \mu)$ der optimalen Lösungen, der Zielfunktionale $y(T)$ und der Endzeiten der aktiven Nebenbedingung τ abhängig vom Wert der Nebenbedingung K_1 für verschiedene Diskretisierungsfeinheiten ($x_0 = 2, r = 1, G = 10, T = 10$)

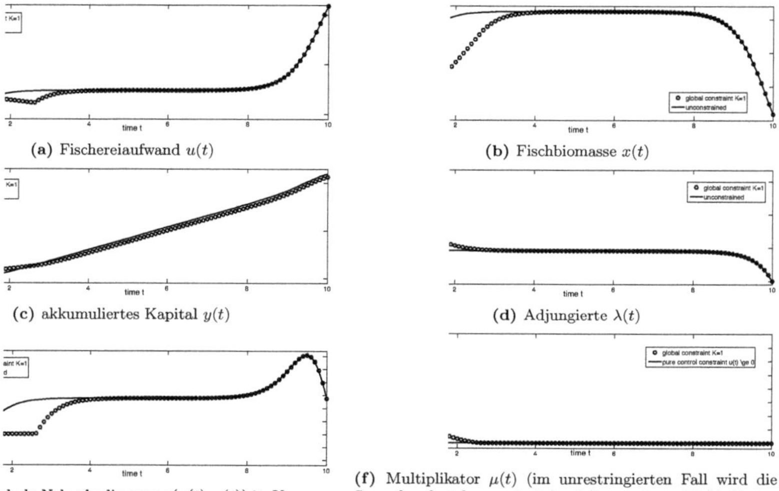

(a) Fischereiaufwand $u(t)$

(b) Fischbiomasse $x(t)$

(c) akkumuliertes Kapital $y(t)$

(d) Adjungierte $\lambda(t)$

(e) globale Nebenbedingung $g(x(t), u(t)) \geq K$

(f) Multiplikator $\mu(t)$ (im unrestringierten Fall wird die Steuerbeschränkung $u \geq 0$ ebenfalls mit einem Multiplikator versehen)

Abbildung 3.2: Vergleich der optimalen restringierten Lösung (Kreise) und der ohne Nebenbedingung (durchgezogene Linie) – auf $[0, 2.7]$ ist die Nebenbedingung aktiv, solange wächst das Kapital linear an und danach schneller. Aufgrund der stärkeren Fangbemühungen steigt die Biomasse langsamer an, so dass das System den MSY erst später erreicht. (mit $x_0 = 2$, $r = 1$, $T = 10$, $G = 10$ und $K_1 = 1$)

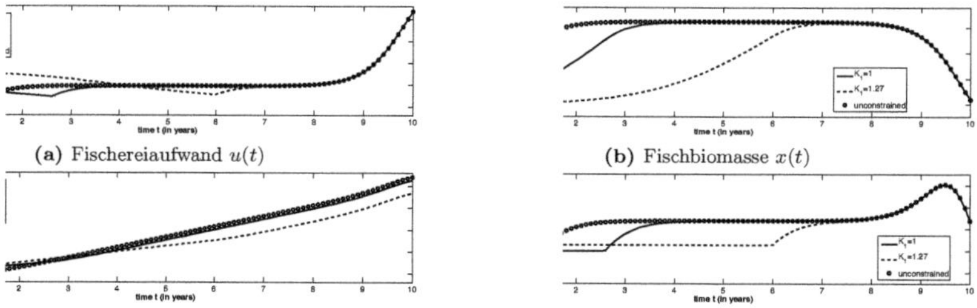

(a) Fischereiaufwand $u(t)$

(b) Fischbiomasse $x(t)$

(c) akkumuliertes Kapital $y(t)$

(d) globale Nebenbedingung $g(x(t), u(t)) \geq K_1$

Abbildung 3.3: Vergleich der optimalen unrestringierten Lösung (Kreise) und der mit Nebenbedingung ($K_1 = 1$ - durchgezogene, $K_1 = 1.27$ - gestrichelte Linie). Je größer K_1 ist, umso länger bleibt die Nebenbedingung aktiv, umso stärker muss gefischt werden und umso länger benötigt die Population bis sie annähernd den MSY erreicht (mit $x_0 = 2$, $r = 1$, $T = 10$, $G = 10$ und $K_1 = 1$).

3.2.1 Vergleich Fischer-Burmeister-Ansatz und Quasilinearisierung

3.2.1.1 Iterationsverfahren bei dem Fischer-Burmeister-Ansatz

Die notwendigen Bedingungen Gl. (3.12) - (3.17) werden in der folgenden Iteration genutzt:

0. Bestimme Startwerte (u^0, μ^0), setze $i = 0$.
1. Berechne x und λ aus dem Randwertproblem (3.12) + (3.13).
2. Überprüfe die Gleichungsbedingungen (3.15) und (3.17), stoppe wenn erfüllt.
3. Falls nicht, führe Variationen Δz ein, so dass die linearisierten Bedingungen erfüllt werden:

$$0 = (1+\mu)(x-u) - \lambda x + (1+\mu-\lambda)\Delta x - x\Delta\lambda - (1+\mu)\Delta u + (x-u)\Delta\mu \tag{3.22}$$

$$0 = \left(g - \sqrt{g^2+\mu^2}\right)(g + u\Delta x + (x-u)\Delta u) + \left(\mu - \sqrt{g^2+\mu^2}\right)(\mu + \Delta\mu) \tag{3.23}$$

$$\dot{\Delta x} = \Delta x\left[r\left(1-\frac{2x}{G}\right) - u\right] - x\Delta u \qquad \Delta x(0) = 0 \tag{3.24}$$

$$\dot{\Delta\lambda} = \frac{2r\lambda}{G}\Delta x + \left[u - r\left(1-\frac{2x}{G}\right)\right]\Delta\lambda - (1+\mu-\lambda)\Delta u - u\Delta\mu \qquad \Delta\lambda(T) = 0 \tag{3.25}$$

   Dabei werden die Gleichungen (3.22) und (3.23) benutzt, um Δu und $\Delta\mu$ aus dem Randwertproblem (3.24) und (3.25) in Δx und $\Delta\lambda$ zu eliminieren.

4. Löse das Randwertproblem in den verbliebenen Größen $\Delta x, \Delta\lambda$ und berechne damit $\Delta u, \Delta\mu$.
5. Bestimme eine Schrittweite β^i, aktualisiere $u^{i+1} = u^i + \beta^i\Delta u^i$ und $\mu^{i+1} = \mu^i + \beta^i\Delta\mu$, setze $i = i+1$ und gehe zurück zu 1.

Die Gleichungsbedingungen (3.22) und (3.23) liefern die folgenden Eliminationsvorschriften (wiederum abhängig von den Werten der Nebenbedingung und des Multiplikators zur Zeit t):

- $g(x,u)[t] \neq 0$ oder $g(x,u)[t] = 0,\ \mu(t) < 0$ (immer $1 + \mu(t) - R(t)\left(x(t) - u(t)\right)^2 \neq 0$):

$$R := \frac{g - \sqrt{g^2+\mu^2}}{\sqrt{g^2+\mu^2} - \mu}$$

$$\Delta u = \frac{1}{1+\mu-R(x-u)^2} \cdot \{x - u - \lambda x + R(x-u)g + [1+\mu-\lambda+u(x-u)R]\Delta x - x\Delta\lambda\}$$

$$\Delta\mu = -\mu + R\left[g + u\Delta x + (x-u)\Delta u\right]$$

- $g(x,u)[t] = 0,\ \mu(t) > 0, g_u(x,u)[t] \neq 0$

$$\Delta u = \frac{u}{u-x}\Delta x$$

$$\Delta\mu = \frac{1}{u-x}\left\{(1+\mu)(x-u) - \lambda x + \left[1+\mu-\lambda+(1+\mu)\frac{u}{x-u}\right]\Delta x - x\Delta\lambda\right\}$$

- $g(x,u)[t] = 0,\ \mu(t) < 0,\ g_u(x,u)[t] = 0,\ \mu(t) \neq -1$

$$\Delta u = \frac{1}{1+\mu}((1+\mu)(x-u) - \lambda_x\Delta x - x\Delta\lambda)$$

$$\Delta\mu = -\mu - \frac{1}{2}u\Delta x$$

- Ansonsten können die Variationen nicht bestimmt werden.

Der exakte Fehler $\Theta_{exakt} = T_1 + T_2$ besteht aus zwei Komponenten (wobei die Summe über die Diskretisierungspunkte betrachtet wird):

$$\begin{aligned}
T_1 &= [L_b(x, u+\beta\Delta u, \lambda, 1, \mu+\beta\Delta\mu)]^2 = [(1+\mu+\beta\Delta\mu)(x-u-\beta\Delta u)-\lambda x]^2 \\
T_2 &= \varphi(x, u+\beta\Delta u, \mu+\beta\Delta\mu)^2 = \left[\sqrt{g(x,u+\beta\Delta u)^2+(\mu+\beta\Delta\mu)^2} - g(x,u+\beta\Delta u) - \mu - \beta\Delta\mu\right]^2 \\
\text{mit:}\quad & \dot{x} = f(x, u+\beta\Delta u) \qquad\qquad x(0)=x_0 \\
& \dot{\lambda} = -L_a(x, u+\beta\Delta u, \lambda, 1, \mu+\beta\Delta\mu) \qquad\qquad \lambda(T)=0
\end{aligned}$$

Bei dem angenäherten Fehler $\Theta_{approx} = T_1 + T_2 + T_3 + T_4$ werden nur vier Teilfehler betrachtet, da die y-Differentialgleichung, die keinen Einfluss auf die notwendigen Bedingungen hat, vernachlässigt wird:

$$\begin{aligned}
T_1 &= \left[\dot{x} + \beta\dot{\Delta x} - f_1(x+\beta\Delta x, u+\beta\Delta u)\right]^2 \\
&= \left[\dot{x} + \beta\dot{\Delta x} - f_1(x,u) - \beta(f_{1_x}\Delta x + f_{1_u}\Delta u) - \beta^2\left(\frac{1}{2}f_{1_{xx}}\Delta x^2 + f_{1_{xu}}\Delta x\Delta u\right)\right]^2 \\
&= \beta^4\left[\frac{1}{2}f_{1_{xx}}\Delta x^2 + f_{1_{xu}}\Delta x\Delta u\right]^2 = \beta^4\left[-\frac{r}{G}\Delta x^2 - \Delta x\Delta u\right]^2 \\
T_2 &= \left[\dot{\lambda} + \beta\dot{\Delta\lambda} + L_{a_1}(x+\beta\Delta x, u+\beta\Delta u, \lambda+\beta\Delta\lambda, 1, \mu+\beta\Delta\mu)\right]^2 \\
&= \beta^4\left[L_{a_1a_1c_1}\Delta x\Delta\lambda + L_{a_1bc_1}\Delta u\Delta\lambda + L_{a_1bd}\Delta u\Delta\mu\right]^2 = \beta^4\left[\frac{2r}{G}\Delta x\Delta\lambda + \Delta\lambda\Delta u - \Delta\mu\Delta u\right]^2 \\
T_3 &= [L_b(x+\beta\Delta x, u+\beta\Delta u, \lambda+\beta\Delta\lambda, 1, \mu+\beta\Delta\mu)]^2 \\
&= [(1+\mu+\beta\Delta\mu)(x+\beta\Delta x-u-\beta\Delta u) - (\lambda+\beta\Delta\lambda)(x+\beta\Delta x)]^2 \\
&= \left\{[(1+\mu)(x-u)-\lambda x](1-\beta) + \beta^2[\Delta\mu(\Delta x-\Delta u) - \Delta\lambda\Delta x]\right\}^2 \\
T_4 &= \varphi(x+\beta\Delta x, u+\beta\Delta u, \mu+\beta\Delta\mu)^2 \\
&= \left[\sqrt{g(x+\beta\Delta x, u+\beta\Delta u)^2 + (\mu+\beta\Delta\mu)^2} - g(x+\beta\Delta x, u+\beta\Delta u) - \mu - \beta\Delta\mu\right]^2
\end{aligned}$$

3.2.1.2 Quasilinearisierung

Hier sind die Variationen Δu und $\Delta\mu$ festgelegt durch Gl. (3.22) und

$$0 = g(x,u)(\mu+\Delta\mu) + \mu\,(u\Delta x + (x-u)\Delta u)\,.$$

Sie können wie folgt eliminiert werden (abhängig von der Nebenbedingung und dem Multiplikator):

- $g(x,u)[t] \neq 0,\ \left(\mu(x-u)^2 - g(x,u)(1+\mu)\right)[t] \neq 0$:

$$\begin{aligned}
\Delta u &= \frac{g}{\mu(x-u)^2 - g(1+\mu)}\cdot\left[x-u-\lambda x + \left(1+\mu-\lambda-\frac{\mu u(x-u)}{g}\right)\Delta x - x\Delta\lambda\right] \\
\Delta\mu &= -\mu\left[1 + \frac{u\Delta x + (x-u)\Delta u}{g}\right]
\end{aligned}$$

- $g(x,u)[t] = 0,\ \mu(t) \neq 0, g_u(x,u)[t] \neq 0$:

$$\begin{aligned}
\Delta u &= \frac{u}{u-x}\Delta x \\
\Delta\mu &= \frac{1}{u-x}\left\{(1+\mu)(x-u) - \lambda x + \left[1+\mu-\lambda+(1+\mu)\frac{u}{x-u}\right]\Delta x - x\Delta\lambda\right\}
\end{aligned}$$

- Ansonsten können die Gleichungen nicht nach den Variationen aufgelöst werden.

Die Fehlerfunktionen ändern sich nur in der Nebenbedingungskomponente, so dass die folgenden Ersetzungen durchgeführt werden:

- bei Θ_{exakt} ist $\hat{T}_2 = [(\mu + \beta\Delta\mu) \cdot g(x, u + \beta\Delta u)]^2$
- bei Θ_{approx} ist $\hat{T}_4 = [(\mu + \beta\Delta\mu) \cdot g(x + \beta\Delta x, u + \beta\Delta u)]^2$

3.2.1.3 Numerische Lösung bei verschiedenen Startwerten

Um den Fischer-Burmeister-Ansatz und die Quasilinearisierung bezüglich ihres Konvergenzverhaltens zu vergleichen, habe ich das global-restringierte Fischereiproblem bei einer guten und einer schlechten Startsteuerung mit verschiedenen Startmultiplikatoren gelöst (mit den Parametern $x_0 = 2$, $r = 1$, $G = 10$, $T = 10$, $K_1 = 1$ wie in Abb. 3.2).

Als Abbruchkriterium wurde die maximale Iterationsanzahl 100 genutzt und dass die Größe der Änderungen $S(\beta\Delta u, \beta\Delta\mu)$ kleiner als 1E-04 wurde. Dazu wurden die Beträge der Änderungen an den Gitterpunkten aufsummiert:

$$S(\beta\Delta u, \beta\Delta\mu) = \sum_i |\beta\Delta u(t_i)| + |\beta\Delta\mu(t_i)|$$

Die ursprüngliche Abbruchbedingung aus dem Iterationsverfahren wird mit dem Fehler $R(u, \mu)$ gemäß Gl. (3.21) überprüft. Durch die Verwendung der unterschiedlichen Startwerte u^0 und μ^0 lassen sich die folgenden Punkte festhalten:

1. Der gute Startwert $u^0 \equiv \frac{rG}{2G+r} = \frac{10}{21}$ (der MSY) und $\mu^0(t_i) = \max\left\{0, \frac{\lambda(t_i)x(t_i)}{x(t_i)-u(t_i)} - 1\right\}$ (durch die Wahl des Multiplikators ist gesichert, dass $L_b(z)[t_i] = 0$ ist, wenn $\mu^0(t_i) > 0$, einen Überblick über die Ergebnisse geben Tab. 3.2 und 3.3):
   - Die FB-Iterationen benötigen meistens acht Schritte und bestimmen für fast alle Schrittweitenansätze die gleiche Lösung (die einzige Ausnahme ist $\Theta_{exakt}(\beta_{approx})$).
   - Die Quasilinearisierung braucht mehr Iterationsschritte (einzig bei $\Theta_{exakt}(\beta_{opt})$ enden beide Iterationen nach acht Schritten). Dabei sind die Lösungen meist etwas besser bezüglich R.
   - Der Θ-Fehler der Lösungen zeigt ein uneinheitliches Bild, so sind die QL-Lösungen bei Θ_{exakt} immer besser und bei Θ_{approx} immer schlechter. Dabei zeigt sich bei beiden Fehlern, dass die FB-Lösungen weniger variieren als die QL-Iterationen.
   - Als einziger Ansatz stoppt die QL-Iteration bei $\Theta_{exakt}(\beta_{approx})$ nicht vor der maximalen Iterationsanzahl. Dabei ist der R-Fehler der Lösung der schlechteste Wert aller Iterationen, was bei der FB-Iteration ebenfalls so ist, obwohl da die Iteration nach sechs Schritten stoppt.
   - Bei $\Theta_{exakt}(\beta_{\max})$ hängt der Iterationsverlauf sehr stark vom verwendeten Berechnungsverfahren ab. Wird `fzero` verwendet, sind die Iterationen identisch mit $\Theta_{exakt}(\beta_{approx})$ (Tab. A.3). Dagegen werden bei `fmincon` deutlich andere Schrittweiten bestimmt (Tab. A.5), durch die die Iterationsverfahren jeweils acht Schritte benötigen.
   - Eine Erhöhung der NB-Genauigkeit ε (vergl. Kap. 2.3) von 1E-04 auf 1E-06 (Tab. 3.3) bewirkt, dass die meisten FB-Iterationen abbrechen[4]. Dagegen verschlechtern sich die QL-Iterationen bezüglich R und Θ_{exakt}, während sie sich bei Θ_{approx} verbessern. Es scheint, als wäre das Abbrechen der FB-Iterationen abhängig von der NB-Genauigkeit ε, da die Iterationen nur bei Werten kleiner als 1.2E-05 abbrechen (Tab. A.13). Dabei wirkt sich ε einzig auf die Länge des Intervalles aus, auf dem angenommen wird, dass die Nebenbedingung aktiv ist, wodurch sich die rechte Seite des Differentialgleichungssystemes der Variationen Δx und $\Delta\lambda$ ändert.
   - Die FB-Iterationen konvergieren unabhängig von ε, wenn β_{opt} benutzt wird.

[4]Unter einem Abbruch verstehe ich, dass das Randwertproblem in $(\Delta x, \Delta\lambda)$ nicht gelöst wird, da bvp4c mit der Fehlermeldung `''Unable to solve the collocation equations -- a singular Jacobian encountered''` abbricht.

2. Schlechte Startsteuerung $u^0 \equiv 0.1$:

   (a) $\mu^0 \equiv 0$ (Tab. 3.4)

   - Die QL-Iterationen bestimmen die unrestringierte Lösung innerhalb von fünf Iterationsschritten, einzig $\Theta_{exakt}(\beta_{opt})$ benötigt deutlich mehr (35). Begründen lässt sich dieses Verhalten mit den Eliminationsvorschriften, da $\mu(t_i)$ 0 bleibt, solange in t_i die Nebenbedingung nicht aktiv erfüllt wird. Da aber der Multiplikator 0 ist, hat das System keinen Druck, der Nebenbedingung zu folgen, da die notwendigen Bedingungen auch so erfüllt sind.
   - Die FB-Ansätze bestimmen fast immer die gleiche (und richtige) Lösung, wobei die $\Theta_{exakt}(\beta_{approx})$-Lösung wiederum schlechter ist. Einzig bei $\Theta_{approx}(\beta_{opt})$ bricht die Iteration ab.
   - Die FB-Iterationen benötigen dabei immer zwölf Iterationsschritte, einzig bei β_{approx} sind mehr als doppelt so viele Schritte notwendig.

   (b) $\mu^0 \equiv 0.1$ (Tab. 3.5)

   - Hier bricht die Quasilinearisierung immer im ersten Iterationsschritt ab.
   - Fast alle FB-Iterationen bestimmen die korrekte Lösung, einzig bei $\Theta_{exakt}(\beta_{opt})$ bricht das Iterationsverfahren ab. Bis auf $\Theta_{exakt}(\beta_{approx})$ bestimmen alle Iterationen die selbe Lösung, benötigen aber unterschiedlich viele Schritte. Dabei benötigen die β_{approx}-Iterationen erneut die meisten Schritte.

   (c) $\mu^0(t_i) = \frac{\lambda(t_i)x(t_i)}{x(t_i)-u(t_i)} - 1$ (somit ist $L_b(z)[t_i] = 0$ für alle Diskretisierungsstellen, aber die Vorzeichenbedingung des Multiplikators wird verletzt, Tab. 3.6))

   - Alle QL-Ansätze bestimmen die komplett falsche Lösung, da bei ihnen die Nebenbedingung überall aktiv ist. Dabei wird die Vorzeichenbedingung des Multiplikators von der Lösung verletzt, da $\mu^{opt} \equiv -1$ berechnet wird.
   - Drei FB-Ansätze bestimmen die korrekte Lösung ($\Theta_{exakt}(\beta_{\max})$, $\Theta_{approx}(\beta_{opt})$ und $\Theta_{approx}(\beta_{approx})$), wobei die Iterationen nun deutlich mehr Schritte benötigen.
   - Die Konvergenzprobleme sind dabei im Endwert des Multiplikators ($\mu^0(T) = -1$) begründet, da daraus $\Delta\mu(T) = 0$ folgt, solange die Nebenbedingung in T nicht aktiv ist. Wird der Startwert des Multiplikators auf einem Intervall vor T auf 0 gesetzt, erzielt der FB-Ansatz deutlich bessere Ergebnisse (Tab. 3.7). Bei den QL-Iterationen ist diese Veränderung ohne Erfolg, da alle Iterationen außer $\Theta_{exakt}(\beta_{opt})$ abbrechen, während bei $\Theta_{exakt}(\beta_{opt})$ annähernd die gleiche Lösung wie zuvor bestimmt wird.

3.2.1.4 Numerische Überprüfung der Regularitätsbedingungen

Entsprechend den Einschränkungen aus Kap. 2.1 soll an dieser Stelle überprüft werden, ob die bestimmte Lösung (x^*, u^*) des restringierten Problems die Mangasarian-Fromowitz-Bedingungen erfüllt, dabei wird wiederum der Parametersatz $x_0 = 2$, $r = 1$, $T = 10$, $G = 10$ und $K_1 = 1$ genutzt.

Folgende drei Bedingungen müssen erfüllt werden (mit $\dot{x} = f(x,u)$, $0 = \psi(x(0), x(1)) = x(0) - x_0$ und $g(x,u) = xu - \frac{1}{2}u^2 - K_1 \geq 0$):

1. $rang(g_u(x^*, u^*)) = dim(g) = 1$ gilt, da $g_u(x^*, u^*) = x^* - u^* \neq 0$ für alle $t \in [0, T)$ ist (einzig zur Endzeit $t = T$ nicht).

2. $rang\left(\psi_{x(0)}(x^*(0), x^*(1))\phi(0) + \psi_{x(1)}(x^*(0), x^*(1))\phi(1)\right) = dim(\psi) = 1$
   wobei ϕ die Lösung des Anfangswertproblemes $\dot{\phi} = f_x(x^*, u^*) \cdot \phi, \quad \phi(0) = 1$ ist.
   Diese Bedingung ist auch erfüllt, da $\psi_{x(0)} = 1 = \phi(0)$ und $\psi_{x(1)} = 0$ sind und damit gilt:

$$rang\left(\psi_{x(0)}(x^*(0), x^*(1))\phi(0) + \psi_{x(1)}(x^*(0), x^*(1))\phi(1)\right) = rang\,(1 + 0) = 1$$

3. Es existiert ein $\varepsilon > 0$ und $\tilde{u} : [0,T] \to \mathbb{R}$, so dass gilt:

$$\Gamma(t) = g(x^*, u^*)[t] + g_x(x^*, u^*)[t]\tilde{x}(t) + g_u(x^*, u^*)[t]\tilde{u}(t) \geq \varepsilon \qquad \forall t \in [0,T]$$

$$\text{mit:} \quad \dot{\tilde{x}} = f_x(x^*, u^*)\tilde{x} + f_u(x^*, u^*)\tilde{u}$$

$$\psi_{x(0)}\tilde{x}(0) + \psi_{x(1)}\tilde{x}(1) = 0$$

Für $\varepsilon = 0.12$ ist dies erfüllt, wenn $\tilde{u} \equiv 0.1$ gewählt wird. Dann ist $\tilde{x}$ durch das Anfangswertproblem bestimmt:

$$\dot{\tilde{x}} = \tilde{x}\left[r\left(1 - \frac{2x^*}{G}\right) - u^*\right] - 0.1x^* \qquad \tilde{x}(0) = 0$$

In Abb. 3.4 ist zu sehen, dass die Ungleichung $\Gamma \geq \varepsilon$ für alle $t \in [0,T]$ erfüllt ist.

Da somit alle Bedingungen nach Mangasarian-Fromowitz erfüllt sind, ist gesichert, dass $\lambda(\cdot)$, $\lambda_y(\cdot)$ und $\mu(\cdot)$ nie gleichzeitig 0 werden.

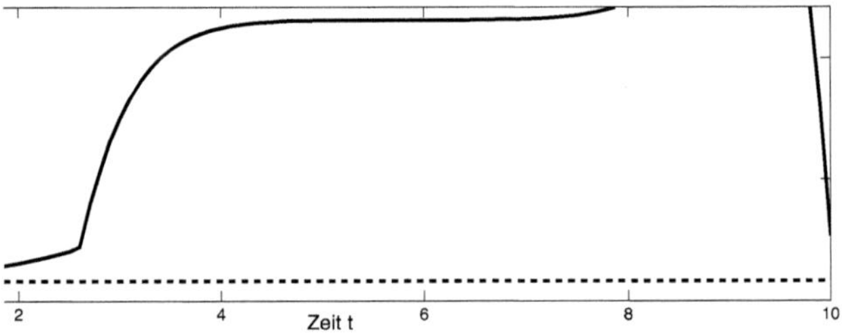

Abbildung 3.4: Für $\tilde{u} \equiv 0.1$ und $0 < \varepsilon < 0.12$ ist die Ungleichung $\Gamma(t) \geq \varepsilon$ für alle $t \in [0,T]$ erfüllt (mit $x_0 = 2$, $r = 1$, $T = 10$, $G = 10$ und $K_1 = 1$).

Θ-Ansatz	β-Ansatz	Verfahren	$R(u^{opt}, \mu^{opt})$	Θ^{opt}	It.-Schritte	Tab.-Nr. (Anhang)
Θ_{exakt}	β_{opt}	QL	3,84E-03	1,79E-04	8	A.1
		FB	4,17E-03	2,16E-04	8	
Θ_{exakt}	β_{approx}	QL	0,0104	1,97E-04	100	A.3
		FB	5,63E-03	2,20E-04	6	
Θ_{exakt}	$\beta_{\max}$	QL	3,82E-03	1,79E-04	8	A.5
		FB	4,17E-03	2,16E-04	8	
Θ_{approx}	β_{opt}	QL	3,35E-03	6,26E-08	11	A.9
		FB	4,17E-03	1,51E-11	8	
Θ_{approx}	β_{approx}	QL	3,36E-03	3,61E-08	11	A.7
		FB	4,17E-03	1,73E-11	8	
Θ_{approx}	$\beta_{\max}$	QL	3,36E-03	3,61E-08	11	A.11
		FB	4,17E-03	1,73E-11	8	

Tabelle 3.2: Ergebnisse für den guten Startwert $u^0 \equiv MSY$ – die FB-Iterationen enden meist nach acht Schritten und bestimmen oft die gleiche Lösung, während die QL-Lösungen minimal besser bezüglich R sind, dafür aber auch mehr Schritte benötigen (NB-Genauigkeit 1E-04).

Θ-Ansatz	β-Ansatz	Verfahren	$R(u^{opt}, \mu^{opt})$	Θ^{opt}	It.-Schritte	Tab.-Nr. (Anhang)
Θ_{exakt}	β_{opt}	QL	3,66E-03(+)	1,87E-04(-)	10(-)	A.2
		FB	4,17E-03	2,16E-04	8	
Θ_{exakt}	β_{approx}	QL	0,0106(-)	2,10E-04(-)	100	A.4
		FB	**Abbruch**			
Θ_{exakt}	$\beta_{\max}$	QL	4,41E-03(-)	1,92E-04(-)	8	A.6
		FB	**Abbruch**			
Θ_{approx}	β_{opt}	QL	3,66E-03(-)	7,48E-11(+)	11	A.10
		FB	4,17E-03	1,51E-11	8	
Θ_{approx}	β_{approx}	QL	3,66E-03(-)	8,03E-11(+)	11	A.8
		FB	**Abbruch**			
Θ_{approx}	$\beta_{\max}$	QL	3,66E-03(-)	8,03E-11(+)	11	A.12
		FB	**Abbruch**			

Tabelle 3.3: Resultate für $u^0 \equiv MSY$ mit der größeren NB-Genauigkeit von 1E-06 (dabei stehen (-) für schlechtere und (+) für bessere Werte als in Tab. 3.2) – die FB-Iterationen brechen nun fast alle ab (außer bei $\Theta_{exakt}(\beta_{opt})$ wo sich die Lösung aber nicht verändert). Die QL-Lösungen verschlechtern sich bezüglich R und bei Θ wenn Θ_{exakt} verwendet wird, insgesamt unterscheiden sich die QL-Lösungen jetzt aber weniger als zuvor.

Θ-Ansatz	β-Ansatz	Verfahren	$R(u^{opt}, \mu^{opt})$	Θ^{opt}	It.-Schritte	Tab.-Nr. (Anhang)
Θ_{exakt}	β_{opt}	QL	5,2068	3,36E-04	35	A.14
		FB	4,17E-04	2,16E-04	12	
Θ_{exakt}	$\beta_{\max}$	QL	5,2068	4,25E-04	5	A.15
		FB	4,17E-03	2,16E-04	12	
Θ_{exakt}	β_{approx}	QL	5,2068	4,25E-04	5	A.16
		FB	5,94E-03	2,48E-04	25	
Θ_{approx}	β_{opt}	QL	5,2068	8,12E-11	5	A.17
		FB	**Abbruch**			
Θ_{approx}	β_{approx}	QL	5,2068	6,92E-11	5	A.19
		FB	4,17E-03	1,77E-11	26	
Θ_{approx}	$\beta_{\max}$	QL	5,2068	6,92E-11	5	A.18
		FB	4,17E-03	1,73E-11	12	

Tabelle 3.4: Ergebnisse für $u^0 \equiv 0.1$, $\mu^0 \equiv 0$ – die QL-Iterationen bestimmen die unrestringierte Lösung, während die FB-Lösungen korrekt sind, außer bei $\Theta_{approx}(\beta_{opt})$ wo das Verfahren abbricht (NB-Genauigkeit 1E-04).

Θ-Ansatz	β-Ansatz	Verfahren	$R(u^{opt}, \mu^{opt})$	Θ^{opt}	It.-Schritte	Tab.-Nr. (Anhang)
Θ_{exakt}	β_{opt}	FB	**Abbruch**			A.20
Θ_{exakt}	β_{approx}	FB	5,86E-03	2,49E-04	28	A.22
Θ_{exakt}	$\beta_{\max}$	FB	4,17E-03	2,16E-04	13	A.21
Θ_{approx}	β_{opt}	FB	4,17E-03	1,51E-11	14	A.23
Θ_{approx}	β_{approx}	FB	4,17E-03	1,73E-11	27	A.25
Θ_{approx}	$\beta_{\max}$	FB	4,17E-03	1,73E-11	15	A.24

Tabelle 3.5: Resultate für $u^0 \equiv 0.1$, $\mu^0 \equiv 0.1$ – die Quasilinearisierung bricht im ersten Iterationsschritt ab. Außer bei $\Theta_{exakt}(\beta_{opt})$ bestimmen alle FB-Iterationen die richtige Lösung (NB-Genauigkeit 1E-04).

Θ-Ansatz	β-Ansatz	Verfahren	$R(u^{opt}, \mu^{opt})$	Θ^{opt}	It.-Schritte	Tab.-Nr. (Anhang)
Θ_{exakt}	β_{opt}	QL	2,0001	1,97E-07	6	A.26
		FB	**Abbruch**			
Θ_{exakt}	β_{approx}	QL	2,0001	1,77E-07	6	A.30
		FB	**Abbruch**			
Θ_{exakt}	$\beta_{\max}$	QL	2,0001	1,77E-07	6	A.28
		FB	4,98E-03	1,99E-03	42	
Θ_{approx}	β_{opt}	QL	2,0001	1,73E-07	6	A.32
		FB	4,17E-03	1,51E-11	42	
Θ_{approx}	β_{approx}	QL	2,0001	1,78E-07	6	A.34
		FB	4,17E-03	1,73E-11	69	
Θ_{approx}	$\beta_{\max}$	QL	2,0001	1,77E-07	5	A.33
		FB	**Abbruch**			

Tabelle 3.6: Ergebnisse für $u^0 \equiv 0.1$ und μ^0 aus $L_b = 0$ – die Quasilinearisierung bestimmt die Steuerung derart, dass die Nebenbedingung für alle $t \in [0, T]$ aktiv ist. Die drei FB-Iterationen, die nicht abbrechen, bestimmen die korrekte Lösung (NB-Genauigkeit 1E-04).

Θ-Ansatz	β-Ansatz	Verfahren	$R(u^{opt}, \mu^{opt})$	Θ^{opt}	It.-Schritte	Tab.-Nr. (Anhang)
Θ_{exakt}	β_{opt}	QL	2,0096	0,0322	5	A.27
		FB	4,17E-03	2,16E-04	13	
Θ_{exakt}	β_{approx}	QL	**Abbruch**			A.31
		FB	5,23E-03	2,58E-03	100	
Θ_{exakt}	$\beta_{\max}$	QL	**Abbruch**			A.29
		FB	4,17E-03	2,16E-04	13	
Θ_{approx}	β_{opt}	QL	**Abbruch**			A.37
		FB	4,17E-03	3,31E-11	13	
Θ_{approx}	β_{approx}	QL	**Abbruch**			A.36
		FB	4,17E-03	1,73E-11	32	
Θ_{approx}	$\beta_{\max}$	QL	**Abbruch**			A.35
		FB	4,17E-03	1,73E-11	13	

Tabelle 3.7: Resultate für $u^0 = 0.1$ und μ^0 aus $L_b = 0$ und mit $\mu^0 \equiv 0$ auf $[9, 10]$ (anders als in Tab. 3.6) – die QL-Iterationen brechen nun meist ab, während die FB-Ansätze meist innerhalb weniger Schritte die richtige Lösung bestimmen. Einzig bei $\Theta_{exakt}(\beta_{approx})$ ist die Lösung schlechter, wo aber auch die maximale Anzahl an Iterationsschritte benutzt wird (NB-Genauigkeit 1E-04).

3.3 Einführung von isolierten Einnahmenbedingungen

3.3.1 Eine Nebenbedingung

Eine Alternative zu der zuvor vorgestellten globalen Bedingung ist die Forderung, dass das akkumulierte Kapital innerhalb einer gewissen Zeit um einen Mindestbetrag anwächst. Da das Vorgehen im Falle von mehreren derartigen Bedingungen etwas von dem vorherigen abweicht, möchte ich mich in diesem Abschnitt zu erst auf nur eine Bedingung beschränken. Dann wird gefordert, dass das Kapital y im Intervall $[0, \tau]$ mindestens auf den Wert K_2 ansteigt. Dies führt zu der isolierten Ungleichungsbedingung:

$$y(\tau) \geq K_2 \qquad \text{für ein gegebenes } \tau \in (0, T] \tag{3.26}$$

Dann muss die Steuerbeschränkung $u \geq 0$ wieder zusätzlich gefordert werden. Insgesamt ergibt sich somit das folgende Problem:

$$\begin{aligned}
&\max_u y(T) && \\
\text{mit:}\quad &\dot{x}(t) = f_1(x,u)[t] = x(t)\left[r\left(1 - \frac{x(t)}{G}\right) - u(t)\right] && x(0) = x_0 \\
&\dot{y}(t) = f_2(x,u)[t] = x(t)u(t) - \frac{1}{2}u(t)^2 && y(0) = 0 \\
&g(u(t)) = u(t) \geq 0 && t \in [0,T] \\
&w(y(\tau)) = y(\tau) - K_2 \geq 0 &&
\end{aligned}$$

Dazu kann die Lagrange-Funktion aufgestellt werden (mit $a = (a_1, a_2)$ und $c = (c_1, c_2)$):

$$L(a,b,c,d) = c_1 \cdot f_1(a_1,b) + c_2 \cdot f_2(a_1,b) + d \cdot g(b)$$

Seien $x(\cdot), y(\cdot), u(\cdot)$ optimal, dann existieren stückweise absolut stetige Funktionen $\lambda_x(\cdot), \lambda_y(\cdot) : [0,T] \to \mathbb{R}$ eine stückweise stetige Funktion $\mu : [0,T] \to \mathbb{R}$ und die reelle Zahl ν, so dass für fast alle $t \in [0,T]$ gilt:[5,6]

$$\dot{x}(t) = L_{c_1}(z)[t] = x(t)\left[r\left(1 - \frac{x(t)}{G}\right) - u(t)\right] \qquad x(0) = x_0 \tag{3.27}$$

$$\dot{y}(t) = L_{c_2}(z)[t] = x(t)u(t) - \frac{1}{2}u(t)^2 \qquad y(0) = 0 \tag{3.28}$$

$$\dot{\lambda}_x(t) = -L_{a_1}(z)[t] = -u(t)\left[\lambda_y(t) - \lambda_x(t)\right] - \lambda_x(t) r \left(1 - \frac{2x(t)}{G}\right) \qquad \lambda_x(T) = 0 \tag{3.29}$$

$$\dot{\lambda}_y(t) = -L_{a_2}(z)[t] = 0 \qquad \lambda_y(T) = 1 \tag{3.30}$$

$$0 = L_b(z)[t] = \lambda_y(t)(x(t) - u(t)) - \lambda_x(t)x(t) + \mu(t) \tag{3.31}$$

$$0 = \mu(t) \cdot u(t) \qquad u(t) \geq 0 \qquad \mu(t) \geq 0 \tag{3.32}$$

$$0 = \nu\left[y(\tau) - K_2\right] \qquad \nu \geq 0 \qquad y(\tau) - K_2 \geq 0 \tag{3.33}$$

$$0 = \lim_{t \to \tau^+} \lambda_y(t) - \lim_{t \to \tau^-} \lambda_y(t) + \nu \cdot \frac{\partial w(y(\tau))}{\partial y(\tau)} = \lim_{t \to \tau^+} \lambda_y(t) - \lim_{t \to \tau^-} \lambda_y(t) + \nu \tag{3.34}$$

3.3.1.1 Iterationsverfahren

Um das restringierte Optimalsteuerungsproblem zu lösen, wird die Iteration aus Abschnitt 2.2 geringfügig erweitert, da mit ihr nun u, μ und ν bestimmt werden sollen. An dieser Stelle wird nur die Quasilinearisierung ohne Schrittweitensteuerung verwendet.

[5] Die Argumente der Lagrange-Funktion werden zusammengefasst zu $z := (x, y, u, \lambda_x, \lambda_y, \mu)$

[6] Aufgrund der Einnahmenbedingung tritt nun ein Sprung der Adjungierten λ_y auf, die, wie bei Locatelli [16] beschrieben, bestimmt wird.

0. Bestimme Startwerte (u^0, μ^0, ν^0), setze i=0.
1. Berechne $(x, y, \lambda_x, \lambda_y)$ aus dem Randwertproblem (3.27) - (3.30) mit dem Sprung aus Gl. (3.34).
2. Bestimme den Fehler

$$R(u, \mu, \nu) = \max_i |L_b(x(t_i), u(t_i), \lambda_x(t_i), \lambda_y(t_i), \mu(t_i), \nu(t_i))| + \max_i |\mu(t_i)u(t_i)| + |\nu\,(y(\tau) - K_2)\,|$$

   und stoppe, falls er klein genug ist.
3. Sonst führe Variationen Δz ein, so dass die kombinierten Funktionen $z + \Delta z$ dem folgenden System von (Differential-)Gleichungen und der Sprungbedingung genügen:

$$\dot{\Delta x} = \Delta x \left[r\left(1 - \frac{2x}{G}\right) - u \right] - x\Delta u \qquad \Delta x(0) = 0 \tag{3.35}$$

$$\dot{\Delta y} = u\Delta x + (x - u)\Delta u \qquad \Delta y(0) = 0 \tag{3.36}$$

$$\dot{\Delta \lambda_x} = \frac{2r\lambda_x}{G}\Delta x - \Delta\lambda_x \left[r\left(1 - \frac{2x}{G}\right) - u \right] + \Delta u(\lambda_x - \lambda_y) - u\Delta\lambda_y \qquad \Delta\lambda_x(T) = 0 \tag{3.37}$$

$$\dot{\Delta \lambda_y} = 0 \qquad \Delta\lambda_y(T) = 0 \tag{3.38}$$

$$\dot{\Delta \nu} = 0 \tag{3.39}$$

$$0 = (\lambda_y + \Delta\lambda_y)(x - u) - x(\lambda_x + \Delta\lambda_x) + \Delta x(\lambda_y - \lambda_x) + \mu + \Delta\mu - \lambda_y\Delta u \tag{3.40}$$

$$0 = (\mu + \Delta\mu)u + \mu\Delta u \tag{3.41}$$

$$0 = (\nu + \Delta\nu)\,(y(\tau) - K_2) + \nu\Delta y(\tau) \tag{3.42}$$

$$0 = \lim_{t\to\tau^+} \Delta\lambda_y(t) - \lim_{t\to\tau^-} \Delta\lambda_y(t) + \Delta\nu \tag{3.43}$$

4. Mit Hilfe von Gl. (3.40) und (3.41) können $(\Delta u, \Delta\mu)$ aus dem Drei-Punkt-Randwertproblem von $(\Delta x, \Delta y, \Delta\lambda_x, \Delta\lambda_y, \Delta\nu)$ eliminiert werden. Löse das Randwertproblem und bestimme Δu und $\Delta\mu$. Gehe mit $u^{i+1} = u^i + \Delta u^i$, $\mu^{i+1} = \mu^i + \Delta\mu^i$ und $\nu^{i+1} = \nu^i + \Delta\nu^i$ sowie i=i+1 zurück zu 1.

Das erzeugte Drei-Punkt-Randwertproblem kann in MATLAB ebenfalls mit `bvp4c` gelöst werden. Bei fünf Differentialgleichungen sind dazu zehn Punktbedingungen notwendig, diese sind:

- 2 Anfangswerte: $\Delta x(0) = \Delta y(0) = 0$
- 2 Endwerte: $\Delta\lambda_x(T) = \Delta\lambda_y(T) = 0$
- 4 Stetigkeitsbedingungen in τ: $\Delta x, \Delta y, \Delta\lambda_x, \Delta\nu$
- 2 Bedingungen in τ: Δy, $\Delta\lambda_y$ gemäß Gl. (3.42) und (3.43)

3.3.1.2 Bestimmung des Startwertes

Das Vorgehen zur Bestimmung eines guten Startwertes von u^0, μ^0 und ν^0 ist in drei Teilschritte zerlegt:

1. Bestimme ν^0 und u^0 in $[0, \tau]$ mit dem Ersatzproblem, dass die Fischbiomasse maximal ansteigen soll, während die Einnahmenbedingung exakt erfüllt wird:

$$\max_u x(\tau) \tag{3.44}$$

$$\text{mit:} \quad \dot{x} = rx\left(1 - \frac{x}{G}\right) - ux \qquad x(0) = x_0 \tag{3.45}$$

$$\dot{y} = ux - \frac{1}{2}u^2 \qquad y(0) = 0 \qquad y(\tau) = K_2 \tag{3.46}$$

Dadurch wird gesichert, dass die Steuerung die Einnahmenbedingung $y(\tau) = K_2$ annähernd erfüllt, einzig die Vorzeichenbedingung $u \geq 0$ wird verletzt. Für die Ersatzaufgabe (3.44)-(3.46) gelten wiederum die notwendigen Bedingungen Gl. (3.27) - (3.31), wobei sich die Randbedingungen ändern ($y(\tau) = K_2$, $\lambda_x(\tau) = 1$ und freies $\lambda_y(\tau)$).

Aus Gl. (3.31) verschwindet μ, da die Vorzeichenbedingung der Steuerung vernachlässigt wird. Somit kann die Gleichung genutzt werden, um u aus dem Randwertproblem in $(x, y, \lambda_x, \lambda_y)$ zu eliminieren, so dass u nachträglich aus der Lösung des Randwertproblemes bestimmt werden kann. Um der Vorzeichenbedingung Genüge zu tun, werden alle negativen $u^0(t_i)$ auf 0 gesetzt. Außerdem ergibt sich der Sprungparameter aus dem Randwert von λ_y mit $\nu^0 = \lambda_y(\tau) - 1$.

2. Wähle u^0 auf dem unrestringierten Intervall $[\tau, T]$. Hier bietet sich wiederum der MSY als Startwert an.

3. Berechne μ^0 auf $[0, T]$. Nachdem u^0 auf $[0, T]$ und ν^0 bekannt sind, kann das ursprüngliche Randwertproblem in $(x, y, \lambda_x, \lambda_y)$ aus Gl. (3.27) - (3.30) mit der Sprungbedingung (3.34) gelöst werden. Aus der Gleichungsbedingung (3.31) kann dann der Multiplikator bestimmt werden mit:

$$\mu^0(t_i) = \max\left\{\lambda_x(t_i)x(t_i) - \lambda_y(t_i)\left[x(t_i) - u^0(t_i)\right], 0\right\}$$

3.3.1.3 Ergebnisse

Sie Lösungen für verschiedene Werte der Nebenbedingung sind in Abb. 3.5 dargestellt und es zeigt sich, dass die Steuerung nun unstetig in τ ist, wenn die Einnahmenbedingung aktiv wird.

In Abb. 3.5a ist erkennbar, dass der Fischereiaufwand auf $[0, \tau]$ stark anwachsend ist, damit die Einnahmenbedingung erfüllt werden kann. Dadurch sinkt auch die Biomasse nahe τ. Danach springt u auf deutlich kleinere Werte, unter Umständen sogar auf 0. Dass heißt, wenn τ und K_2 groß genug sind, treten zwei Phasen auf, in denen nicht gefischt wird, da die Fischpopulation Ruhe benötigt, um sich zu erholen. Des Weiteren ist in Abb. 3.5b zu erkennen, dass die Einnahmenbedingung einen sehr geringen Einfluss auf das Zielfunktional hat, da sich mit der Nebenbedingung der Wert von $y(T)$ nur leicht verringert.

Erneut zeigte sich aber auch, dass der Fehler $R(u, \mu, \nu)$ nicht nur hochgradig von der Diskretisierungsfeinheit abhängt, sondern auch hier nie komplett verschwindet. Dadurch wird die Norm der Änderungen

$$S(\Delta u, \Delta\mu, \Delta\nu) = \sum_i \left(|\Delta u(t_i)| + |\Delta\mu(t_i)|\right) + |\Delta\nu|$$

wiederum zum eigentlichen Abbruchkriterium.

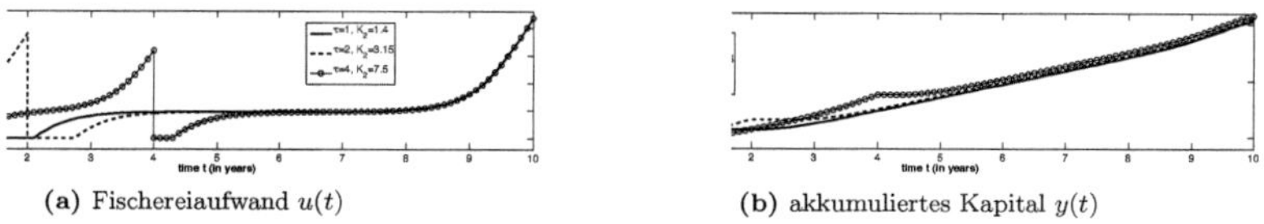

(a) Fischereiaufwand $u(t)$ (b) akkumuliertes Kapital $y(t)$

Abbildung 3.5: Der berechnete optimale Fischereiaufwand und die resultierende Kapitalfunktion für verschiedene Werte der isolierten Ungleichungsbedingung $y(\tau) \geq K_2$ – eine zweite Periode ohne Fangbemühungen tritt nun nach der Einnahmenbedingung auf ($x_0 = 2, r = 1, G = 10, T = 10$).

3.3.2 Mehrere isolierte Einnahmenbedingungen

Aus dem letzten Abschnitt bietet sich sofort die Modellerweiterung an, die Kapitalsteigerung nicht nur für ein sondern für M Intervalle zu fordern. Dass heißt, Ungleichung (3.26) wird ersetzt durch die folgenden Ungleichungen:

$$y(\tau_i) - y(\tau_{i-1}) \geq K_3 \qquad \tau_i \in [0, T) \qquad i = 0, \ldots, \mathrm{M}. \tag{3.47}$$

Dadurch wird gesichert, dass das Kapital zwischen τ_{i-1} und τ_i mindestens mit dem Wert K_3 ansteigt. Da am Ende des Optimierungsintervalls T abgefischt wird, ist es sinnvoll $\tau_M \neq T$ zu wählen.[7]

Somit ergibt sich die folgende Optimalsteuerungsaufgabe mit isolierten Nebenbedingungen:

$$\begin{aligned}
&\max_u y(T) \\
\text{mit:}\quad &\dot{x}(t) = f_1(x,u)[t] = x(t)\left[r\left(1 - \frac{x(t)}{G}\right) - u(t)\right] && x(0) = x_0 \\
&\dot{y}(t) = f_2(x,u)[t] = x(t)u(t) - \frac{1}{2}u(t)^2 && y(0) = 0 \\
&g(u(t)) = u(t) \geq 0 && t \in [0, T] \\
&w_i(y(\tau_{i-1}), y(\tau_i)) = y(\tau_i) - y(\tau_{i-1}) - K_3 \geq 0 && i = 1, \ldots, \mathrm{M}
\end{aligned}$$

Die Lagrange-Funktion ergibt sich dazu (mit $a = (a_1, a_2)$ und $c = (c_1, c_2)$):

$$L(a, b, c, d) = c_1 \cdot f_1(a_1, b) + c_2 \cdot f_2(a_1, b) + d \cdot g(b)$$

Seien $(x(\cdot), y(\cdot), u(\cdot))$ optimal, dann existieren stückweise absolut stetige Funktionen $\lambda_x, \lambda_y : [0, T] \to \mathbb{R}$, eine stückweise stetige Funktion $\mu : [0, T] \to \mathbb{R}$ und reelle Zahlen $\nu_1, \ldots, \nu_M$[8], so dass für fast alle $t \in [0, T]$ gilt:[9]

$$\dot{x}(t) = f_1(x,u)[t] = x(t)\left[r\left(1 - \frac{x(t)}{G}\right) - u(t)\right] \qquad x(0) = x_0 \tag{3.48}$$

$$\dot{y}(t) = f_2(x,u)[t] = x(t)u(t) - \frac{1}{2}u(t)^2 \qquad y(0) = 0 \tag{3.49}$$

$$\dot{\lambda}_x(t) = -L_{a_1}(z)[t] = -u(t)\left[\lambda_y(t) - \lambda_x(t)\right] - \lambda_x(t) r\left(1 - \frac{2x(t)}{G}\right) \qquad \lambda_x(T) = 0 \tag{3.50}$$

$$\dot{\lambda}_y(t) = -L_{a_1}(z)[t] = 0 \qquad \lambda_y(T) = 1 \tag{3.51}$$

$$0 = L_b(z)[t] = \lambda_y(t)(x(t) - u(t)) - \lambda_x(t)x(t) + \mu(t) \tag{3.52}$$

$$0 = \mu(t) \cdot u(t) \qquad u(t) \geq 0 \qquad \mu(t) \geq 0 \tag{3.53}$$

$$0 = \nu_i\left[y(\tau_i) - y(\tau_{i-1}) - K_3\right] \qquad \nu_i \geq 0 \qquad y(\tau_i) - y(\tau_{i-1}) - K_3 \geq 0 \qquad i = 1, \ldots, \mathrm{M} \tag{3.54}$$

$$\begin{aligned}
0 &= \lim_{t \to \tau_i^+} \lambda_y(t) - \lim_{t \to \tau_i^-} \lambda_y(t) + \nu_i \cdot \frac{\partial w_i(y(\tau_{i-1}), y(\tau_i))}{\partial y(\tau_i)} - \nu_{i+1} \cdot \frac{\partial w_{i+1}(y(\tau_i), y(\tau_{i+1}))}{\partial y(\tau_i)} \\
&= \lim_{t \to \tau_i^+} \lambda_y(t) - \lim_{t \to \tau_i^-} \lambda_y(t) + \nu_i - \nu_{i+1} \qquad i = 1, \ldots, \mathrm{M}
\end{aligned} \tag{3.55}$$

Die eingeführten Nebenbedingungen können als jährliches Minimaleinkommen der Fischer verstanden werden, wenn $\tau = \{0, 1, 2, \ldots, T-1\}$ verwendet wird. Einige Beispiellösungen sind in Abb. 3.6 - 3.10 zu sehen. Dabei tritt aufgrund der Anfangsbiomasse meist der Fall auf, dass die Einnahmenbedingung in den ersten Jahren aktiv ist, danach geht das System in den unrestringierten Fall über. In Abb. 3.10 ist erkennbar, dass die Verfahren auch die Lösung bestimmen, wenn der Fall auftritt, dass die Nebenbedingung erst inaktiv, dann aktiv und zum Schluss wieder inaktiv ist.

[7] Im Prinzip ist $\tau_M = T$ kein Problem, nur die Sprungbedingung aus Gl. (3.55) müsste anders aufgeschrieben werden.
[8] Hinzukommt $\nu_{M+1} = 0$, um Gl. (3.55) geschlossen aufschreiben zu können.
[9] Die Argumente der Lagrange-Funktion werden zusammengefasst zu $z := (x, y, u, \lambda_x, \lambda_y, \mu)$

Dabei hat die Steuerung nun mehrere Unstetigkeiten - und zwar immer dann wenn die Einnahmenbedingung aktiv wird. Ist die Biomasse groß genug geworden, geht die Lösung in den unrestringierten Fall über, dann wird die Steuerung auch stetig. In Abb. 3.7 ist erkennbar, dass sich die gleichen allgemeinen Aussagen wie im global-restringierten Fall treffen lassen können. Dass heißt, mit steigendem K_3 verlängert sich die Phase mit aktiver Nebenbedingung. Umgekehrt wächst die Biomasse langsamer an und es ist ein größerer Fischereiaufwand nötig, um die Nebenbedingung zu erfüllen.

Für den Fall eines jährlichen Mindesteinkommens kann aus der Annahme, dass zu Jahresende mindestens eine genauso große Biomasse wie zu Jahresanfang vorhanden sein soll, eine Obergrenze für das Mindesteinkommen bestimmt werden. Bei den hier verwendeten Parametern ($x_0 = 2$, $r = 1$, $G = 10$, $T = 10$) ergibt sich diese Obergrenze mit etwa $K_3 = 1.36$, denn dann ist $x(1) = x(0) = 2$. Bei einer größeren Anfangspopulation würde sich entsprechend auch eine höhere Obergrenze ergeben.

3.3.2.1 Iterationsverfahren bei dem FB-Ansatz

Um das restringierte Optimalsteuerungsproblem zu lösen, wird die Iterationen aus Abschnitt 3.3.1.1 geringfügig erweitert, da mit ihr nun u, μ und $\nu_1, \ldots, \nu_M$ bestimmt werden sollen. Außerdem werden nun sowohl der Fischer-Burmeister-Ansatz als auch die Quasilinearisierung verwendet:

0. Bestimme Startwerte (u^0, μ^0) und $\nu_1^0, \ldots, \nu_M^0$, setze j=0
1. Berechne $(x, y, \lambda_x, \lambda_y)$ aus dem Randwertproblem (3.48) - (3.51) mit den Sprüngen aus Gl. (3.55)
2. Bestimme den Fehler $R(u, \mu, \nu_1, \ldots, \nu_M)$ und stoppe, falls er klein genug ist:

$$\begin{aligned} R(u,\mu,\nu_1,\ldots,\nu_M) &= \max_i |L_b(x(t_i),u(t_i),\lambda_x(t_i),\lambda_y(t_i),\mu(t_i),\nu(t_i))| + \max_i |\mu(t_i)u(t_i)| \\ &\quad + \max_j |\nu_j\,[y(\tau_j) - y(\tau_{j-1}) - K]| \end{aligned} \tag{3.56}$$

3. Führe Variationen Δz ein, so dass die kombinierten Funktionen $z + \Delta z$ dem folgenden System aus Gleichungen, Differentialgleichungen und Sprungbedingungen genügen ($i = 1, \ldots$,M):

$$\dot{\Delta x} = \Delta x\left[r\left(1-\frac{2x}{G}\right)-u\right] - x\Delta u \qquad \Delta x(0)=0 \tag{3.57}$$

$$\dot{\Delta y} = u\Delta x + (x-u)\Delta u \qquad \Delta y(0)=0 \tag{3.58}$$

$$\dot{\Delta\lambda}_x = \frac{2r\lambda_x}{G}\Delta x - \Delta\lambda_x\left[r\left(1-\frac{2x}{G}\right)-u\right] + \Delta u(\lambda_x-\lambda_y) - u\Delta\lambda_y \qquad \Delta\lambda_x(T)=0 \tag{3.59}$$

$$\dot{\Delta\lambda}_y = 0 \qquad \Delta\lambda_y(T)=0 \tag{3.60}$$

$$\dot{\Delta\nu}_i = 0 \tag{3.61}$$

$$0 = (\lambda_y+\Delta\lambda_y)(x-u) - x(\lambda_x+\Delta\lambda_x) + \Delta x(\lambda_y-\lambda_x) + \mu + \Delta\mu - \lambda_y\Delta u \tag{3.62}$$

$$0 = \left(u-\sqrt{u^2+\mu^2}\right)(u+\Delta u) + \left(\mu-\sqrt{u^2+\mu^2}\right)(\mu+\Delta\mu) \tag{3.63}$$

$$0 = \nu_i\,[y(\tau_i)+\Delta y(\tau_i)-y(\tau_{i-1})-\Delta y(\tau_{i-1})-K] + \Delta\nu_i\,[y(\tau_i)-y(\tau_{i-1})-K] \tag{3.64}$$

$$0 = \lim_{t\to\tau_i^+}\Delta\lambda_y(t) - \lim_{t\to\tau_i^-}\Delta\lambda_y(t) + \Delta\nu_i - \Delta\nu_{i+1} \tag{3.65}$$

4. Mit Gl. (3.62) und (3.63) können $(\Delta u, \Delta\mu)$ aus dem Randwertproblem in $(\Delta x, \Delta y, \Delta x, \Delta y, \Delta\nu_i)$ eliminiert werden. Löse dieses Randwertproblem und bestimme damit $(\Delta u^j, \Delta\mu^j)$.
5. Berechne Schrittweite β^j.
6. Gehe mit $u^{j+1} = u^j + \beta^j\Delta u^j$, $\mu^{j+1} = \mu^j + \beta^j\Delta\mu^j$ und $\nu_1^{j+1} = \nu_1^j + \beta^j\Delta\nu_1^j, \ldots, \nu_M^{j+1} = \nu_M^j + \beta^j\Delta\nu_M^j$ sowie j=j+1 zurück zu 1.

Das erzeugte Randwertproblem kann in MATLAB ebenfalls mit `bvp4c` gelöst werden. Dabei besteht es aus $4 + M$ Differentialgleichungen, dass heißt, zur Lösung sind $(4 + M) \cdot (M + 1)$ Punktbedingungen notwendig. Die Punktbedingungen setzen sich wie folgt zusammen:

- 2 Anfangswerte: $\Delta x(0) = \Delta y(0) = 0$
- 2 Endwerte: $\Delta\lambda_x(T) = \Delta\lambda_y(T) = 0$
- $3 + M$ Stetigkeitsbedingungen in jedem τ_i an $\Delta x, \Delta y, \Delta\lambda_x, \Delta\nu_1, \ldots .\Delta\nu_M$
- 2 Bedingungen in jedem τ_i an Δy und $\Delta\lambda_y$ gemäß Gl. (3.64) und (3.65)

Dies ergibt die notwendigen $4 + (3 + M + 2) \cdot M = M^2 + 5M + 4$ Punktbedingungen.

Die Variationen Δu und $\Delta\mu$ sind durch die Gl. (3.62) und (3.63) bestimmt, so dass sich die folgenden Eliminationsvorschriften ergeben:

- $u(t) \neq 0$ oder $u(t) = 0,\ \mu(t) < 0$:

$$\begin{aligned}
R &:= \frac{u - \sqrt{u^2 + \mu^2}}{\sqrt{u^2 + \mu^2} - \mu} \\
\Delta u &= \frac{1}{\lambda_y - R} \cdot [(\lambda_y + \Delta\lambda_y)(x - u) - x(\lambda_x + \Delta\lambda_x) + Ru + (\lambda_y - \lambda_x)\Delta x] \\
\Delta\mu &= -\mu + R\,(u + \Delta u)
\end{aligned}$$

- $u(t) = 0,\ \mu(t) > 0$:

$$\begin{aligned}
\Delta u &= 0 \\
\Delta\mu &= -(\lambda_y + \Delta\lambda_y)(x - u) + \lambda_x x - (\lambda_y - \lambda_x)\,\Delta x + x\Delta\lambda_x
\end{aligned}$$

- Wenn $u(t) = \mu(t) = 0$ gilt, können die Variationen nicht bestimmt werden.

Da in diesem Abschnitt mit einer Schrittweitenbestimmung gearbeitet wird, wurde der exakte und der angenäherte Fehler bestimmt. Der exakte Fehler $\Theta_{exakt} = T_1 + T_2 + T_3$ besteht aus drei Komponenten, wobei T_1 und T_2 wiederum als Summe über die Diskretisierungspunkte und T_3 als Summe über die Punkte der Einnahmenbedingungen bestimmt werden:

$$\begin{aligned}
T_1 &= [L_b(x, u + \beta\Delta u, \lambda_x, \lambda_y, \mu + \beta\Delta\mu)]^2 = [\lambda_y(x - u - \beta\Delta u) - \lambda_x x + \mu + \beta\Delta\mu]^2 \\
T_2 &= \varphi(u + \beta\Delta u, \mu + \beta\Delta\mu)^2 = \left[\sqrt{(u + \beta\Delta u)^2 + (\mu + \beta\Delta\mu)^2} - u - \beta\Delta u - \mu - \beta\Delta\mu\right]^2 \\
T_3 &= [(\nu_i + \beta\Delta\nu_i)(y(\tau_i) - y(\tau_{i-1}) - K)]^2
\end{aligned}$$

$$\text{mit:}\quad \begin{aligned}
&\dot{x} = f_1(x, u + \beta\Delta u) && x(0) = x_0 \\
&\dot{y} = f_2(x, u + \beta\Delta u) && y(0) = 0 \\
&\dot{\lambda}_x = -L_{a_1}(x, u + \beta\Delta u, \lambda_x, \lambda_y, \mu + \beta\Delta\mu) && \lambda_x(T) = 0 \\
&\dot{\lambda}_y = 0 && \lambda_y(T) = 1 \\
&\lim_{t\to\tau_i^+} \lambda_y(t) - \lim_{t\to\tau_i^-} \lambda_y(t) + \nu_i + \beta\Delta\nu_i - \nu_{i+1} - \beta\Delta\nu_{i+1} = 0 && i = 1, \ldots, \mathrm{M}
\end{aligned}$$

Der angenäherte Fehler $\Theta_{approx} = T_1 + \ldots + T_6$ besteht aufgrund der drei nichtlinearen Differentialgleichungen aus sechs Komponenten, wobei T_1 bis T_5 über die Diskretisierungspunkte und T_6 über die Punkte der Einnahmenbedingung summiert werden:

$$\begin{aligned}
T_1 &= \left[\dot{x} + \beta\dot{\Delta x} - f_1(x+\beta\Delta x, u+\beta\Delta u)\right]^2 = \beta^4\left[-\frac{r}{G}\Delta x^2 - \Delta x\Delta u\right]^2 \\
T_2 &= \left[\dot{y} + \beta\dot{\Delta y} - f_2(x+\beta\Delta x, u+\beta\Delta u)\right]^2 = \beta^4\left[\Delta x\Delta u - \frac{1}{2}\Delta u^2\right] \\
T_3 &= \left[\dot{\lambda}_x + \beta\dot{\Delta\lambda}_x + L_{a_1}(x+\beta\Delta x, u+\beta\Delta u, \lambda_x+\beta\Delta\lambda_x, \lambda_y+\beta\Delta\lambda_y, \mu+\beta\Delta\mu)\right]^2 \\
&= \beta^4\left[\frac{2r}{G}\Delta x\Delta\lambda_x + \Delta\lambda_x\Delta u - \Delta u\Delta\lambda_y\right]^2 \\
T_4 &= \left[L_b(x+\beta\Delta x, u+\beta\Delta u, \lambda_x+\beta\Delta\lambda_x, \lambda_y+\beta\Delta\lambda_y, \mu+\beta\Delta\mu)\right]^2 \\
&= \left[(\lambda_y+\beta\Delta\lambda_y)(x+\beta\Delta x-u-\beta\Delta u) - (\lambda_x+\beta\Delta\lambda_x)(x+\beta\Delta x) + \mu + \beta\Delta\mu\right]^2 \\
&= \left\{[\lambda_y(x-u) - \lambda_x x + \mu](1-\beta) + \beta^2[\Delta\lambda_y(\Delta x - \Delta u) - \Delta\lambda_x\Delta x]\right\}^2 \\
T_5 &= \varphi(u+\beta\Delta u, \mu+\beta\Delta\mu)^2 = \left[\sqrt{(u+\beta\Delta u)^2 + (\mu+\beta\Delta\mu)^2} - u - \beta\Delta u - \mu - \beta\Delta\mu\right]^2 \\
T_6 &= \left[(\nu_i+\beta\Delta\nu_i)(y(\tau_i) + \beta\Delta y(\tau_i) - y(\tau_{i-1}) - \beta\Delta y(\tau_{i-1}) - K)\right]^2
\end{aligned}$$

3.3.2.2 Quasilinearisierung

Bei der Quasilinearisierung ergeben sich die Variationen Δu und $\Delta\mu$ aus:

$$\begin{aligned}
0 &= \lambda_y(x-u) - \lambda_x x + \mu + (\lambda_y - \lambda_x)\Delta x - x\Delta\lambda_x + (x-u)\Delta\lambda_y - \lambda_y\Delta u + \Delta\mu \\
0 &= u(\mu+\Delta\mu) + \mu\Delta u
\end{aligned}$$

Damit lauten die Eliminationsvorschriften wie folgt:

- $u(t) \neq 0,\ \mu(t) \neq -u(t)\cdot\lambda_y(t)$:

$$\begin{aligned}
\Delta u &= \frac{u}{\mu + u\lambda_y}\cdot\left[(\lambda_y+\Delta\lambda_y)(x-u) - \lambda_x x + (\lambda_y-\lambda_x)\,\Delta x - x\Delta\lambda_x\right] \\
\Delta\mu &= -\mu\left[1 + \frac{\Delta u}{u}\right]
\end{aligned}$$

- $u(t) = 0,\ \mu(t) \neq 0$:

$$\begin{aligned}
\Delta u &= 0 \\
\Delta\mu &= -(\lambda_y+\Delta\lambda_y)(x-u) + \lambda_x x - (\lambda_y-\lambda_x)\,\Delta x + x\Delta\lambda_x
\end{aligned}$$

- Sonst können die Variationen nicht bestimmt werden.

Die Θ-Fehler unterscheiden sich zu den Fehlern im Fischer-Burmeister-Ansatz nur in der Steuerungsbeschränkungskomponente. Dabei ist sie für Θ_{exakt} und Θ_{approx} gleich, so dass T_2 bzw. T_5 ersetzt werden durch:

$$[(u+\beta\Delta u)\cdot(\mu+\beta\Delta\mu)]^2$$

3.3.2.3 Numerische Lösung bei verschiedenen Startwerten

Zum Vergleich der beiden Iterationsverfahren wurde das restringierte Optimalsteuerungsproblem mit dem jährlichen ($\tau = \{0, 1, \ldots, 9\}$) Minimaleinkommen $K_3 = 1.2$ und den Parametern $x_0 = 2$, $r = 1$, $G = 10$ und $T = 10$ gelöst. Als Abbruchkriterien wurde die maximale Iterationsanzahl 100 und eine Untergrenze für die Norm der Änderungen S <1E-04 verwendet:

$$S(\beta\Delta u, \beta\Delta\mu, \beta\Delta\nu) = \sum_i [|\beta\Delta u(t_i)| + |\beta\Delta\mu(t_i)|] + \sum_j |\beta\Delta\nu_j|.$$

Um die Lösungen zu vergleichen, wurde der Fehler $R(u, \mu, \nu_1, \ldots, \nu_M)$ entsprechend Gl. (3.56) bestimmt. Für alle Berechnungen (außer bei 2.(c)) wurde $\nu^0 = \{1.1, 0.5, 0.2, 0, \ldots, 0\}$ gewählt (der optimale Wert ist $\nu^{opt} = \{2.31, 0.62, 0.14, 0, \ldots, 0\}$), während die Startsteuerung und der Startmultiplikator variiert wurden.

1. Guter Startwert $u^0 \equiv MSY$, $\mu^0 = \max\{0, -\lambda_y(t_i)[x(t_i) - u(t_i)] + \lambda_x(t_i)x(t_i)\}$ (somit ist $L_b(z)[t_i] = 0$, wenn $\mu^0(t_i)$ positiv ist, Tab. 3.8 + 3.9)

   - Wird Θ_{approx} verwendet, bestimmt der FB-Ansatz fast immer die gleiche Lösung. Dabei ist er zwar schneller als die Quasilinearisierung, dafür ist die Lösung etwas schlechter.
   - Bei Θ_{exakt} stoppen die Iterationen meist erst, wenn die maximale Iterationsanzahl erreicht ist. Einzig die β_{opt}-Iterationen stoppen früher, wobei die Quasilinearisierung deutlich weniger Schritte benötigt (12 gegenüber 93). Der FB-Ansatz mit $\Theta_{exakt}(\beta_{\max})$ bricht unabhängig von der verwendeten NB-Genauigkeit ab.
   - Eine Vergrößerung der NB-Genauigkeit auf 1E-06 (Tab. 3.9) erzeugt meist bessere Lösungen, da sowohl R als auch Θ sinken. Die QL-Iterationen, die vor der maximalen Iterationsanzahl stoppen, benötigen nun einen Schritt mehr. Die FB-Iterationen benötigen genauso viele Schritte wie zuvor, einzig $\Theta_{exakt}(\beta_{opt})$ endet früher (deutlich früher sogar, da nun zehn Schritte weniger benötigt werden).

2. Schlechte Startsteuerung $u^0 \equiv 0.1$

   (a) $\mu^0(t_i) = -\lambda_y(t_i)[x(t_i) - u(t_i)] + \lambda_x(t_i)x(t_i)$ (damit ist $L_b(z)[t_i] = 0$ für alle Diskretisierungspunkte, aber μ^0 ist zum Teil negativ, Tab. 3.10)

   - Wie schon im global-restringierten Fall bestimmt die Quasilinearisierung mit $u^{opt} \equiv 0$ die falsche Lösung, bei der die Beschränkung immer aktiv ist (dabei wird die exakte 0-Lösung nur berechnet, wenn die NB-Genauigkeit auf 0 gesetzt wird, siehe Tab. B.21). Da der berechnete Multiplikator negativ ist, werden aber die Komplementaritätsbedingungen nicht erfüllt. Mit Ausnahme der β_{opt}-Iterationen stoppen dabei die QL-Verfahren erst nach Erreichen der maximalen Iterationsanzahl.
   - Dies ist bei den FB-Iterationen anders, die alle früher stoppen und die fast korrekte Lösung bestimmen. Dabei werden alle Bedingungen außer der dritten ($y(3) - y(2) \geq 1.2$) erfüllt, dessen Verletztung hat aber keinen Einfluss auf die Fehler, da gleichzeitig $\nu_3^{opt} = 0$ berechnet wird.

(b) $\mu^0 \equiv 0$ (Tab. 3.11)

i. Gl. (3.54) wird für die Einnahmenbedingung benutzt:

- Mit Ausnahme der β_{opt}-Iterationen brechen alle FB-Ansätze nach drei Schritten ab. Bei den β_{opt}-Lösungen wird dafür die zweite Bedingung $y(2) - y(1) \geq 1.2$ verletzt.
- Die QL-Lösungen haben den gleichen Fehler und verletzen zusätzlich die Steuerbeschränkung (aufgrund der negativen $u(t_i)$ verschlechtert sich zwar R, aber da gleichzeitig $\mu^{opt} \equiv 0$ bestimmt wird, verändert sich Θ nicht).
- Die QL-Iterationen benötigen dabei acht Iterationsschritte bei Θ_{approx}, während sie bei Θ_{exakt} fast immer erst nach 100 Schritten enden. Das gleiche tritt bei den FB-Iterationen auf, die $\Theta_{approx}(\beta_{opt})$ nur zehn Schritte benötigen, während das Verfahren bei Θ_{exakt} erst nach 100 Iterationsschritten endet.

ii. Anwendung der FB-Funktion auf die Einnahmenbedingung (nur FB-Ansatz, Tab. 3.12):

$$0 = \sqrt{\nu_i^2 + (y(\tau_i) - y(\tau_{i-1}) - K)^2} - [\nu_i + y(\tau_i) - y(\tau_{i-1}) - K] + \frac{\nu_i \Delta\nu_i + (y(\tau_i) - y(\tau_{i-1}) - K)[\Delta y(\tau_i) - \Delta y(\tau_{i-1})]}{\sqrt{\nu_i^2 + (y(\tau_i) - y(\tau_{i-1}) - K)^2}} - [\Delta\nu_i + \Delta y(\tau_i) - \Delta y(\tau_{i-1})] \quad (3.66)$$

- Diese Veränderung wirkt sich positiv aus, da zum einen keine FB-Iteration mehr abbricht und zum anderen die Qualität der Lösungen verbessert wird (alle Restrinktionen werden nun erfüllt).
- Die Konvergenzprobleme bleiben aber erhalten, da bei Θ_{exakt} wiederum zwei Iterationen ($\beta_{\max}$ und β_{approx}) erst bei der maximalen Iterationsanzahl stoppen.
- Die berechneten Werte von ν^{opt} sind mit $\{3.08, 0.77, 0.14, 0, \ldots, 0\}$ etwas größer als zuvor, wobei sich die R-Fehler der Lösungen etwas verschlechterten.

(c) $\mu^0 \equiv 0.1$

i. $\nu_i = 0.1$ ($i = 1, \ldots, 9$, Tab. 3.13):

- Wird beim FB-Ansatz wiederum die FB-Funktion auf die Einnahmenbedingungen gemäß Gl. (3.66) angewandt, konvergieren die FB-Iterationen immer sehr schnell gegen die korrekte Lösung (bei β_{opt} innerhalb von neun, bei den restlichen Θ_{approx}-Iterationen in zehn Schritten). Nur die Iterationen mit den effizienten Schrittweiten bei Θ_{exakt} stoppen nicht vor der maximalen Iterationsanzahl.
- Die QL-Iterationen brechen dagegen immer nach zwei oder drei Schritten ab.

ii. $\nu_i = 0$ ($i = 1, \ldots, 9$, Tab. 3.14):

- Bei den FB-Iterationen gibt es quasi keine Veränderung gegenüber $\nu_i = 0.1$. Die Iterationen benötigen genauso lange und bestimmen die selben Lösungen, die nur bei Θ_{exakt} etwas schlechter werden.
- Die Quasilinearisierung bestimmt nun die unrestringierte Lösung, bei der sowohl die Vorzeichen- als auch die Einnahmenbedingung nicht erfüllt wird.

Θ-Ansatz	β-Ansatz	Verfahren	$R(u^{opt}, \mu^{opt})$	Θ^{opt}	It.-Schritte	Tab.-Nr. (Anhang)
Θ_{exakt}	β_{opt}	QL	9,81E-03	1,09E-03	12	B.1
		FB	0,0126	1,87E-03	93	
Θ_{exakt}	β_{approx}	QL	0,0344	2,51E-03	100	B.5
		FB	0,0137	1,85E-03	100	
Θ_{exakt}	$\beta_{\max}$	QL	0,0107	5,45E-04	100	B.3
		FB	**Abbruch**			
Θ_{approx}	β_{opt}	QL	9,84E-03	2,73E-09	11	B.7
		FB	0,0113	4,48E-10	7	
Θ_{approx}	β_{approx}	QL	9,85E-03	2,96E-09	11	B.11
		FB	0,0113	1,07E-09	7	
Θ_{approx}	$\beta_{\max}$	QL	7,47E-03	1,08E-07	10	B.9
		FB	0,0113	1,07E-09	9	

Tabelle 3.8: Resultate für $u^0 \equiv MSY$ – die QL-Iterationen bestimmen meist die besseren Lösungen als der FB-Ansatz, benötigen dafür aber mehr Iterationsschritte. Dabei hängt die Anzahl der Schritte sehr stark vom verwendeten Θ-Ansatz ab (NB-Genauigkeit 1E-03).

Θ-Ansatz	β-Ansatz	Verfahren	$R(u^{opt}, \mu^{opt})$	Θ^{opt}	It.-Schritte	Tab.-Nr. (Anhang)
Θ_{exakt}	β_{opt}	QL	8,92E-03 (+)	1,01E-03(+)	13(-)	B.2
		FB	0,0124(+)	1,85E-03(+)	83(+)	
Θ_{exakt}	β_{approx}	QL	0,0343(+)	2,45E-03(+)	100	B.6
		FB	0,0136(+)	1,82E-03(+)	100	
Θ_{exakt}	$\beta_{\max}$	QL	0,0105(+)	5,10E-04(+)	100	B.4
		FB	**Abbruch**			
Θ_{approx}	β_{opt}	QL	8,92E-03 (+)	1,63E-10(+)	12(-)	B.8
		FB	0,0113	4,48E-10	9	
Θ_{approx}	β_{approx}	QL	8,92E-03 (+)	2,76E-10(+)	12(-)	B.12
		FB	0,0113	1,07E-09	7	
Θ_{approx}	$\beta_{\max}$	QL	6,28E-03 (+)	5,35E-11(+)	11(-)	B.10
		FB	0,0113	1,07E-09	9	

Tabelle 3.9: Ergebnisse für $u^0 \equiv MSY$ mit der höheren NB-Genauigkeit von 1E-06 (dabei stehen (-) für schlechtere und (+) für bessere Werte als in Tab. 3.8) – bezüglich der Fehler R und Θ verbessert sich die Qualität fast aller Lösungen. Die QL-Iterationen benötigen nun meist einen Schritt mehr, während sich beim FB-Ansatz nur bei $\Theta_{exakt}(\beta_{opt})$ die Iterationsanzahl ändert.

Θ-Ansatz	β-Ansatz	Verfahren	$R(u^{opt}, \mu^{opt})$	Θ^{opt}	It.-Schritte	Tab.-Nr. (Anhang)
Θ_{exakt}	β_{opt}	QL	20,0020	9,32E-04	5	B.19
		FB	8,09E-03	4,62E-04	89	
Θ_{exakt}	β_{approx}	QL	19,9995	5,30E-04	100	B.20
		FB	8,28E-03	4,54E-04	90	
Θ_{exakt}	$\beta_{\max}$	QL	19,9995	5,30E-04	100	B.22
		FB	8,28E-03	4,54E-04	90	
Θ_{approx}	β_{opt}	QL	19,9974	2,33E-03	5	B.23
		FB	7,41E-03	5,46E-11	7	
Θ_{approx}	β_{approx}	QL	19,9993	5,28E-04	100	B.25
		FB	7,41E-03	9,51E-11	7	
Θ_{approx}	$\beta_{\max}$	QL	19,9995	5,31E-04	100	B.24
		FB	7,41E-03	9,51E-11	7	

Tabelle 3.10: Resultate für $u^0 \equiv 0.1$ und μ^0 derart, dass $L_b(z)[t_i] \equiv 0$ gilt – die QL-Iterationen bestimmen die falsche Lösung ($u^{opt} \equiv 0$). Die FB-Ansätze berechnen die fast richtige Lösung, da einzig eine Einnahmenbedingung verletzt wird. Dabei gibt es zwischen den $\beta_{\max}$- und den β_{approx}-Iterationen keinen Unterschied, während die β_{opt}-Lösungen etwas besser sind (NB-Genauigkeit 1E-03).

Θ-Ansatz	β-Ansatz	Verfahren	$R(u^{opt}, \mu^{opt})$	Θ^{opt}	It.-Schritte	Tab.-Nr. (Anhang)
Θ_{exakt}	β_{opt}	QL	0,9449	6,61E-04	90	B.13
		FB	8,77E-03	7,92E-04	100	
Θ_{exakt}	β_{approx}	QL	0,9439	3,49E-03	100	B.15
		FB	**Abbruch**			
Θ_{exakt}	$\beta_{\max}$	QL	0,9439	3,49E-03	100	B.14
		FB	**Abbruch**			
Θ_{approx}	β_{opt}	QL	0,9442	1,91E-10	8	B.16
		FB	7,65E-03	3,15E-10	10	
Θ_{approx}	β_{approx}	QL	0,9442	8,61E-11	8	B.18
		FB	**Abbruch**			
Θ_{approx}	$\beta_{\max}$	QL	0,9442	8,61E-11	8	B.17
		FB	**Abbruch**			

Tabelle 3.11: Ergebnisse für $u^0 \equiv 0.1$ und $\mu^0 \equiv 0$, wobei Gl. (3.54) bei den Einnahmenbedingungen benutzt wird – die QL-Lösungen verletzen die Steuerbeschränkung und die zweite Einnahmenbedingung. Alle FB-Iterationen außer bei β_{opt} brechen ab, deren Lösungen verletzen aber ebenfalls die zweite Einnahmenbedingung (NB-Genauigkeit 1E-03).

Θ-Ansatz	β-Ansatz	Verfahren	$R(u^{opt}, \mu^{opt})$	Θ^{opt}	It.-Schritte	Tab.-Nr. (Anhang)
Θ_{exakt}	β_{opt}	FB	0,0113	1,91E-03	17	B.28
Θ_{exakt}	β_{approx}	FB	0,0140	2,05E-03	100	B.27
Θ_{exakt}	$\beta_{\max}$	FB	0,0127	1,68E-03	100	B.26
Θ_{approx}	β_{opt}	FB	0,0113	4,48E-10	9	B.29
Θ_{approx}	β_{approx}	FB	0,0113	1,07E-09	8	B.31
Θ_{approx}	$\beta_{\max}$	FB	0,0113	1,07E-09	8	B.30

Tabelle 3.12: Resultate für $u^0 \equiv 0.1$ und $\mu^0 \equiv 0$, wobei die Fischer-Burmeister-Funktion auf die Einnahmenbedingung angewendet wird (Gl. (3.66)) – alle Iterationen bestimmen die korrekte Lösung und benötigen dazu meist nur wenige Schritte, einzig bei Θ_{exakt} mit β_{approx} und $\beta_{\max}$ stoppt die Iteration nicht vor dem Erreichen der maximalen Iterationsanzahl (NB-Genauigkeit 1E-03).

Θ-Ansatz	β-Ansatz	Verfahren	$R(u^{opt}, \mu^{opt})$	Θ^{opt}	It.-Schritte	Tab.-Nr. (Anhang)
Θ_{exakt}	β_{opt}	FB	0,0113	1,91E-03	9	B.37
Θ_{exakt}	β_{approx}	FB	0,0122	2,03E-03	100	B.35
Θ_{exakt}	$\beta_{\max}$	FB	0,0121	2,02E-03	100	B.36
Θ_{approx}	β_{opt}	FB	0,0113	4,48E-10	9	B.34
Θ_{approx}	β_{approx}	FB	0,0113	1,07E-09	10	B.32
Θ_{approx}	$\beta_{\max}$	FB	0,0113	1,07E-09	10	B.33

Tabelle 3.13: Resultate für $u^0 \equiv 0.1$, $\mu^0 \equiv 0.1$ und $\nu^0 \equiv 0.1$, wobei die Fischer-Burmeister-Funktion auf die Einnahmenbedingung angewendet wird (Gl. (3.66)) – alle Iterationen bestimmen die korrekte Lösung und benötigen dazu meist nur wenige Schritte, einzig bei Θ_{exakt} mit β_{approx} und $\beta_{\max}$ stoppt die Iteration nicht vor dem Erreichen der maximalen Iterationsanzahl (NB-Genauigkeit 1E-03).

Θ-Ansatz	β-Ansatz	Verfahren	$R(u^{opt}, \mu^{opt})$	Θ^{opt}	It.-Schritte	Tab.-Nr. (Anhang)
Θ_{exakt}	β_{opt}	QL	1,3693	9,05E-03	20	B.43
		FB	0,0115	1,88E-03	26	
Θ_{exakt}	β_{approx}	QL	1,3728	4,40E-03	100	B.42
		FB	0,0128	1,83E-03	100	
Θ_{exakt}	$\beta_{\max}$	QL	**Abbruch**			B.41
		FB	0,0128	1,83E-03	100	
Θ_{approx}	β_{opt}	QL	**Abbruch**			B.40
		FB	0,0113	4,48E-10	9	
Θ_{approx}	β_{approx}	QL	1,3715	7,44E-11	9	B.38
		FB	0,0113	1,07E-09	10	
Θ_{approx}	$\beta_{\max}$	QL	1,3715	7,44E-11	9	B.39
		FB	0,0113	1,07E-09	10	

Tabelle 3.14: Resultate für $u^0 \equiv 0.1$, $\mu^0 \equiv 0.1$ und $\nu^0 \equiv 0$, wobei die Fischer-Burmeister-Funktion auf die Einnahmenbedingung angewendet wird (Gl. (3.66)) – alle FB-Iterationen bestimmen die korrekte Lösung und benötigen dazu meist nur wenige Schritte, einzig bei Θ_{exakt} mit β_{approx} und $\beta_{\max}$ stoppt die Iteration nicht vor dem Erreichen der maximalen Iterationsanzahl. Die Quasilinearisierung (mit Gl. (3.64) für die Einnahmenbedingung) bestimmt dagegen eine Lösung, die alle Nebenbedingungen verletzt, benötigt dazu aber weniger Iterationsschritte. (NB-Genauigkeit 1E-03).

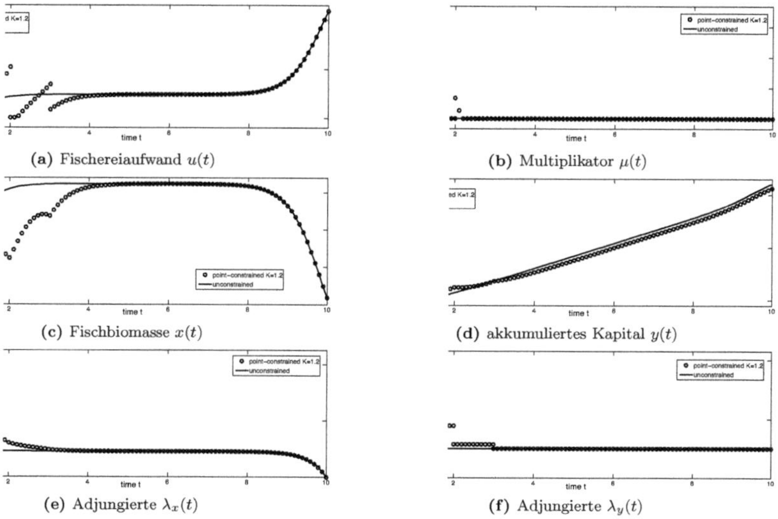

(a) Fischereiaufwand $u(t)$

(b) Multiplikator $\mu(t)$

(c) Fischbiomasse $x(t)$

(d) akkumuliertes Kapital $y(t)$

(e) Adjungierte $\lambda_x(t)$

(f) Adjungierte $\lambda_y(t)$

Abbildung 3.6: Vergleich der optimalen Lösung (Kreise) mit der unrestringierten (durchgezogene Linie) im Falle eines jährlichen Mindesteinkommens von $K_3 = 1.2$ – in den ersten drei Jahren ist die Einnahmenbedingung aktiv, dann sind u und λ_y unstetig, erst als die Biomasse in die Nähe des MSY kommt, geht das System in das unrestringierte Verhalten über. Zu Beginn der Intervalle mit aktiver Einkommensbedingung treten kurzes Phasen auf, in denen nicht gefischt wird ($\tau = \{0, 1, 2, \ldots, 9\}$, $K_3 = 1.2$ und $x_0 = 2$, $r = 1$, $G = 10$, $T = 10$).

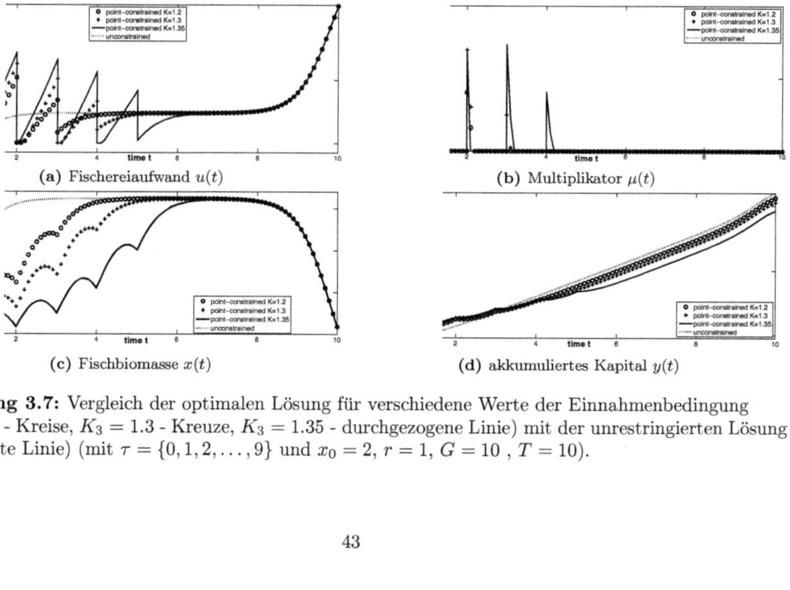

(a) Fischereiaufwand $u(t)$

(b) Multiplikator $\mu(t)$

(c) Fischbiomasse $x(t)$

(d) akkumuliertes Kapital $y(t)$

Abbildung 3.7: Vergleich der optimalen Lösung für verschiedene Werte der Einnahmenbedingung ($K_3 = 1.2$ - Kreise, $K_3 = 1.3$ - Kreuze, $K_3 = 1.35$ - durchgezogene Linie) mit der unrestringierten Lösung (gepunktete Linie) (mit $\tau = \{0, 1, 2, \ldots, 9\}$ und $x_0 = 2$, $r = 1$, $G = 10$, $T = 10$).

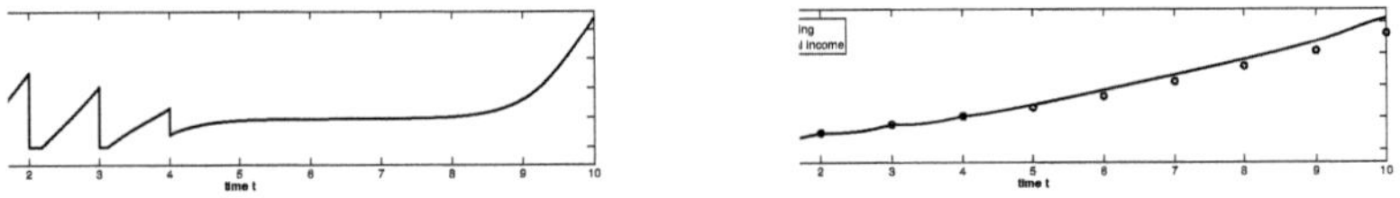

(a) Fischereiaufwand $u(t)$ (b) akkumuliertes Kapital $y(t)$

Abbildung 3.8: Der optimale Fischereiaufwand (a) und die resultierende Kapitalentwicklung (b) für $\tau = \{0, 1, 2, \dots, 9\}$ und $K_3 = 1.3$ – in den ersten vier Jahren ist die Einnahmenbedingung aktiv, dann stimmt $y(\tau_i)$ mit den Bedingungen (Kreise) überein ($x_0 = 2, r = 1, G = 10, T = 10$)

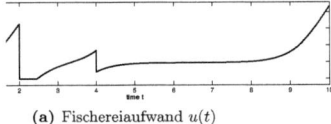

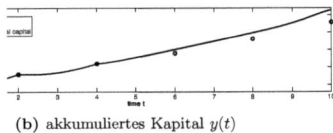

(a) Fischereiaufwand $u(t)$ (b) akkumuliertes Kapital $y(t)$

Abbildung 3.9: Der optimale Fischereiaufwand (a) und die resultierende Kapitalentwicklung (b) für $\tau = \{0, 2, 4, 6, 8\}$ und $K_3 = 3$ – dies entspricht einem Minimaleinkommen von 3 innerhalb von Zweijahresschritten. Durch die längeren Intervalle für die Einnahmenbedingung verlängern sich die Phasen, in denen nicht gefischt wird ($x_0 = 2, r = 1, G = 10, T = 10$).

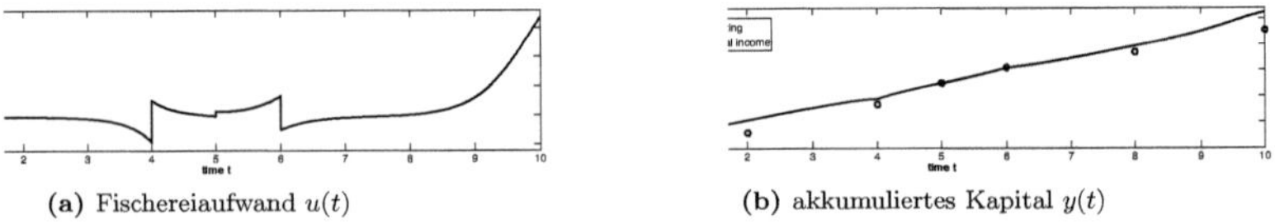

(a) Fischereiaufwand $u(t)$ (b) akkumuliertes Kapital $y(t)$

Abbildung 3.10: Der optimale Fischereiaufwand (a) und die resultierende Kapitalentwicklung (b) für $\tau = \{0, 2, 4, 5, 6, 8\}$ and $K_3 = 3$ – im Vergleich zu Abb. 3.9 startet das System mit einer größeren Biomasse, dafür wurde bei $\tau_3 = 5$ eine zusätzliche Einnahmenbedingung eingeführt. Dadurch ist die Beschränkung nun auf den inneren Intervallen $[4, 5]$ und $[5, 6]$ aktiv, so dass eine andere Struktur als zuvor (mit Nebenbedingung inaktiv - aktiv - inaktiv) auftritt ($x_0 = 6, r = 1, G = 10, T = 10$).

3.4 Modellausbau

Das verwendete Fischereimodell beinhaltet eine Vielzahl von Vereinfachungen. In diesem Abschnitt möchte ich die Ergebnisse andeuten, wenn das Modell ein wenig realistischer gewählt wird.

3.4.1 Vorgabe einer Endbedingung

Bislang wurde am Ende des Optimierungsintervalles immer abgefischt, so dass am Ende nur noch wenige Fische vorhanden waren. Dies ist ökonomisch sinnvoll, da der Gewinn über ein beschränktes Zeitintervall maximiert werden sollte. Nachhaltig kann dieses Vorgehen aber nicht sein. Daher bietet es sich an, die Aufgabenstellung um die Bedingung zu erweitern, dass die Biomasse am Ende mindestens den Wert des MSY annimmt. Die unrestringierte Optimalsteuerungsaufgabe lautet dann:

$$\max_u y(T)$$

$$\text{mit:} \quad \dot{x}(t) = rx(t)\left(1 - \frac{x(t)}{G}\right) - u(t)x(t) \qquad x(0) = x_0 \qquad x(T) \geq \bar{x} = \frac{G^2 + rG}{2G + r}$$

$$\dot{y}(t) = u(t)x(t) - \frac{1}{2}u(t)^2 \qquad y(0) = 0$$

$$g(u(t)) = u(t) \geq 0 \qquad t \in [0, T]$$

Die notwendigen Bedingungen und die Iterationsverfahren ändern sich dann nur ein wenig, da nun nicht mehr $\lambda_x(T) = 0$ gilt. Stattdessen wird ein Parameter ν eingeführt, mit dem gilt:

$$\lambda_x(T) = \nu \tag{3.67}$$

$$0 = \nu \cdot (x(T) - \bar{x}) \qquad \nu \geq 0 \qquad x(T) - \bar{x} \geq 0 \tag{3.68}$$

Entsprechend ändern sich die Vorschriften für die Variationen nun auch nur in Randpunkten und in der Einführung einer zusätzlichen Differentialgleichung für $\Delta\nu$ mit $\dot{\Delta\nu} = 0$. Das System der Randbedingungen lautet dann:

$$x(0) = x_0 \qquad \Delta x(0) = 0$$

$$\lambda_x(T) = \nu \qquad \Delta\lambda_x(T) = \Delta\nu \qquad 0 = (\nu + \Delta\nu)(x(T) - \bar{x}) + \nu\Delta x(T)$$

Wird das Fischereimodell derart um die Endbedingung erweitert, gibt es kein Abfischen am Ende des Optimierungsintervalles mehr. Stattdessen bleibt das System bis zum Ende im MSY (s. Abb. 3.11).

3.4.2 Eine zeitabhängige Wachstumsfunktion

Es erscheint sinnvoll, das Wachstum zeitabhängig zu betrachten, um Effekte wie jahreszeitliche Schwankungen besser berücksichtigen zu können (eine guten Überblick bietet Flaaten [4]). Eine einfache Möglichkeit ist dabei die Einführung einer trigonometrischen Funktion:

$$r(t) = r \cdot [\sin(2\pi \cdot t) + 1] \tag{3.69}$$

Dabei kann der Parameter r die gleiche Rolle wie zuvor einnehmen. Die Vorteile dieser Wachstumsfunktion sind, dass das Integral über ein Jahr wieder die Wachstumsrate r erzeugt und dass das Wachstum nie negativ wird. Durch diese Ersetzung ändern sich weder die notwendigen Bedingungen noch das Iterationsverfahren bedeutend, es wird immer nur r durch Gl. (3.69) ersetzt.

In Abb. 3.12 ist die Lösung des Fischerei-Problems ohne eine Einnahmenbedingung zu sehen. Zu Beginn tritt wiederum eine Phase ohne Fischerei auf, danach kommt es zu einem stabilen Zyklus, bis am Ende des Optimierungsintervalles wieder abgefischt wird. In diesem stabilen Zustand sind die Biomasse und der Fischereiaufwand nicht konstant, stattdessen sind sie - wie die Wachstumsfunktion - zyklisch.

Dabei nimmt der Fischereiaufwand zusammen mit der Wachstumsrate seine Extrema an, während die Biomasse um ein Vierteljahr versetzt folgt. Dass heißt, wächst die Population stärker, wird auch stärker gefischt und umgekehrt.

Im Falle der globalen Einnahmenbedingung $g(x,u)[t] = x(t)u(t) - \frac{1}{2}u(t)^2 - K_1 \geq 0$ ändern sich die Lösungskurven nur ein wenig (s. Abb. 3.13). Durch die zusätzliche Nebenbedingung dauert es nun länger bis der stabile Zyklus erreicht wird. Auffällig ist, dass solange die Nebenbedingung aktiv ist, während der Phasen mit geringster Biomasse am stärksten gefischt wird. Dadurch steigt die Biomasse nun nicht mehr permanent an, bis der stabile Zustand erreicht ist - stattdessen nimmt sie sogar ab, während die Nebenbedingung aktiv ist. Außerdem zeigt sich, dass der Multiplikator der Nebenbedingung μ nun nicht mehr permanent monoton fallend ist (s. Abb. 3.13).

In Abb. 3.14 ist zu sehen, dass sich im Falle von mehreren isolierten Einnahmenbedingung die Struktur der Lösung gegenüber dem zeitunabhängigen Wachstum nicht stark ändert. So ist zu Jahresbeginn eine kurze Phase ohne Fischfang, danach steigt die Steuerung stark an, so dass die Einnahmenbedingung erfüllt werden kann. Nach einigen Jahren ist die Biomasse auch hier ausreichend angewachsen, so dass das System wieder in den stabilen Zustand übergeht.

3.4.3 Ein ansteigendes Minimalkapital

Eine andere mögliche Modellerweiterung ist es, das geforderte Mindesteinkommen mit der Zeit ansteigen zu lassen, um eine Inflation oder ansteigende Einnahmenforderungen zu modellieren. In Abb. 3.16 ist zu sehen, wie sich die Lösungen ändern würden, wenn im global-restringierten Fall die Untergrenze K_1 linear mit der Zeit ansteigt. Dann wächst das Kapital quadratisch entlang der Nebenbedingung. Ist $K_1(t)$ nicht zu groß, geht das System wieder in den MSY über. Dies muss aber nicht mehr sein. Stattdessen kann es passieren, dass stärker gefischt werden muss, um die Einnahmenbedingung zu erfüllen. Dann kann u entlang der Beschränkung anwachsen, wodurch die Biomasse abnimmt, obwohl die Nebenbedingung aktiv ist. Außerdem kann es bei großem $K_1(T)$ passieren, dass am Ende nicht sehr stark abgefischt wird, da dann die Nebenbedingung verletzt werden würde (s. Abb. 3.16d).

Im Fall von mehreren isolierten Nebenbedingungen kann die Untergrenze K_3 ebenfalls ansteigen, ein Beispiel hierfür ist in Abb. 3.15 zu sehen. Dabei ändert sich die Struktur der Steuerung entlang der aktiven Nebenbedingung wiederum nicht, so wird wiederum zu Beginn möglichst wenig gefischt und am Ende dann besonders stark.

3.4.4 Alternative Kapitalfunktionen

Das in diesem Abschnitt verwendete Fischerei-Modell basiert auf einem ursprünglich linearen Modell, wurde aber mit einer quadratischen Kostenfunktion modifiziert. Diese Modellveränderung war notwendig, da die Iterationsverfahren die zweite Ableitung der Lagrange-Funktion nach der Steuerung benötigen.

Der quadratische Kostenterm muss aber kritisch hinterfragt werden, da es nur schwer zu begründen ist, warum die doppelte Anzahl an Fischfängern vierfache Kosten erzeugen soll. Wird zusätzlich berücksichtigt, dass die Fischer einen Teil ihrer Infrastruktur nur einmal benötigen, erscheint sogar noch die lineare Kostensteigerung zu hoch zu sein. Stattdessen erscheint ein Wurzelterm für die Kosten sinnvoll, wie ihn zum Beispiel Lewis [15] verwendet.

Werden lineare Kosten anstelle der quadratischen verwendet ändert sich die rechte Seite der y-Differentialgleichung zu:

$$\dot{y}(t) = (x(t) - 1)u(t)$$

Außerdem werden nun eine Ober- und eine Untergrenze der Steuerung $u_{\min} \leq u(t) \leq u_{\max}$ benötigt. Dann ist die Lagrange-Funktion L ebenfalls nur noch linear in der Steuerung:

$$L(x, y, u, \lambda_x, \lambda_y, \mu_1, \mu_2) = x\lambda_x r\left[1 - \frac{x}{G}\right] + \left[-\lambda_x x + \lambda_y(x-1)\right]u(t)$$

Somit liefert die Maximierung von L bezüglich der Steuerung dessen Struktur:

$$u^{opt}(t) = \begin{cases} u_{\min} & \text{wenn } -\lambda_x(t)x(t) + \lambda_y(t)(x(t)-1) < 0 \\ u_{\max} & \text{wenn } -\lambda_x(t)x(t) + \lambda_y(t)(x(t)-1) > 0 \\ u^* = \frac{r}{2} & \text{wenn } -\lambda_x(t)x(t) + \lambda_y(t)(x(t)-1) = 0 \end{cases}$$

Das singulären Stück mit $u^{opt} = u^*$ ergibt wie bei den quadratischen Kosten aus dem Maximum Sustainable Yield, da dann die Biomasse $\bar{x} = \frac{G}{2}$ wiederum konstant ist und die Einkommensfunktion maximiert. In Abb. 3.17 ist eine Beispiellösung für $0 \leq u \leq 1$ dargestellt und es ist zu erkennen, dass sich die Struktur der Lösung nicht gegenüber den quadratischen Kosten ändert.

Werden dagegen die quadratischen Kosten gegen einen Wurzelterm ausgetauscht, ist:

$$\dot{y}(t) = x(t)u(t) - \sqrt{u(t)}$$

Da die Wurzelfunktion in der 0 nicht differenzierbar ist, muss zusätzlich eine echt-positive Untergrenze für die Steuerung gefordert werden. Die notwendigen Bedingungen ändern sich dann gegenüber dem quadratischen Kostenterm nur in der Gleichungsbedingung (3.9), die dann ersetzt wird durch:

$$0 = \lambda_y(t)x(t) - \lambda_x(t)x(t) - \frac{\lambda_y(t)}{2\sqrt{u(t)}}.$$

In Abb. 3.17 ist die Lösung bei Verwendung des Wurzeltermes abgebildet und es ist zu erkennen, dass sich die Struktur der Lösung deutlich ändert. So wird zu einzelnen Zeiten sehr stark gefischt, die meiste Zeit aber gar nicht (bzw. minimal über 0), dadurch entsteht wiederum eine Art zyklisches Verhalten.

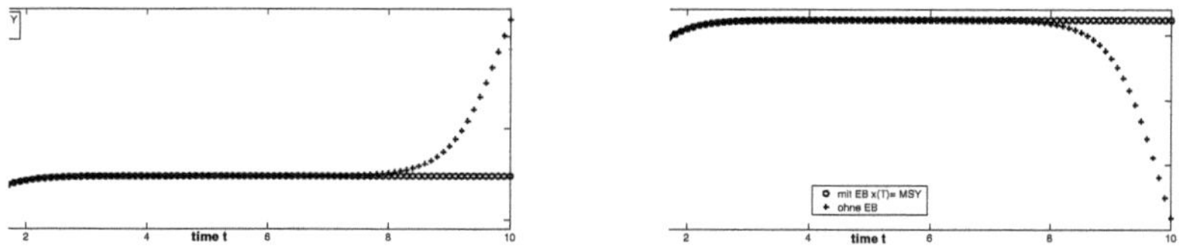

(a) Fischereiaufwand $u(t)$ (b) Fischbiomasse $x(t)$

Abbildung 3.11: Vergleich der optimalen Lösungen im Falle der Endbedingung $x(T) \geq \bar{x} = \frac{G^2+rG}{2G+r}$ (dem MSY) und der Lösung ohne Endbedingung - durch diese wird ein Abfischen am Ende des Optimierungsintervalles verhindert, so dass das System den MSY nicht mehr verlässt, nachdem er einmal erreicht wurde ($x_0 = 2, r = 1, G = 10, T = 10$).

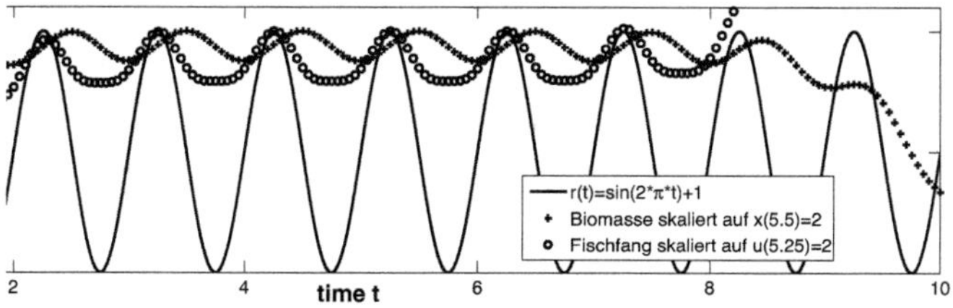

Abbildung 3.12: Der optimale Fischereiaufwand $u(t)$ (Kreise), die resultierende Biomasseentwicklung $x(t)$ (Kreuze) und die verwendete zeitabhängige Wachstumsfunktion $r(t)$ (gestrichelte Linie) aus Gl. (3.69) im unrestringierten Fall - der Fischereiaufwand folgt im stabilen Zustand der Wachstumskurve und ist damit immer eine Viertelperiode vor der Biomasse ($x_0 = 2, r = 1, G = 10, T = 10$).

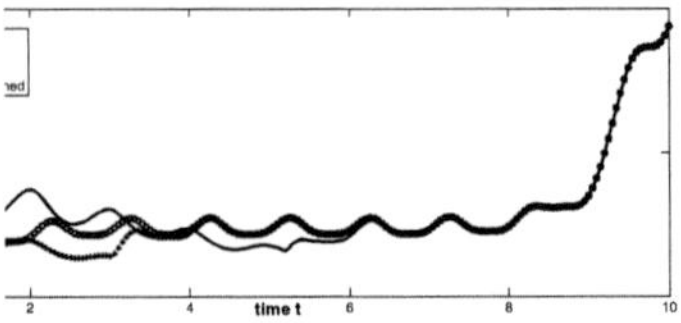

(a) Fischereiaufwand $u(t)$

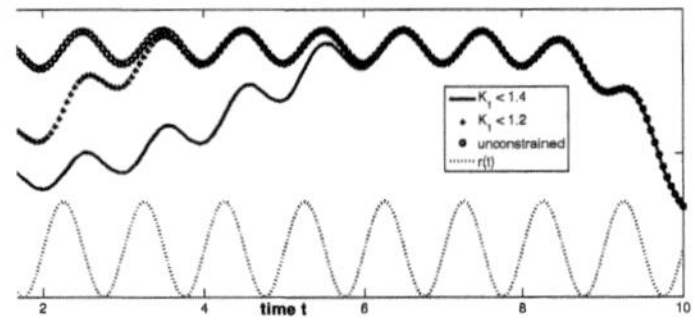

(b) Fischbiomasse $x(t)$

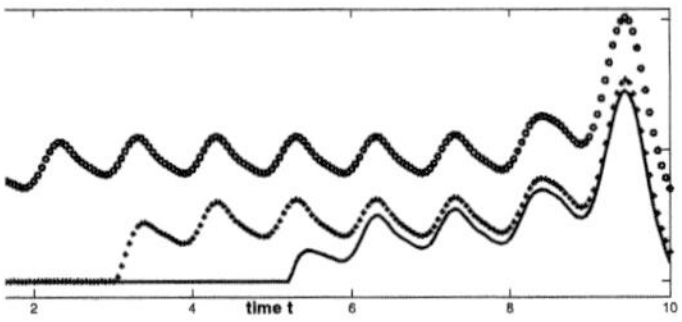

(c) Nebenbedingung $g(x,u) \geq 0$

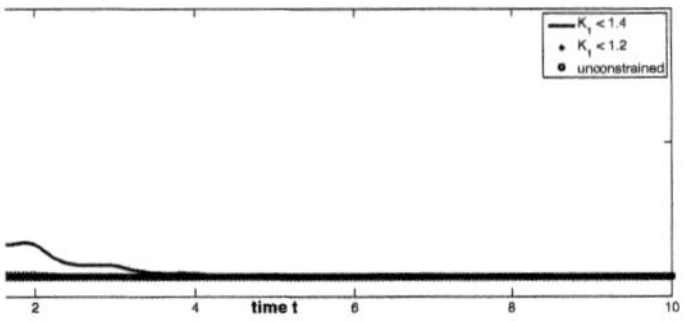

(d) Multiplikator $\mu(t)$

Abbildung 3.13: Vergleich der optimalen Lösungen im Falle einer zeitabhängigen Wachstumsfunktion gemäß Gl. (3.69) bei verschiedenen Werten der globalen Nebenbedingung $g(x,u) = xu - \frac{1}{2}u^2 - K_1 \geq 0$ ($K_1 = 1.4$ - durchgezogene Linie, $K_1 = 1.2$ - Kreuze) mit der unrestringierten Lösung (Kreise) - je größer K_1, desto länger ist die Beschränkung aktiv. Entlang der aktiven Beschränkung ist der Fischereiaufwand antizyklisch zur Biomasse, dass heißt, ist am wenigsten Fisch da, wird am stärksten gefischt. Somit folgt $u(t)$ dann nicht mehr der Wachstumsfunktion ($x_0 = 2, r = 1, G = 10, T = 10$).

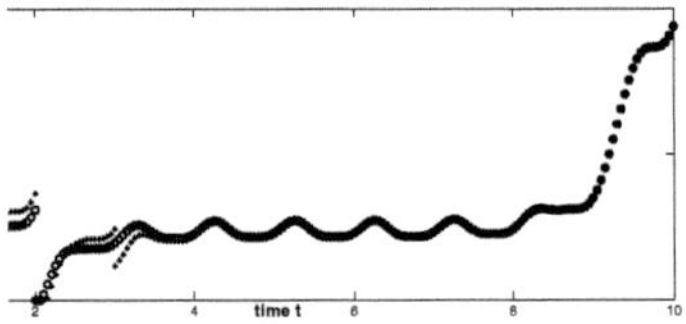

(a) Fischereiaufwand $u(t)$

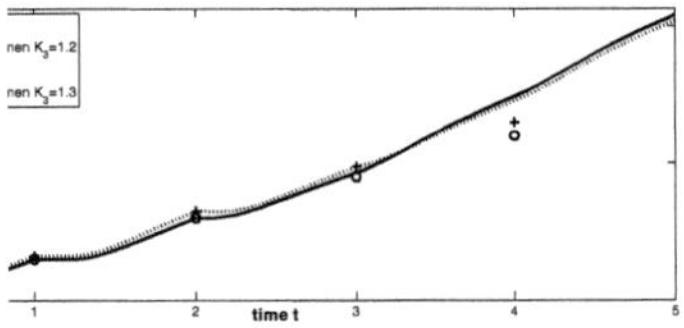

(b) akkumuliertes Kapital $y(t)$ (Ausschnitt für $0 \leq t \leq 5$)

Abbildung 3.14: Die optimale Lösung bei der zeitabhängigen Wachstumsfunktion aus Gl. (3.69) im Falle von mehreren isolierten Einnahmenbedingungen mit $\tau = \{0, 1, 2, 3, 4\}$ und verschiedenen K_3 ($K_3 = 1.2$ - Kreise bzw. durchgezogene Linie, $K_3 = 1.3$ - Kreuze bzw. gepunktete Linie) - bei $K_3 = 1.3$ ist die Einnahmenbedingung auch auf dem dritten Intervall noch aktiv, danach stimmen die Steuerungen überein ($x_0 = 2, r = 1, G = 10, T = 10$).

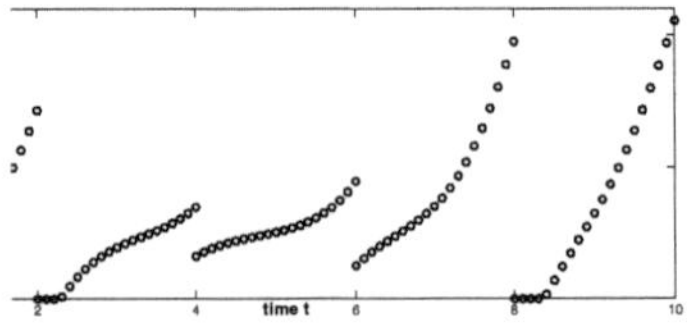

(a) Fischereiaufwand $u(t)$

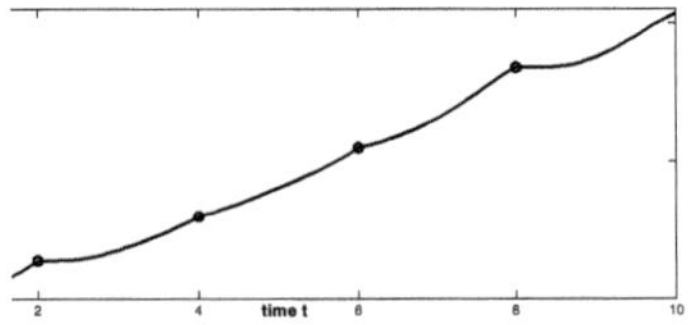

(b) akkumuliertes Kapital $y(t)$

Abbildung 3.15: Die optimale Lösung im Falle von mehreren isolierten Einnahmenbedingungen mit $\tau = \{0, 2, 4, 6, 8\}$ und $K_3 = \{2.8, 3.2, 5, 5.8\}$ - dabei ist die Einnahmenbedingungen immer aktiv ($x_0 = 2$, $r = 1$, $G = 10$, $T = 10$).

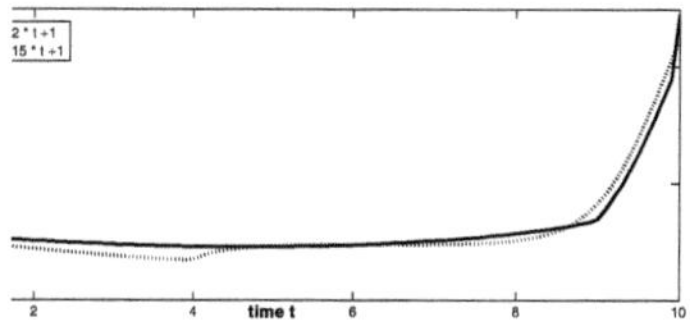

(a) Fischereiaufwand $u(t)$

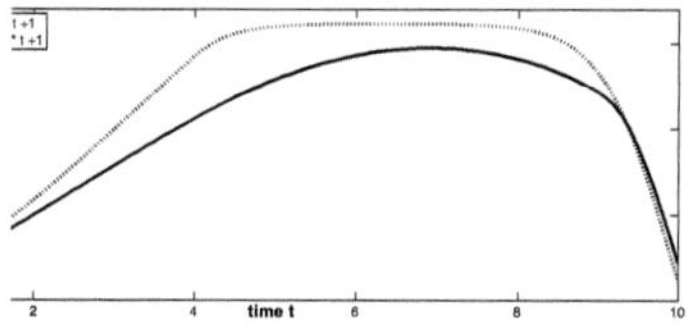

(b) Fischbiomasse $x(t)$

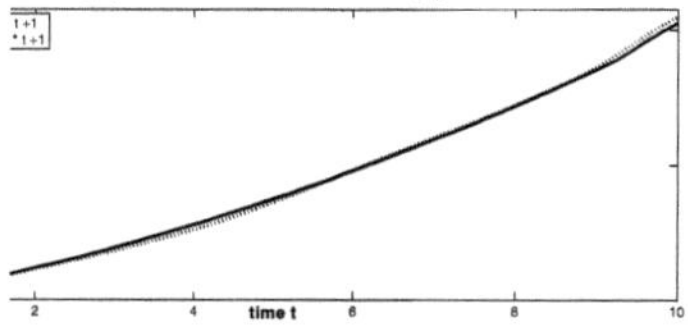

(c) akkumuliertes Kapital $y(t)$

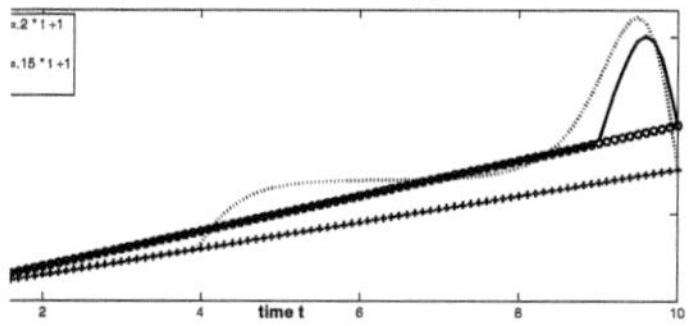

(d) rechte Seite des Kapitals $\dot{y} = f_2(x, u)$

Abbildung 3.16: Vergleich der optimalen Lösung unter Verwendung eines linear ansteigenden Mindesteinkommens ($K_1(t) = 0.2t + 1$ - durchgezogene, $K_1(t) = 0.15t + 1$ - gepunktete Linie) - entlang der Beschränkung wächst das Kapital nun quadratisch und nicht mehr linear an. Damit die Beschränkung erfüllt wird, ist bei $K_1(t) = 0.2t + 1$ etwa ab dem sechsten Jahr $u(t)$ anwachsend, wodurch x(t) fällt ($x_0 = 2, r = 1, G = 10, T = 10$).

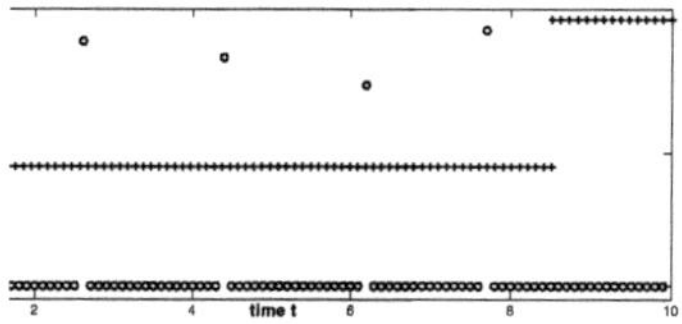

(a) Fischereiaufwand $u(t)$ (bei der Wurzelfunktion wurden die Werte ($u(2.6) = 9.2$, $u(4.4) = 8.6$, $u(6.2) = 7.6$ und $u(7.7) = 9.6$) durch 10 dividiert und $u(10) = 72.8$ fehlt)

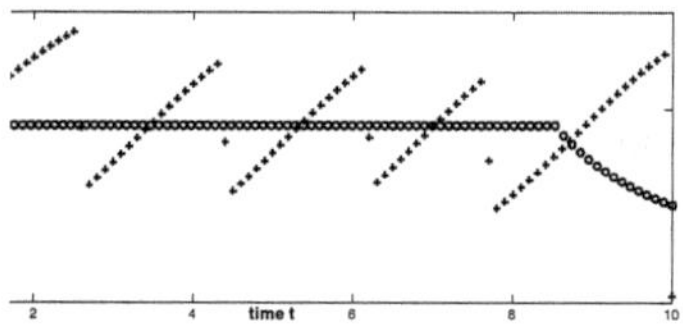

(b) Biomasse $x(t)$

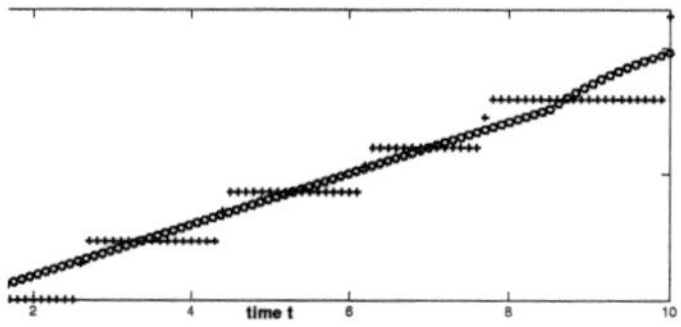

(c) akkumuliertes Kapital $y(t)$

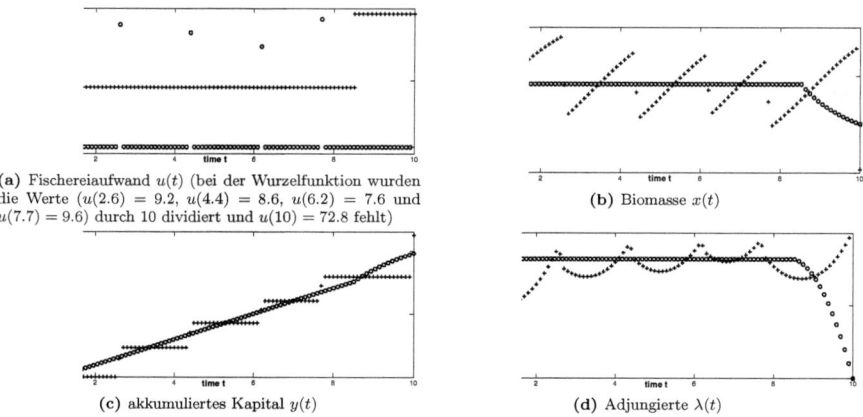

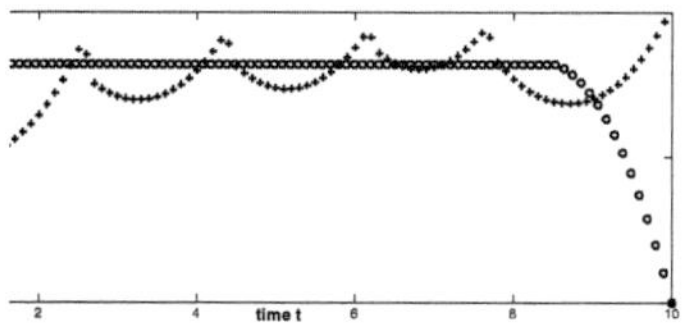

(d) Adjungierte $\lambda(t)$

Abbildung 3.17: Die optimale Lösung bei verschiedenen Kostentermen (lineare Kosten mit $0 \geq u \geq 1$ - Kreise, Wurzelfunktion - Kreuze) – bei linearen Kosten ändert sich die Struktur der Lösung nur wenig gegenüber den quadratischen Kosten, anders als bei der Wurzelfunktion wo zu einzelnen Zeiten sehr stark gefischt wird und ansonsten nie ($x_0 = 3, r = 1, G = 10, T = 10$).

3.5 Zusammenfassung

3.5.1 Modellaspekte

Zusammenfassend lässt sich sagen, dass eine sozial-nachhaltige Fischerei modellierbar ist, wobei ich unter sozial-nachhaltig immer verstanden habe, dass es eine Balance zwischen der langfristigen Kapitalakkumulation der Fischer und ihren kurzfristigen Bedürfnissen geben muss.

Um den sozialen Aspekten Genüge zu tun, wurde das Fischereimodell um zwei verschiedene Nebenbedingungen erweitert - zum einen war das akkumulierte Kapital der Fischer monoton wachsend und zum anderen wuchs das Kapital in gegebenen Intervallen um einen gegebenen Mindestwert an. Das Modell mit der globalen Bedingung erscheint mir unrealistischer, da das Wachstum der Fischpopulation jahreszeitlichen Schwankungen unterworfen ist oder auch da zur Laichzeit der Fische nicht gefangen werden darf. Die Überbrückung derartiger Zeiträume kann im Modell mit einem jährlichen Mindesteinkommen besser abgefangen werden. Dieses ist dafür schwerer berechenbar und die numerische Lösung stärker abhängig von den verwendeten Startwerten.

Aber noch ist das Modell zu rudimentär, da viel zu starke Vereinfachungen vorgenommen wurden (konstante Umweltbedingungen, nur eine Fischpopulation, ein geschlossenes System ohne Migration, zeitunabhängige Kosten- und Preisfunktionen, ...). Aber es war auch nicht mein Ziel ein möglichst realistisches Modell zu entwickeln, da ich nie mit einem realen Biosystem gearbeitet habe - so habe ich stattdessen immer nur fiktive Wachstumsparameter verwendet. Viel mehr wollte ich zeigen, dass die Modellierung möglich ist und dass derartige restringierte Optimalsteuerungsprobleme auch gelöst werden können.

3.5.2 Numerische Resultate

Aus den numerischen Beispielrechnungen geht hervor, dass sowohl die Quasilinearisierung als auch der Fischer-Burmeister-Ansatz die Aufgaben korrekt lösen können. Aber es bestehen deutliche Unterschiede. So konvergiert der FB-Ansatz auch bei deutlich schlechteren Startwerten (sowohl in Bezug auf die Startsteuerung als auch den Multiplikator). Hinzu kommt, dass er deutlich besser mit negativen Multiplikatoren rechnen kann, was die Möglichkeit eröffnet, mit Steuerungen zu starten, die die Nebenbedingung stark verletzten. Alternativ kann μ^0 auch auf 0 gesetzt werden, da der FB-Ansatz in der Lage ist, μ selbst dann zu verändern (anders als die Quasilinearisierung, bei der aufgrund von Gl. (2.20) $\mu(t_i)$ in allen Iterationen 0 bleiben wird). Somit wird es möglich beim FB-Ansatz Startwerte zu verwenden, die keine Information darüber beinhalten, an welchen Stellen die Nebenbedingungen im optimalen Fall aktiv werden.

Auf der anderen Seite hat die Quasilinearisierung aber auch zwei Vorteile - sie benötigt weniger Zeit für einen einzelnen Iterationsschritt, da der Rechenaufwand kleiner als bei dem FB-Ansatz ist und sie bestimmt meist die besseren Lösungen (vorausgesetzt, sie bestimmt die richtige Lösung).

Die Variation der Schrittweitenansätze zeigte ein großes Problem - und zwar wird beim exakten Fehler sehr oft die Minimalschrittweite berechnet, zumindest wenn die Steuerung und der Multiplikator nahe der optimalen Lösung sind. Dies führte häufig dazu, dass die Iterationsverfahren erst nach Erreichen der maximalen Iterationsanzahl endeten. Begründen lässt sich dieses Verhalten in der Struktur des Fehlers. So wird der exakte Fehler nahe dem Optimum zu einer Konstanten, wodurch keine Schrittweite mehr die Bedingung an eine effiziente Schrittweite erfüllen kann (s. Abb. 3.18 + 3.19). Wenn Θ_{exakt} zusätzlich noch ansteigend ist, berechnet auch β_{opt} nur die Minimalschrittweite. In den meisten Fällen ist es aber sinnvoll die Iteration nicht zu beenden, da der R-Fehler weiter sinkt, während Θ ansteigt (siehe z. Bsp. Tab. B.13).

Ein anderes Problem ist der Punkt, dass viele Iterationen beim Lösen des RWP's in $(\Delta x, \Delta\lambda)$ abbrechen. Dabei hat sich gezeigt, dass dieses Verhalten stark von der gewählten NB-Genauigkeit abhängig ist.

3.5.3 Schlussfolgerungen

Wird Θ_{approx} verwendet, unterscheiden sich die Iterationen und Lösungen oft nur minimal bei den verschiedenen Schrittweitenansätzen, daher erscheint es sinnvoll, sich auf den "billigsten" - im Sinne des geringsten Rechenaufwandes - zu beschränken. So wird in den folgenden Kapiteln nur noch $\Theta_{approx}(\beta_{approx})$ verwendet.

Umgekehrt enden viele der $\Theta_{exakt}(\beta_{approx})$-Iterationen erst nach dem Erreichen der maximalen Iterationsanzahl, was meist zu schlechteren Lösungen als bei den anderen Θ_{exakt}-Ansätzen führte. Daher wird $\Theta_{exakt}(\beta_{approx})$ nachfolgend ebenfalls vernachlässigt.

Bei Θ_{exakt} erscheint β_{opt} der beste Schrittweitenansatz zu sein, da damit die besten Lösungen bestimmt wurden und die Iterationen am seltensten abbrachen. Daneben kann es aber auch sinnvoll sein, weiterhin mit $\Theta_{exakt}(\beta_{\max})$ zu arbeiten, obwohl diese Iterationen am häufigsten versagten, da sie gerade dann nicht abbrachen, wenn es der β_{opt}-Ansatz tat.

Um den Einfluss der Minimalschrittweite auf die Konvergenzprobleme nahe der optimalen Lösung zu untersuchen, wird im nächsten Kapital die minimale Schrittweite auf $\left(\frac{1}{2}\right)^4$ erhöht.

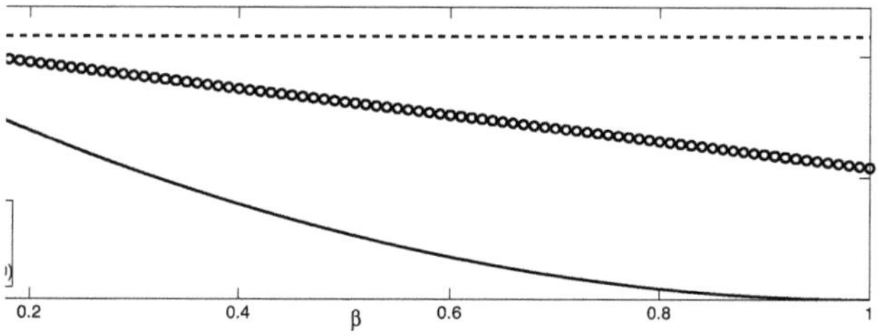

Abbildung 3.18: Die Θ-Fehler der optimalen Lösung aus dem global-restringierten Fischereiproblem abhängig von der Schrittweite β – der exakte Fehler (gestrichelte Linie) ist fast konstant (zusätzlich ist er monoton ansteigend), während der approximierte Fehler (durchgezogene Linie) sich deutlich verringert. Die Konsequenz ist, dass beim exakten Fehler nur die Minimalschrittweite berechnet wird.

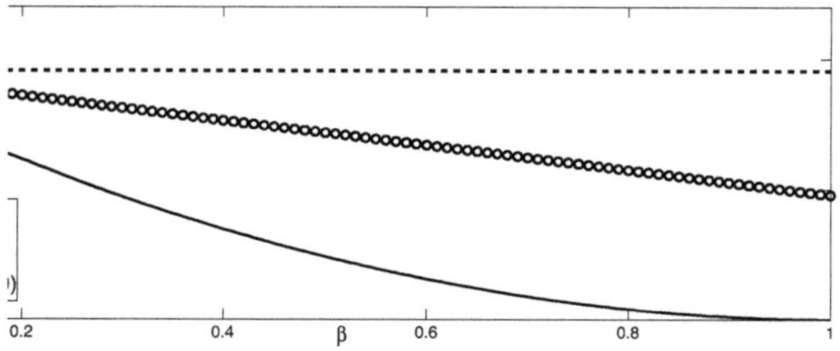

Abbildung 3.19: Im Falle von mehreren isolierten Nebenbedingungen zeigt sich das gleiche Verhalten, wenn die optimalen u, μ und $\nu_1, \ldots, \nu_M$ verwendet werden. Der exakte Fehler ist wie im global-restringierten Fall fast konstant (und leicht ansteigend), während Θ_{approx} deutlich fällt. Entsprechend ist das Resultat der Schrittweitenbestimmung das selbe, bei Θ_{exakt} wird nur die Minimalschrittweite bestimmt.

Kapitel 4

Lösung des Rayleigh-Problems

Folgende restringierte Optimalsteuerungsaufgabe (zu finden bei Maurer et al. [18] oder Gerdts [6]) soll gelöst werden, um wie im global-restringierten Fischereiproblem die vorgestellten Iterationsverfahren im Falle einer gemischten Steuer-Zustandsbeschränkung zu vergleichen:

$$
\begin{aligned}
&\max_u y(4.5) && \\
\text{mit:}\quad &\dot{x}_1(t) = f_1(x_2(t)) = x_2(t) && x_1(0) = -5\\
&\dot{x}_2(t) = f_2(x_1(t), x_2(t), u(t)) = -x_1(t) + 1.4x_2(t) - 0.14x_2(t)^3 + 4u(t) && x_2(0) = -5\\
&\dot{y}(t) = f_3(x_1(t), u(t)) = -u(t)^2 - x_1(t)^2 && y(0) = 0\\
&g(x_1(t), u(t)) = -u(t) - \frac{1}{6}x_1(t) \geq 0 \qquad \forall t \in [0, T] &&
\end{aligned}
$$

Dazu kann wiederum die Lagrange-Funktion L aufgestellt werden:

$$L(A, B, C, D, E, F, G, H) = E \cdot f_1(B) + F \cdot f_2(A, D) + G \cdot f_3(A, D) + H \cdot g(A, D)$$

Seien $(x_1(\cdot), x_2(\cdot), y(\cdot), u(\cdot))$ optimal. Dann existieren stückweise absolut stetige Funktionen $\lambda_1, \lambda_2, \lambda_3 : [0, 4.5] \to \mathbb{R}$ und die stückweise stetige Funktion $\mu : [0, 4.5] \to \mathbb{R}$, so dass für fast alle $t \in [0, 4.5]$ die folgenden Bedingungen erfüllt sind:[1]

$$
\begin{aligned}
&\dot{x}_1(t) = L_E(z)[t] = x_2(t) && x_1(0) = -5 && (4.1)\\
&\dot{x}_2(t) = L_F(z)[t] = -x_1(t) + 1.4x_2(t) - 0.14x_2(t)^3 + 4u(t) && x_2(0) = -5 && (4.2)\\
&\dot{y}(t) = L_G(z)[t] = -u(t)^2 - x_1(t)^2 && y(0) = 0 && (4.3)\\
&\dot{\lambda}_1(t) = -L_A(z)[t] = 2x_1(t) + \lambda_2(t) + \frac{1}{6}\mu(t) && \lambda_1(4.5) = 0 && (4.4)\\
&\dot{\lambda}_2(t) = -L_B(z)[t] = -\lambda_1(t) - 1.4\lambda_2(t) + 0.42x_2(t)^2\lambda_2(t) && \lambda_2(4.5) = 0 && (4.5)\\
&\dot{\lambda}_3(t) = -L_C(z)[t] = 0 && \lambda_3(4.5) = 1 && (4.6)\\
&0 = L_D(z)[t] = -2u(t) + 4\lambda_2(t) - \mu(t) && && (4.7)\\
&0 = \mu(t) \cdot g(x_1, u)[t] \qquad \mu(t) \geq 0 && g(x_1(t), u(t)) \geq 0 && (4.8)
\end{aligned}
$$

Aus Gl. (4.6) folgt $\lambda_3 \equiv 1$, was nachfolgend genutzt wird. Da y keinen Einfluss auf die notwendigen Bedingungen hat, wird die C-Komponente der Lagrange-Funktion vernachlässigt. In Abb. 4.1 ist die Lösung gezeigt. Dabei treten drei Umschaltpunkte auf, so ist auf [0,1.271] und [2.978,4.295] die Beschränkung aktiv, auf den anderen Intervallen ist die Steuerung frei. Dabei steht das letzte freie Intervall im Gegensatz zu der Lösung von Maurer et al. [18], bestätigt aber Gerdts [6], dessen Lösung die gleichen Umschaltpunkte aufweist.

[1] Die Argumente der Lagrange-Funktion werden zusammengefasst zu $z := (x_1, x_2, y, u, \lambda_1, \lambda_2, \lambda_3, \mu)$.

4.1 Iterationsverfahren beim Fischer-Burmeister-Ansatz

Das Rayleigh-Problem soll mit den in Abschnitt 2.2 vorgestellten Iterationsverfahren gelöst werden, die wie folgt aufgebaut sind. Zu Beginn wird wiederum die Fischer-Burmeister-Funktion $\varphi(x_1, u, \mu) = 0$ auf die Komplementaritätsbedingungen aus Gl. (4.8) angewendet:

0. Bestimme Startwerte (u^0, μ^0), setze $i = 0$.
1. Berechne x_1, x_2 und λ_1, λ_2 aus dem Randwertproblem (4.1) - (4.5).
2. Überprüfe die Bedingungen (4.7) und (4.8), stoppe wenn erfüllt.
3. Führe Variationen Δz ein, so dass gilt:

$$0 = -2(u + \Delta u) + 4(\lambda_2 + \Delta\lambda_2) - \mu - \Delta\mu \tag{4.9}$$

$$0 = \left(g - \sqrt{g^2 + \mu^2}\right)\left(g - \frac{1}{6}\Delta x - \Delta u\right) + \left(\mu - \sqrt{g^2 + \mu^2}\right)(\mu + \Delta\mu) \tag{4.10}$$

$$\Delta\dot{x}_1 = \Delta x_2 \qquad \Delta x_1(0) = 0 \tag{4.11}$$

$$\Delta\dot{x}_2 = -\Delta x_1 + 1.4\Delta x_2 - 0.42x_2^2\Delta x_2 + 4\Delta u \qquad \Delta x_2(0) = 0 \tag{4.12}$$

$$\Delta\dot{\lambda}_1 = 2\Delta x_1 + \Delta\lambda_2 + \frac{1}{6}\Delta\mu \qquad \Delta\lambda_1(4.5) = 0 \tag{4.13}$$

$$\Delta\dot{\lambda}_2 = -\Delta\lambda_1 - 1.4\Delta\lambda_2 + 0.42x_2^2\Delta\lambda_2 + 0.84x_2\lambda_2\Delta x_2 \qquad \Delta\lambda_2(4.5) = 0 \tag{4.14}$$

   Dabei werden die Gleichungen (4.9) und (4.10) wiederum benutzt, um Δu und $\Delta\mu$ aus dem Randwertproblem in $\Delta x_1, \Delta x_2$ und $\Delta\lambda_1, \Delta\lambda_2$ zu eliminieren.

4. Löse das Randwertproblem in $\Delta x_1, \Delta x_2, \Delta\lambda_1, \Delta\lambda_2$ und berechne damit die Änderungen $\Delta u, \Delta\mu$
5. Bestimme eine Schrittweite β^i, berechne $u^{i+1} = u^i + \beta^i\Delta u^i$, $\mu^{i+1} = \mu^i + \beta^i\Delta\mu$, setze $i = i + 1$ und gehe zurück zu 1.

Aus Gl. (4.9) und (4.10) ergeben sich die folgenden Eliminationsvorschriften für die Variationen Δu und $\Delta\mu$ (erneut abhängig vom Wert der Nebenbedingung und des Multiplikators zur Zeit t):

- $g(x_1, u)[t] \neq 0$ oder $g(x_1, u)[t] = 0,\ \mu(t) < 0$ (immer $R(t) \neq 2$):

$$R := \frac{g - \sqrt{g^2 + \mu^2}}{\sqrt{g^2 + \mu^2} - \mu}$$

$$\Delta\mu = -\mu + R \cdot \left[-u - \frac{1}{6}x_1 - \frac{1}{6}\Delta x_1 - \Delta u\right]$$

$$\Delta u = \frac{1}{2 - R}\left[-2u + 4(\lambda_2 + \Delta\lambda_2) - R\left(-u - \frac{1}{6}x_1 - \frac{1}{6}\Delta x_1\right)\right]$$

- $g(x_1, u)[t] = 0,\ \mu(t) > 0$:

$$\Delta u = -\frac{1}{6}\Delta x_1$$

$$\Delta\mu = -2u - \mu + 4(\lambda_2 + \Delta\lambda_2) + \frac{1}{3}\Delta x_1$$

- Ansonsten können die Variationen nicht bestimmt werden.

Der angenäherte Fehler Θ_{approx} setzt sich aus den Gleichungen (4.15) bis (4.18) zusammen, da die linearen Differentialgleichungen exakt erfüllt werden und y nicht berücksichtigt wird. Dabei werden alle Komponenten wiederum über die Diskretisierungsstellen aufsummiert:

$$\Big[\dot{x}_1 + \beta\dot{\Delta x_1} - f_1(x_2 + \beta\Delta x_2)\Big]^2 = [x_2 + \beta\Delta x_2 - (x_2 + \beta\Delta x_2)]^2 = 0$$

$$\begin{aligned}
&\Big[\dot{x}_2 + \beta\dot{\Delta x_2} - f_2(x_1 + \beta\Delta x_1, x_2 + \beta\Delta x_2, u + \beta\Delta u)\Big]^2 \\
&= \big[-x_1 + 1.4x_2 - 0.14x_2^3 + 4u + \beta\left(-\Delta x_1 + 1.4\Delta x_2 - 0.42x_2^2\Delta x_2 + 4\Delta u\right) \\
&\quad - \left(-(x_1 + \beta\Delta x_1) + 1.4(x_2 + \beta\Delta x_2) - 0.14(x_2 + \beta\Delta x_2)^3 + 4(u + \beta\Delta u)\right)\big]^2 \\
&= \big[-0.14x_2^3 - 0.42\beta x_2^2\Delta x_2 + 0.14\left(x_2^3 + 3\beta x_2^2\Delta x_2 + 3\beta^2 x_2\Delta x_2^2 + \beta^3\Delta x_2^3\right)\big]^2 \\
&= 0.14^2\left[3\beta^2 x_2\Delta x_2^2 + \beta^3\Delta x_2^3\right]^2
\end{aligned} \tag{4.15}$$

$$\begin{aligned}
&\Big[\dot{\lambda}_1 + \beta\dot{\Delta\lambda_1} + L_A(x_1 + \beta\Delta x_1, \lambda_2 + \beta\Delta\lambda_2, \mu + \beta\Delta\mu)\Big]^2 \\
&= \left[2x_1 + \lambda_2 + \frac{1}{6}\mu + \beta(2\Delta x_1 + \Delta\lambda_2 + \frac{1}{6}\Delta\mu) - (2x_1 + 2\Delta x_1 + \lambda_2 + \Delta\lambda_2 + \frac{1}{6}\mu + \frac{1}{6}\Delta\mu)\right]^2 = 0
\end{aligned}$$

$$\begin{aligned}
&\Big[\dot{\lambda}_2 + \beta\dot{\Delta\lambda_2} + L_B(x_2 + \beta\Delta x_2, \lambda_1 + \beta\Delta\lambda_1, \lambda_2 + \beta\Delta\lambda_2)\Big]^2 \\
&= \big[-\lambda_1 - 1.4\lambda_2 + 0.42x_2^2\lambda_2 + \beta\left(-\Delta\lambda_1 - 1.4\Delta\lambda_2 + 0.42x_2^2\Delta\lambda_2 + 0.84x_2\lambda_2\Delta x_2\right) \\
&\quad - \left(-(\lambda_1 + \beta\Delta\lambda_1) - 1.4(\lambda_2 + \beta\Delta\lambda_2) + 0.42(x_2 + \beta\Delta x_2)^2(\lambda_2 + \beta\Delta\lambda_2)\right)\big]^2 \\
&= 0.42^2\left[x_2^2\lambda_2 + \beta x_2^2\Delta\lambda_2 + 2\beta x_2\lambda_2\Delta x_2 - (x_2^2 + 2\beta x_2\Delta x_2 + \beta^2\Delta x_2^2)(\lambda_2 + \beta\Delta\lambda_2)\right]^2 \\
&= 0.42^2\left[\beta^2\lambda_2\Delta x_2^2 + 2\beta^2 x_2\Delta x_2\Delta\lambda_2 + \beta^3\Delta x_2^2\Delta\lambda_2\right]^2
\end{aligned} \tag{4.16}$$

$$\begin{aligned}
&L_D(u + \beta\Delta u, \lambda_2 + \beta\Delta\lambda_2, \mu + \beta\Delta\mu)^2 \\
&= [-2u + 4\lambda_2 - \mu + \beta(-2\Delta u + 4\Delta\lambda_2 - \Delta\mu)]^2 = [(-2u + 4\lambda_2 - \mu)(1 - \beta)]^2
\end{aligned} \tag{4.17}$$

$$\begin{aligned}
&\varphi(x_1 + \beta\Delta x_1, u + \beta\Delta u, \mu + \beta\Delta\mu)^2 \\
&= \Big[\sqrt{g(x_1 + \beta\Delta x_1, u + \beta\Delta u)^2 + (\mu + \beta\Delta\mu)^2} - (g(x_1 + \beta\Delta x_1, u + \beta\Delta u) + \mu + \beta\Delta\mu)\Big]^2
\end{aligned} \tag{4.18}$$

Im Gegensatz dazu besteht der exakte Fehler $\Theta_{exakt} = T_1 + T_2$ nur aus zwei Komponenten:

$$\begin{aligned}
T_1 &= L_D(u + \beta\Delta u, \lambda_2, \mu + \beta\Delta\mu)^2 = [-2u + 4\lambda_2 - \mu + \beta(-2\Delta u - \Delta\mu)]^2 \\
T_2 &= \varphi(x_1, u + \beta\Delta u, \mu + \beta\Delta\mu)^2 \\
&= [\sqrt{g(x_1, u + \beta\Delta u)^2 + (\mu + \beta\Delta\mu)^2} - g(x_1, u + \beta\Delta u) - \mu - \beta\Delta\mu]^2
\end{aligned}$$

$$\begin{aligned}
\text{mit: } \dot{x}_1 &= x_2 & x_1(0) &= -5 \\
\dot{x}_2 &= -x_1 + 1.4x_2 - 0.14x_2^3 + 4u + 4\Delta u & x_2(0) &= -5 \\
\dot{\lambda}_1 &= 2x_1 + \lambda_2 + \frac{1}{6}\mu + \frac{1}{6}\Delta\mu & \lambda_1(4.5) &= 0 \\
\dot{\lambda}_2 &= -\lambda_1 - 1.4\lambda_2 + 0.42x_2^2\lambda_2 & \lambda_2(4.5) &= 0
\end{aligned}$$

4.2 Quasilinearisierung

Anders als im FB-Ansatz sind die Änderungen Δu und $\Delta\mu$ hier bestimmt durch Gl. (4.9) und

$$0 = \left(-\frac{1}{6}x_1 - u\right)(\mu + \Delta\mu) + \mu\left(-\frac{1}{6}\Delta x_1 - \Delta u\right)$$

Somit ergeben sich die folgenden Eliminationsvorschriften (erneut abhängig davon, ob die Nebenbedingung aktiv erfüllt wird oder nicht):

- $g(x_1, u)[t] \neq 0,\ \mu(t) + 2g(x_1, u)[t] \neq 0$:

$$\Delta\mu = -\mu\left(1 + \frac{-\frac{1}{6}\Delta x_1 - \Delta u}{g}\right)$$
$$\Delta u = \frac{g}{\mu + 2g}\left[-2u + 4(\lambda_2 + \Delta\lambda_2) - \frac{\mu}{6g}\Delta x_1\right]$$

- $g(x_1, u)[t] = 0,\ \mu(t) \neq 0$:

$$\Delta u = -\frac{1}{6}\Delta x_1$$
$$\Delta\mu = -2u - \mu + 4(\lambda_2 + \Delta\lambda_2) + \frac{1}{3}\Delta x_1$$

- Ansonsten können die Änderungen wiederum nicht bestimmt werden.

Bei der Berechnung der Θ-Fehler ändert sich nur die NB-Komponente, dass heißt, beim angenäherten Fehler Θ_{approx} wird Gl. (4.18) ersetzt durch:

$$\left[\left(-u - \beta\Delta u - \frac{1}{6}x_1 - \frac{1}{6}\beta\Delta x\right)\cdot(\mu + \beta\Delta\mu)\right]^2$$

Während beim exakten Fehler T_2 ersetzt wird durch:

$$\left[\left(-u - \beta\Delta u - \frac{1}{6}x_1\right)\cdot(\mu + \beta\Delta\mu)\right]^2$$

4.3 Überprüfung der Regularitätsbedingung

Um das Nichtverschwinden der Adjungierten zu sichern, sollen die Bedingungen an die optimale Lösung (x^*, u^*) überprüft werden (mit $x = (x_1, x_2, y)$, $\dot{x} = f(x, u) = (f_1(x_1), f_2(x_1, x_2, u), f_3(x_1, u))$, $0 = \psi(x(0), x(1)) = (x_1(0) - 5,\ x_2(0) - 5, y(0))$ und $g(x, u) \geq 0$):

1. $rang(g_u(x^*, u^*)) = dim(g) = 1$, gilt da $g_u \equiv -1$

2. $rang\left(\psi_{x(0)}(x^*(0), x^*(1))\phi(0) + \psi_{x(1)}(x^*(0), x^*(1))\phi(1)\right) = dim(\psi) = 3$
   dabei ist ϕ Lösung des Anfangswertproblemes $\dot{\phi} = f_x(x^*, u^*)\cdot\phi,\quad \phi(0) = I$.
   Diese Bedingung ist erfüllt, da $\psi_{x(0)} = I = \phi(0)$ und $\psi_{x(1)} = 0$ sind.

3. Es existieren ein $\varepsilon > 0$ und $\tilde{u} : [0, 4.5] \to \mathbb{R}$, so dass für fast alle $t \in [0, 4.5]$ gilt:

$$g(x^*, u^*) + g_x\tilde{x} + g_u\tilde{u} \geq \varepsilon$$
$$\dot{\tilde{x}} = f_x(x^*, u^*)\tilde{x} + f_u(x^*, u^*)\tilde{u}$$
$$\psi_{x(0)}\tilde{x}(0) + \psi_{x(1)}\tilde{x}(1) = 0$$

Dies ist erfüllt, wenn $\tilde{u} \equiv -\varepsilon$ verwendet wird. Dann ergibt sich $\tilde{x}$ aus dem Anfangswertproblem:

$$\dot{\tilde{x}}_1 = \tilde{x}_2 \qquad \tilde{x}_1(0) = 0$$
$$\dot{\tilde{x}}_2 = -\tilde{x}_1 + \left[1.4 - 0.42\,(x_2^*)^2\right]\tilde{x}_2 - 4\varepsilon \qquad \tilde{x}_2(0) = 0$$

Die Ungleichungsbedingung $g(x^*, u^*) + g_x\tilde{x} + g_u\tilde{u} = -u^* - \frac{1}{6}x_1^* - \tilde{u} - \frac{1}{6}\tilde{x}_1 \geq \varepsilon$ wäre erfüllt, wenn $\tilde{x}_1 \leq 0$ gilt, denn dann ist:

$$-u^* - \frac{1}{6}x_1^* - \tilde{u} - \frac{1}{6}\tilde{x}_1 \overset{(x^*,u^*)\text{ zulässig}}{\geq} 0 - \tilde{u} - \frac{1}{6}\tilde{x}_1 = \varepsilon - \frac{1}{6}\tilde{x}_1 \geq \varepsilon$$

In Abb. 4.2 ist der Verlauf von $\tilde{x}_1$ für verschiedene ε zu sehen und es zeigt sich, dass $\tilde{x}_1$ immer negativ ist.

Da die Bedingungen 1. - 3. gelten, werden die Mangasarian-Fromowitz-Bedingungen erfüllt, somit ist gesichert, dass $\lambda_1(\cdot)$, $\lambda_2(\cdot)$, $\lambda_3(\cdot)$ und $\mu(\cdot)$ nicht gleichzeitig 0 werden.

4.4 Lösung bei verschiedenen Startwerten

Damit ein Vergleich der beiden Iterationsverfahren erst möglich wurde, musste ein sehr guter Startwert verwendet werden, da die Quasilinearisierung bei allen sonst verwendeten Startwerten abbrach (in Abb. 4.1 ist die optimale Lösung zusammen mit den Startwerten der Iterationen gezeigt).

Wie zuvor wird als Abbruchbedingung benutzt, dass die Norm der Änderung klein genug wird:

$$S(\beta\Delta u, \beta\Delta\mu) = \beta\sum_i \left[|\Delta u(t_i)| + |\Delta\mu(t_i)|\right]$$

oder dass die maximale Iterationsanzahl von 100 erreicht wird. Zum Vergleich der Lösungen wird wiederum der Fehler $R(u,\mu)$ bestimmt, der die maximalen Fehler über allen Diskretisierungspunkten in den einzelnen Komponenten (4.7) und (4.8) addiert:

$$R(u,\mu) = \max_i |-2u(t_i) + 4\lambda_2(t_i) - \mu(t_i)| + \max_i |\varphi(x_1, u, \mu)[t_i]|$$

Die genutzten Iterationsstartwerte u^0 und μ^0 wurden dabei in mehreren Schritten bestimmt:

1. Zu Beginn wird das unrestringierte Problem gelöst.
2. Diese Steuerung erfüllt aber noch nicht die Beschränkungen, so dass sie auf einem ersten Intervall $[0,\tau]$ solange an die Nebenbedingung angepasst wurde, bis dort die NB erfüllt ist.
3. Danach muss die Steuerung auch an die Beschränkung auf dem mittleren Intervall angepasst werden. An dieser Stelle wurde zwischen dem später verwendeten guten und schlechten Startwert variiert, da bei dem guten berücksichtigt wird, dass auf [4.3,4.5] die Steuerung frei ist, während der schlechte Startwert so gewählt wurde, dass die Beschränkung bis zum Ende des Optimierungsintervalls aktiv ist.

Die Multiplikatorfunktion μ wurde meist so gewählt, dass sie überall nicht-negativ ist und dass sie dort, wo sie positiv ist, auch $L_D = 0$ genügt. Durch die Verwendung der unterschiedlichen Startwerte u^0 und μ^0 lassen sich die folgenden Punkte festhalten:

1. Guter u-Startwert

   (a) Guter μ-Startwert ($\mu^0(t_i) = \max\{0, -2u(t_i) + 4\lambda_2(t_i)\}$, Tab. 4.1)

   - Die FB-Iterationen enden meist etwas früher und berechnen immer die bessere Lösung bezüglich R und Θ, nur bei $\Theta_{approx}(\beta_{approx})$ ist der Θ-Wert der QL-Lösung etwas besser.
   - Die Lösungen des QL- und des FB-Ansatzes sind dabei markant, da sie auch dann bestimmt werden, wenn als Iterationsstartwert die Lösung des jeweils anderen Ansatzes verwendet wird (Tab. C.2, C.5 und C.8).
   - Bei $\Theta_{exakt}(\beta_{\max})$ enden die Iterationsverfahren erst mit dem Erreichen der maximalen Iterationsanzahl. Dabei steigt nach dem dritten Iterationsschritt der Θ-Wert meist an, während R bis zum Ende sinkt. Bei $\Theta_{exakt}(\beta_{opt})$ tritt am Anfang das gleiche Verhalten auf, aber hier werden kurz vor dem Ende der Iteration wieder größere Schrittweiten bestimmt, was dazu führt, dass das Abbruchkriterium $S \leq$ 1E-04 aktiv wird.
   - Werden die exakten Differentialgleichungen für die Variationen anstelle der linearen Approximation verwendet, ergeben sich diese aus:

   $$\Delta\dot{x}_2 = -\Delta x_1 + 1.4\Delta x_2 - 0.14\left(3x_2^2\Delta x_2 + 3x_2\Delta x_2^2 + \Delta x_2^3\right) + 4\Delta u \tag{4.19}$$

   $$\Delta\dot{\lambda}_2 = -\Delta\lambda_1 - 1.4\Delta\lambda_2 + 0.42\lambda_2\Delta x_2(2x_2 + \Delta x_2) + 0.42\Delta\lambda_2(x_2 + \Delta x_2)^2 \tag{4.20}$$

   In Tab. 4.4 sind die Ergebnisse der Iterationen unter Verwendung der exakten Differentialgleichungen für Δx_2 und $\Delta\lambda_2$ zusammengefasst. Im Vergleich zu den vorherigen Iterationen enden die Verfahren nun meist nach weniger Schritten. Dafür bestimmen sie oft die etwas schlechteren Lösungen und benötigen meist mehr Zeit für jeden Iterationsschritt. Aber auch hier zeigt sich wieder, dass die FB-Lösungen deutlich besser als die QL-Lösungen sind.
   - Wird bei den $\Theta_{exakt}(\beta_{opt})$-Iterationen die Norm zur Bestimmung von Θ_{exakt} variiert, ändern sich die Ergebnisse der Iterationen nur wenig (Tab. 4.5). Dabei erzeugen sowohl die 1-Norm als auch die Maximum-Norm sogar bessere Lösungen bei weniger Iterationsschritten als die 2-Norm, die sonst immer verwendet wird. Wobei zu erwarten ist, dass die Maximum-Norm die beste Lösung bezüglich R liefert, da in diesem Fall $R = \Theta_{exakt}$ minimiert wird.
   - Wird bei dem $\Theta_{exakt}(\beta_{opt})$-Ansatz der zulässige Bereich der Schrittweiten auf $[-1, 1]$ erweitert, werden mehrmals negative Schrittweiten bestimmt, wodurch sich insbesondere die QL-Lösung deutlich verbessert (Tab. C.24).

   (b) Schlechter μ-Startwert ($\mu \equiv 1$, Tab. 4.3)

   - Alle FB-Iterationen enden nun früher als zuvor, wobei dies für die $\Theta_{exakt}(\beta_{\max})$-Iteration erst nach 99 Schritten (und damit dem letzten vor der maximalen Iterationsanzahl) gilt.
   - Dabei verbessert sich die $\Theta_{exakt}(\beta_{opt})$-Lösung etwas, während sich die von $\Theta_{exakt}(\beta_{\max})$ minimal verschlechtert. Einzig bei $\Theta_{approx}(\beta_{approx})$ ändert sich die Lösung nicht.
   - Bei der Quasilinearisierung brechen alle Verfahren bis auf $\Theta_{exakt}(\beta_{opt})$ ab, das nun schneller eine bessere Lösung liefert.

2. Schlechteres u^0 und $\mu^0(t_i) = \max\{0.1, -2u(t_i) + 4\lambda_2(t_i)\}$ (Tab. 4.2)

   - Der QL-Ansatz berechnet hier eine deutlich schlechtere Lösung als zuvor (die Beschränkung ist aktiv auf $[4.3, 4.5]$, mit negativen $\mu(t_i)$ auf dem Intervall, siehe Abb. 4.5), was sich auch in den deutlich schlechteren R-Werten zeigt, während Θ_{approx} unverändert bleibt.
   - Die FB-Lösungen stimmen mit denen aus 1. überein und werden meist sogar schneller bestimmt.

3. Sehr schlechte Startwerte ($u^0 \equiv 0$, $\mu^0 \equiv 1$, Tab. 4.6): Hier kann nur der FB-Ansatz betrachtet werden, da die Quasilinearisierung immer im ersten Iterationsschritt abbrach.

   (a) Verwendung der Minimalschrittweite $\left(\frac{1}{2}\right)^4$:
   In diesem Fall bestimmt keine Iteration die korrekte Lösung. Bei Θ_{approx} konvergiert das Verfahren überhaupt nicht und weist große Sprünge in den Fehlern auf. Im Gegensatz dazu kommt die $\Theta_{exakt}(\beta_{\max})$-Iteration zwar in die Nähe der optimalen Lösung, endet aber nicht vor dem Erreichen der maximalen Iterationsanzahl. Noch schlechter ist das Verhalten bei $\Theta_{exakt}(\beta_{opt})$, da hier das Verfahren ganz abbricht.

   (b) Verwendung der Minimalschrittweite $\left(\frac{1}{2}\right)^6$:
   Bei Θ_{approx} konvergiert das Verfahren nun innerhalb von 48 Schritten. Dagegen bricht die $\Theta_{exakt}(\beta_{\max})$-Iteration nach 10 Schritten ab. Bei $\Theta_{exakt}(\beta_{opt})$ bricht das Verfahren nicht mehr ab, aber es stoppt erst mit dem Erreichen der maximalen Iterationsanzahl, wobei die Zwischenlösung aus dem 36. Iterationsschritt die deutlich kleinsten R- und Θ_{exakt}-Werte aller Durchläufe dieses Kapitels aufweist.

4.5 Zusammenfassung

Insgesamt lässt sich feststellen, dass beide Iterationsverfahren in der Lage sind, eine Näherungslösung zu bestimmen. Dabei benötigt die Quasilinearisierung aber einen sehr guten Startwert und liefert eine schlechtere Lösung als der Fischer-Burmeister-Ansatz.

Die Vergrößerung der Minimalschrittweite im Vergleich zum letzten Kapitel wirkte sich zum Teil positiv aus. So endete die Iterationsverfahren mit Θ_{exakt} nun öfter vor dem Erreichen der maximalen Iterationsanzahl, dabei wurde kurz vor dem Ende wieder mit der Maximalschrittweite gerechnet (und nicht durchweg mit der minimalen wie zuvor). Aber bei der Verwendung des sehr schlechten Startwertes konvergierten die Iterationsverfahren dann nicht mehr, sondern erst als die Minimalschrittweite wieder auf $\left(\frac{1}{2}\right)^6$ verkleinert wurde.

Daneben lies sich noch feststellen, dass der Übergang zu den exakten Differentialgleichungen für die Variationen keine besseren Lösungen erzeugte. Dafür verringerte sich die Anzahl der benötigten Iterationsschritte. Da aber gleichzeitig mehr Zeit für jeden Schritt notwendig war, erscheint es nicht sinnvoll, weiter mit den exakten Differentialgleichungen zu arbeiten und stattdessen (wie zuvor) nur die linear-approximierten zu verwenden.

Die Variation der Norm zur Bestimmung von Θ_{exakt} lieferte sowohl minimal bessere Lösungen als auch eine schnellere Konvergenz.

Bei den berechneten Lösungen beider Verfahren stört, dass an der Stelle $t = 4.3$ die Nebenbedingung aktiv ist, obwohl gleichzeitig ein negatives $\mu(4.3)$ bestimmt wird. Dabei ist der Fehler in diesem Punkt bei der Quasilinearisierung deutlich größer als beim FB-Ansatz (s. Abb. 4.4).

Erstaunlich sind aber auch die relativ großen R-Werte der Lösungen, die im Folgenden untersucht werden sollen, da sie für die optimale Steuerung und Multiplikator eigentlich 0 sein sollten. In Abb. 4.3 sind die beiden Fehlerkomponenten der optimalen Lösungen und der Lösungen mit besseren Θ_{exakt}-Werten zu sehen. Dabei erfüllen die optimalen Lösungen immer die Nebenbedingung (bis auf $t = 4.3$), wodurch $\varphi = 0$ ist. Dafür weisen sie sehr große Werte in der L_D-Komponente auf, die wiederum bei den Zwischenlösungen mit kleinerem Θ_{exakt} deutlich verringert werden. Dafür verletzten diese die Nebenbedingung, wodurch $|\varphi|$ deutlich größer wird. Da diese Werte von φ aber noch unter der L_D-Komponente der optimalen Lösung liegen, verschlechtert sich Θ_{exakt}, obwohl das gewünschte Resultat eintritt, dass die Nebenbedingung immer erfüllt wird. So verbessert sich das Konvergenzverhalten, wenn bei dem exakten Fehler die zweite Komponente noch mit 100 multipliziert wird (bei β_{opt}, Tab. C.25). Dabei verkürzt sich die FB-Iteration sehr stark (von 48 auf 8 Schritte), während bei der Quasilinearisierung nur ein kleiner Effekt zu verzeichnen ist.

Das qualitative Verhalten der Fehlerkomponente L_D hängt dabei nicht von der Diskretisierungsfeinheit ab (s. Abb. 4.6), einzig die Höhe des Maximums bei $t = 2.2$ verringert sich dann.

Zum Vergleich der optimalen Lösung habe ich Θ_{exakt} über (u, μ) mit einem direkten Ansatz minimiert und dabei war festzustellen, dass die so bestimmte Lösung nicht mit der aus dem Iterationsverfahren übereinstimmte (Abb. 4.8). Außerdem entstand eine eher chaotische Fehlerfunktion (Abb. 4.3) und es wurde kein deutlich geringeres Θ oder R erzeugt. Stattdessen war Θ_{exakt} mit 0.029 bei einer Zwischenlösung aus Tab. C.23 sogar deutlich geringer.

Werden die $\Theta(\beta)$-Funktionen der Lösung aus dem Iterationsverfahren betrachtet, zeigt sich erneut, dass der exakte Fehler nicht weiter verkleinert werden kann (Abb. 4.9). Bei der Zwischenlösung mit dem kleinsten Θ_{exakt}-Wert steigt er meist sogar deutlich an. Dabei ist er nicht mehr monoton wachsend, da immer wieder Ausreißer nach unten auftreten. So bleibt das Optimierungsverfahren in diesem Beispiel auch in der Schrittweite $\beta = 0.61$ stehen, da dort ein lokales Minimum vorliegt, während das globale Minimum bei 0 liegt (Abb. 4.9).

Da die optimale Schaltstruktur bekannt ist, kann auch die exakte Lösung bestimmt werden (NB aktiv: $u^* = -\frac{1}{6}x_1$, $\mu^* = 4\lambda_2 + \frac{1}{3}x_1$, NB nicht aktiv: $u^* = 2\lambda_2$, $\mu^* = 0$). Nutzt man diese Vorschriften kann das Randwertproblem (4.1) - (4.5) gelöst werden, um so die exakten u und μ zu bestimmen.

Werden diese Funktionen an den Diskretisierungsstellen ausgewertet und dazwischen wiederum linear interpoliert, können damit $(x_1, x_2, \lambda_1, \lambda_2)$ bestimmt werden. Dann tritt der charakteristische Fehler aber erneut auf (s. Abb. 4.7), so dass davon auszugehen ist, dass er der Näherungslösung innewohnt. Er kann aber deutlich verringert werden, wenn eine Spline-Interpolation an stelle der linearen verwendet wird. Dabei ist festzustellen, dass zwischen der linearen und der Spline-Interpolation der größte Unterschied in λ_2 besteht (was sich wiederum direkt auf $L_D = -2u + 4\lambda_2 - \mu$ auswirkt). Somit ist davon auszugehen, dass der Fehler in L_D vor allem durch die lineare Interpolation der gesuchten Größen u und μ entsteht.

Insgesamt lässt sich aber auch festhalten, dass es problematisch ist, bei der gewählten linearen Interpolation Θ_{exakt} zu minimieren, da hier die Lösung aus den Iterationsverfahren nicht die Θ_{exakt}-minimale Lösung ist.

Θ	β	Ansatz	$R(u^{opt}, \mu^{opt})$	$y^{opt}(4.5)$	Θ^{opt}	Iterationen	Nr. (im Anhang)
Θ_{approx}	β_{approx}	QL	0,3610	-44,8086	1,41E-06	10	C.1
		FB	0,3124	-44,8087	1,56E-06	18	
Θ_{exakt}	β_{opt}	QL	0,3602	-44,8087	2,2835	46	C.7
		FB	0,3123	-44,8087	1,7837	48	
Θ_{exakt}	$\beta_{\max}$	QL	0,3651	-44,8085	2,3549	100	C.4
		FB	0,3125	-44,8087	1,7858	100	

Tabelle 4.1: Vergleich der Ergebnisse bei Verwendung des besseren Startwertes – die QL-Iterationen enden meist etwas früher als die FB-Ansätze, berechnen dabei aber die etwas schlechteren Lösungen.

Θ	β	Ansatz	$R(u^{opt}, \mu^{opt})$	$y^{opt}(4.5)$	Θ^{opt}	Iterationen	Nr.
Θ_{approx}	β_{approx}	QL	0,6163 (-)	-44,8090 (-)	1,41E-06	10	C.3
		FB	0,3124	-44,8087	1,56E-06	9 (+)	
Θ_{exakt}	β_{opt}	QL	0,6155 (-)	-44,8090 (-)	2,2902 (-)	40 (+)	C.9
		FB	0,3119 (+)	-44,8087	1,7795 (+)	100 (-)	
Θ_{exakt}	$\beta_{\max}$	QL	0,6217 (-)	-44,8090 (-)	2,3707 (-)	100	C.6
		FB	0,3121 (+)	-44,8087	1,7820 (+)	100	

Tabelle 4.2: Vergleich der Ergebnisse bei Verwendung des schlechteren Startwertes (dabei stehen (-) für einen schlechteren und (+) für einen besseren Wert als in Tab. 4.1) – der FB-Ansatz benötigt nun meist weniger Iterationen und berechnet trotzdem die etwas besseren Lösungen als zuvor, während die Qualität der QL-Lösung deutlich abnimmt.

Θ	β	Ansatz	$R(u^{opt}, \mu^{opt})$	$y^{opt}(4.5)$	Θ^{opt}	Iterationen	Nr. (im Anhang)
Θ_{approx}	β_{approx}	QL	**Abbruch**				C.10
		FB	0,3124	-44,8087	1,56E-06	14 (+)	
Θ_{exakt}	β_{opt}	QL	0,3581 (+)	-44,8087	2,2887 (+)	10 (+)	C.11
		FB	0,3123	-44,8087	1,7828 (+)	9 (+)	
Θ_{exakt}	$\beta_{\max}$	QL	**Abbruch**				C.12
		FB	0,3126 (-)	-44,8087	1,7878 (-)	99 (+)	

Tabelle 4.3: Vergleich der Ergebnisse bei Verwendung des besseren Startwertes mit $\mu^0 \equiv 1$ (dabei stehen (-) für einen schlechteren und (+) für einen besseren Wert als in Tab. 4.1) – die QL-Iterationen brechen meist ab, während alle FB-Ansätze konvergieren.

Θ	β	Ansatz	$R(u^{opt}, \mu^{opt})$	$y^{opt}(4.5)$	Θ^{opt}	Iterationen	Nr.
Θ_{approx}	β_{approx}	QL	0,3614 (-)	-44,8086	1,41E-06	10	C.13
		FB	0,3131 (-)	-44,8087	1,57E-06 (-)	10 (+)	
Θ_{exakt}	β_{opt}	QL	0,3614 (-)	-44,8086 (+)	2,2994 (-)	10 (+)	C.15
		FB	0,3126 (-)	-44,8087	1,7872 (-)	12 (+)	
Θ_{exakt}	$\beta_{\max}$	QL	0,3667 (-)	-44,8085	2,3691 (-)	100	C.14
		FB	0,3138 (-)	-44,8086 (+)	1,7993 (-)	100	

Tabelle 4.4: Vergleich der Ergebnisse bei Verwendung der exakten Differentialgleichungen für die Variationen Δx_2 und $\Delta\lambda_2$ gemäß Gl. (4.19) und (4.20) (dabei stehen (-) für einen schlechteren und (+) für einen besseren Wert als in Tab. 4.1) – die Iterationen enden meist deutlich früher, berechnen dabei aber die etwas schlechteren Lösungen.

Norm	Ansatz	$R(u^{opt}, \mu^{opt})$	$y^{opt}(4.5)$	Θ^{opt}	Iterationen	Nr. (im Anhang)
1-Norm	QL	0,3599	-44,8087	10,7468	38	C.16
	FB	0,3120	-44,8087	9,4856	17	
2-Norm	QL	0,3602	-44,8087	2,2835	46	C.7
	FB	0,3123	-44,8087	1,7837	48	
Maximum-Norm	QL	0,3600	-44,8087	0,3504	43	C.17
	FB	0,3121	-44,8087	0,3121	34	

Tabelle 4.5: Vergleich der Ergebnisse bei Verwendung von $\Theta_{exakt}(\beta_{opt})$ bei verschiedenen Normen – die QL-Iterationen benötigen meist länger und bestimmen immer die schlechteren Lösungen.

$\beta \geq$	Θ	β	$R(u^{opt}, \mu^{opt})$	Θ^{opt}	Iterationen	Nr. (im Anhang)
$\left(\frac{1}{2}\right)^4$	Θ_{approx}	β_{approx}	19,4573	2433,0000	100	C.18
	Θ_{exakt}	$\beta_{\max}$	0,3120	1,7812	100	C.19
	Θ_{exakt}	β_{opt}	**Abbruch**			C.20
$\left(\frac{1}{2}\right)^6$	Θ_{approx}	β_{approx}	0,3123	1,60E-06	48	C.21
	Θ_{exakt}	$\beta_{\max}$	**Abbruch**			C.22
	Θ_{exakt}	β_{opt}	0,2288	0,8436	100	C.23

Tabelle 4.6: Vergleich der Ergebnisse bei Verwendung des sehr schlechten Startwertes $u^0 \equiv 0,\ \mu^0 \equiv 1$ bei verschiedenen Minimalschrittweiten – nur bei $\Theta_{approx}(\beta_{approx})$ und $\beta \geq \left(\frac{1}{2}\right)^6$ konvergiert das Iterationsverfahren.

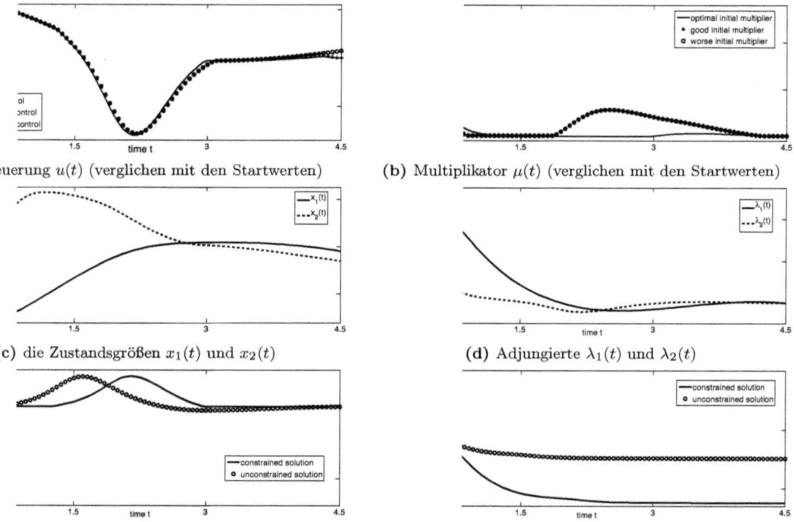

(a) Steuerung $u(t)$ (verglichen mit den Startwerten)

(b) Multiplikator $\mu(t)$ (verglichen mit den Startwerten)

(c) die Zustandsgrößen $x_1(t)$ und $x_2(t)$

(d) Adjungierte $\lambda_1(t)$ und $\lambda_2(t)$

(e) die Nebenbedingung $g(x_1(t), u(t))$ (im Vergleich der optimalen restringierten und der unrestringierten Lösungen)

(f) die Zielfunktion $y(t)$ (im Vergleich der optimalen restringierten und der unrestringierten Lösungen)

Abbildung 4.1: Die optimale Lösung des Rayleigh-Problems mit den Iterationsstartwerten aus 1. a) und 2., die sich in der Steuerung auf [4.3,4.5] unterscheiden und minimal im Multiplikator μ auf dem freien Stück [1.3,3], wo der bessere Startwert verschwindet, der schlechtere aber etwas größer als 0 ist.

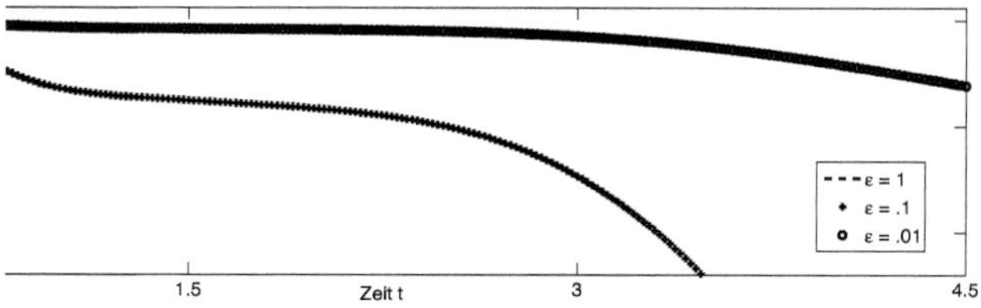

Abbildung 4.2: Für verschiedene ε ist $\tilde{x}_1$ immer negativ (darüber hinaus sogar streng monoton fallend).

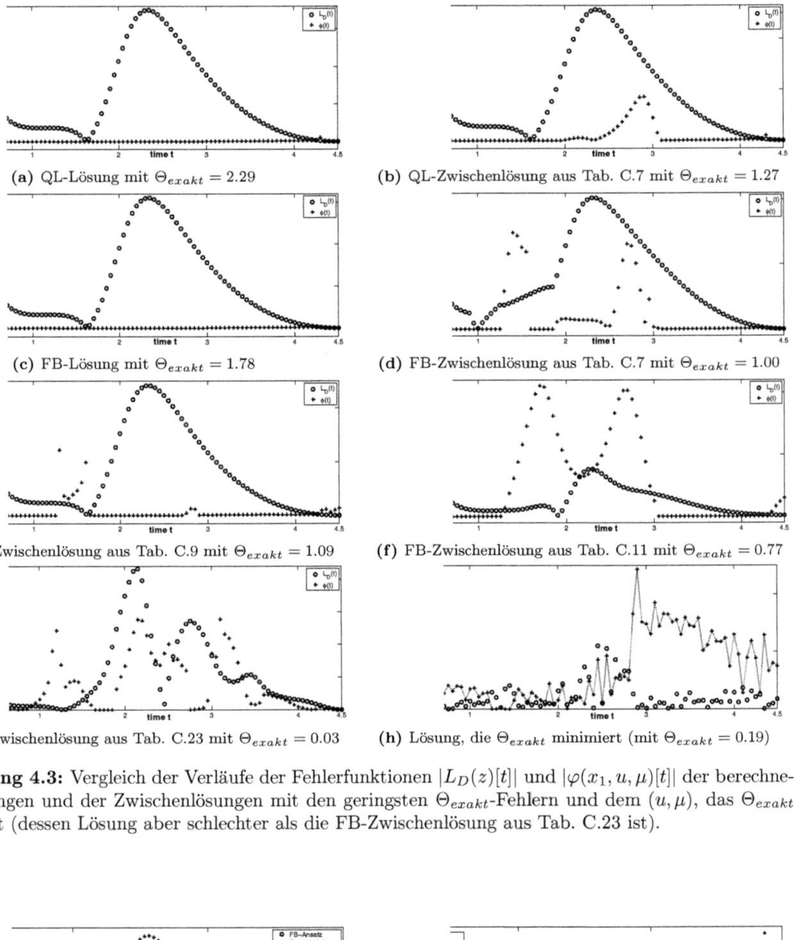

(a) QL-Lösung mit $\Theta_{exakt} = 2.29$

(b) QL-Zwischenlösung aus Tab. C.7 mit $\Theta_{exakt} = 1.27$

(c) FB-Lösung mit $\Theta_{exakt} = 1.78$

(d) FB-Zwischenlösung aus Tab. C.7 mit $\Theta_{exakt} = 1.00$

(e) FB-Zwischenlösung aus Tab. C.9 mit $\Theta_{exakt} = 1.09$

(f) FB-Zwischenlösung aus Tab. C.11 mit $\Theta_{exakt} = 0.77$

(g) FB-Zwischenlösung aus Tab. C.23 mit $\Theta_{exakt} = 0.03$

(h) Lösung, die Θ_{exakt} minimiert (mit $\Theta_{exakt} = 0.19$)

Abbildung 4.3: Vergleich der Verläufe der Fehlerfunktionen $|L_D(z)[t]|$ und $|\varphi(x_1, u, \mu)[t]|$ der berechneten Lösungen und der Zwischenlösungen mit den geringsten Θ_{exakt}-Fehlern und dem (u, μ), das Θ_{exakt} minimiert (dessen Lösung aber schlechter als die FB-Zwischenlösung aus Tab. C.23 ist).

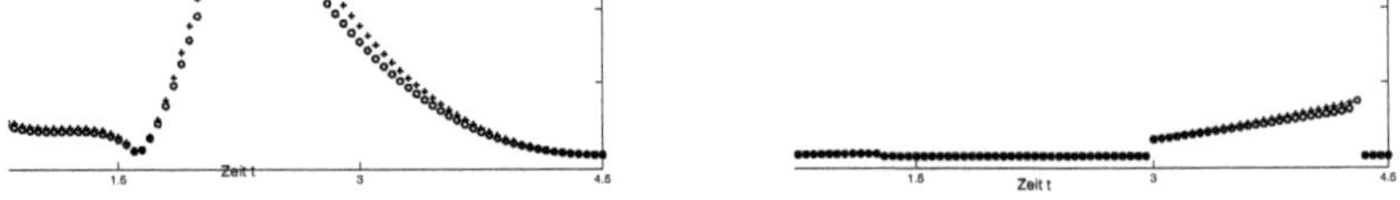

(a) die Fehlerkomponente $|L_D(z)|$

(b) die Fehlerkomponente $|\varphi(x_1, u, \mu)|$

Abbildung 4.4: Vergleich der Qualität der Lösungen aus der Quasilinearisierung und dem FB-Ansatz – die FB-Lösung ist in beiden Komponenten besser.

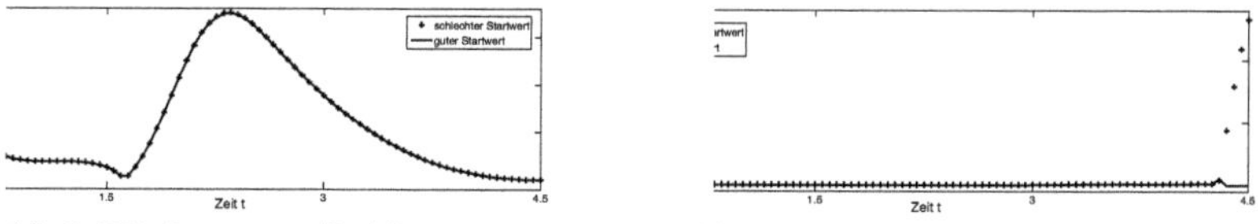

(a) die Fehlerkomponente $|L_D(z)|$ (b) die Fehlerkomponente $|\varphi(x_1, u, \mu)|$

Abbildung 4.5: Vergleich der Qualität der Lösungen aus der Quasilinearisierung bei Verwendung des schlechteren Startwertes (Tab. C.3) – beide Lösungen unterscheiden sich nur in der Nebenbedingungskomponente φ in dem gestörten Intervall [4.3,4.5], da hier die QL-Lösung aus dem schlechteren Startwert die NB verletzt.

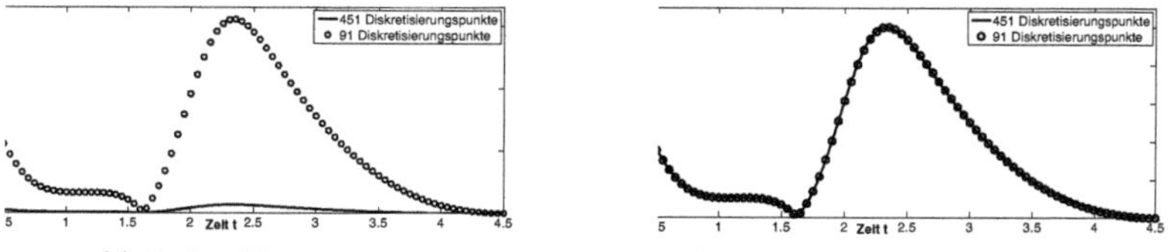

(a) absolute Werte (b) skaliert auf Maximum = 1

Abbildung 4.6: Die Fehlerkomponente $|L_D(z)[t]|$ der berechneten Lösungen (unter Verwendung von Θ_{approx} und β_{approx}) für verschiedene Diskretisierungsfeinheiten. Offensichtlich verringert sich der Fehler zwar absolut, das qualitative Verhalten ändert sich aber nicht.

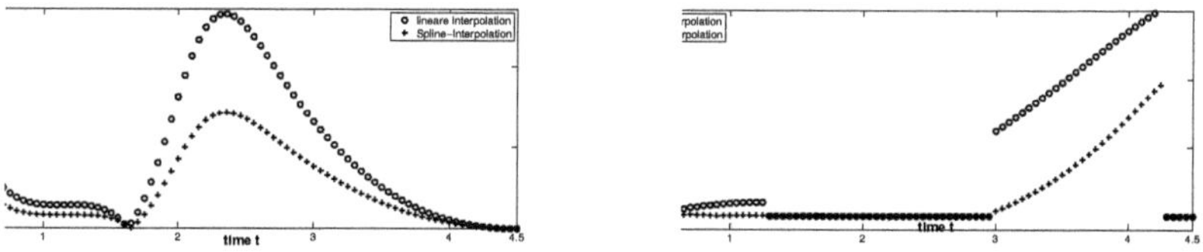

(a) die Fehlerkomponente $|L_D(z)|$ (b) die Fehlerkomponente $|\varphi(x_1, u, \mu)|$

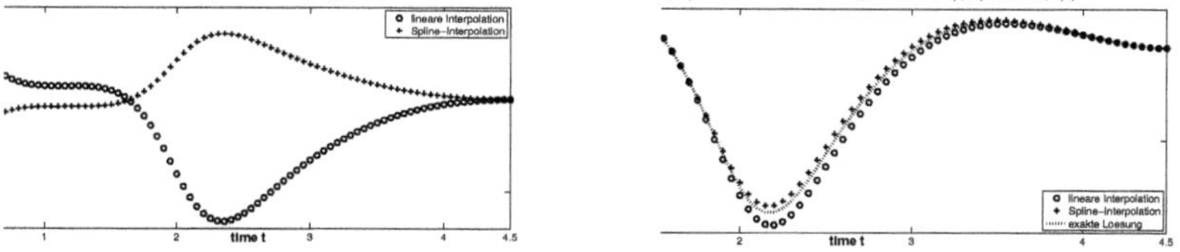

(c) die Differenz zwischen den berechneten λ_2 und dem exakten λ_2 (d) die berechneten Adjungierten λ_2 unterscheiden sich vor allem zwischen 2 und 2.5 von der exakten Lösung

Abbildung 4.7: Die Fehlerkomponenten $|L_D(z)[t]|$ und $|\varphi(x_1, u, \mu)[t]|$ der linear- und der Spline-interpolierten Lösung – mit der Spline-Interpolation kann ein deutlich geringerer Fehler erzeugt werden. Dabei unterscheiden sich die berechneten Lösungen vor allem in λ_2 und da am stärksten im Intervall $[2, 2.5]$, also dort wo der größte Fehler erzeugt wird.

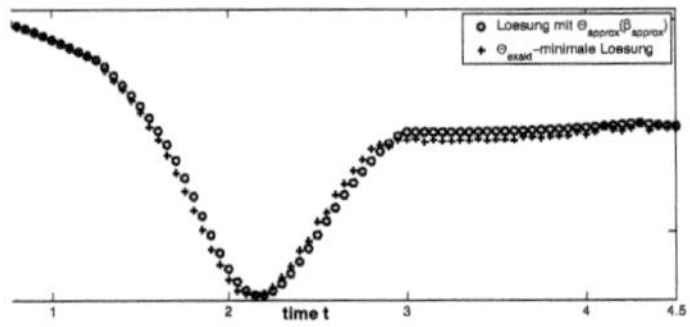

(a) die Steuerung $u(t)$

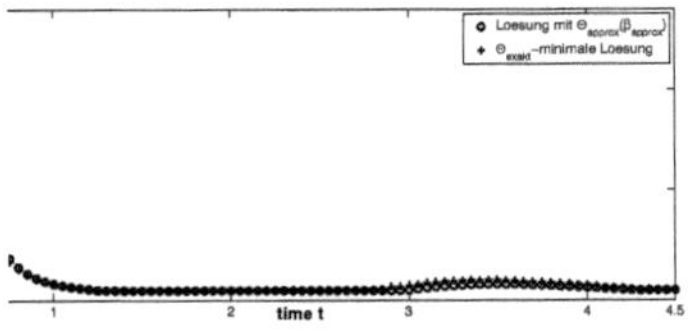

(b) der Multiplikator $\mu(t)$

Abbildung 4.8: Vergleich der Lösung aus dem Iterationsverfahren (Kreise) mit der Lösung, die Θ_{exakt} minimiert (Kreuze) - beide unterscheiden sich deutlich.

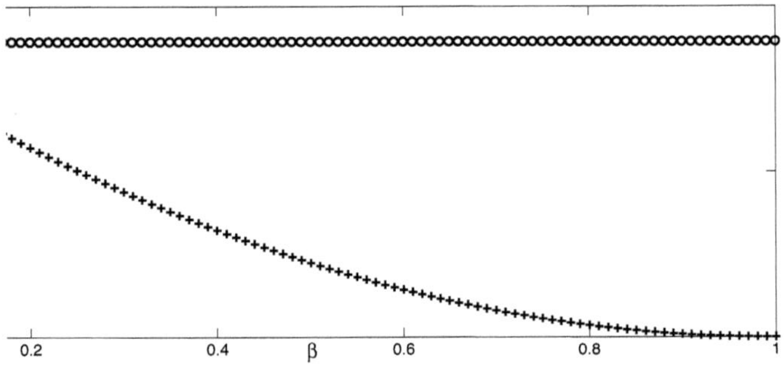

(a) die $\Theta(\beta)$-Fehler der Lösung

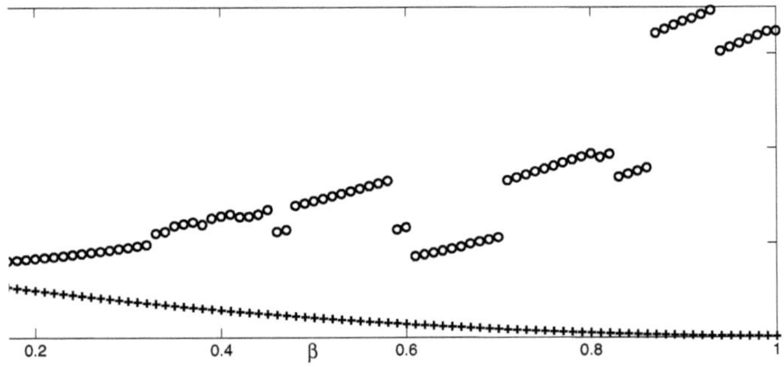

(b) die $\Theta(\beta)$-Fehler der FB-Zwischenlösung aus Tab. C.11 mit $\Theta_{exakt}(0) = 0.77$

Abbildung 4.9: Vergleich des angenäherten und des exakten Θ-Fehlers bei der FB-Lösung und dem Zwischenergebnis aus dem FB-Ansatz aus Tab. C.11 mit $\Theta_{exakt}(0) = 0.77$ (also einem kleineren Θ_{exakt}-Wert) - in beiden Fällen ist Θ_{exakt} meist ansteigend, während Θ_{approx} monoton fallend ist und sein Minimum bei $\beta = 1$ annimmt. Bei der Zwischenlösung fällt auf, dass Θ_{exakt} nicht permanent wächst, sondern immer wieder kleinere lokale Minimas aufweist, in denen das Optimierungsverfahren unter Umständen stehen bleiben kann. So wurde in diesem Beispiel die Schrittweite 0,6082 berechnet, obwohl das globale Minimum bei 0 liegt.

Kapitel 5

Minimum-Energy-Problem

Ein Ausbau des vorgestellten Iterationsverfahrens für reine Zustandsbeschränkungen ist nicht ohne Weiteres möglich. Daher soll in diesem Kapitel das Minimum-Energy-Problem bearbeitet werden, da hier die exakten optimalen Lösungen bestimmt werden können, so dass ein Vergleich der numerischen mit der exakten Lösungen möglich wird. Die Komplementaritätsbedingungen werden an dieser Stelle nur zur Überprüfung der Optimalität der bestimmten Lösung verwendet, daher wird auf den Fischer-Burmeister-Ansatz verzichtet.

5.1 Ohne Zustandsbeschränkung

5.1.1 Problemstellung

Folgende Aufgabe soll vorerst ohne Zustandsbeschränkung gelöst werden:

$$\max_u -\frac{1}{2}\int_0^1 u(t)^2 dt \tag{5.1}$$

$$\text{mit:} \quad \dot{x}(t) = v(t) \qquad x(0) = x(1) = 0 \tag{5.2}$$

$$\dot{v}(t) = u(t) \qquad v(0) = 1,\ v(1) = -1 \tag{5.3}$$

Dazu kann die Lagrange-Funktion L aufgestellt werden (mit $a = (a_1, a_2)$ und $c = (c_1, c_2)$):

$$L(a, b, c) = c_1 \cdot a_2 + c_2 \cdot b - \frac{1}{2}b^2$$

Seien $x(\cdot), v(\cdot), u(\cdot)$ optimal, dann existieren stückweise absolut stetige Funktionen $\lambda_x(\cdot), \lambda_v(\cdot) : [0,1] \to \mathbb{R}$, so dass für fast alle $t \in [0,1]$ gilt:[1]

$$\dot{x}(t) = L_{c_1}(z)[t] = v(t) \qquad x(0) = x(1) = 0 \tag{5.4}$$

$$\dot{v}(t) = L_{c_2}(z)[t] = u(t) \qquad v(0) = 1,\ v(1) = -1 \tag{5.5}$$

$$\dot{\lambda}_x(t) = -L_{a_1}(z)[t] = 0 \tag{5.6}$$

$$\dot{\lambda}_v(t) = -L_{a_2}(z)[t] = -\lambda_x(t) \tag{5.7}$$

$$0 = L_b(z)[t] = \lambda_v(t) - u(t) \tag{5.8}$$

Da die Zustandsfunktionen am Anfang und am Ende vorgegeben sind, werden zwei Parameter für die Startwerte der Adjungierten $\nu_1 := \lambda_x(0)$ und $\nu_2 := \lambda_v(0)$ benötigt.

[1] Die Argumente der Lagrange-Funktion werden zusammengefasst zu $z := (x, v, u, \lambda_x, \lambda_v)$

5.1.2 Analytische Lösung

Unter Nutzung der Gleichungsbedingung $u = \lambda_v$ aus (5.8) ergibt sich die optimale Lösung durch Integration des Differentialgleichungssystemes (5.4) - (5.7):

$$\begin{aligned}
\lambda_x(t) &= c_1 \\
\lambda_v(t) &= -c_1 t + c_2 \\
v(t) &= -\frac{1}{2} c_1 t^2 + c_2 t + c_3 \\
x(t) &= -\frac{1}{6} c_1 t^3 + \frac{1}{2} c_2 t^2 + c_3 t + c_4
\end{aligned}$$

Dabei ergeben sich die 4 Unbekannten c_1, c_2, c_3, c_4 aus den Randbedingungen:

$$x(0) = 0 \qquad x(1) = 0 \qquad v(0) = 1 \qquad v(1) = -1$$

mit:

$$c_1 = 0 \qquad c_2 = -2 \qquad c_3 = 1 \qquad c_4 = 0$$

Somit folgt:

$$u^{opt} \equiv -2 \qquad \nu_1^{opt} = 0 \qquad \nu_2^{opt} = -2$$

5.1.3 Lösung mit der Quasilinearisierung

Das Iterationsverfahren ist wie folgt aufgebaut (mit $\nu = (\nu_1, \nu_2)$):

0. Bestimme Startwerte u^0 und ν^0.
1. Löse das Anfangswertproblem (5.4) - (5.7) in $(x, v, \lambda_x, \lambda_v)$ zu den Anfangswerten $x(0) = 0$, $v(0) = 1$, $\lambda_x(0) = \nu_1$, $\lambda_v(0) = \nu_2$.
2. Überprüfe den Fehler $R(u, \nu)$ in der Gleichungs- und den Randbedingungen:

$$R(u, \nu) = \max_i |\lambda_v(t_i) - u(t_i)| + |x(1)| + |v(1) + 1|$$

3. Falls $R(u, \nu)$ nicht gering genug ist, führe Variationen Δz ein, so dass gilt

$$\begin{aligned}
\dot{\Delta x} &= \Delta v & \Delta x(0) &= 0 & (5.9)\\
\dot{\Delta v} &= \Delta u & \Delta v(0) &= 0 & (5.10)\\
\dot{\Delta \lambda}_x &= 0 & \Delta\lambda_x(0) &= \Delta\nu_1 & (5.11)\\
\dot{\Delta \lambda}_v &= -\Delta\lambda_x & \Delta\lambda_v(0) &= \Delta\nu_2 & (5.12)\\
\dot{\Delta \nu}_1 &= 0 & 0 &= \Delta x(1) + x(1) & (5.13)\\
\dot{\Delta \nu}_2 &= 0 & -1 &= \Delta v(1) + v(1) & (5.14)
\end{aligned}$$

Mit der Gleichung

$$0 = \lambda_v + \Delta\lambda_v - u - \Delta u$$

kann Δu aus (5.10) eliminiert werden. Insgesamt ergeben sich 10 Randbedingungen und Differentialgleichungen $(x, v, \lambda_x, \lambda_v, \Delta x, \Delta v, \Delta\lambda_x, \Delta\lambda_v, \Delta\nu_1, \Delta\nu_2)$. Aus der Lösung des 2-Punkt-Randwertproblemes können $\Delta\lambda_V$ und damit Δu berechnet werden.

4. Gehe mit $u = u + \Delta u$, $\nu_1 = \nu_1 + \Delta\nu_1$ und $\nu_2 = \nu_2 + \Delta\nu_2$ zurück zu 1.

Das Iterationsverfahren arbeitet sehr gut und berechnet bereits in einem Schritt die optimale Lösung (Tab. D.1). Die Lösung ist in Abb. 5.1 zu sehen und stimmt mit der analytischen Lösung überein.

5.2 Das restringierte Problem mit 2 Umschaltpunkten

Das Minimum-Energy-Problem wird erst durch das Einfügen einer Obergrenze A des Zustandes $x(t)$ interessant. Dabei bestimmt der Wert der Zustandsbeschränkung $x(t) \leq A$, ob die Beschränkung auf einem ganzen Intervall oder nur in einem Punkt aktiv wird. In diesem Abschnitt soll vorerst der Fall einer echten Berührextremale betrachtet werden, so dass die Beschränkung auf $[\tau_1, \tau_2]$ mit $\tau_1 < \tau_2$ aktiv wird. Dies ist immer dann der Fall, wenn $A < \frac{1}{6}$ ist.
Die zustandsbeschränkte Optimalsteuerungsaufgabe lautet dann:

$$\max_u -\frac{1}{2}\int_0^1 u(t)^2 dt \tag{5.15}$$

$$\dot{x}(t) = v(t) \qquad x(0) = x(1) = 0 \tag{5.16}$$

$$\dot{v}(t) = u(t) \qquad v(0) = 1,\ v(1) = -1 \tag{5.17}$$

$$h(x(t)) = A - x(t) \geq 0 \qquad 0 \leq A < \frac{1}{6} \tag{5.18}$$

Da die Zustandsbeschränkung nicht von der Steuerung abhängt, wird sie solange nach der Zeit abgeleitet, bis die Steuerung explizit auftritt (hier zwei Mal):

$$h^2(u(t)) = \frac{\mathrm{d}^2}{\mathrm{d}t^2} h(x(t)) = -\frac{\mathrm{d}}{\mathrm{d}t}(\dot{x}(t)) = -\frac{\mathrm{d}}{\mathrm{d}t} v(t) = -\dot{v}(t) = -u(t)$$

Dann kann die Lagrange-Funktion L aufgestellt werden (mit $a = (a_1, a_2)$ und $c = (c_1, c_2)$):

$$L(a,b,c,d) = c_1 \cdot a_2 + c_2 \cdot b - \frac{1}{2}b^2 + d \cdot h^2(b) = c_1 \cdot a_2 + c_2 \cdot b - \frac{1}{2}b^2 - d \cdot b$$

Seien $x(\cdot), v(\cdot), u(\cdot)$ optimal, dann existieren stückweise absolut stetige Funktionen $\lambda_x(\cdot), \lambda_v(\cdot) : [0,1] \to \mathbb{R}$ und die stückweise stetige Funktion $\mu(\cdot) : [0,1] \to \mathbb{R}$, so dass für fast alle $t \in [0,1]$ gilt:[2]

$$\dot{x}(t) = L_{c_1}(z)[t] = v(t) \qquad x(0) = x(1) = 0 \tag{5.19}$$

$$\dot{v}(t) = L_{c_2}(z)[t] = u(t) \qquad v(0) = 1,\ v(1) = -1 \tag{5.20}$$

$$\dot{\lambda_x}(t) = -L_{a_1}(z)[t] = 0 \tag{5.21}$$

$$\dot{\lambda_v}(t) = -L_{a_2}(z)[t] = -\lambda_x(t) \tag{5.22}$$

$$0 = L_b(z)[t] = \lambda_v(t) - u(t) - \mu(t) \tag{5.23}$$

$$0 = -\mu(t)u(t) \qquad \mu(t) \geq 0 \tag{5.24}$$

Aufgrund der Randwerte von x ist von der folgenden Lösungsstruktur auszugehen (in Abb. 5.1 ist die Lösung für $A = 0.1$ zu sehen):

1. Auf $[0, \tau_1]$ ist die Beschränkung nicht aktiv, da $x(0) = 0 < A$ ist

2. Auf $[\tau_1, \tau_2]$ ist die Beschränkung aktiv, dass heißt, es gilt $x(t) \equiv A$. Dies setzt voraus, dass A hinreichend klein ist. Aus der analytischen Lösung kann man herleiten, dass dies der Fall ist, wenn $A < \frac{1}{4}$, wobei der Fall mit zwei paarweise verschiedenen Umschaltpunkten nur bei $A < \frac{1}{6}$ auftreten kann.

3. Auf $[\tau_2, 1]$ ist die Beschränkung wieder nicht aktiv, damit $x(1) = 0 < A$ erreicht werden kann.

[2] Die Argumente der Lagrange-Funktion werden zusammengefasst zu $z := (x, v, u, \lambda_x, \lambda_v, \mu)$.

5.2.1 Analytische Lösung

Die Steuerung ergibt sich aus Gl. (5.23) mit $u = \lambda_v - \mu$. Auf $[\tau_1, \tau_2]$ ist $x(t) \equiv A$, somit folgt $\dot{x}(t) = v(t) \equiv 0$, dass heißt, auch v ist konstant, woraus sich $\dot{v}(t) = u(t) \equiv 0$ ergibt.

Da $\lambda_v(t)$ linear ist (konstante erste Ableitung), folgt, dass $\mu(t)$ im Intervall mit aktiver Nebenbedingung auch linear sein muss. Somit gilt

$$\mu(t) = \begin{cases} 0 & x(t) < A \\ M_1 t + M_2 & x(t) = A \end{cases}$$

Zur Bestimmung der optimalen Lösung genügt es, dass λ_x und λ_v nur in τ_1 mit $\lambda_x(\tau_1^+) = \lambda_x(\tau_1^-) + p_1$ und $\lambda_v(\tau_1^+) = \lambda_v(\tau_1^-) + p_2$ einen Sprung aufweisen (aber nicht in τ_2). Dann ergibt sich die parametrisierte Lösung durch Integration des Differentialgleichungssystemes[3]:

$$\lambda_x(t) = \begin{cases} c_1 & 0 \le t < \tau_1 \\ c_1 + d_1 & \tau_1 \le t \le 1 \end{cases}$$

$$\lambda_v(t) = \begin{cases} -c_1 t + c_2 & 0 \le t < \tau_1 \\ -(c_1 + d_1)t + d_2 & \tau_1 \le t \le 1 \end{cases}$$

$$v(t) = \begin{cases} -\frac{1}{2}c_1 t^2 + c_2 t + c_3 & 0 \le t < \tau_1 \\ -\frac{1}{2}(c_1 + d_1 + M_1)t^2 + (d_2 - M_2)t + d_3 & \tau_1 \le t < \tau_2 \\ -\frac{1}{2}(c_1 + d_1)t^2 + d_2 t + e_2 & \tau_2 \le t \le 1 \end{cases}$$

$$x(t) = \begin{cases} -\frac{1}{6}c_1 t^3 + \frac{1}{2}c_2 t^2 + c_3 t + c_4 & 0 \le t < \tau_1 \\ -\frac{1}{6}(c_1 + d_1 + M_1)t^3 + \frac{1}{2}(d_2 - M_2)t^2 + d_3 t + d_4 & \tau_1 \le t < \tau_2 \\ -\frac{1}{6}(c_1 + d_1)t^3 + \frac{1}{2}d_2 t^2 + e_2 t + e_3 & \tau_2 \le t \le 1 \end{cases}$$

Die unbekannten Parameter sind durch die folgenden Punktbedingungen festgelegt:

$$\begin{array}{llll} 0 = x(0) & 0 = x(1) & 1 = v(0) & -1 = v(1) \\ A = x(\tau_1^-) & A = x(\tau_1^+) & A = x(\tau_2^-) & A = x(\tau_2^+) \\ 0 = v(\tau_1^-) & 0 = v(\tau_1^+) & 0 = v(\tau_2^-) & 0 = v(\tau_2^+) \end{array}$$

Der bislang unbekannte Umschaltpunkt τ_1 ergibt sich aus der Stetigkeit der Lagrange-Funktion:

$$\begin{aligned} 0 &= L(z)[\tau_1^-] - L(z)[\tau_1^+] \\ &= \lambda_x(\tau_1^-)v(\tau_1) + \lambda_v(\tau_1^-)u(\tau_1^-) - \frac{1}{2}u(\tau_1^-)^2 - \mu(\tau_1^-)u(\tau_1^-) \\ &\quad - \left[\lambda_x(\tau_1^+)v(\tau_1) + \lambda_v(\tau_1^+)u(\tau_1^+) - \frac{1}{2}u(\tau_1^+)^2 - \mu(\tau_1^+)u(\tau_1^+)\right] \\ &= \lambda_v(\tau_1^-)u(\tau_1^-) - \frac{1}{2}u(\tau_1^-)^2 - \lambda_v(\tau_1^+)u(\tau_1^+) + \frac{1}{2}u(\tau_1^+)^2 + \mu(\tau_1^+)u(\tau_1^+) \\ &= \frac{1}{2}(\lambda_v(\tau_1^-))^2 - \frac{1}{2}\left[\lambda_v(\tau_1^+) - \mu(\tau_1^+)\right] = (\lambda_v(\tau_1^-))^2 \end{aligned}$$

[3]Die Einschränkung, dass die Adjungierten nur in τ_1 Sprünge haben, ist nicht einschränkend. Löst man die Aufgabe mit zusätzlichen Sprüngen bei τ_2, zeigt sich, dass diese Sprünge mit 0 berechnet werden.

Analog ergibt sich für den zweiten Umschaltpunkt τ_2 die folgende Bedingung:

$$0 = L(z)[\tau_2^-] - L(z)[\tau_2^+] = \ldots = (\lambda_v(\tau_2^+))^2$$

Somit ergibt sich ein Gleichungssystem in den 14 Unbekannten mit der einzigen Lösung:

$c_1 = \frac{-2}{9A^2}$	$c_2 = \frac{-2}{3A}$	$c_3 = 1$	$c_4 = 0$
$d_1 = \frac{4}{9A^2}$	$d_2 = \frac{2-6A}{9A^2}$	$d_3 = 0$	$d_4 = A$
$e_2 = \frac{6A-9A^2-1}{9A^2}$	$e_3 = \frac{27A^2-9A+1}{27A^2}$	$M_1 = \frac{-2}{9A^2}$	$M_2 = \frac{2-6A}{9A^2}$
$\tau_1 = 3A$	$\tau_2 = 1 - 3A$		

Für den Multiplikator μ folgt

$$\mu(t) = \begin{cases} \frac{1}{9A^2}(-2t + 2 - 6A) & 3A \leq t \leq 1 - 3A \\ 0 & \text{sonst} \end{cases}$$

Damit ist gesichert, dass $\mu \geq 0$ gilt. Die Anfangswerte und Sprünge der Adjungierten sind:

$$\nu_1^{opt} = -\frac{2}{9A^2} \qquad \nu_2^{opt} = -\frac{2}{3A} \qquad p_1^{opt} = \frac{2}{4A^2} \qquad p_2^{opt} = \frac{2-12A}{3A}$$

Damit $\tau_1 < \tau_2$ gilt, folgt außerdem die Bedingung $A < \frac{1}{6}$.

5.2.2 Lösung mit der Quasilinearisierung

Folgendes Iterationsverfahren bei festen τ_1 und τ_2 wird genutzt (mit $\nu = (\nu_1, \nu_2)$, $p = (p_1, p_2)$):

0. Bestimme Startwerte u^0, μ^0, ν^0 und p^0.

1. Löse das 4-Punkt-Randwertproblem für $(x, v, \lambda_x, \lambda_v)$ aus (5.19) - (5.22) unter Verwendung von u, ν, p (4 Anfangswerte, 2 Sprünge bei den Adjungierten und 2 Stetigkeitsbedingungen bei τ_1, sowie 4 Stetigkeitsbedingungen bei τ_2).

2. Bestimme den Fehler $R(u, \mu, \nu, p)$ der Lösung:

$$R(u, \mu, \nu, p) = \max_i |\lambda_v(t_i) - u(t_i) - \mu(t_i)| + \max_i |\mu(t_i)[A - x(t_i)]| + |x(1)| + |v(1) + 1|$$

3. Falls $R(u, \mu, \nu, p)$ nicht ausreichend klein ist, führe Variationen Δz ein, so dass gilt:

$$0 = \lambda_v + \Delta\lambda_v - u - \Delta u - \mu - \Delta\mu \tag{5.25}$$
$$0 = -(\mu + \Delta\mu)\, u - \mu\Delta u \tag{5.26}$$
$$\dot{\Delta x} = \Delta v \tag{5.27}$$
$$\dot{\Delta v} = \Delta u \tag{5.28}$$
$$\dot{\Delta\lambda}_v = -\Delta\lambda_x \tag{5.29}$$
$$\dot{\Delta\lambda}_x = \dot{\Delta\nu}_1 = \dot{\Delta\nu}_2 = \dot{\Delta p}_1 = \dot{\Delta p}_2 = 0 \tag{5.30}$$

Wobei die Gleichungen (5.25) und (5.26) wiederum benutzt werden, um Δu und $\Delta\mu$ aus dem Differentialgleichungssystem (5.27) - (5.30) zu eliminieren, dessen Lösung bestimmt wird durch die folgenden Punktbedingungen:

$$
\begin{aligned}
0 &= \Delta x(0) & 0 &= \Delta x(1) + x(1) \\
0 &= \Delta v(0) & -1 &= \Delta v(1) + v(1) \\
A &= \Delta x(\tau_1^-) + x(\tau_1^-) & A &= \Delta x(\tau_1^+) + x(\tau_1^+) \\
A &= \Delta x(\tau_2^-) + x(\tau_2^-) & A &= \Delta x(\tau_2^+) + x(\tau_2^+) \\
0 &= \Delta v(\tau_2^+) + v(\tau_2^+) & 0 &= \Delta v(\tau_1^-) + v(\tau_1^-) \\
\Delta\lambda_x(0) &= \Delta\nu_1 & \Delta\lambda_v(0) &= \Delta\nu_2 \\
\Delta\lambda_x(\tau_1^+) &= \Delta\lambda_x(\tau_1^-) + \Delta p_1 & \Delta\lambda_v(\tau_1^+) &= \Delta\lambda_v(\tau_1^-) + \Delta p_2
\end{aligned}
$$

Hinzukommen Stetigkeitsbedingungen bei τ_1 (von $\Delta\nu_1$, $\Delta\nu_2$, Δp_1, Δp_2) und bei τ_2 (von $\Delta\lambda_x$, $\Delta\lambda_v$, $\Delta\nu_1$, $\Delta\nu_2$, Δp_1, Δp_2). Somit muss ein 4-Punkt-Randwertproblem mit 12 Differentialgleichungen $(x, v, \lambda_x, \lambda_v, \Delta x, \Delta v, \Delta\lambda_x, \Delta\lambda_v, \Delta\nu_1, \Delta\nu_2, \Delta p_1, \Delta p_2)$ und 36 Punktbedingungen (12 Bedingungen in Schritt 1, 14 Bedingungen an die Variationen und 10 Stetigkeitsbedingungen) gelöst werden.

4. Aus der Lösung des Randwertproblemes können die neuen Größen $u = u + \Delta u$, $\mu = \mu + \Delta\mu$, $\nu_1 = \nu_1 + \Delta\nu_1$, $\nu_2 = \nu_2 + \Delta\nu_2$, $p_1 = p_1 + \Delta p_1$, $p_2 = p_2 + \Delta p_2$ bestimmt werden, mit denen zu 1. zurück gegangen wird

Das Iterationsverfahren setzt voraus, dass τ_1 und τ_2 bekannt sind. Sollen die exakten Umschaltpunkte mit im Iterationsverfahren bestimmt werden, können die Bedingungen $0 = \lambda_v(\tau_1^-) + \Delta\lambda_v(\tau_1^-)$ und $0 = \lambda_v(\tau_2^+) + \Delta\lambda_v(\tau_2^+)$ benutzt werden, um Änderungen $\Delta\tau_1$ und $\Delta\tau_2$ zu bestimmen. Dafür wird erneut eine Taylorentwicklung erster Ordnung um die bekannten Stellen τ_1 bzw. τ_2 vorgenommen:

$$
\begin{aligned}
0 &= \lambda_v(\tau_1^- + \Delta\tau_1) + \Delta\lambda_v(\tau_1^- + \Delta\tau_1) \approx \lambda_v(\tau_1^-) + \Delta\lambda_v(\tau_1^-) + \left[\frac{d\lambda_v}{dt}(\tau_1^-) + \frac{d\Delta\lambda_v}{dt}(\tau_1^-)\right]\Delta\tau_1 \\
&= \lambda_v(\tau_1^-) + \Delta\lambda_v(\tau_1^-) - \left[\lambda_x(\tau_1^-) + \Delta\lambda_x(\tau_1^-)\right]\Delta\tau_1 \qquad (5.31) \\
0 &= \lambda_v(\tau_2^+ + \Delta\tau_2) + \Delta\lambda_v(\tau_2^+ + \Delta\tau_2) \approx \lambda_v(\tau_2^+) + \Delta\lambda_v(\tau_2^+) + \left[\frac{d\lambda_v}{dt}(\tau_2^+) + \frac{d\Delta\lambda_v}{dt}(\tau_2^+)\right]\Delta\tau_2 \\
&= \lambda_v(\tau_2^+) + \Delta\lambda_v(\tau_2^+) - \left[\lambda_x(\tau_2^+) + \Delta\lambda_x(\tau_2^+)\right]\Delta\tau_2 \qquad (5.32)
\end{aligned}
$$

Im obigen Algorithmus ist dann nur wenig zu ändern. So werden zusätzlich im ersten Schritt τ_1^0 und τ_2^0 vorgegeben und bei 4. werden $\Delta\tau_1$ und $\Delta\tau_2$ gemäß Gl. (5.31) bzw. (5.32) aus der Lösung des Randwertproblemes bestimmt, während der Fehler $R(u, \mu, \nu, p)$ nun auch noch von τ_1 und τ_2 abhängt.

Das Diskretisierungsgitter von u und μ muss außerdem in jedem Iterationsschritt an die neue Schaltstruktur angepasst werden. Dabei wird stets $[0, t_2, \ldots, t_9, \tau_1, \tau_1, t_{12}, \ldots, t_{19}, \tau_2, \tau_2, t_{22}, \ldots, t_{29}, 1]$ verwendet, wobei an den Umschaltpunkten zwischen dem rechts- und linksseitigen Grenzwert unterschieden wird. Die Teilintervalle $[0, \tau_1]$, $[\tau_1, \tau_2]$ und $[\tau_2, 1]$ haben jeweils 10 Stützpunkte, die immer äquidistant gewählt werden.

Wird in einem Iterationsschritt der Bereich mit aktiver NB $[\tau_1, \tau_2]$ ausgeweitet, kann es zu Problemen bei μ kommen, da $\Delta\mu(t_i) = 0$ gilt, wenn $\mu(t_i) = 0$. Daher muss gegebenenfalls $\mu(t_i) := 1$ für $t_i \in [\tau_1, \tau_2]$ gesetzt werden.

In Tab. D.2 – D.4 sind drei Beispielrechnungen zu sehen. Dabei ist festzustellen, dass das Iterationsverfahren immer schnell gegen die richtigen Werte von τ_1 und τ_2 konvergiert, wobei das Iterationsverfahren aber nur in der Lage ist, das Intervall $[\tau_1, \tau_2]$ zu vergrößern. Das heißt, es konvergiert nur, wenn mit Werten innerhalb des optimalen Intervalls $[\tau_1, \tau_2]$ gestartet wird.

5.3 Das restringierte Problem mit einem Berührpunkt

Im Fall $\frac{1}{6} \le A \le \frac{1}{4}$ tritt nicht wie zuvor ein ganzes Intervall mit aktiver Nebenbedingung auf, sondern die Beschränkung wird nur im Punkt $\tau = \frac{1}{2}$ aktiv. Die notwendigen Bedingungen (5.19) - (5.24) ändern sich dahingehend, dass der Multiplikator $\mu(t)$ nun nur an der Stelle τ ungleich 0 ist und es durch die reelle Zahl ω ersetzt wird. Die Lagrange-Funktion L ergibt sich wie im unrestringierten Fall.
Seien $x(\cdot), v(\cdot), u(\cdot)$ optimal, dann existieren stückweise absolut stetige Funktionen $\lambda_x(\cdot), \lambda_v(\cdot) : [0,1] \to \mathbb{R}$ und die reelle Zahl ω, so dass für fast alle $t \in [0,1]$ gilt:[4]

$$\dot{x}(t) = L_{c_1}(z)[t] = v(t) \qquad x(0) = x(1) = 0 \tag{5.33}$$
$$\dot{v}(t) = L_{c_2}(z)[t] = u(t) \qquad v(0) = 1,\ v(1) = -1 \tag{5.34}$$
$$\dot{\lambda}_x(t) = -L_{a_1}(z)[t] = 0 \tag{5.35}$$
$$\dot{\lambda}_v(t) = -L_{a_2}(z)[t] = -\lambda_x(t) \tag{5.36}$$
$$0 = L_b(z)[t] = \lambda_v(t) - u(t) \tag{5.37}$$
$$0 = \omega[A - x(\tau)] \qquad \omega \ge 0 \qquad A - x(\tau) \ge 0 \tag{5.38}$$
$$\lim_{t\to\tau^-} \lambda_x(t) = \lim_{t\to\tau^+} \lambda_x(t) + \frac{\partial h}{\partial x}\omega = \lim_{t\to\tau^+} \lambda_x(t) - \omega \tag{5.39}$$

Aus Bedingung (5.39) ist ersichtlich, dass ω an die Stelle des vorher verwendeten Sprungparameters p_1 tritt. Um die bisherige Schreibweise beibehalten zu können, wird nachfolgend p_1 anstelle von ω verwendet.

5.3.1 Analytische Lösung

Die Aufgabe lässt sich durch Integration des Differentialgleichungssystemes (5.33) - (5.36) und Bestimmung der Unbekannten mit Hilfe der Punktbedingungen lösen, wobei $u = \lambda_v$ gemäß Gl. (5.37) gilt:

$$\lambda_x(t) = \begin{cases} c_1 & 0 \le t < \tau \\ c_1 + d_1 & \tau \le t \le 1 \end{cases}$$
$$\lambda_v(t) = \begin{cases} -c_1 t + c_2 & 0 \le t < \tau \\ -(c_1 + d_1)t + d_2 & \tau \le t \le 1 \end{cases}$$
$$v(t) = \begin{cases} -\frac{1}{2}c_1 t^2 + c_2 t + c_3 & 0 \le t < \tau \\ -\frac{1}{2}(c_1 + d_1)t^2 + d_2 t + d_3 & \tau \le t \le 1 \end{cases}$$
$$x(t) = \begin{cases} -\frac{1}{6}c_1 t^3 + \frac{1}{2}c_2 t^2 + c_3 t + c_4 & 0 \le t < \tau \\ -\frac{1}{6}(c_1 + d_1)t^3 + \frac{1}{2}d_2 t^2 + d_3 t + d_4 & \tau \le t \le 1 \end{cases}$$

Dabei sind die acht Parameter $c_1, \dots, d_4$ so zu bestimmen, so dass gilt:

$$\begin{array}{ll} 0 = x(0) & 0 = x(1) \\ 1 = v(0) & -1 = v(1) \\ A = x(\tau^-) & A = x(\tau^+) \end{array}$$

Da $x(t)$ in τ ein Maximum annimmt, folgt dass $\dot{x}(\tau) = v(\tau) = 0$ gilt. Zusammen mit der Stetigkeit von v wird das System der Punktbedingungen erweitert um:

$$0 = v(\tau^-) \qquad 0 = v(\tau^+)$$

Die Lösung des resultierenden linearen Gleichungssystemes bei $\tau = \frac{1}{2}$ ist:

$$\begin{array}{llll} c_1 = 96A - 24 & c_2 = 24A - 8 & c_3 = 1 & c_4 = 0 \\ d_1 = -192A + 48 & d_2 = -72A + 16 & d_3 = 24A - 5 & d_4 = -4A + 1 \end{array}$$

[4] Die Argumente der Lagrange-Funktion werden zusammengefasst zu $z := (x, v, u, \lambda_x, \lambda_v)$.

Der Sprungparameter $p_1 = d_1$ ergibt sich mit $48 - 192A$, dass heißt, er ist nur dann positiv, wenn $A \leq \frac{1}{4}$ gilt. Somit kann es nicht optimal sein, wenn die Beschränkung bei $A > \frac{1}{4}$ aktiv wird. Soll zusätzlich τ bestimmt werden, liefert die Stetigkeit der Lagrange-Funktion in τ die Bedingung $u(\tau^-)^2 = u(\tau^+)^2$, so dass zwei Fälle betrachtet werden müssen.

1. u ist stetig in τ, dann ist auch λ_v stetig, dass heißt, das System der Punktbedingungen wird erweitert um $\lambda_v(\tau^-) = \lambda_v(\tau^+)$. Das - nun nicht mehr lineare - Gleichungssystem in den 9 Parametern $c_1, \ldots, d_4, \tau$ hat im Bereich der reellen Zahlen nur die obige Lösung und liefert das gewünschte $\tau = \frac{1}{2}$.

2. Ändert u sein Vorzeichen in τ, springt λ_v mit $\lambda_v(\tau^-) = -\lambda_v(\tau^+)$. Wird diese Punktbedingung benutzt, ergeben sich zwei Lösungen, die beide nicht zulässig sind, da x zwei Maxima aufweist, die beide größer als A sind.

5.3.2 Lösung mit der Quasilinearisierung

Im Iterationsverfahren ändert sich nur wenig gegenüber dem letzten Abschnitt:

0. Bestimme Startwerte u^0, $\nu^0 = (\nu_1^0, \nu_2^0)$ und p_1^0.

1. Löse das Anfangswertproblem für $(x, v, \lambda_x, \lambda_v)$ aus (5.33) - (5.36) unter Verwendung von u, ν, p_1 und der Stetigkeit in τ von x, v und λ_v.

2. Bestimme den Fehler der Lösung:

$$R(u, \nu, p_1) = \max_i |\lambda_v(t_i) - u(t_i)| + |p_1 [A - x(\tau)]| + |x(1)| + |v(1) + 1|$$

3. Falls $R(u, \nu, p)$ nicht ausreichend klein ist, werden Variationen Δz eingeführt, so dass gilt:

$$\Delta u = \lambda_v + \Delta\lambda_v - u \tag{5.40}$$
$$\Delta\dot{x} = \Delta v \tag{5.41}$$
$$\Delta\dot{v} = \Delta u \tag{5.42}$$
$$\Delta\dot{\lambda}_v = -\Delta\lambda_x \tag{5.43}$$
$$\Delta\dot{\lambda}_x = \Delta\dot{\nu}_1 = \Delta\dot{\nu}_2 = \Delta\dot{p}_1 = 0 \tag{5.44}$$

Hinzu kommen die folgenden Punktbedingungen:

$0 = \Delta x(0)$	$0 = \Delta x(1) + x(1)$	$0 = \Delta v(0)$
$-1 = \Delta v(1) + v(1)$	$A = \Delta x(\tau^-) + x(\tau^-)$	$A = \Delta x(\tau^+) + x(\tau^+)$
$\Delta\lambda_x(0) = \Delta\nu_1$	$\Delta\lambda_v(0) = \Delta\nu_2$	$\Delta\lambda_x(\tau^+) = \Delta\lambda_x(\tau^-) + \Delta p_1$

und Stetigkeitsbedingungen in τ an Δv, $\Delta\nu_1$, $\Delta\nu_2$, Δp_1. Aus dem 3-Punkt-Randwertproblem wird Δu wiederum mit Gl. (5.40) eliminiert. Da bislang bei 11 Differentialgleichungen nur 21 Punktbedingungen (8 Bedingungen in Schritt 2, 9 Bedingungen an die Variationen und 4 Stetigkeitsbedingungen) gestellt wurden, kann gewählt werden, welche der folgenden Bedingungen benutzt wird (es kann aber nur **eine** verwendet werden!):

(a) $\Delta\lambda_v$ stetig in τ

(b) $v(\tau^-) + \Delta v(\tau^-) = 0$

4. Aus der Lösung des Randwertproblemes können die neuen Größen $u = u + \Delta u$, $\nu_1 = \nu_1 + \Delta\nu_1$, $\nu_2 = \nu_2 + \Delta\nu_2$, $p_1 = p_1 + \Delta p_1$ bestimmt werden, mit den zu 1. zurück gegangen wird

Wird $\tau = \frac{1}{2}$ exakt vorgegeben, spielt es keine Rolle, welche der beiden Alternativen (a) oder (b) genutzt wird. Dabei konvergiert das Verfahren wie im unrestringierten Fall innerhalb eines Schrittes gegen die korrekte Lösung (Tab. D.5). Andernfalls ergeben sich zwei Möglichkeiten den Schaltpunkt τ im Iterationsverfahren zu bestimmen, wobei sich in der Praxis gezeigt hat, dass der Wert der Nebenbedingung A darüber entscheidet, welche Variante besser geeignet ist.

1. Wird $\Delta\lambda_v$ stetig in τ im Iterationsverfahren genutzt, ergibt sich $\Delta\tau$ aus:

$$\begin{aligned} 0 = v(\tau^- + \Delta\tau) + \Delta v(\tau^- + \Delta\tau) &\approx v(\tau^-) + \Delta v(\tau^-) + \left[\dot{v}(\tau^-) + \dot{\Delta v}(\tau^-)\right] \Delta\tau \\ &= v(\tau^-) + \Delta v(\tau^-) + \left[u(\tau^-) + \Delta u(\tau^-)\right] \Delta\tau \end{aligned}$$

Dieser Ansatz scheint nur für $0.195 \leq A \leq 0.25$ zu funktionieren (Tab. D.6 + D.8), während das Verfahren für kleinere A anstatt zu konvergieren zwischen 2 verschiedenen τ springt. Dabei ist festzustellen, dass sich die Konvergenz deutlich verbessert, je größer A wird.

2. Wird $v(\tau^-) + \Delta v(\tau^-) = 0$ im Iterationsverfahren genutzt, ergibt sich $\Delta\tau$ aus:

$$\begin{aligned} 0 &= \lambda_v(\tau^- + \Delta\tau) + \Delta\lambda_v(\tau^- + \Delta\tau) - \lambda_v(\tau^+ + \Delta\tau) - \Delta\lambda_v(\tau^+ + \Delta\tau) \\ &\approx \lambda_v(\tau^-) + \Delta\lambda_v(\tau^-) - \lambda_v(\tau^+) - \Delta\lambda_v(\tau^+) + \left[\dot{\lambda}_v(\tau^-) + \dot{\Delta\lambda}_v(\tau^-) - \dot{\lambda}_v(\tau^+) - \dot{\Delta\lambda}_v(\tau^+)\right] \Delta\tau \\ &= \lambda_v(\tau^-) + \Delta\lambda_v(\tau^-) - \lambda_v(\tau^+) - \Delta\lambda_v(\tau^+) - \left[\lambda_x(\tau^-) + \Delta\lambda_x(\tau^-) - \lambda_x(\tau^+) - \Delta\lambda_x(\tau^+)\right] \Delta\tau \end{aligned}$$

Dieses Vorgehen scheint nur für $\frac{1}{6} \leq A \leq 0.195$ zu der Lösung zu führen (Tab. D.7 + D.9), da das Verfahren für größere A τ außerhalb des zulässigen Bereiches $[0, 1]$ berechnet. Dabei wird die Konvergenz immer besser, je kleiner A gewählt wird.

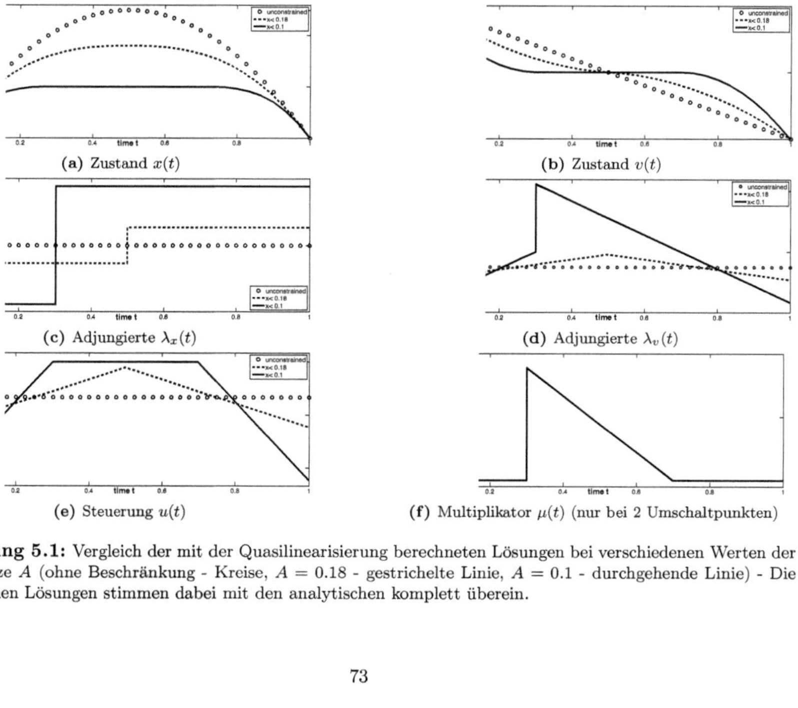

(a) Zustand $x(t)$ (b) Zustand $v(t)$ (c) Adjungierte $\lambda_x(t)$ (d) Adjungierte $\lambda_v(t)$ (e) Steuerung $u(t)$ (f) Multiplikator $\mu(t)$ (nur bei 2 Umschaltpunkten)

Abbildung 5.1: Vergleich der mit der Quasilinearisierung berechneten Lösungen bei verschiedenen Werten der Obergrenze A (ohne Beschränkung - Kreise, $A = 0.18$ - gestrichelte Linie, $A = 0.1$ - durchgehende Linie) - Die numerischen Lösungen stimmen dabei mit den analytischen komplett überein.

Kapitel 6

Optimale HIV-Behandlung

In diesem Kapitel soll ein Modell zur optimalen Behandlung einer HIV-Infektion untersucht werden, das Diana John in ihrer Diplomarbeit [10] bearbeitet hat und das zu erst bei Joshi [11] veröffentlicht wurde. Dabei wird zwischen den T-Zellen und den Viruszellen unterschieden, deren Konzentration im Blut mit $T(t)$ bzw. $V(t)$ bezeichnet werden. Die zeitliche Entwicklung der beiden Konzentrationen wird mit dem Differentialgleichungssystem aus Gl. (6.1) und (6.2) beschrieben.

Die Konzentration der T-Zellen wächst dichteunabhängig mit der Rate S_1, während sie sich abhängig von der Dichte der Viren und der T-Zellen verringert. Zusätzlich kann die Produktion der T-Zellen durch die Gabe eines Medikamentes angeregt werden, wobei die Intensität dieser Zuführung die Steuerung $u_1(t)$ sein soll. Für die Dosierung dieses Medikamentes gibt es enge Grenzen, so gilt $0 \leq u_1(t) \leq 0.02$.

Die Virenkonzentration wächst dichteabhängig und verringert sich abhängig von den T-Zellen und den Viren. Das Wachstum kann durch die Gabe eines zweiten Medikamentes verlangsamt werden, wobei die Dosierung $u_2(t)$ den deutlichen größeren Zulässigkeitsbereich mit $0 \leq u_2(t) \leq 0.9$ hat.

Als zu maximierendes Zielfunktional wird das Zeitintegral über der Konzentration der T-Zellen genommen, hinzukommen Strafterme für die Medikamente, da diese den Körper schädigen.

Insgesamt soll die folgende Aufgabe gelöst werden:

$$\int_0^{t_f} f_0(T(t), u_1(t), u_2(t))dt = \int_0^{t_f} \left[T(t) - A_1 u_1(t)^2 - A_2 u_2(t)^2\right] dt \longrightarrow \max_{u_1,u_2} \tag{6.1}$$

$$\dot{T}(t) = f_1(T(t), V(t), u_1(t)) = S_1 - \frac{S_2 V(t)}{B_1 + V(t)} - MT(t) - KT(t)V(t) + u_1 T(t) \qquad T(0) = T_0 \tag{6.2}$$

$$\dot{V}(t) = f_2(T(t), V(t), u_2(t)) = \frac{G(1 - u_2(t))V(t)}{B_2 + V(t)} - CT(t)V(t) \qquad V(0) = V_0 \tag{6.3}$$

$$g_1(u_1) = u_1 \geq 0 \qquad g_2(u_1) = 0.02 - u_1 \geq 0 \tag{6.4}$$

$$g_3(u_2) = u_2 \geq 0 \qquad g_4(u_2) = 0.9 - u_2 \geq 0 \tag{6.5}$$

Die verwendeten Parameter $A_1, A_2, S_1, S_2, B_1, B_2, M, K, G, C$ sind ebenso wie die Anfangswerte T_0, V_0 aus der Arbeit von Joshi [11] entnommen und in Tab. 6.1 aufgelistet.

Wird das Anfangswertproblem (6.2), (6.3) mit den Maximal- bzw. Minimalsteuerungen gelöst, ergeben sich drei verschiedene Fälle für das Grenzverhalten (die T-Zellen sterben aus und die Viren wachsen unbeschränkt, die Viren sterben aus und die T-Zellen wachsen entweder auf 1000 oder unbeschränkt):

1. $u_1, u_2 \equiv 0$:
   Ist $V_0 > 0$, werden die T-Zellen eliminiert, danach wächst $V(t)$ linear an. Ist $V_0 = 0$, sind also keine Viruszellen im System, streben die T-Zellen gegen 1000 (dann ist $S_1 = M \cdot T$ und somit $\dot{T} = 0$), also ist $(T, V) = (1000, 0)$ zwar ein Gleichgewichtspunkt, aber kein stabiler, da das System nur dagegen konvergiert, wenn $V \equiv 0$ ist. Somit hat das ungesteuerte System keinen stabilen Gleichgewichtspunkt.

2. $u_1 \equiv 0, u_2 \equiv 0.9$:
   Die Viren werden eliminiert und die T-Zellen streben gegen 1000.

3. $u_1 \equiv 0.02, u_2 \equiv 0$:
   Hier werden die Virenzellen ebenfalls eliminiert, die T-Zellen wachsen nun aber exponentiell, da die rechte Seite der Differentialgleichung immer positiv ist ($\dot{T} = S_1 + (u_1 - M) \cdot T > 0$ da $M < 0.02$).

4. $u_1 \equiv 0.02, u_2 \equiv 0.9$:
   Die Virenzellen werden noch schneller eliminiert, die T-Zellen wachsen wieder exponentiell.

Somit ergibt sich $(\bar{T}, \bar{V}) = (1000, 0)$ als einziger potentiell-stabiler Gleichgewichtspunkt, der bei zu hoher Gabe des ersten Medikamentes aber nicht aktiv wird. Wobei es sehr wahrscheinlich wird, dass T größer als $\bar{T}$ wird, da das Zielfunktional unter anderem die Maximierung von T vorsieht.

In meiner Arbeit wird vor allem die Endzeit t_f im Mittelpunkt stehen, da Joshi die Behandlung nur für 50 Tage berechnet, während er selbst schreibt, dass die Gabe einzelner Medikamente bis zu 500 Tage dauern kann ([11], S. 200, Zeilen 10 und 11). In ihrer Diplomarbeit hat John das Optimalsteuerungsproblem aufgegriffen und versucht es mit verschiedenen numerischen Verfahren zu lösen. So konnte sie das Problem mit DIRCOL (einem direkten Ansatz) für $t_f = 50$ lösen, während sie bei den indirekten Ansätzen deutlich schlechtere Ergebnisse erzielte (ein von ihr selbst geschriebenes Schießverfahren löste das Problem nur bis zur Endzeit 32, während BDSCO das Problem nie vollständig löste).

Das Ziel dieses Kapitels soll es daher nicht nur sein, die Optimalsteuerungsaufgabe (6.1 - 6.5) für $t_f = 50$ sondern auch für größere Endzeiten zu lösen.

Parameter	Wert	Parameter	Wert
A_1	250000	A_2	75
S_1	$2\ mm^3 d^{-1}$	S_2	$1.5\ mm^3 d^{-1}$
B_1	$14\ mm^3$	B_2	$1\ mm^3$
M	$0.002\ d^{-1}$	K	$0.00025\ mm^{-3} d^{-1}$
G	$30\ mm^3 d^{-1}$	C	$0.007\ mm^{-3} d^{-1}$
T_0	$400\ mm^{-3}$	V_0	$2.3\ mm^{-3}$

Tabelle 6.1: Parameter im HIV-Modell

6.1 Lösung mit einem direkten Ansatz

Wie in Abschnitt 2.8 beschrieben, kann das Optimalsteuerungsproblem in eine endlich-dimensionale Optimierungsaufgabe über den Werten der Steuerungen an den Diskretisierungspunkten behandelt und gelöst werden, was ich in MATLAB mit `fmincon` (einem SQP-Verfahren für restringierte Optimierungsaufgaben, wobei vorerst nur die Steuerbeschränkungen, später aber auch die Obergrenze der T-Zellen die Nebenbedingungen waren) getan habe. Dabei zeigte sich, dass dieser Ansatz sehr robust in Bezug auf die Endzeit ist, da auf diesem Wege auch für $t_f = 100$ noch eine Lösung bestimmt wurde (siehe Abb. 6.6).

Der weitere Vorteil von `fmincon` ist, dass es parallel arbeiten kann. Unter Verwendung von 8 Prozessoren konnte das Optimierungsproblem mit einer konstanten Dosis für jeden von 100 Behandlungstagen in 20 Minuten (an Stelle von ca. 120 bei nur einem Knoten) gelöst wurde.

6.2 Lösung mit indirekten Ansätzen

6.2.1 Notwendige Bedingungen

Zur Lösung der Optimalsteuerungsaufgabe mit den vorgestellten Iterationsverfahren ist es erforderlich die notwendigen Bedingungen aufzustellen, was an dieser Stelle wie bereits beim Fischerei- und dem Rayleighproblem geschieht (entsprechend Hartl et al. [9]). So wird zu erst wiederum die Lagrange-Funktion aufgestellt (mit $a = (a_1, a_2)$, $b = (b_1, b_2)$, $c = (c_1, c_2)$, $d = (d_1, d_2, d_3, d_4)$):

$$L(a, b, c, d) = f_0(a_1, b_1, b_2) + c_1 \cdot f_1(a_1, a_2, b_1) + c_2 \cdot f_2(a_1, a_2, b_2) + d_1 \cdot g_1(b_1) + d_2 \cdot g_2(b_1) + d_3 \cdot g_3(b_2) + d_4 \cdot g_4(b_2)$$

Es seien $T(\cdot), V(\cdot), u_1(\cdot), u_2(\cdot)$ optimal, dann existieren stückweise absolut stetige Funktionen $\lambda_T(\cdot), \lambda_V(\cdot) : [0, t_f] \to \mathbb{R}$ und stückweise stetige Funktionen $\mu_1(\cdot), \mu_2(\cdot), \mu_3(\cdot), \mu_4(\cdot) : [0, t_f] \to \mathbb{R}$, so dass für fast alle $t \in [0, t_f]$ gilt:[1]

$$\dot{T}(t) = L_{c_1}(z)[t] = S_1 - \frac{S_2 V(t)}{B_1 + V(t)} + [-M - KV(t) + u_1(t)]\,T(t) \qquad T(0) = 400 \quad (6.6)$$

$$\dot{V}(t) = L_{c_2}(z)[t] = \frac{G(1 - u_2(t))V(t)}{B_2 + V(t)} - CT(t)V(t) \qquad V(0) = 2.3 \quad (6.7)$$

$$\dot{\lambda_T}(t) = -L_{a_1}(z)[t] = -1 + \lambda_T(t)\,[M + KV(t) - u_1(t)] + C\lambda_V(t)V(t) \qquad \lambda_T(t_f) = 0 \quad (6.8)$$

$$\dot{\lambda_V}(t) = -L_{a_2}(z)[t] = \lambda_T(t)\left[\frac{B_1 S_2}{(B_1 + V(t))^2} + KT(t)\right] - \lambda_V(t)\left[\frac{G(1 - u_2(t))B_2}{(B_2 + V(t))^2} - CT(t)\right] \qquad \lambda_V(t_f) = 0 \quad (6.9)$$

$$0 = L_{b_1}(z)[t] = \lambda_T(t)T(t) - 2A_1 u_1(t) + \mu_1(t) - \mu_2(t) \quad (6.10)$$

$$0 = L_{b_2}(z)[t] = -\frac{G\lambda_V(t)V(t)}{B_2 + V(t)} - 2A_2 u_2(t) + \mu_3(t) - \mu_4(t) \quad (6.11)$$

$$0 = \mu_1(t)u_1(t) \qquad \mu_1(t) \geq 0 \qquad u_1 \geq 0$$

$$0 = \mu_2(t)(0.02 - u_1(t)) \qquad \mu_2(t) \geq 0 \qquad 0.02 - u_1 \geq 0 \quad (6.12)$$

$$0 = \mu_3(t)u_2(t) \qquad \mu_3(t) \geq 0 \qquad u_2 \geq 0$$

$$0 = \mu_4(t)(0.9 - u_2(t)) \qquad \mu_4(t) \geq 0 \qquad 0.9 - u_2 \geq 0 \quad (6.13)$$

Da sich in den Rechnungen zeigte, dass die unteren Steuerbeschränkungen nie aktiv werden, werden sie im Folgenden vernachlässigt und es wird $\mu_1, \mu_3 \equiv 0$ verwendet.

6.2.2 Iterationsverfahren bei der Quasilinearisierung

Die notwendigen Bedingungen aus den Gl. (6.6) - (6.13) an eine Lösung werden wiederum benutzt, um die optimalen Steuerungen u_1, u_2 und Multiplikatoren μ_2, μ_4 zu bestimmen. Dazu soll zu erst die Quasilinearisierung (vergl. Abschnitt 2.2) genutzt werden. Das Iterationsverfahren ist dabei aus den folgenden Punkten aufgebaut:

0. Bestimme Startwerte $(u_1^0, u_2^0, \mu_2^0, \mu_4^0)$, setze $i = 0$.

1. Berechne T, V und λ_T, λ_V aus dem Randwertproblem (6.6) - (6.9).

2. Überprüfe die Bedingungen (6.10) - (6.13), stoppe wenn erfüllt.

3. Falls nicht, führe Variationen Δz ein, so dass die linearisierten Bedingungen erfüllt werden.

[1] Die Argumente der Lagrange-Funktion werden zusammengefasst zu $z := (T, V, u_1, u_2, \lambda_T, \lambda_V, \mu_1, \mu_2, \mu_3, \mu_4)$

$$0 = \lambda_T(T + \Delta T) + T\Delta\lambda_T - 2A_1(u_1 + \Delta u_1) - \mu_2 - \Delta\mu_2 \quad (6.14)$$

$$0 = -\frac{GV}{B_2 + V}(\lambda_V + \Delta\lambda_V) - \frac{\lambda_V G B_2}{(B_2 + V)^2}\Delta V - 2A_2(u_2 + \Delta u_2) - \mu_4 - \Delta\mu_4 \quad (6.15)$$

$$0 = (\mu_2 + \Delta\mu_2)(0.02 - u_1) - \mu_2\Delta u_1 \quad (6.16)$$

$$0 = (\mu_4 + \Delta\mu_4)(0.9 - u_2) - \mu_4\Delta u_2 \quad (6.17)$$

$$\dot{\Delta T} = (u_1 - M - KV)\Delta T + \left(-KT - \frac{S_2 B_1}{(B_1 + V)^2}\right)\Delta V + T\Delta u_1 \qquad \Delta T(0) = 0 \quad (6.18)$$

$$\dot{\Delta V} = -CV\Delta T + \left(\frac{G(1 - u_2)B_2}{(B_2 + V)^2} - CT\right)\Delta V - \frac{GV}{B_2 + V}\Delta u_2 \qquad \Delta V(0) = 0 \quad (6.19)$$

$$\Delta\dot{\lambda}_T = (C\lambda_V + \lambda_T K)\Delta V + (M + KV - u_1)\Delta\lambda_T + CV\Delta\lambda_V - \lambda_T\Delta u_1 \qquad \Delta\lambda_T(t_f) = 0 \quad (6.20)$$

$$\Delta\dot{\lambda}_V = (K\lambda_T + C\lambda_V)\Delta T + \left(-\frac{2\lambda_T B_1 S_2}{(B_1 + V)^3} + \frac{2\lambda_V G(1 - u_2)B_2}{(B_2 + V)^3}\right)\Delta V + \frac{\lambda_V G B_2}{(B_2 + V)^2}\Delta u_2$$
$$+ \left(\frac{B_1 S_2}{(B_1 + V)^2} + KT\right)\Delta\lambda_T - \left(\frac{G(1 - u_2)B_2}{(B_2 + V)^2} - CT\right)\Delta\lambda_V \qquad \Delta\lambda_V(t_f) = 0 \quad (6.21)$$

Dabei werden die Gleichungen (6.14) - (6.17) wiederum nach $\Delta u_1, \Delta u_2, \Delta\mu_2, \Delta\mu_4$ aufgelöst, so dass diese Größen im Randwertproblem (6.18) - (6.21) eliminiert werden können. Es ergeben sich die folgenden Eliminationsfunktionen (wieder abhängig davon, ob die Steuerbeschränkung zur Zeit t aktiv erfüllt ist oder nicht).

1.a) $u_1(t) = 0.02$ und $\mu_2(t) \neq 0$:

$$\Delta u_1 = 0$$
$$\Delta\mu_2 = \lambda_T(T + \Delta T) + T\Delta\lambda_T - 2A_1 u_1 - \mu_2$$

1.b) $u_1(t) \neq 0.02$ und $\mu_2(t) \neq -2A_1[0.02 - u_1(t)]$:

$$\Delta\mu_2 = -\mu_2\left(1 - \frac{\Delta u_1}{0.02 - u_1}\right)$$
$$\Delta u_1 = \frac{(0.02 - u_1)\left[\lambda_T(T + \Delta T) + T\Delta\lambda_T - 2A_1 u_1\right]}{2A_1(0.02 - u_1) + \mu_2}$$

1.c) Sonst können die Variationen Δu_1 und $\Delta\mu_2$ nicht bestimmt werden.

2.a) $u_2(t) = 0.9$ und $\mu_4(t) \neq 0$:

$$\Delta u_2 = 0$$
$$\Delta\mu_4 = -\frac{GV}{B_2 + V}(\lambda_V + \Delta\lambda_V) - \frac{\lambda_V G B_2}{(B_2 + V)^2}\Delta V - 2A_2 u_2 - \mu_4$$

2.b) $u_2(t) \neq 0.9$ und $\mu_4 \neq -2A_2[0.9 - u_1(t)]$:

$$\Delta\mu_4 = -\mu_4\left(1 - \frac{\Delta u_2}{0.9 - u_2}\right)$$
$$\Delta u_2 = \frac{(0.9 - u_2)\left[-\frac{GV}{B_2+V}(\lambda_V + \Delta\lambda_V) - \frac{\lambda_V G B_2}{(B_2+V)^2}\Delta V - 2A_2 u_2\right]}{2A_2(0.9 - u_2) + \mu_4}$$

2.c) Sonst können die Variationen Δu_2 und $\Delta\mu_4$ nicht bestimmt werden.

4. Löse das Randwertproblem in den verbliebenen Größen $\Delta T, \Delta V, \Delta\lambda_T, \Delta\lambda_V$ und berechne damit die Änderungen $\Delta u_1, \Delta u_2, \Delta\mu_2, \Delta\mu_4$.

5. Bestimme eine Schrittweite β^i und aktualisiere der gesuchten Funktionen $u_1^{i+1} = u_1^i + \beta^i\Delta u_1^i$, $u_2^{i+1} = u_2^i + \beta^i\Delta u_2^i$, $\mu_2^{i+1} = \mu_2^i + \beta^i\Delta\mu_2^i$, $\mu_4^{i+1} = \mu_4^i + \beta^i\Delta\mu_4$, setze $i = i + 1$ und gehe zurück zu 1.

6.2.3 Startwertbestimmung

Ich habe mehrere Möglichkeiten zur Startwertbestimmung getestet (zum Beispiel konstante oder linear-abfallende Steuerungen und Multiplikatoren). Dabei hat sich gezeigt, dass bei kleinen Endzeiten ($t_f \leq 50$) der Startwert nur eine geringe Bedeutung hat. Die folgende Iteration scheint sich aber zu bewähren, da auf diesem Weg ein Startwert erzeugt wird, der die Gleichungsbedingungen aus den notwendigen Bedingungen, die Steuerbeschränkungen und annähernd die Vorzeichenbedingung der Multiplikatoren erfüllt. In Abb. 6.1 sind die so erzeugten Startwerte mit der optimalen Lösung für $t_f = 50$ zu sehen.

0. Wähle $u_1(t_i) = 0.02$, $u_2(t_i) = 0.9$ für alle Diskretisierungspunkte t_i.
1. Berechne $(T, V, \lambda_T, \lambda_V)$ aus dem Randwertproblem (6.6) - (6.9).
2. Bestimme $\mu_2(t_i), \mu_4(t_i)$ aus den Gleichungsbedingungen (6.10), (6.11):

$$\mu_2(t_i) = \lambda_T(t_i)T(t_i) - 2A_1u_1(t_i) \qquad \text{und} \qquad \mu_4(t_i) = -\frac{\lambda_V(t_i)GV(t_i)}{B_2 + V(t_i)} - 2A_2u_2(t_i)$$

3. Teste für alle t_i, ob $\mu_2(t_i) \geq -1, \mu_2(t_i) \geq$-1E-04, wenn erfüllt, stoppe.
4. Passe die Steuerungen und Multiplikatoren wie folgt an:
   - $\mu_2(t_i) < -1 \Rightarrow u_1(t_i) = -\frac{\lambda_T(t_i)T(t_i)}{2A_1}$, $\mu_2(t_i) = 0$
   - $\mu_4(t_i) < -1\text{E-}04 \Rightarrow u_2(t_i) = \frac{\lambda_V(t_i)GV(t_i)}{2A_2(B_2+V(t_i))}$, $\mu_4(t_i) = 0$
   - $u_1(t_i) > 0.02 \Rightarrow \mu_2(t_i) = \lambda_T(t_i)T(t_i) - 0.04 \cdot A_1$, $u_1(t_i) = 0.02$
   - $u_2(t_i) > 0.9 \Rightarrow \mu_4(t_i) = -\frac{\lambda_V(t_i)GV(t_i)}{B_2+V(t_i)} - 1.8 \cdot A_2$, $u_2(t_i) = 0.9$
5. Gehe mit (u_1, u_2) zurück zu 1.

6.2.4 Approximation des Startgitters

Für die Lösung des Randwertproblemes in $\Delta T, \Delta V, \Delta\lambda_T, \Delta\lambda_V$ (Gl. (6.18) - (6.21)) ist es notwendig dem Randwertproblemlöser `bvp4c` ein Startgitter vorzugeben. Für Endzeiten ≤ 50 ist der Löser sehr robust, so dass er auch bei relativ schlechten Startwerten gegen die Lösung des Randwertproblemes konvergiert. Dann habe ich das konstante Gitter

$$\Delta T(t_i) = \Delta V(t_i) = \Delta\lambda_T(t_i) = \Delta\lambda_V(t_i) = 0 \qquad \text{für alle } t_i \in [0, t_f]$$

verwendet und `bvp4c` löste das Randwertproblem trotzdem korrekt. Für größere Endzeiten funktionierte dieser Ansatz nicht, da MATLAB während des Lösens des Randwertproblemes mit der Fehlermeldung

```
"Unable to solve the collocation equations -- a singular Jacobian encountered"
```

abbrach. Die Situation verbesserte sich erst als dem Randwertproblemlöser ein besseres Startgitter zur Verfügung gestellt wurde. Dafür wurde ein Ansatz benutzt, der an das Vorgehen bei Sternberg [26] angelehnt ist. Die Idee ist, $\Delta\lambda_T$ und $\Delta\lambda_V$ als lineare Funktionen von ΔT und ΔV aufzufassen, so dass durch geeignete Vor- und Rückwärtsintegrationen die Funktionen bestimmt werden können. Diese Integrationen können mit einem Runge-Kutta-Verfahren durchgeführt werden, so dass hier `ode45` wieder zum Einsatz kommt. Dabei wird das Diskretisierungsgitter der Steuerung als Integrationsgrenze verwendet.

Die folgenden Substitutionen werden verwendet:

$$\Delta\lambda_T = K_1\Delta T + K_2\Delta V + a_1 \qquad K_1(t_f) = K_2(t_f) = a_1(t_f) = 0 \tag{6.22}$$

$$\Delta\lambda_V = K_3\Delta T + K_4\Delta V + a_2 \qquad K_3(t_f) = K_4(t_f) = a_2(t_f) = 0 \tag{6.23}$$

Diese Gleichungen werden nun in die Differentialgleichungen (6.18) -(6.21) eingesetzt (die zur Vereinfachung umgeschrieben werden):

$$\begin{aligned}
\Delta\dot{T} &= (u_1 - M - KV)\Delta T + \left(-KT - \frac{S_2 B_1}{(B_1+V)^2}\right)\Delta V + T\Delta u_1 \qquad \Delta T(0) = 0\\
&= S_1\Delta T + S_2\Delta V + T\Delta u_1
\end{aligned}$$

$$\begin{aligned}
\Delta\dot{V} &= -CV\Delta T + \left(\frac{G(1-u_2)B_2}{(B_2+V)^2} - CT\right)\Delta V - \frac{GV}{B_2+V}\Delta u_2 \qquad \Delta V(0) = 0\\
&= S_3\Delta T + S_4\Delta V + S_5\Delta u_2
\end{aligned}$$

$$\begin{aligned}
\Delta\dot{\lambda}_T &= (C\lambda_V + \lambda_T K)\Delta V + (M + KV - u_1)\Delta\lambda_T + CV\Delta\lambda_V - \lambda_T\Delta u_1 \qquad \Delta\lambda_T(t_f) = 0\\
&= S_6\Delta V + S_7\Delta\lambda_T + S_8\Delta\lambda V - \lambda_T\Delta u_1
\end{aligned}$$

$$\begin{aligned}
\Delta\dot{\lambda}_V &= (K\lambda_T + C\lambda_V)\Delta T + \left(-\frac{2\lambda_T B_1 S_2}{(B_1+V)^3} + \frac{2\lambda_V G(1-u_2)B_2}{(B_2+V)^3}\right)\Delta V + \frac{\lambda_V G B_2}{(B_2+V)^2}\Delta u_2\\
&\quad + \left(\frac{B_1 S_2}{(B_1+V)^2} + KT\right)\Delta\lambda_T - \left(\frac{G(1-u_2)B_2}{(B_2+V)^2} - CT\right)\Delta\lambda_V \qquad \Delta\lambda_V(t_f) = 0\\
&= S_9\Delta T + S_{10}\Delta V + S_{11}\Delta u_2 + S_{12}\Delta\lambda_T + S_{13}\Delta\lambda_V
\end{aligned}$$

mit:

$$\begin{array}{lll}
S_1 := (u_1 - M - KV) & S_2 := \left(-KT - \frac{S_2 B_1}{(B_1+V)^2}\right) & \\
S_3 := -CV & S_4 := \left(\frac{G(1-u_2)B_2}{(B_2+V)^2} - CT\right) & S_5 := -\frac{GV}{B_2+V}\\
S_6 := (C\lambda_V + \lambda_T K) & S_7 := -S_1 & S_8 := -S_3\\
S_9 := S_6 & S_{10} := \left(-\frac{2\lambda_T B_1 S_2}{(B_1+V)^3} + \frac{2\lambda_V G(1-u_2)B_2}{(B_2+V)^3}\right) & S_{11} := \frac{\lambda_V G B_2}{(B_2+V)^2}\\
S_{12} := -S_2 & S_{13} := -S_4 &
\end{array}$$

Mit den Ansatzgleichungen (6.22), (6.23) ergibt sich das folgende Differentialgleichungssystem:

$$\begin{aligned}
\Delta\dot{T} &= S_1\Delta T + S_2\Delta V + T\Delta u_1\\
\Delta\dot{V} &= S_3\Delta T + S_4\Delta V + S_5\Delta u_2\\
\Delta\dot{\lambda}_T &= S_6\Delta V - S_1\Delta\lambda_T - S_3\Delta\lambda V - \lambda_T\Delta u_1\\
&= S_6\Delta V - S_1(K_1\Delta T + K_2\Delta V + a_1) - S_3(K_3\Delta T + K_4\Delta V + a_2) - \lambda_T\Delta u_1\\
&= (-S_1K_1 - S_3K_3)\Delta T + (S_6 - S_1K_2 - S_3K_4)\Delta V - S_1a_1 - S_3a_2 - \lambda_T\Delta u_1 \qquad (6.24)\\
\Delta\dot{\lambda}_V &= S_6\Delta T + S_{10}\Delta V - S_2\Delta\lambda_T - S_4\Delta\lambda_V + S_{11}\Delta u_2\\
&= S_6\Delta T + S_{10}\Delta V - S_2(K_1\Delta T + K_2\Delta V + a_1) - S_4(K_3\Delta T + K_4\Delta V + a_2) + S_{11}\Delta u_2\\
&= (S_6 - S_2K_1 - S_4K_3)\Delta T + (S_{10} - S_2K_2 - S_4K_4)\Delta V - S_2a_1 - S_4a_2 + S_{11}\Delta u_2 \qquad (6.25)
\end{aligned}$$

Werden (6.22), (6.23) differenziert, ergeben sich die folgenden Differentialgleichungen:

$$\begin{aligned}
\Delta\dot{\lambda}_T &= \dot{K}_1\Delta T + K_1\Delta\dot{T} + \dot{K}_2\Delta V + K_2\Delta\dot{V} + \dot{a}_1\\
&= \dot{K}_1\Delta T + K_1(S_1\Delta T + S_2\Delta V + T\Delta u_1) + \dot{K}_2\Delta V + K_2(S_3\Delta T + S_4\Delta V + S_5\Delta u_2) + \dot{a}_1\\
&= (\dot{K}_1 + K_1S_1 + K_2S_3)\Delta T + (K_1S_2 + \dot{K}_2 + K_2S_4)\Delta V + \dot{a}_1 + K_1T\Delta u_1 + K_2S_5\Delta u_2 \qquad (6.26)
\end{aligned}$$

$$\begin{aligned}
\Delta\dot{\lambda}_V &= \dot{K}_3\Delta T + K_3\Delta\dot{T} + \dot{K}_4\Delta V + K_4\Delta\dot{V} + \dot{a}_2 \\
&= \dot{K}_3\Delta T + K_3(S_1\Delta T + S_2\Delta V + T\Delta u_1) + \dot{K}_4\Delta V + K_4(S_3\Delta T + S_4\Delta V + S_5\Delta u_2) + \dot{a}_2 \\
&= (\dot{K}_3 + K_3S_1 + K_4S_3)\Delta T + (K_3S_2 + \dot{K}_4 + K_4S_4)\Delta V + \dot{a}_2 + K_3T\Delta u_1 + K_4S_5\Delta u_2 \quad (6.27)
\end{aligned}$$

Die Änderungen $\Delta u_1, \Delta u_2$ sind ihrerseits auch abhängig von $\Delta\lambda_T$ und $\Delta\lambda_V$:

$$\begin{aligned}
u_1 = 0.02: &\quad \Delta u_1 = 0 \\
\text{sonst:} &\quad \Delta u_1 = \frac{(0.02-u_1)}{2A_1(0.02-u_1)+\mu_2}\left[\lambda_T(T+\Delta T) + T\Delta\lambda_T - 2A_1u_1\right] \\
&\quad = R_1\Delta T + R_2\Delta\lambda_T + R_3 = (R_1 + R_2K_1)\Delta T + R_2K_2\Delta V + R_2a_1 + R_3 \\
u_2 = 0.9: &\quad \Delta u_2 = 0 \\
\text{sonst:} &\quad \Delta u_2 = \frac{(0.9-u_2)}{2A_2(0.9-u_2)+\mu_4}\left[-\frac{GV}{B_2+V}(\lambda_V + \Delta\lambda_V) - \frac{\lambda_V G B_2}{(B_2+V)^2}\Delta V - 2A_2u_2\right] \\
&\quad = R_4\Delta V + R_5\Delta\lambda_V + R_6 = R_5K_3\Delta T + (R_4 + R_5K_4)\Delta V + R_5a_2 + R_6
\end{aligned}$$

mit:

$$R_1 := \frac{\lambda_T(0.02-u_1)}{2A_1(0.02-u_1)+\mu_2} \qquad R_2 := \frac{T(0.02-u_1)}{2A_1(0.02-u_1)+\mu_2}$$

$$R_3 := \frac{(0.02-u_1)}{2A_1(0.02-u_1)+\mu_2}\left[\lambda_T T - 2A_1u_1\right] \qquad R_4 := \frac{\lambda_V G B_2(0.9-u_2)}{(B_2+V)^2(2A_2(0.9-u_2)+\mu_4)}$$

$$R_5 := \frac{-GV(0.9-u_2)}{(B_2+V)[2A_2(0.9-u_2)+\mu_4]} \qquad R_6 := \frac{(0.9-u_2)}{2A_2(0.9-u_2)+\mu_4}\left[-\frac{\lambda_V GV}{B_2+V} - 2A_2u_2\right]$$

Abhängig von Steuerungbeschränkungen ergeben sich 4 verschiedene Differentialgleichungssysteme für $K_1, K_2, K_3, K_4, a_1, a_2$ aus dem Koeffizientenvergleich der Differentialgleichungen (6.24) - (6.27).

(I) $\Delta u_1 = \Delta u_2 = 0:$

$$\begin{aligned}
\dot{K}_1 &= -2S_1K_1 - S_3(K_2 + K_3) \\
\dot{K}_2 &= S_6 - S_2K_1 - (S_1 + S_4)K_2 - S_3K_4 \\
\dot{a}_1 &= -S_1a_1 - S_3a_2 \\
\dot{K}_3 &= S_6 - S_2K_1 - (S_1 + S_4)K_3 - S_3K_4 \\
\dot{K}_4 &= S_{10} - S_2(K_2 + K_3) - 2S_4K_4 \\
\dot{a}_2 &= -S_2a_1 - S_4a_2
\end{aligned}$$

(II) $\Delta u_1 = (R_1 + R_2K_1)\Delta T + R_2K_2\Delta V + R_2a_1 + R_3; \ \Delta u_2 = 0:$

$$\begin{aligned}
\Delta\dot{\lambda}_T &= (-S_1K_1 - S_3K_3 - \lambda_T(R_1 + R_2K_1))\Delta T + (S_6 - S_1K_2 - S_3K_4 - \lambda_T R_2K_2)\Delta V \\
&\qquad -(S_1 + \lambda_T R_2)a_1 - S_3a_2 - \lambda_T R_3 \\
&= (\dot{K}_1 + K_1S_1 + K_2S_3 + K_1T(R_1 + R_2K_1))\Delta T + \\
&\qquad (K_1S_2 + \dot{K}_2 + K_2S_4 + K_1TR_2K_2)\Delta V + \dot{a}_1 + K_1T(R_2a_1 + R_3)
\end{aligned}$$

$$\begin{aligned}
\Delta\dot{\lambda}_V &= (S_6 - S_2K_1 - S_4K_3)\Delta T + (S_{10} - S_2K_2 - S_4K_4)\Delta V - S_2a_1 - S_4a_2 \\
&= (\dot{K}_3 + K_3S_1 + K_4S_3 + K_3T(R_1 + R_2K_1))\Delta T + \\
&\qquad (K_3S_2 + \dot{K}_4 + K_4S_4 + K_3TR_2K_2)\Delta V + \dot{a}_2 + K_3T(R_2a_1 + R_3)
\end{aligned}$$

$$
\begin{aligned}
\dot{K}_1 &= -2S_1K_1 - S_3(K_2 + K_3) - (\lambda_T + K_1T)(R_1 + R_2K_1) \\
\dot{K}_2 &= S_6 - S_2K_1 - (S_1 + S_4)K_2 - S_3K_4 - (\lambda_T + K_1T)R_2K_2 \\
\dot{a}_1 &= -(S_1 + (\lambda_T + K_1T)R_2)a_1 - S_3a_2 - R_3(\lambda_T + K_1T) \\
\dot{K}_3 &= S_6 - S_2K_1 - (S_1 + S_4)K_3 - S_3K_4 - K_3T(R_1 + R_2K_1) \\
\dot{K}_4 &= S_{10} - S_2(K_2 + K_3) - 2S_4K_4 - K_3TR_2K_2 \\
\dot{a}_2 &= -(S_2 + K_3TR_2)a_1 - S_4a_2 - K_3TR_3
\end{aligned}
$$

(III) $\Delta u_1 = 0; \Delta u_2 = R_5K_3\Delta T + (R_4 + R_5K_4)\Delta V + R_5a_2 + R_6$:

$$
\begin{aligned}
\Delta\dot{\lambda}_T &= (-S_1K_1 - S_3K_3)\Delta T + (S_6 - S_1K_2 - S_3K_4)\Delta V - S_1a_1 - S_3a_2 \\
&= (\dot{K}_1 + K_1S_1 + K_2S_3 + K_2S_5R_5K_3)\Delta T + \\
&\quad (K_1S_2 + \dot{K}_2 + K_2S_4 + K_2S_5(R_4 + R_5K_4))\Delta V + \dot{a}_1 + K_2S_5(R_5a_2 + R_6)
\end{aligned}
$$

$$
\begin{aligned}
\Delta\dot{\lambda}_V &= (S_6 - S_2K_1 - S_4K_3 + S_{11}R_5K_3)\Delta T + \\
&\quad (S_{10} - S_2K_2 - S_4K_4 + S_{11}(R_4 + R_5K_4))\Delta V - S_2a_1 - S_4a_2 + S_{11}(R_5a_2 + R_6) \\
&= (\dot{K}_3 + K_3S_1 + K_4S_3 + K_4S_5R_5K_3)\Delta T + \\
&\quad (K_3S_2 + \dot{K}_4 + K_4S_4 + K_4S_5(R_4 + R_5K_4))\Delta V + \dot{a}_2 + K_4S_5(R_5a_2 + R_6)
\end{aligned}
$$

$$
\begin{aligned}
\dot{K}_1 &= -2S_1K_1 - S_3(K_2 + K_3) - S_5R_5K_2K_3 \\
\dot{K}_2 &= -S_2K_1 - (+S_4 + S_5(R_4 + R_5K_4) + S_1)K_2 + S_6 - S_3K_4 \\
\dot{a}_1 &= -S_5K_2(R_5a_2 + R_6) - S_1a_1 - S_3a_2 \\
\dot{K}_3 &= -S_2K_1 - (S_1 + K_4S_5R_5 + S_4 - S_{11}R_5)K_3 - S_3K_4 + S_6 \\
\dot{K}_4 &= -S_2(K_2 + K_3) - 2S_4K_4 + (S_{11} - S_5K_4)(R_4 + R_5K_4) + S_{10} \\
\dot{a}_2 &= (S_{11} - K_4S_5)(R_5a_2 + R_6) - S_2a_1 - S_4a_2
\end{aligned}
$$

(IV) $\Delta u_1 = (R_1 + R_2K_1)\Delta T + R_2K_2\Delta V + R_2a_1 + R_3; \Delta u_2 = R_5K_3\Delta T + (R_4 + R_5K_4)\Delta V + R_5a_2 + R_6$:

$$
\begin{aligned}
\Delta\dot{\lambda}_T &= (-S_1K_1 - S_3K_3)\Delta T + (S_6 - S_1K_2 - S_3K_4)\Delta V - S_1a_1 - S_3a_2 - \lambda_T\Delta u_1 \\
&= (-S_1K_1 - S_3K_3 - \lambda_T(R_1 + R_2K_1))\Delta T + \\
&\quad (S_6 - S_1K_2 - S_3K_4 - \lambda_TR_2K_2)\Delta V - S_1a_1 - S_3a_2 - \lambda_T(R_2a_1 + R_3) \\
\Delta\dot{\lambda}_T &= (\dot{K}_1 + K_1S_1 + K_2S_3)\Delta T + (K_1S_2 + \dot{K}_2 + K_2S_4)\Delta V + \dot{a}_1 + K_1T\Delta u_1 + K_2S_5\Delta u_2 \\
&= (\dot{K}_1 + K_1S_1 + K_2S_3 + K_1T(R_1 + R_2K_1) + K_2S_5R_5K_3)\Delta T + \\
&\quad (K_1S_2 + \dot{K}_2 + K_2S_4 + K_1TR_2K_2 + K_2S_5(R_4 + R_5K_4))\Delta V + \\
&\quad \dot{a}_1 + K_1T(R_2a_1 + R_3) + K_2S_5(R_5a_2 + R_6)
\end{aligned}
$$

$$
\begin{aligned}
\Delta\dot{\lambda}_V &= (S_6 - S_2K_1 - S_4K_3)\Delta T + (S_{10} - S_2K_2 - S_4K_4)\Delta V - S_2a_1 - S_4a_2 + S_{11}\Delta u_2 \\
&= (S_6 - S_2K_1 - S_4K_3 + S_{11}R_5K_3)\Delta T + \\
&\quad (S_{10} - S_2K_2 - S_4K_4 + S_{11}(R_4 + R_5K_4))\Delta V - S_2a_1 - S_4a_2 + S_{11}(R_5a_2 + R_6) \\
\Delta\dot{\lambda}_V &= (\dot{K}_3 + K_3S_1 + K_4S_3)\Delta T + (K_3S_2 + \dot{K}_4 + K_4S_4)\Delta V + \dot{a}_2 + K_3T\Delta u_1 + K_4S_5\Delta u_2 \\
&= (\dot{K}_3 + K_3S_1 + K_4S_3 + K_3T(R_1 + R_2K_1) + K_4S_5R_5K_3)\Delta T + \\
&\quad (K_3S_2 + \dot{K}_4 + K_4S_4 + K_3TR_2K_2 + K_4S_5(R_4 + R_5K_4))\Delta V + \\
&\quad \dot{a}_2 + K_3T(R_2a_1 + R_3) + K_4S_5(R_5a_2 + R_6)
\end{aligned}
$$

$$
\begin{aligned}
\dot{K}_1 &= -2S_1K_1 - S_3(K_2+K_3) - (\lambda_T + K_1T)(R_1+R_2K_1) - S_5R_5K_2K_3 \\
\dot{K}_2 &= S_6 - S_2K_1 - (S_1+S_4)K_2 - S_3K_4 - (\lambda_T+K_1T)R_2K_2 - S_5K_2(R_4+R_5K_4) \\
\dot{a}_1 &= -S_1a_1 - S_3a_2 - (\lambda_T+K_1T)(R_2a_1+R_3) - S_5K_2(R_5a_2+R_6) \\
\dot{K}_3 &= S_6 - S_2K_1 - K_3(S_1+S_4) - S_3K_4 - K_3T(R_1+R_2K_1) + (S_{11}-K_4S_5)R_5K_3 \\
\dot{K}_4 &= S_{10} - S_2K_2 - S_2K_3 - 2S_4K_4 - K_3TR_2K_2 + (S_{11}-K_4S_5)(R_4+R_5K_4) \\
\dot{a}_2 &= -S_2a_1 - S_4a_2 - K_3T(R_2a_1+R_3) + (S_{11}-K_4S_5)(R_5a_2+R_6)
\end{aligned}
$$

Nach der Berechnung von $K_1, \ldots, a_2$ aus dem Randwertproblem (I) - (IV) mit den Randwerten aus dem Ansatzfunktionen (6.22) und (6.23) können $\Delta T, \Delta V$ als Anfangswertproblem (zu $\Delta T(0) = \Delta V(0) = 0$) bestimmt werden:

(A) $\Delta u_1 = \Delta u_2 = 0$:

$$
\begin{aligned}
\dot{\Delta T} &= S_1\Delta T + S_2\Delta V \\
\dot{\Delta V} &= S_3\Delta T + S_4\Delta V
\end{aligned}
$$

(B) $\Delta u_1 = (R_1+R_2K_1)\Delta T + R_2K_2\Delta V + R_2a_1 + R_3;\ \Delta u_2 = 0$:

$$
\begin{aligned}
\dot{\Delta T} &= (S_1 + T(R_1+R_2K_1))\Delta T + (S_2 + TR_2K_2)\Delta V + T(R_2a_1+R_3) \\
\dot{\Delta V} &= S_3\Delta T + S_4\Delta V
\end{aligned}
$$

(C) $\Delta u_1 = 0; \Delta u_2 = R_5K_3\Delta T + (R_4+R_5K_4)\Delta V + R_5a_2 + R_6$:

$$
\begin{aligned}
\dot{\Delta T} &= S_1\Delta T + S_2\Delta V \\
\dot{\Delta V} &= (S_3 + S_5R_5K_3)\Delta T + (S_4 + S_5(R_4+R_5K_4))\Delta V + S_5(R_5a_2+R_6)
\end{aligned}
$$

(D) $\Delta u_1 = (R_1+R_2K_1)\Delta T + R_2K_2\Delta V + R_2a_1 + R_3; \Delta u_2 = R_5K_3\Delta T + (R_4+R_5K_4)\Delta V + R_5a_2 + R_6$:

$$
\begin{aligned}
\dot{\Delta T} &= (S_1 + T(R_1+R_2K_1))\Delta T + (S_2 + TR_2K_2)\Delta V + T(R_2a_1+R_3) \\
\dot{\Delta V} &= (S_3 + S_5R_5K_3)\Delta T + (S_4 + S_5(R_4+R_5K_4))\Delta V + S_5(R_5a_2+R_6)
\end{aligned}
$$

Wird der vorgestellten Ansatz für die Approximation des Startgitters verwendet, ändert sich der 4. Iterationsschritt der Quasilinearisierung wie folgt (u_1, u_2, μ_2, μ_4 sind gegeben):

1. Berechne T, V aus (6.6), (6.7) mittels Vorwärtsintegration.
2. Bestimme $\lambda_T, \lambda_V, K_1, K_2, K_3, K_4, a_1, a_2$ aus Gl. (6.8), (6.9) und dem hergeleiteten Randwertproblem (I) - (IV) per Rückwärtsintegration.
3. Berechne $\Delta T, \Delta V$ aus dem Anfangswertproblem (A) - (D) mittels Vorwärtsintegration.
4. Bestimme $\Delta\lambda_T, \Delta\lambda_V$ aus Gl. (6.22), (6.23).
5. Löse das ursprünglichen Randwertproblem in $\Delta T, \Delta V, \Delta\lambda_T, \Delta\lambda_V$ (Gl. (6.18) - (6.21)) unter Verwendung des berechneten Startgitters.

Das in dieser Art verbesserte Iterationsverfahren führte dazu, dass das Optimalsteuerungsproblem nun auch für größere Endzeiten gelöst werden konnte. Leider war es aber nicht der erhoffte Durchbruch, da das Verfahren nur bis zur Endzeit 62 funktioniert.

Qualitativ unterscheidet sich die Lösung für diese Endzeit nicht von der in Abb. 6.1 vorgestellten (für $t_f = 50$), nur dass die Oberschranken der Steuerungen länger aktiv waren, was dazu führte, dass V länger nahe bei 0 war.

Aber es zeigte sich auch, dass die Lösbarkeit sehr stark von der Diskretisierungsfeinheit abhing. In diesem Kapitel wurden immer $t_f + 1$ Diskretisierungsstellen verwendet, dass heißt, die Medikamentationen werden für jeden Tag angenähert. Wird die Anzahl der Diskretisierungsstellen deutlich auf $10 \cdot t_f + 1$ vergrößert, kann das HIV-Problem für Endzeiten bis 65 gelöst werden. Begründen lässt sich die vergrößerte numerische Stabilität mit dem Vorgehen bei den Vorwärts- und Rückwärtsintegrationen, da dort immer von einem Diskretisierungspunkt bis zum nächsten (oder dem vorherigen) gerechnet wird. Dadurch ist bei den feineren Diskretisierungen auch der Fehler in jedem Schritt kleiner und zusätzlich kann das Startgitter der Variationen an viel mehr Punkten vorgegebenen werden. Der einzige Nachteil der immer stärkeren Gitterverfeinerung ist der damit verbundene Rechenmehraufwand, so dass das Iterationsverfahren dann bis zu einem Tag benötigen kann. Leider zeigte sich aber, dass feinere Diskretisierungen nur noch zu geringfügigen Steigerungen der Endzeit führten. So konnte bei $100 \cdot t_f + 1$ Diskretisierungsstellen das HIV-Problem nur bis zur Endzeit $t_f = 67$ gelöst werden.

6.2.5 Vergleich der Quasilinearisierung und Fischer-Burmeister-Ansatz

Um wiederum das Konvergenzverhalten vergleichen zu können und in der Hoffnung auf eine Lösung bei größeren Endzeiten, wurde das HIV-Problem ebenfalls mit dem Fischer-Burmeister-Ansatz gelöst. Dazu werden die Komplementaritätsbedingungen Gl. (6.12), (6.13) mit Hilfe der Fischer-Burmeister-Funktion zusammengefasst:

$$0 = \varphi(u_1, \mu_2) = \sqrt{(0.02 - u_1)^2 + \mu_2^2} - (0.02 - u_1) - \mu_2 \tag{6.28}$$

$$0 = \varphi(u_2, \mu_4) = \sqrt{(0.9 - u_2)^2 + \mu_4^2} - (0.9 - u_2) - \mu_4 \tag{6.29}$$

Damit ändern sich die Gleichungsbedingungen für die Variationen, so dass sich $\Delta u_1, \Delta u_2, \Delta\mu_2, \Delta\mu_4$ nun aus den Gl. (6.14) + (6.28) bzw. aus Gl. (6.15) + (6.29) ergeben:

1. (a) $u_1(t) \neq 0.02$ oder $u_1(t) = 0.02$, $\mu_2(t) < 0$ und $R_1(t) \neq 2A_1$:

$$\begin{aligned} R_1 &:= \frac{g_2(u_1) - \sqrt{g_2(u_1)^2 + \mu_2^2}}{\sqrt{g_2(u_1)^2 + \mu_2^2} - \mu_2} \\ \Delta\mu_2 &= -\mu_2 + R_1\left[g_2(u_1) - \Delta u_1\right] \\ \Delta u_1 &= \frac{1}{2A_1 - R_1} \cdot \left[\lambda_T(T + \Delta T) - 2A_1 u_1 - R_1 g_2(u_1) + T\Delta\lambda_T\right] \end{aligned}$$

   (b) $u_1(t) = 0.02$, $\mu_2(t) > 0$:

$$\begin{aligned} \Delta u_1 &= 0 \\ \Delta\mu_2 &= \lambda_T(T + \Delta T) - 2A_1 u_1 - \mu_2 + T\Delta\lambda_T \end{aligned}$$

   (c) Die Gleichungen können sonst nicht genutzt werden.

2. (a) $u_2(t) \neq 0.9$ oder $u_2(t) = 0.9$, $\mu_4(t) < 0$ und $R_2(t) \neq 2A_2$:

$$\begin{aligned} R_2 &:= \frac{g_4(u_2) - \sqrt{g_4(u_2)^2 + \mu_4^2}}{\sqrt{g_4(u_2)^2 + \mu_4^2} - \mu_4} \\ \Delta\mu_4 &= -\mu + R_2\left[g_4(u_2) - \Delta u_2\right] \\ \Delta u_2 &= \frac{1}{2A_2 - R_2} \cdot \left[-\frac{GV}{B_2 + V}(\lambda_V + \Delta\lambda_V) - \frac{\lambda_V G B_2}{(B_2 + V)^2}\Delta V - 2A_2 u_2 - R_2 g_4(u_2)\right] \end{aligned}$$

(b) $u_2(t) = 0.9,\ \mu_4(t) > 0$:

$$\Delta u_2 = 0$$
$$\Delta\mu_4 = -\frac{GV}{B_2+V}(\lambda_V + \Delta\lambda_V) - \frac{\lambda_V G B_2}{(B_2+V)^2}\Delta V - 2A_2u_2 - \mu_4$$

(c) Die Gleichungen können sonst nicht genutzt werden.

Zur Verbesserung der Konvergenz wurde in diesem Abschnitt eine Schrittweitenbestimmung durchgeführt (vergl. Schritt 5 im Iterationsverfahren, Kap. 6.2.2). Dazu ist ein schrittweitenabhängiger Fehler $\Theta(\beta)$ notwendig, wobei hier wiederum der angenäherte Fehler Θ_{approx} und der exakte Fehler Θ_{exakt} verwendet wurden. In Verbindung mit dem exakten Fehler wurde aber nur die ihn minimierende Schrittweite β_{opt} benutzt. Nachdem im letzten Kapitel die Vergrößerung der Minimalschrittweite keinen Vorteil brachte, wird hier zu Beginn $\beta_{opt} \geq \left(\frac{1}{2}\right)^8 = 0,00390625$ gefordert. Da dies aber zu noch schlechteren Konvergenzverhalten führte, wurde später ganz auf eine Minimalschrittweite bei β_{opt} verzichtet.

Der angenäherte Fehler Θ_{approx} setzt sich aus acht Komponenten Θ_1 bis Θ_8 zusammen, wobei dies die vier Differentialgleichungen sind, die nicht exakt erfüllt werden und den vier Gleichungsbedingungen (6.14), (6.15), (6.28), (6.29). Dabei wird jede Komponente über die Diskretisierungsstellen summiert:

$$\Theta_1 = \left[-\beta^2\frac{B_1S_2\Delta V^2}{(B_1+V)^2(B_1+V+\beta\Delta V)} + K\beta^2\Delta T\Delta V - \beta^2\Delta u_1\Delta T\right]^2$$
$$\Theta_2 = \left[C\beta^2\Delta T\Delta V + \beta^2\frac{B_2G\Delta V\left[\Delta u_2(B_2+V)+(1-u_2)\Delta V\right]}{(B_2+V)^2(B_2+V+\beta\Delta V)}\right]^2$$
$$\Theta_3 = \beta^4\left[\Delta\lambda_T(\Delta u_1 - K\Delta V) - C\lambda_V\Delta V\right]^2$$
$$\begin{aligned}\Theta_4 = \Big[&\beta^2\Delta T(-K\Delta\lambda_T - C\Delta\lambda_V)\\ &+\frac{B_1S_2\beta\Delta V\left[(\lambda_T+\beta\Delta\lambda_T)(B_1+V)(2B_1+2V+\beta\Delta V) - 2\lambda_T(B_1+V+\beta\Delta V)^2\right]}{(B_1+V)^3(B_1+V+\beta\Delta V)^2}\\ &+\frac{\beta GB_2\cdot\{\Delta V\left[\beta\lambda_V\Delta u_2 - (\lambda_V+\beta\Delta\lambda_V)(1-u_2)\right](B_2+V)(2B_2+2V+\beta\Delta V)\}}{(B_2+V)^3(B_2+V+\beta\Delta V)^2}\\ &+\frac{\beta GB_2\cdot\left\{-\beta\Delta\lambda_V\Delta u_2(B_2+V)^3 + 2\lambda_V(1-u_2)\Delta V(B_2+V+\beta\Delta V)^2\right\}}{(B_2+V)^3(B_2+V+\beta\Delta V)^2}\Big]^2\end{aligned}$$
$$\Theta_5 = \left[(\lambda_T+\beta\Delta\lambda_T)(T+\beta\Delta T) - 2A_1(u_1+\beta\Delta u_1) - \mu_2 - \beta\Delta\mu_2\right]^2$$
$$\Theta_6 = \left[-\frac{(\lambda_V+\beta\Delta\lambda_V)\,G\,(V+\beta\Delta V)}{B_2+V+\beta\Delta V} - 2A_2(u_2+\beta\Delta u_2) - \mu_4 - \beta\Delta\mu_4\right]^2$$
$$\Theta_7 = \varphi(u_1+\beta\Delta u_1, \mu_2+\beta\Delta\mu_2)^2$$
$$\Theta_8 = \varphi(u_2+\beta\Delta u_2, \mu_4+\beta\Delta\mu_4)^2$$

Bei der Quasilinearisierung werden an Stelle der letzten beiden Komponenten die folgenden verwendet:

$$\hat{\Theta}_7 = \left[g_2(u_1+\beta\Delta u_1)\cdot(\mu_2+\beta\Delta\mu_2)\right]^2$$
$$\hat{\Theta}_8 = \left[g_4(u_2+\beta\Delta u_2)\cdot(\mu_4+\beta\Delta\mu_4)\right]^2$$

In Verbindung mit Θ_{approx} wurde nur der β_{approx}-Ansatz verwendet. Dass heißt, es wurde mit $\beta = 1$ gestartet und getestet, ob die Armijo-Bedingung an eine effiziente Schrittweite $\Theta(\beta) \leq \left(1-\frac{1}{2}\beta\right)\Theta(0)$ erfüllt wird. Ist dies nicht der Fall, wurde β solange halbiert, bis die Bedingung erfüllt war oder bis die Minimalschrittweite $\left(\frac{1}{2}\right)^6$ erreicht wurde.

Der exakte Fehler Θ_{exakt} besteht nur aus vier Komponenten, die aber ebenfalls über alle Diskretisierungspunkte summiert werden:

$$\begin{aligned}
&\Theta_1 = \left[\lambda_T T - 2A_1\left(u_1 + \beta\Delta u_1\right) - \mu_2 - \beta\Delta\mu_2\right]^2 \\
&\Theta_2 = \left[-\frac{\lambda_V G V}{B_2 + V} - 2A_2\left(u_2 + \beta\Delta u_2\right) - \mu_4 - \beta\Delta\mu_4\right]^2 \\
&\Theta_3 = \varphi(u_1 + \beta\Delta u_1, \mu_2 + \beta\Delta\mu_2)^2 \\
&\Theta_4 = \varphi(u_2 + \beta\Delta u_2, \mu_4 + \beta\Delta\mu_4)^2 \\
\text{mit:}\quad &\dot{T} = S_1 - \frac{S_2 V}{B_1 + V} + \left[-M - KV + u_1 + \beta\Delta u_1\right] T \qquad T(0) = 400 \\
&\dot{V} = \frac{G(1 - u_2 - \beta\Delta u_2)V}{B_2 + V} - CTV \qquad V(0) = 2.3 \\
&\dot{\lambda_T} = -1 + \lambda_T\left[M + KV - u_1 - \beta\Delta u_1\right] + C\lambda_V V \qquad \lambda_T(t_f) = 0 \\
&\dot{\lambda_V} = \lambda_T\left[\frac{B_1 S_2}{(B_1 + V)^2} + KT\right] - \lambda_V\left[\frac{G(1 - u_2 - \beta\Delta u_2)B_2}{(B_2 + V)^2} - CT\right] \qquad \lambda_V(t_f) = 0
\end{aligned}$$

Bei der Quasilinearisierung wird an Stelle der letzten beiden Komponenten wiederum verwendet:

$$\begin{aligned}
\hat{\Theta}_3 &= \left[g_2\left(u_1 + \beta\Delta u_1\right) \cdot \left(\mu_2 + \beta\Delta\mu_2\right)\right]^2 \\
\hat{\Theta}_4 &= \left[g_4\left(u_2 + \beta\Delta u_2\right) \cdot \left(\mu_4 + \beta\Delta\mu_4\right)\right]^2
\end{aligned}$$

Zum Vergleich der Lösungen werden die maximalen Fehler in den einzelnen Gleichungen addiert:

$$R(u_1, u_2, \mu_2, \mu_4) = \max_i |L_{b_1}(z)[t_i]| + \max_i |L_{b_2}(z)[t_i]| + \max_i |\varphi(u_1, \mu_2)[t_i]| + \max_i |\varphi(u_2, \mu_4)[t_i]|$$

Als Abbruchbedingung des Iterationsverfahren wurde wiederum die maximale Iterationsanzahl 100 und die Größe der Änderungen verwendet:

$$S(\beta\Delta u_1, \beta\Delta u_2, \beta\Delta\mu_2, \beta\Delta\mu_4) = \beta \cdot \sum_i \left[|\Delta u_1(t_i)| + |\Delta u_2(t_i)| + |\Delta\mu_2(t_i)| + |\Delta\mu_4(t_i)|\right] < 1\text{E-}04$$

Um das Konvergenzverhalten der zwei Iterationsverfahren zu untersuchen, wurde das Optimalsteuerungsproblem für verschiedene Endzeiten bei jeweils einem guten und einem schlechten Startwert gelöst (die Startwerte sind zusammen mit den Lösungen aus dem Θ_{approx}-Ansatz in den Abb. 6.2 - 6.5 zu sehen). Die Ergebnisse sind in Tab. 6.2 - 6.4 zusammengefasst. Dabei benötigte der FB-Ansatz fast immer mehr Iterationsschritte und erzeugte immer die schlechtere Lösung. Für die Endzeit 50 bestimmte er bei Θ_{approx} nur bei dem guten Startwert die korrekte Lösung.

Die Verwendung von $\Theta_{exakt}(\beta_{opt})$ führte zu den gleichen Konvergenzproblemen wie zuvor, zumindest solange die Minimalschrittweite gefordert wurde (Tab. 6.3), da kein Durchlauf vor dem Erreichen der Minimalschrittweite stoppte (zwei Iterationen brachen ab). Das Senken der Minimalschrittweite auf 0 und damit Verbunden die Verwendung von `fmincon` anstatt `fminbnd` verbesserte das Konvergenzverhalten meist deutlich (dies führte dazu, dass die Schrittweiten 0 bzw. 1 exakt bestimmt und nicht nur angenähert werden). So endeten die Iterationen alle vor dem Erreichen der maximalen Iterationsanzahl, da im letzten Schritt meist die Schrittweite 0 bestimmt wurde, wodurch die Änderungen ebenfalls zu 0 wurden. Dabei ist zu erkennen, dass die Quasilinearisierung bei Verwendung des angenäherten Fehlers und der FB-Ansatz zusammen mit dem exakten Fehler die besten Lösungen liefern.

Bei größeren Endzeiten brach der FB-Ansatz aber unabhängig vom Schrittweitenansatz ebenso wie die Quasilinearisierung ab, auch wenn ein sehr guter Startwert verwendet wurde, so dass nach einem anderen Weg zur Lösung bei größeren Endzeiten gesucht werden musste.

Endzeit	Startwert	Ansatz	$R(u^{opt}, \mu^{opt})$	Θ^{opt}	Iterationsschritte	Nr. (im Anhang)
35	gut	QL	0,2988	8,55E-09	6	E.1
		FB	0,8191	8,67E-09	11	
	schlecht	QL	0,4200	2,9816	12	E.4
		FB	0,7825	1,09E-08	9	
40	gut	QL	0,3635	5,36E-05	7	E.7
		FB	1,4674	3,00E-08	15	
	schlecht	QL	0,3251	2,4421	12	E.10
		FB	1,4674	3,00E-08	57	
45	gut	QL	0,4590	3,91E-04	21	E.13
		FB	1,6114	0,0623	31	
	schlecht	QL	0,4601	1,12E-03	13	E.16
		FB	1,6119	0,0626	14	
50	gut	QL	0,5017	1,13E-04	39	E.19
		FB	2,4865	0,0688	46	
	schlecht	QL	0,3634	1,05E-03	17	E.22
		FB	**Abbruch**			

Tabelle 6.2: Vergleich der Ergebnisse der Iterationen unter Verwendung von $\Theta_{approx}(\beta_{approx})$ – mit steigender Endzeit werden die Lösungen immer schlechter. Die schlechteren Startwerte sind für den FB-Ansatz meist vorteilhaft, da er dann schneller konvergiert, ohne dass die Lösung dabei schlechter wird. Die QL-Lösungen verschlechtern sich bezüglich Θ teilweise deutlich bei den schlechteren Startwerten, während bezüglich R und der Anzahl der Iterationsschritte keine klare Tendenz erkennbar ist.

Endzeit	Startwert	Ansatz	$R(u^{opt}, \mu^{opt})$	Θ^{opt}	Iterationsschritte	Nr. (im Anhang)
35	gut	QL	0,6254	2,1161	100	E.2
		FB	0,9457	6,2918	100	
	schlecht	QL	0,3105 (+)	2,9076	100	E.5
		FB	**Abbruch**			
40	gut	QL	0,7390	3,5670	100	E.8
		FB	1,0795 (+)	18,3865	100	
	schlecht	QL	0,5708	4,6639	100	E.11
		FB	10,0421	296,8850	100	
45	gut	QL	0,8940	10,6582	100	E.14
		FB	1,1423 (+)	15,1399	100	
	schlecht	QL	1,2417	9,8685	100	E.17
		FB	0,7454 (+)	17,0103	100	
50	gut	QL	0,4349 (+)	8,8614	100	E.20
		FB	1,2446 (+)	7,3089	100	
	schlecht	QL	**Abbruch**			E.23
		FB	14,1128	944,9633	100	

Tabelle 6.3: Vergleich der Ergebnisse der Iterationen unter Verwendung von $\Theta_{exakt}(\beta_{opt})$ mit der Minimalschrittweite $\left(\frac{1}{2}\right)^8$ – alle Iterationen, die nicht abbrechen, enden erst mit dem Erreichen der maximalen Iterationsanzahl. Die mit (+)-markierten zuletzt bestimmten (u, μ) sind dabei besser als die Vergleichslösung in Tab. 6.2.

Endzeit	Startwert	Ansatz	$R(u^{opt}, \mu^{opt})$	Θ^{opt}	Iterationsschritte	Nr. (im Anhang)
35	gut	QL	0,6606 (-)	2,0857	6	E.3
		FB	1,0042 (-)	2,8352	8	
	schlecht	QL	0,2227	2,1389	10	E.6
		FB	**Abbruch**			
40	gut	QL	0,8669 (-)	3,2749	6	E.9
		FB	0,6331	3,1056	3	
	schlecht	QL	0,5405	3,2241	12	E.12
		FB	0,9138	59,9620	**1**	
45	gut	QL	1,0642 (-)	10,5261	12	E.15
		FB	0,6890	4,6083	8	
	schlecht	QL	1,4956 (-)	8,2197	7	E.18
		FB	0,5058	1,3678	5	
50	gut	QL	0,4429 (-)	8,9460 (-)	14	E.20
		FB	1,1487	3,2811	73	
	schlecht	QL	0,7316	5,4191	4	E.23
		FB	0,8314	32,5397	**1**	

Tabelle 6.4: Vergleich der Ergebnisse der Iterationen unter Verwendung von $\Theta_{exakt}(\beta_{opt})$ ohne eine Minimalschrittweite – alle Iterationen, die nicht abbrechen, enden nun nach nur wenigen Iterationsschritten. Gegenüber Tab. 6.2 verschlechtern sich nur die Lösungen, die mit (-) markiert sind.Fast alle Θ-Werte verbessern sich nun deutlich, ebenso die R-Werte bei den FB-Lösungen, während bei der Quasilinearisierung sich die R-Werte meist verschlechtern. Es ist aber auch festzustellen, dass in zwei Fällen der FB-Ansatz den Startwert nicht verlässt.

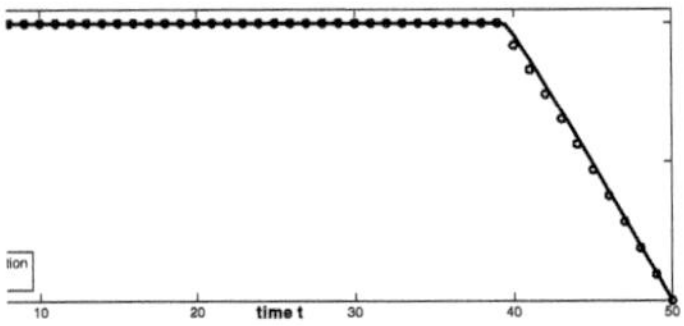

(a) Steuerung $u_1(t)$

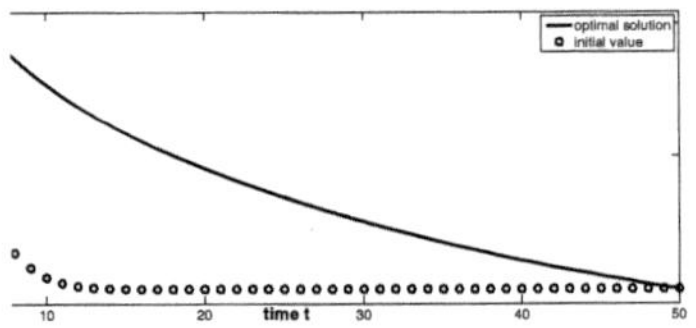

(b) Steuerung $u_2(t)$

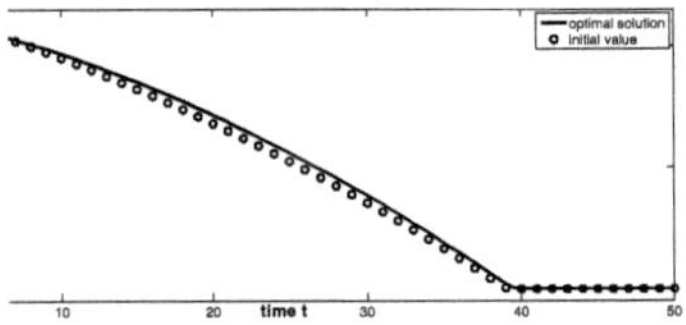

(c) Multiplikator $\mu_2(t)$

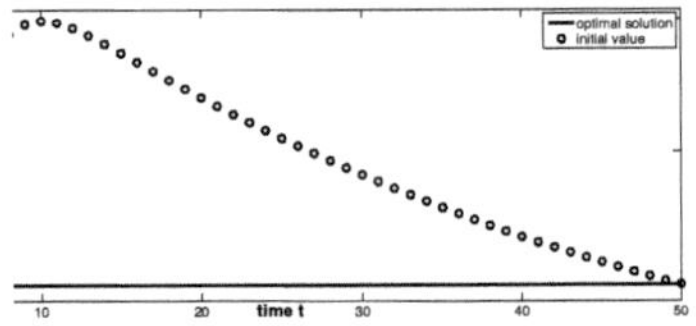

(d) Multiplikator $\mu_4(t)$

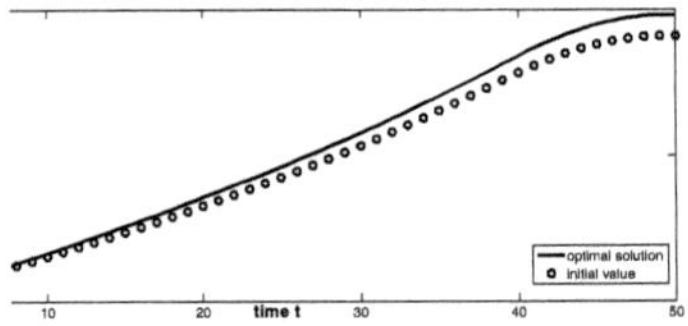

(e) Zustand $T(t)$

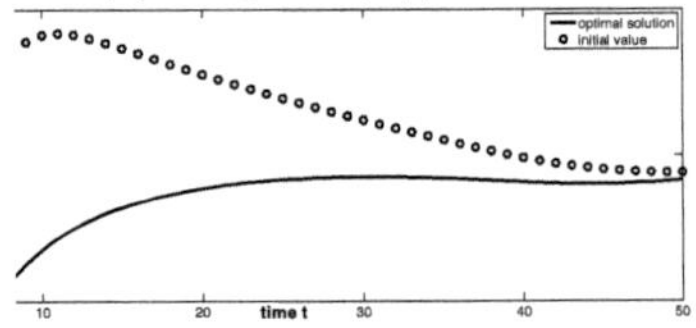

(f) Zustand $V(t)$

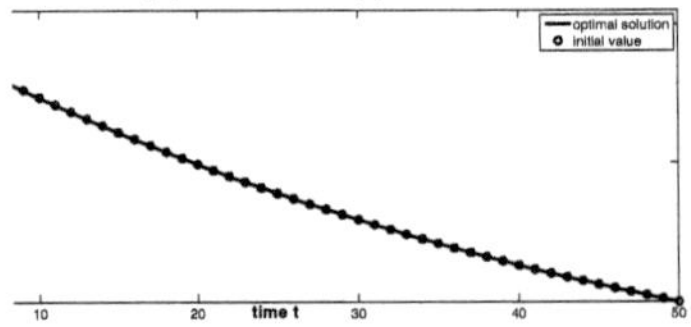

(g) Adjungierte $\lambda_T(t)$

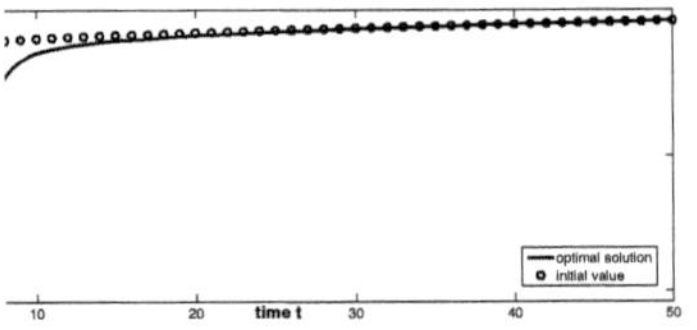

(h) Adjungierte $\lambda_V(t)$

Abbildung 6.1: Vergleich der zu $t_f = 50$ mit der Quasilinearisierung berechneten Lösung (durchgezogene Linie) mit dem Startwert (Kreise), der mit dem Vorgehen in Abschnitt 6.2.3 erzeugt wurde. Auffällig ist dabei, dass insbesondere die Steuerung u_1 und die mit ihr verbundenen Größen (μ_2, T, λ_T) sehr nah an den optimalen Werten liegen. Dagegen wird u_2 deutlich unterschätzt, wodurch (μ_4, V, λ_V) weit von ihrem Optimum entfernt sind.

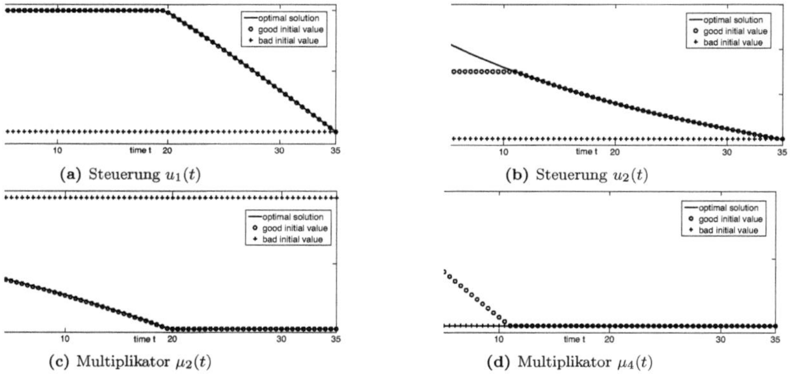

(a) Steuerung $u_1(t)$

(b) Steuerung $u_2(t)$

(c) Multiplikator $\mu_2(t)$

(d) Multiplikator $\mu_4(t)$

Abbildung 6.2: Vergleich der berechneten Lösung mit den Startwerten für $t_f = 35$ (Kreise - guter Startwert, Kreuze - schlechter Startwert)

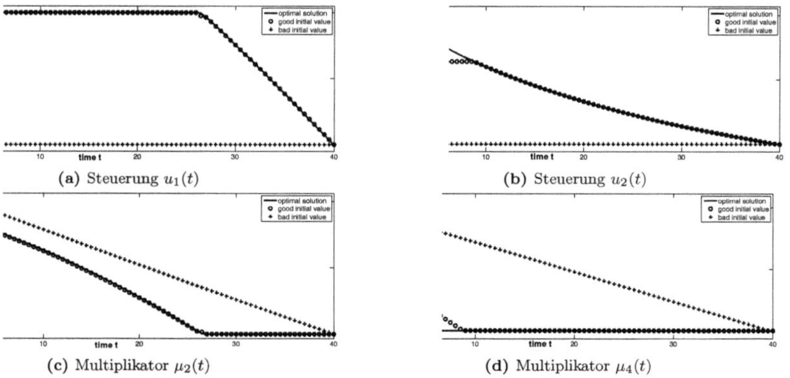

(a) Steuerung $u_1(t)$

(b) Steuerung $u_2(t)$

(c) Multiplikator $\mu_2(t)$

(d) Multiplikator $\mu_4(t)$

Abbildung 6.3: Vergleich der berechneten Lösung mit den Startwerten für $t_f = 40$ (Kreise - guter Startwert, Kreuze - schlechter Startwert)

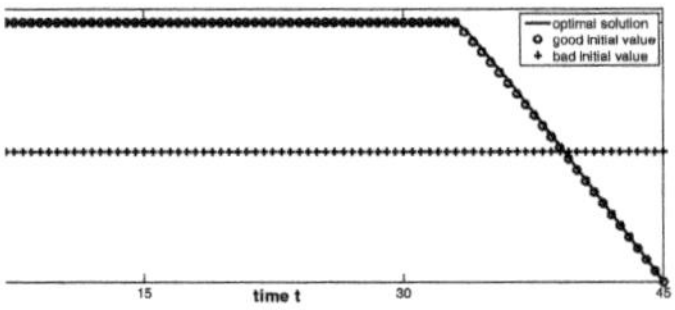

(a) Steuerung $u_1(t)$

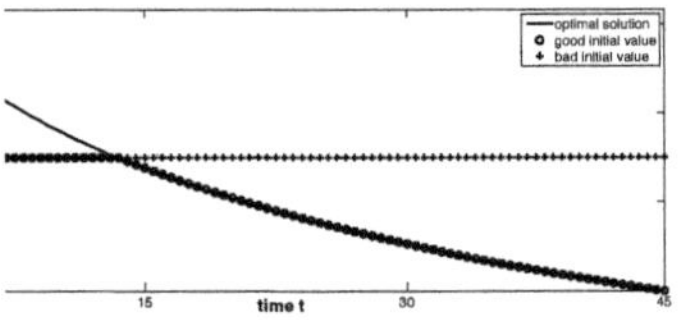

(b) Steuerung $u_2(t)$

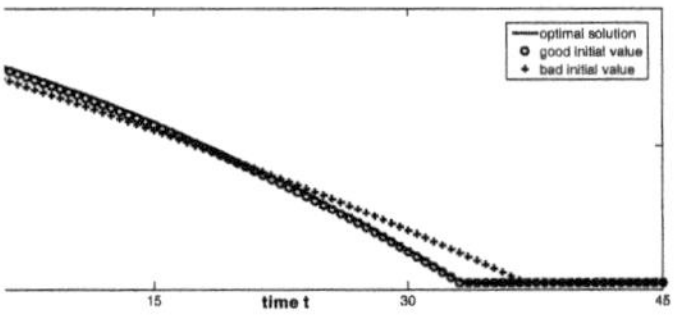

(c) Multiplikator $\mu_2(t)$

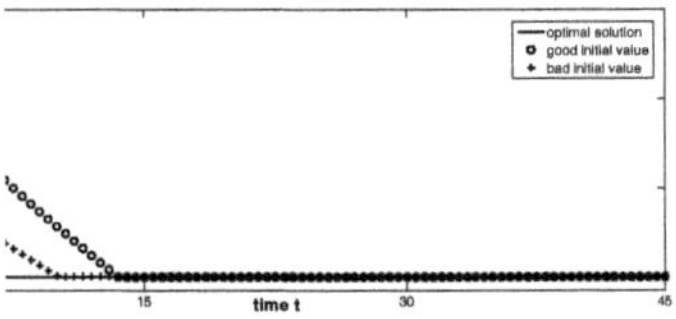

(d) Multiplikator $\mu_4(t)$

Abbildung 6.4: Vergleich der berechneten Lösung mit den Startwerten für $t_f = 45$ (Kreise - guter Startwert, Kreuze - schlechter Startwert)

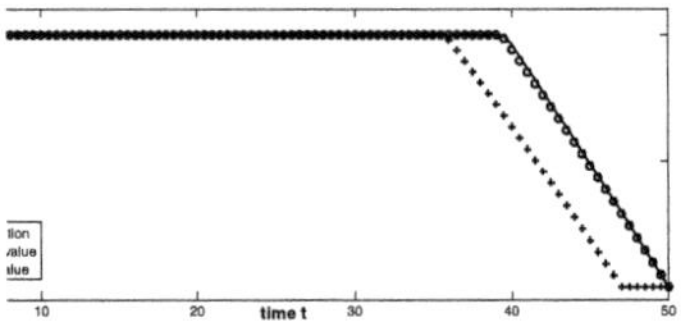

(a) Steuerung $u_1(t)$

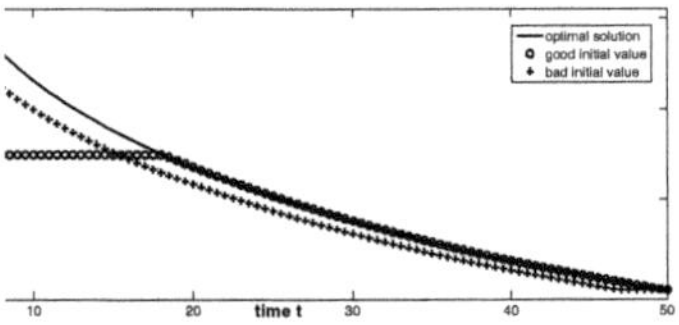

(b) Steuerung $u_2(t)$

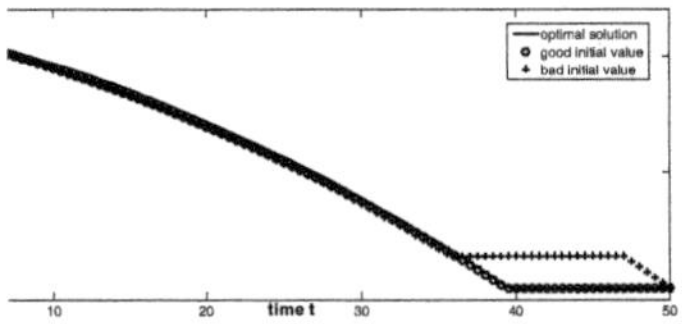

(c) Multiplikator $\mu_2(t)$

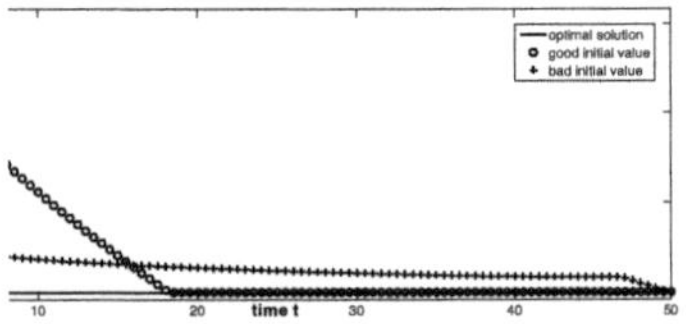

(d) Multiplikator $\mu_4(t)$

Abbildung 6.5: Vergleich der berechneten Lösung mit den Startwerten für $t_f = 50$ (Kreise - guter Startwert, Kreuze - schlechter Startwert), als schlechter Startwert wurde die Lösung für die Endzeit 45 verwendet

6.3 Erweiterung des HIV-Modells

6.3.1 Begründung der Modellerweiterung

Das bisherige Ergebnis dieses Kapitels ist die Erkenntnis, dass die Optimalsteuerungsaufgabe nach Joshi [11] zwar gelöst werden kann (wobei die Ergebnisse aus der Arbeit von Joshi bestätigt wurden), aber die gewünschte Vergrößerung der Endzeit nur beim direkten Ansatz möglich ist (in Abb. 6.6 ist die Lösung für $t_f = 100$ zu sehen).

Auffällig ist der Punkt, dass die Virenkonzentration $V(t)$ bei steigenden Endzeiten eine immer länger werdende Phase durchläuft, in der sie quasi 0 ist. Bei $t_f = 50$ war dies etwa zwischen 3 und 7 (Abb. 6.1), während $V(t)$ bei $t_f = 100$ erst bei 50 wieder an stieg (Abb. 6.6). In Folge dessen veränderte sich der Verlauf der Adjungierten λ_V deutlich, in dem ein immer stärkeres Minimum auftrat - bei $t_f = 50$ sank λ_V etwa bis auf -50 während das Minimum bei $t_f = 100$ etwa -7000 betrug. Daher vermute ich, dass dieses Minimum von $\lambda_V(t)$ (und der steile Abstieg zuvor) der Grund für die numerischen Probleme bei der indirekten Lösung sind. Da es nicht möglich ist, die Adjungierte zu beschränken, bieten sich aus meiner Sicht vier mögliche Modellanpassungen:

1. Eine Untergrenze für die Virenkonzentration
   Aufgrund des immer länger werdenden Intervalls mit $V(t) \approx 0$ wäre dies numerisch sinnvoll. Biologisch scheint mir dieser Ansatz aber fragwürdig, da das Ziel der Behandlung sein sollte, die Virenkonzentration so klein wie möglich, idealerweise zu 0, zu machen, um die Krankheit zu besiegen. Daher habe ich diesen Ansatz nicht weiter verfolgt.

2. Eine Absenkung der Steuerungbeschränkung bezüglich u_2
   Die Idee hinter diesem Ansatz ist, dass $V(t)$ dann langsamer zu Beginn des Optimierungsintervalls absinkt. Numerisch funktioniert dieser Ansatz gut, so lässt sich das Problem für $u_2 \leq 0.8$ (anstelle von $u_2 \leq 0.9$) für die Endzeit 100 auch mit dem indirekten Verfahren lösen (mit Approximation des Startgitters, Abb. 6.6). Durch den geringeren Wert von u_2 entlang der Beschränkung sinkt die Virenkonzentration zu Beginn deutlich langsamer ab, zwischen 40 und 50 wird sie trotzdem fast 0. Dies führt auch hier zu einem deutlich ausgeprägten Minimum von λ_V, so dass anzunehmen ist, dass das Absenken der Obergrenze von u_2 die numerischen Probleme nur verschiebt, sie aber nicht löst. Dass heißt, es ist davon auszugehen, dass die Probleme mit dem indirekten Verfahren bei größeren Endzeiten wie zuvor auftreten werden.

3. Eine Erhöhung der Strafterme A_1 und A_2 im Zielfunktional
   Durch die hohen Werte der T-Zellen-Konzentration haben die Steuerungen nur noch einen geringen Einfluss auf das Zielfunktional, daher erscheint es mathematisch sinnvoll diese Parameter zu erhöhen. Setzt man voraus, dass die Werte A_1 und A_2 nicht frei gewählt wurden, sondern die reale Gefährlichkeit der beiden Medikamente widerspiegeln, dann ist diese Modellveränderung kritisch zu hinterfragen. Aber es zeigt sich, dass das HIV-Problem mit dem indirekten Ansatz (bei Approximation des Startgitters der Variationen) auch für die Endzeit 100 gelöst werden kann, wenn die Strafterme vervierfacht werden (s. Abb. 6.7).

4. Eine Obergrenze der Konzentration der T-Zellen
   Anatomisch scheint diese Beschränkung nachvollziehbar, da im Blut nur endlich viel Platz für die T-Zellen ist. Da aber bei $u_1 \equiv 0.02$ die T-Zellen exponentiell ansteigen, liegt hier ein Konflikt zwischen Modell und Realität vor. In anderen HIV-Modellen wird die Obergrenze automatisch erfüllt. So haben zum Beispiel Kirschner et al. [12] eine Art logistisches Wachstum für die T-Zellen mit der Kapazitätsgrenze $T_{\max} = 1500$. Daher soll diese Modellveränderung im Folgenden untersucht werden.

6.3.2 Aufgabenstellung und notwendige Bedingungen

Die um die Obergrenze der T-Zellen erweiterte Optimalsteuerungsaufgabe lautet:

$$\int_0^{t_f} f_0(T(t),u_1(t),u_2(t))dt = \int_0^{t_f} \left[T(t) - A_1u_1(t)^2 - A_2u_2(t)^2\right] dt \longrightarrow \max_{u_1,u_2}$$
$$\dot{T}(t) = f_1(T(t),V(t),u_1(t)) = S_1 - \frac{S_2V(t)}{B_1+V(t)} - MT(t) - KT(t)V(t) + u_1T(t) \qquad T(0) = 400$$
$$\dot{V}(t) = f_2(T(t),V(t),u_2(t)) = \frac{G(1-u_2(t))V(t)}{B_2+V(t)} - CT(t)V(t) \qquad V(0) = 2.3$$
$$g_2(u_1) = 0.02 - u_1 \geq 0$$
$$g_4(u_2) = 0.9 - u_2 \geq 0$$
$$h(T) = T_{\max} - T \geq 0$$

Da die Zustandsbeschränkung $h(T)$ nicht von den Steuerungen abhängt, wird sie solange nach t abgeleitet, bis eine Abhängigkeit erzielt wird (hier genügt einmal):

$$h^1(T,V,u_1)[t] = \frac{\mathrm{d}}{\mathrm{dt}}h(T(t)) = -\dot{T}(t) = -f_1(T,V,u_1)[t]$$

Die Lagrange-Funktion wird mit den angekoppelten Nebenbedingungen aufgestellt (mit $a = (a_1,a_2)$, $b = (b_1,b_2)$, $c = (c_1,c_2)$, $d = (d_1,d_2,d_3)$):

$$L(a,b,c,d) = f_0(a_1,b_1,b_2) + c_1\cdot f_1(a_1,a_2,b_1) + c_2\cdot f_2(a_1,a_2,b_2) + d_1\cdot g_2(b_1) + d_2\cdot g_4(b_2) + d_3\cdot h^1(a_1,a_2,b_1)$$

Es seien $T(\cdot), V(\cdot), u_1(\cdot), u_2(\cdot)$ optimal, dann existieren stückweise absolut stetige Funktionen $\lambda_T(\cdot), \lambda_V(\cdot) : [0,t_f] \to \mathbb{R}$ und stückweise stetige Funktionen $\mu_2(\cdot), \mu_4(\cdot), \nu(\cdot) : [0,t_f] \to \mathbb{R}$, sowie die reelle Zahl ω, so dass für fast alle $t \in [0,t_f]$ gilt:[2]

$$\dot{T}(t) = L_{c_1}(z)[t] = S_1 - \frac{S_2V(t)}{B_1+V(t)} - MT(t) - KT(t)V(t) + u_1(t)T(t) \qquad T(0) = 400 \quad (6.30)$$
$$\dot{V}(t) = L_{c_2}(z)[t] = \frac{G(1-u_2(t))V(t)}{B_2+V(t)} - CT(t)V(t) \qquad V(0) = 2.3 \quad (6.31)$$
$$\dot{\lambda_T}(t) = -L_{a_1}(z)[t] = -1 + (\lambda_T(t) - \nu(t))(M + KV(t) - u_1(t)) + C\lambda_V(t)V(t) \qquad \lambda_T(t_f) = 0 \quad (6.32)$$
$$\dot{\lambda_V}(t) = -L_{a_2}(z)[t] = (\lambda_T(t) - \nu(t))\left(\frac{B_1S_2}{(B_1+V(t))^2} + KT(t)\right) - \lambda_V(t)\left(\frac{G(1-u_2(t))B_2}{(B_2+V(t))^2} - CT(t)\right)$$
$$\lambda_V(t_f) = 0 \quad (6.33)$$
$$0 = L_{b_1}(z)[t] = (\lambda_T(t) - \nu(t))T(t) - 2A_1u_1(t) - \mu_2(t) \quad (6.34)$$
$$0 = L_{b_1}(z)[t] = -\frac{\lambda_V(t)GV(t)}{B_2+V(t)} - 2A_2u_2(t) - \mu_4(t) \quad (6.35)$$
$$0 = \mu_2(t)g_1(u_1(t)) = \mu_2(t)(0.02 - u_1(t)) \qquad \mu_2 \geq 0 \quad (6.36)$$
$$0 = \mu_4(t)g_2(u_2(t)) = \mu_4(t)(0.9 - u_2(t)) \qquad \mu_4 \geq 0 \quad (6.37)$$
$$0 = -\nu(t)f_1(T,V,u_1)[t] = \nu(t)\left[-S_1 + \frac{S_2V(t)}{B_1+V(t)} + (M + KV(t) - u_1(t))T(t)\right] \qquad \nu \geq 0 \quad (6.38)$$

Unter der Annahme, dass die Beschränkung $h(T)$ ab dem Punkt τ_1 aktiv wird, ergibt sich:

$$0 = \omega\left[T_{\max} - T(\tau_1)\right] \qquad \omega \geq 0 \quad (6.39)$$
$$\lim_{t\to\tau_1^-} \lambda_T(t) = \lim_{t\to\tau_1^+} \lambda_T(t) + \frac{\partial h}{\partial T}\omega = \lim_{t\to\tau_1^+} \lambda_T(t) - \omega \quad (6.40)$$

[2]Die Argumente der Lagrange-Funktion werden zusammengefasst zu $z := (T,V,u_1,u_2,\lambda_T,\lambda_V,\mu_2,\mu_4)$

Ist der Punkt τ_1 unbekannt, ergibt er sich aus der Stetigkeit der Lagrange-Funktion. Unter der Annahme, dass T, V, λ_V und u_2 stetig in τ_1 sind, vereinfachen sich die einseitigen Grenzwerte zu:

$$\begin{aligned} L(z)[\tau_1^-] &= T(\tau_1) - A_1 u_1(\tau_1^-)^2 - A_2 u_2(\tau_1^-)^2 + \lambda_T(\tau_1^-) f_1(T(\tau_1), V(\tau_1), u_1(\tau_1^-)) \\ &\quad + \lambda_V(\tau_1) f_2(T(\tau_1), V(\tau_1), u_2(\tau_1)) + \mu_2(\tau_1^-) g_1(u_1(\tau_1^-)) + \mu_4(\tau_1^-) g_2(u_2(\tau_1)) \\ &\quad + \nu(\tau_1^-) h^1(T(\tau_1), V(\tau_1), u_1(\tau_1^-)) \end{aligned}$$

$$\begin{aligned} L(z)[\tau_1^+] &= T(\tau_1) - A_1 u_1(\tau_1^+)^2 - A_2 u_2(\tau_1^+)^2 + \lambda_T(\tau_1^+) f_1(T(\tau_1), V(\tau_1), u_1(\tau_1^+)) \\ &\quad + \lambda_V(\tau_1) f_2(T(\tau_1), V(\tau_1), u_2(\tau_1)) + \mu_2(\tau_1^+) g_1(u_1(\tau_1^+)) + \mu_4(\tau_1^+) g_2(u_2(\tau_1)) \\ &\quad + \nu(\tau_1^+) h^1(T(\tau_1), V(\tau_1), u_1(\tau_1^+)) \end{aligned}$$

Ist links von τ_1 ein Intervall mit freier Steuerung u_1, sind $\mu_2(\tau_1^-) = \mu_2(\tau_1^+) = \nu(\tau_1^-) = 0$. Da rechts von τ_1 ein Stück mit aktiver NB folgt, ergibt sich $f_1\left(T(\tau_1), V(\tau_1), u_1(\tau_1^+)\right) = 0$ und insgesamt bleibt:

$$\begin{aligned} 0 &= L(z)[\tau_1^-] - L(z)[\tau_1^+] = -A_1\left[u_1(\tau_1^-)^2 - u_1(\tau_1^+)^2\right] + \lambda_T(\tau_1^-) f_1(T(\tau_1), V(\tau_1), u_1(\tau_1^-)) \\ 0 &= -A_1\left[u_1(\tau_1^-)^2 - u_1(\tau_1^+)^2\right] + \lambda_T(\tau_1^-)\left[S_1 - \frac{V(\tau_1)}{B_1 + V(\tau_1)} + \left[-M - KV(\tau_1) + u_1(\tau_1^-)\right] T(\tau_1)\right] \\ 0 &= -A_1\left[u_1(\tau_1^-)^2 - u_1(\tau_1^+)^2\right] + \lambda_T(\tau_1^-)\left[-u_1(\tau_1^+) + u_1(\tau_1^-)\right] T(\tau_1) \\ 0 &= \left[-A_1\left(u_1(\tau_1^-) + u_1(\tau_1^+)\right) + \lambda_T(\tau_1^-) T(\tau_1)\right] \cdot \left[u_1(\tau_1^-) - u_1(\tau_1^+)\right] \end{aligned} \tag{6.41}$$

Gl. (6.41) ist erfüllt, wenn u_1 stetig ist oder wenn die linke Klammer 0 wird. Wird angenommen, dass links von τ_1 ein Stück mit freier Steuerung ist, ergibt sich aber ebenfalls die Stetigkeit von u_1:

$$\begin{aligned} 0 &= -A_1\left(u_1(\tau_1^-) + u_1(\tau_1^+)\right) + \lambda_T(\tau_1^-) T(\tau_1) = -\frac{1}{2}\lambda_T(\tau_1^-) T(\tau_1) - A_1 u_1(\tau_1^+) + \lambda_T(\tau_1^-) T(\tau_1) \\ 0 &= -A_1 u_1(\tau_1^+) + \frac{1}{2}\lambda_T(\tau_1^-) T(\tau_1) \\ &\Rightarrow u_1(\tau_1^+) = \frac{\lambda_T(\tau_1^-) T(\tau_1)}{2A_1} = u_1(\tau_1^-) \end{aligned}$$

Dass links von τ_1 ein Stück mit freier Steuerung sein muss, ergibt sich aus der folgenden Berechnung. Angenommen u_1 ist 0.02, dann kann die Beschränkung der T-Zellen nur aktiv werden, wenn gilt:

$$f_1\left(T_{\max}, V, 0.02\right) = 0 \quad \Rightarrow \quad V = \frac{1000 + 29 \cdot T_{\max} + \sqrt{1000000 + 170000 \cdot T_{\max} + 1849 \cdot T_{\max}^2}}{T_{\max}}$$

Bei $T_{\max} = 1500$ müsste V somit etwa 74 sein, damit dieser Fall eintritt. Dieser Wert ist aber unrealistisch hoch, da die Virenkonzentration erst bei Endzeiten von über 1.000 Tagen und wenn beide Steuerungen auf 0 gesetzt werden derartige Werte erreicht. Dann werden aber auch die T-Zellen eliminiert, wodurch deren Obergrenze nicht aktiv werden kann. Ansonsten erreicht die Virenkonzentration nie eine derartige Größenordnung, so dass davon auszugehen ist, dass beide Beschränkungen nicht gleichzeitig aktiv werden, sondern ein Intervall mit freier Steuerung zwischen dem Intervall mit aktiver Steuer- und dem Intervall mit aktiver Zustandsbeschränkung liegt.

6.3.3 Bestimmung der Variationen

Das Iterationsverfahren verändert sich durch die zusätzliche Zustandsbeschränkung nur in wenigen Punkten gegenüber Abschnitt 6.2.2. Bestimmt werden nun u_1, u_2, μ_2, μ_4, ν und ω, während sich die Variationen Δz aus dem System (6.42) - (6.52) von algebraischen Gleichungen, Differentialgleichungen und Sprungbedingungen ergeben.

$$\dot{\Delta T} = (u_1 - M - KV)\Delta T + \left(-KT - \frac{S_2 B_1}{(B_1+V)^2}\right)\Delta V + T\Delta u_1 \qquad \Delta T(0) = 0 \tag{6.42}$$

$$\dot{\Delta V} = -CV\Delta T + \left(\frac{G(1-u_2)B_2}{(B_2+V)^2} - CT\right)\Delta V - \frac{GV}{B_2+V}\Delta u_2 \qquad \Delta V(0) = 0 \tag{6.43}$$

$$\dot{\Delta\lambda_T} = (C\lambda_V + (\lambda_T - \nu)K)\Delta V + (M + KV - u_1)\cdot(\Delta\lambda_T - \Delta\nu) + CV\Delta\lambda_V - (\lambda_T - \nu)\Delta u_1 \qquad \Delta\lambda_T(t_f) = 0 \tag{6.44}$$

$$\begin{aligned}\dot{\Delta\lambda_V} = {} & (K(\lambda_T - \nu) + C\lambda_V)\Delta T + \left(-\frac{2(\lambda_T-\nu)B_1S_2}{(B_1+V)^3} + \frac{2\lambda_V G(1-u_2)B_2}{(B_2+V)^3}\right)\Delta V \\ & + \frac{\lambda_V G B_2}{(B_2+V)^2}\Delta u_2 + \left(\frac{B_1S_2}{(B_1+V)^2} + KT\right)\cdot(\Delta\lambda_T - \Delta\nu) - \left(\frac{G(1-u_2)B_2}{(B_2+V)^2} - CT\right)\Delta\lambda_V \\ & \Delta\lambda_V(t_f) = 0\end{aligned} \tag{6.45}$$

$$0 = (\lambda_T - \nu)\cdot(T + \Delta T) + T(\Delta\lambda_T - \Delta\nu) - 2A_1(u_1 + \Delta u_1) - \mu_2 - \Delta\mu_2 \tag{6.46}$$

$$0 = -\frac{GV}{B_2+V}(\lambda_V + \Delta\lambda_V) - \frac{\lambda_V G B_2}{(B_2+V)^2}\Delta V - 2A_2(u_2 + \Delta u_2) - \mu_4 - \Delta\mu_4 \tag{6.47}$$

$$0 = (\mu_2 + \Delta\mu_2)(0.02 - u_1) - \mu_2\Delta u_1 \tag{6.48}$$

$$0 = (\mu_4 + \Delta\mu_4)(0.9 - u_2) - \mu_4\Delta u_2 \tag{6.49}$$

$$\begin{aligned}0 = {} & (\nu + \Delta\nu)\left[-S_1 + \frac{S_2V}{B_1+V} + (M + KV - u_1)T\right] \\ & + \nu\left[(M + KV - u_1)\Delta T + \left(\frac{B_1S_2}{(B_1+V)^2} + KT\right)\Delta V - T\Delta u_1\right]\end{aligned} \tag{6.50}$$

$$0 = (\omega + \Delta\omega)\left[T_{\max} - T(\tau_1)\right] - \omega\Delta T(\tau_1) \tag{6.51}$$

$$\lim_{t\to\tau_1^-} \Delta\lambda_T(t) = \lim_{t\to\tau_1^+} \Delta\lambda_T(t) - \Delta\omega \tag{6.52}$$

Bei der Bestimmung von Δu_2 und $\Delta\mu_4$ ändert sich im Vergleich zu dem unbeschränkten Problem nichts, während für Δu_1, $\Delta\mu_2$ und $\Delta\nu$ die Gleichungen (6.46), (6.48) und (6.50) genutzt werden. Zur Vereinfachung werden die Gleichungen umgeschrieben:

$$\begin{aligned}\text{Gl. (6.46)}: \quad & 0 = F_0(T, \Delta T, \lambda_T, \Delta\lambda_T, u_1, \mu_2, \nu) - T\cdot\Delta\nu - 2A_1\Delta u_1 - \Delta\mu_2 \\ \text{Gl. (6.48)}: \quad & 0 = (\mu_2 + \Delta\mu_2)\cdot G(u_1) - \mu_2\Delta u_1 \\ \text{Gl. (6.50)}: \quad & 0 = (\nu + \Delta\nu)\cdot F_1(T, V, u_1) + \nu\cdot F_2(T, \Delta T, V, \Delta V, u_1) - \nu\cdot T\cdot\Delta u_1\end{aligned}$$

Daraus ergeben sich (abhängig vom Wert von u_1) verschiedene Vorschriften für Δu_1, $\Delta\mu_4$ und $\Delta\nu$:

1. $u_1(t) = 0.02$, $\mu_2(t) \neq 0$ und $\mu_2(t) \neq F_1(T, V, u_1)[t]$:

$$\Delta u_1 = (\mu_2 + \Delta\mu_2)\cdot\frac{G}{\mu_2} = 0$$

$$\Delta\nu = -\frac{1}{F_1}\cdot[\nu F_1 + \nu F_2 - \nu T\Delta u_1]$$

$$\Delta\mu_2 = \left(\frac{\nu T^2 G}{\mu_2 - F_1} - \frac{2A_1G}{\mu_2} - 1\right)^{-1}\left[F_0 + \frac{T\nu}{F_1}\cdot(F_1 + F_2 - \nu TG) - 2A_1G\right] = -F_0 - \frac{\nu T}{F_1}(F_1 + F_2)$$

2. $u_1(t)$ ist derart, dass $F_1(T,V,u_1)[t] = 0$ gilt, dass heißt, wenn $T(t) = T_{\max}$ ist ($\nu(t) \neq 0$):

$$\Delta u_1 = \frac{1}{\nu T} \cdot [(\nu + \Delta\nu)F_1 + \nu F_2] = \frac{F_2}{T_{\max}}$$
$$\Delta\mu_2 = -\mu_2 \cdot \left(1 + \frac{\Delta u_1}{G}\right)$$
$$\Delta\nu_2 = \left[T - \frac{F_1}{\nu T} \cdot \left(-2A_1 + \frac{\mu_2}{G}\right)\right]^{-1} \cdot \left[F_0 + \mu_2 + \frac{1}{T} \cdot (F_1 + F_2) \cdot (-2A_1 + \frac{\mu_2}{G})\right]$$
$$= \frac{1}{T_{\max}}\left[F_0 + \mu_2 + \frac{F_2}{T_{\max}}\left(\frac{\mu_2}{G} - 2A_1\right)\right]$$

3. $u_1(t)$ frei und $\frac{\nu(t)T(t)^2}{F_1(T,V,u_1)[t]} + 2A_1 - \frac{\mu_2(t)}{G(u_1(t)} \neq 0$:

$$\Delta\mu_2 = -\mu_2 \cdot \left(1 + \frac{\Delta u_1}{G}\right)$$
$$\Delta\nu = -\frac{1}{F_1} \cdot [\nu F_1 + \nu F_2 - \nu T \Delta u_1]$$
$$\Delta u_1 = \left[\frac{\nu T^2}{F_1} + 2A_1 - \frac{\mu_2}{G}\right]^{-1} \cdot \left[F_0 + \frac{\nu T}{F_1}(F_1 + F_2) + \mu_2\right]$$

Zur Schrittweitenbestimmung wird ein Fehler $\Theta(\beta)$ benötigt, wobei nur der angenäherte Fehler Θ_{approx} als Summe über die Diskretisierungsstellen t_i verwendet wird. Der Fehler besteht aus neun Teilkomponenten:

$$\Theta_1 = \left[-\beta^2 \frac{B_1 S_2 \Delta V^2}{(B_1+V)^2(B_1+V+\beta\Delta V)} + K\beta^2 \Delta T \Delta V - \beta^2 \Delta u_1\right]^2$$
$$\Theta_2 = \left[C\beta^2 \Delta T \Delta V + \beta^2 \frac{B_2 G \Delta V\,[\Delta u_2(B_2+V) + (1-u_2)\Delta V]}{(B_2+V)^2(B_2+V+\beta\Delta V)}\right]^2$$
$$\Theta_3 = \beta^4\,[(\Delta\lambda_T - \Delta\nu)(\Delta u_1 - K\Delta V) - C\lambda_V \Delta V]^2$$

$$\begin{aligned}\Theta_4 = {} & [\beta^2 \Delta T(-K(\Delta\lambda_T - \Delta\nu) - C\Delta\lambda_V) \\ & + \frac{B_1 S_2 \beta \Delta V\,[(\lambda_T + \beta\Delta\lambda_T - \nu - \beta\Delta\nu)(B_1+V)(2B_1+2V+\beta\Delta V) - 2(\lambda_T - \nu)(B_1+V+\beta\Delta V)^2]}{(B_1+V)^3(B_1+V+\beta\Delta V)^2} \\ & + \frac{\beta G B_2}{(B_2+V)^3(B_2+V+\beta\Delta V)^2}\{\Delta V\,[\beta\lambda_V \Delta u_2 - (\lambda_V + \beta\Delta\lambda_V)(1-u_2)]\,(B_2+V)(2B_2+2V+\beta\Delta V) \\ & -\beta\Delta\lambda_V \Delta u_2 (B_2+V)^3 + 2\lambda_V(1-u_2)\Delta V(B_2+V+\beta\Delta V)^2\}]^2\end{aligned}$$

$$\Theta_5 = [(\lambda_T + \beta\Delta\lambda_T - \nu - \beta\Delta\nu)\,(T + \beta\Delta T) - 2A_1\,(u_1 + \beta\Delta u_1) - \mu_2 - \beta\Delta\mu_2]^2$$
$$\Theta_6 = \left[-\frac{(\lambda_V + \beta\Delta\lambda_V)\,G\,(V + \beta\Delta V)}{B_2 + V + \beta\Delta V} - 2A_2\,(u_2 + \beta\Delta u_2) - \mu_4 - \beta\Delta\mu_4\right]^2$$
$$\Theta_7 = [(\mu_2 + \beta\Delta\mu_2)\,(0.02 - u_1 - \beta\Delta u_1)]^2$$
$$\Theta_8 = [(\mu_4 + \beta\Delta\mu_4)\,(0.9 - u_2 - \beta\Delta u_2)]^2$$
$$\Theta_9 = [(\nu + \beta\Delta\nu)\,(T_{\max} - T - \beta\Delta T)]^2$$

6.3.4 Berechnung mit festem Umschaltpunkt

Anhand der notwendigen Bedingungen und der Kenntnis der Struktur der optimalen Steuerungen (bei u_1 ist erst die Oberschranke aktiv, dann kommt ein freies Stück, dann die Zustandsbeschränkung und zum Schluss noch mal ein kurzes freies Stück, während bei u_2 nur zu Beginn ein Stück mit der Oberschranke ist, danach ist u_2 frei) kann die Lösung mit den exakten Umschaltpunkten bestimmt werden (wobei nur die Anfangszeit der Zustandsbeschränkung von Interesse ist). Wird das Iterationsverfahren mit dem System (6.42) - (6.52) für die Variationen und bei dem zuvor bestimmten exakten Schaltpunkt τ_1 benutzt, konvergiert es schnell gegen die korrekte Lösung, die auch mit dem direkten Ansatz bestätigt wird. Das Konvergenzverhalten für $t_f = 35$ und $T_{\max} = 600$ ist in Tab. E.25 und die Lösungskurven in Abb. 6.8 zu sehen (hier endete das Iterationsverfahren nach neun Schritten).

6.3.5 Berechnung mit variablen Umschaltpunkt τ_1

Ist der Umschaltpunkt τ_1 unbekannt, kann er ebenfalls mit Hilfe der Variationen und der Stetigkeitsbedingung aus Gl. (6.41) an u_1 bestimmt werden. Dazu wird das Iterationsverfahren aus Abschnitt 6.3.3 nur geringfügig geändert. Alle Schritte werden wie zuvor durchgeführt, nur am Ende der Iteration wird noch die Variation $\Delta\tau_1$ bestimmt, nachdem die neue Steuerung $u_1^{i+1} = u_1^i + \beta^i \Delta u_1^i$ berechnet wurde.

Dazu wird wiederum eine Taylorentwicklung von $F(\tau_1) = u_1(\tau_1^-) - u_1(\tau_1^+)$ um das bekannte τ_1 vorgenommen, wobei berücksichtigt werden muss, dass die Steuerungen linear interpoliert werden, wodurch sie nur stückweise differenzierbar sind:

$$0 \stackrel{!}{=} F(\tau_1 + \Delta\tau_1) \approx F(\tau_1) + \dot{F}(\tau_1) \cdot \Delta\tau_1 = u_1(\tau_1^-) - u_1(\tau_1^+) + \left[\dot{u}_1(\tau_1^-) - \dot{u}_1(\tau_1^+)\right] \cdot \Delta\tau_1$$

Da die Steuerung nur an den gegebenen Zeitpunkten t_i berechnet und dazwischen linear interpoliert wird, kann die Ableitung durch den Differenzenquotienten bestimmt werden. Außerdem muss in den Berechnungen der links- und rechtsseitige Grenzwert angenähert werden. Dazu wird ein Index j festgelegt, so dass $t_j = \tau_1^-$ und $t_{j+1} = \tau_1^+$ sowie $\tau_1 - t_j = t_{j+1} - \tau_1 = 1E - 12$ gilt.

Damit ergibt sich die folgende Gleichung für $\Delta\tau_1$:

$$0 = u_1(t_j) - u_1(t_{j+1}) + \left[\frac{u_1(t_j) - u_1(t_{j-1})}{t_j - t_{j-1}} - \frac{u_1(t_{j+2}) - u_1(t_{j+1})}{t_{j+2} - t_{j+1}}\right] \cdot \Delta\tau_1 \qquad (6.53)$$

Nach der Aktualisierung von $\tau_1 = \tau_1 + \Delta\tau_1$ muss ein neues Zeitgitter für die interpolierten Größen erzeugt werden. Dabei wird das Diskretisierungsgitter über alle Iterationsschritte mit einer konstanten Anzahl von Gitterpunkten links und rechts von τ_1 gewählt, dass heißt, die Gitterpunkte werden jeweils äquidistant auf $[0, t_j^i]$ und auf $[t_{j+1}^i, t_f]$ berechnet. Damit wird im i. Iterationsschritt das Diskretisierungsgitter $[0, t_2^i, \ldots, t_j^i = \tau_1^i - 1\text{E-}12, t_{j+1}^i = \tau_1^i + 1\text{E-}12, \ldots, t_f]$ verwendet. Die interpolierten Funktionen werden nun an den neuen Gitterpunkten t_i bestimmt, zwischen denen im nächsten Iterationsschritt interpoliert wird. Dabei kann es theoretisch passieren, dass Knicke geglättet werden. Betrachtet man aber die optimalen Steuerungen und Multiplikatoren, zeigt sich, dass solche Knicke - zum Glück - nicht auftreten.

Eine Veränderung des Zeitgitters wurde dabei nur vorgenommen, wenn die Änderung $\Delta\tau_1$ größer als eine bestimmte Untergrenze war, die meist mit 1E-03 gewählt wurde.

Bei $t_f = 35$ wurde mit 30 Gitterpunkten links von τ_1 und 15 rechts davon gerechnet. Der Iterationsverlauf ist in Tab. E.26 gezeigt und es zeigt sich, dass der korrekte Umschaltpunkt sehr schnell bestimmt wird (bei einer Abweichung von 5,87E-04 zum optimalen Umschaltpunkt, der bei der Berechnung zuvor verwendet wurde). Der Sprung der optimalen Steuerung u_1 in τ_1 beträgt 2,27E-08, so dass die Stetigkeitsbedingung zumindest annähernd erfüllt wurde.

6.3.6 Ergebnis

In den Abb. 6.8 - 6.12 sind die Lösungen einiger Beispielrechnungen zu sehen und in Tab. 6.5 sind die Ergebnisse zusammengefasst. Es lässt sich festhalten, dass das restringierte Optimalsteuerungsproblem auch für $t_f = 100$ gelöst werden konnte (mit $T_{\max} \leq 1000$), also eine numerische Stabilisierung des Verfahrens erzielt werde konnte. Auffällig ist dabei, dass am Ende des Optimierungsintervalls immer ein kurzes Stück mit inaktiver Nebenbedingung auftritt.

Dabei berechneten die Iterationsverfahren die Lösung auch ohne dass speziell angepasste Startwerte zur Verfügung gestellt wurden. Aus Abb. 6.11 ist erkennbar, dass bei fester Obergrenze $T_{\max}$ eine Vergrößerung der Endzeit t_f nur zu einer Verlängerung der Phase mit $T(t) = T_{\max}$ führte. Sowohl τ_1 als auch die Steuerungen u_1, u_2 und die Multiplikatoren μ_2, μ_4 änderten sich nicht, einzig die Werte des Sprunges ω und des Multiplikators $\nu(t)$ wachsen. Daraus ergibt sich eine einfache Möglichkeit einen Iterationsstartwert zu wählen, in dem die Lösung bei gleichen $T_{\max}$ aber kleinerem t_f verwendet wird.

Umgekehrt funktioniert es auch gut, zu erst das restringierte Problem mit einer kleinen Obergrenze zu lösen und sich danach sukzessive bis zur gewünschten Obergrenze hoch zuarbeiten. In Abb. 6.12 ist erkennbar, dass eine steigende Obergrenze dazu führt, dass die oberen Steuerbeschränkungen länger aktiv sind, dass der Umschaltpunkt τ_1 später erreicht wird und dass die Sprungparameter ω kleiner wird.

In Abb. 6.12 ist aber auch wieder der Ausgangspunkt zu erkennen, da mit steigendem $T_{\max}$ die Virenkonzentration deutlich näher an 0 kommt und das Minimum bei λ_V deutlich ausgeprägter ist.

Außerdem ist festzustellen, dass mit steigenden Endzeiten und Oberschranken die Qualität der Lösungen immer mehr abnimmt (sowohl bezüglich R als auch bezüglich Θ).

Leider funktioniert auch dieser Ansatz nicht immer, sondern nur bis zur Obergrenze 1000 problemlos. Bei größeren Werten von $T_{\max}$ bricht auch hier das Iterationsverfahren ab, so dass die Lösung für die von Kirschner et al. [12] verwendeten Obergrenze 1500 nicht mit einem indirekten Ansatz bestimmt werden kann, während es mit dem direkten Ansatz ohne Probleme funktionierte. Dabei tritt bei $T_{\max} = 1500$ das gleiche Problem wie im unrestringierten Fall auf, da die Iteration einige Schritte durchführt und erst abbricht, wenn sie der optimalen Lösung relativ nah kommt (vergl. Abb. 6.13). Vielleicht könnte aber durch eine Approximation des Startgitters die Optimalsteuerungsaufgabe auch für $T_{\max} = 1500$ gelöst werden (mir fehlte an dieser Stelle leider die Zeit, um es herauszufinden).

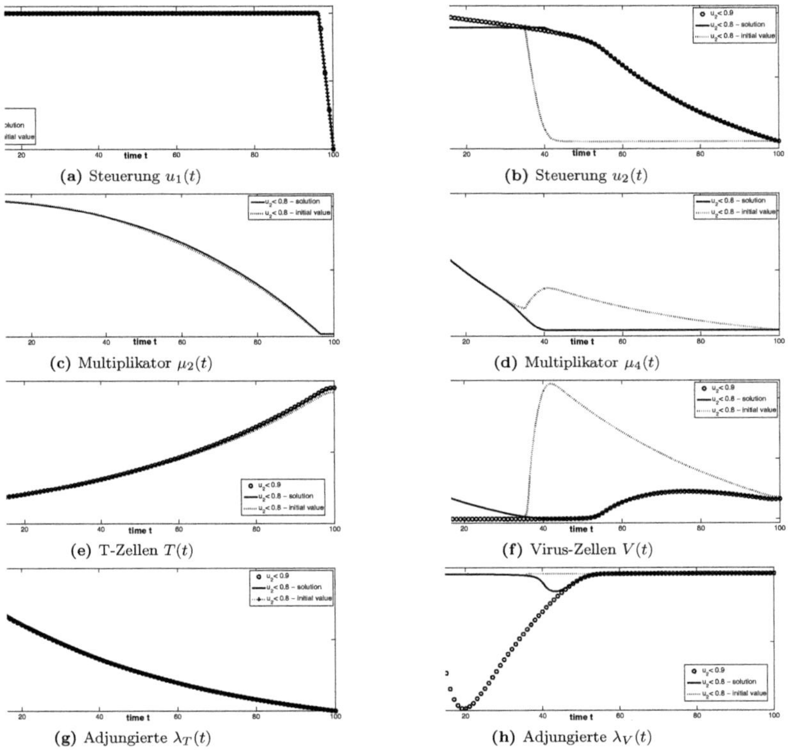

(a) Steuerung $u_1(t)$

(b) Steuerung $u_2(t)$

(c) Multiplikator $\mu_2(t)$

(d) Multiplikator $\mu_4(t)$

(e) T-Zellen $T(t)$

(f) Virus-Zellen $V(t)$

(g) Adjungierte $\lambda_T(t)$

(h) Adjungierte $\lambda_V(t)$

Abbildung 6.6: Vergleich der berechneten Lösungen für $t_f = 100$ bei verschiedenen Obergrenzen für die Steuerung u_2 ($u_2 \leq 0.9$ - Kreise, $u_2 \leq 0.8$ - durchgezogene Linie) im Vergleich mit dem Startwert des Iterationsverfahrens zu $u_2 \leq 0.8$. Dabei wurde das Problem für $u_2 \leq 0.9$ mit einem direkten Ansatz gelöst (der indirekte Ansatz versagt für diese Endzeit, die Adjungierten wurden nachträglich mit den notwendigen Bedingungen bestimmt), während bei $u_2 \leq 0.8$ das indirekte Verfahren mit Approximation des Startgitters aus Abschnitt 6.2.4 benutzt wurde. Bezüglich u_1 ändert sich nichts, während der Abfall von V bei $u_2 \leq 0.8$ deutlich langsamer ist, wodurch das Minimum von λ_V flacher ist und später auftritt.

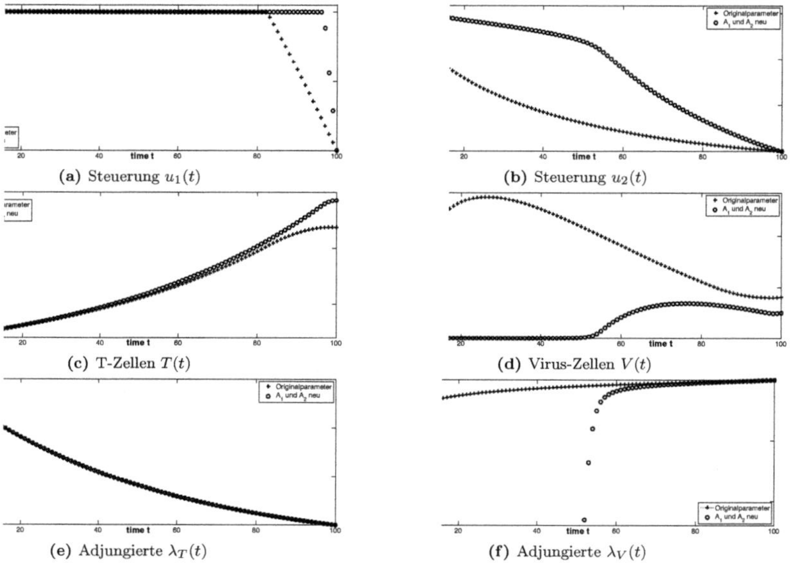

(a) Steuerung $u_1(t)$ (b) Steuerung $u_2(t)$

(c) T-Zellen $T(t)$ (d) Virus-Zellen $V(t)$

(e) Adjungierte $\lambda_T(t)$ (f) Adjungierte $\lambda_V(t)$

Abbildung 6.7: Vergleich der berechneten Lösungen für $t_f = 100$ bei verschiedenen Werten der Parameter A_1 und A_2 (Kreise - $A_1 = 250000$ und $A_2 = 75$, Kreuze - $A_1 = 1000000$ und $A_2 = 300$) – das HIV-Modell mit den vergrößerten Straftermen kann nun auch mit dem indirekten Ansatz gelöst werden. Dabei nehmen u_1 und u_2 deutlich geringere Werte an, daher gibt es keine Phase, in der V nahe 0 ist, während die T-Zellen-Konzentration am Ende weniger stark wächst. Die Adjungierte λ_T ändert sich nur wenig, während bei λ_V das stark ausgeprägte Minimum wiederum nicht auftritt.

t_f	$T_{\max}$	$R(z^{opt})$	$\Theta(z^{opt})$	ω^{opt}	τ_1^{opt}	τ_1-Methode	It.-Schritte	Tab.-Nr.
35	600	0,6976	3,61E-07	5,6180	28,5756	fest	9	E.25
35	600	0,7230	3,61E-07	5,6180	28,5942	variabel	10	E.26
50	600	0,2619	3,26E-08	20,6162	28,5945	variabel	12	E.29
65	600	0,4335	1,06E-08	35,6138	28,5939	variabel	12	E.30
80	600	0,5232	1,06E-08	50,6116	28,5941	variabel	11	E.31
100	600	1,9629	3,61E-07	70,6083	28,5944	variabel	10	E.32
50	700	0,6625	2,09E-07	14,2996	34,9956	fest	12	E.27
50	700	0,6610	2,09E-07	14,2996	34,9960	variabel	13	E.28
100	850	6,5461	1,85E-02	56,3204	43,0556	variabel	9	E.33
100	1000	10,8635	1,17E-01	49,5082	49,9326	variabel	14	E.34

Tabelle 6.5: Vergleich der Ergebnisse der Iterationen bei verschiedenen Endzeiten und Obergrenzen für die T-Zellen - je größer t_f und $T_{\max}$ gewählt werden, umso mehr verschlechtern sich die Lösungen.

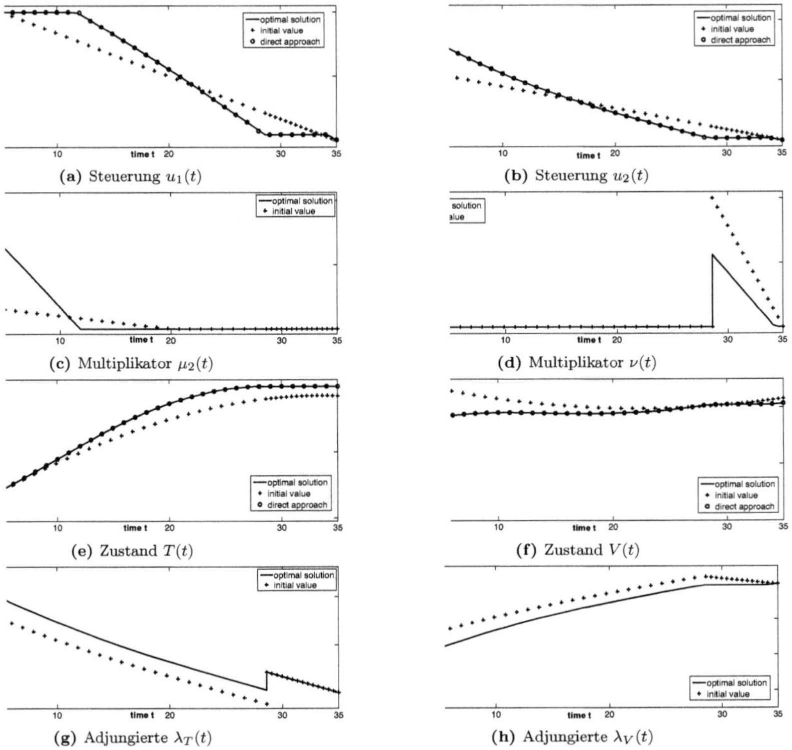

(a) Steuerung $u_1(t)$

(b) Steuerung $u_2(t)$

(c) Multiplikator $\mu_2(t)$

(d) Multiplikator $\nu(t)$

(e) Zustand $T(t)$

(f) Zustand $V(t)$

(g) Adjungierte $\lambda_T(t)$

(h) Adjungierte $\lambda_V(t)$

Abbildung 6.8: Vergleich der berechneten Lösung (zu $t_f = 35$ und $T_{\max} = 600$) mit den Startwerten (Kreuze) und der optimalen Lösung aus einem direkten Ansatz (Kreise, wenn bestimmbar) – beide Lösungen stimmen überein.

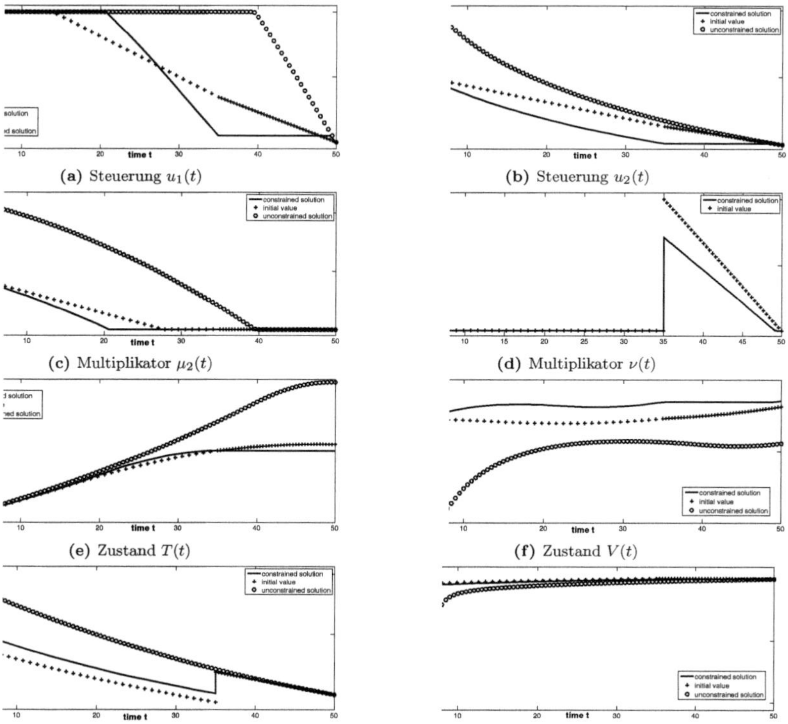

(a) Steuerung $u_1(t)$

(b) Steuerung $u_2(t)$

(c) Multiplikator $\mu_2(t)$

(d) Multiplikator $\nu(t)$

(e) Zustand $T(t)$

(f) Zustand $V(t)$

(g) Adjungierte $\lambda_T(t)$

(h) Adjungierte $\lambda_V(t)$

Abbildung 6.9: Vergleich der berechneten Lösung (zu $t_f = 50$ und $T_{\max} = 700$) mit den Startwerten (Kreuze) und der optimalen unrestringierten Lösung (Kreise) – durch die Zustandsbeschränkung sind die Steuerungen kleiner, während V und λ_V größer sind.

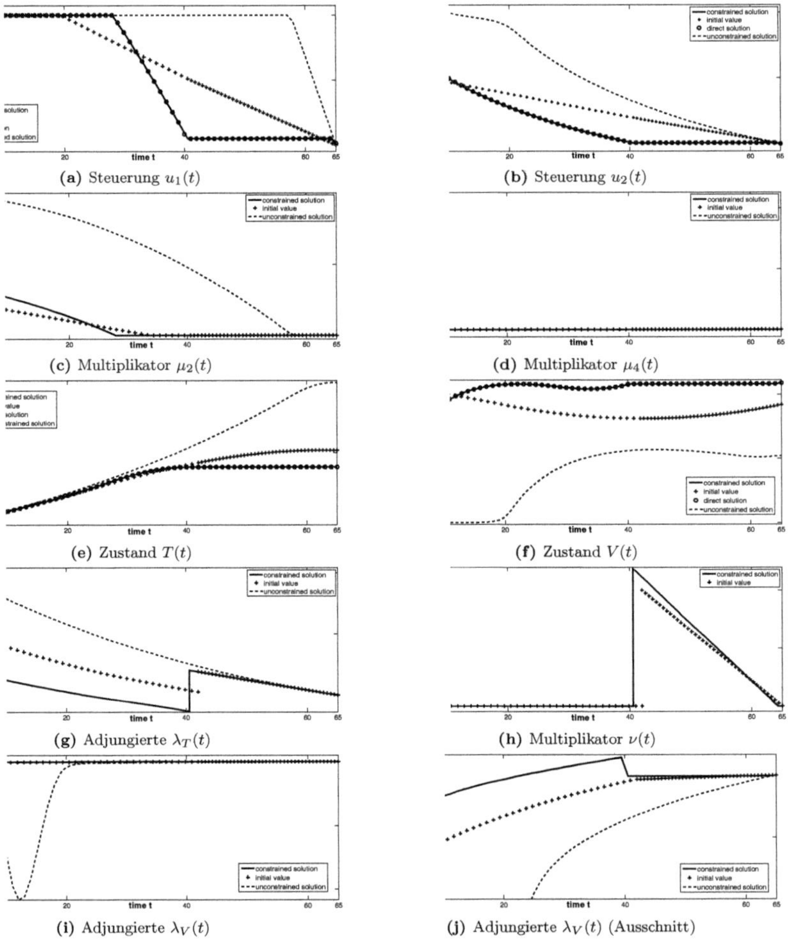

(a) Steuerung $u_1(t)$

(b) Steuerung $u_2(t)$

(c) Multiplikator $\mu_2(t)$

(d) Multiplikator $\mu_4(t)$

(e) Zustand $T(t)$

(f) Zustand $V(t)$

(g) Adjungierte $\lambda_T(t)$

(h) Multiplikator $\nu(t)$

(i) Adjungierte $\lambda_V(t)$

(j) Adjungierte $\lambda_V(t)$ (Ausschnitt)

Abbildung 6.10: Vergleich der berechneten Lösung (zu $t_f = 65$ und $T_{\max} = 800$) mit den Startwerten (Kreuze), der Lösung aus einem direkten Verfahren (Kreise) und der optimalen unrestringierten Lösung (gestrichelte Linie) – Zum einen ist erkennbar, dass die Lösungen aus dem indirekten und dem direkten Verfahren übereinstimmen und zum anderen ändert sich durch die Einführung der Zustandsbeschränkung am stärksten λ_V.

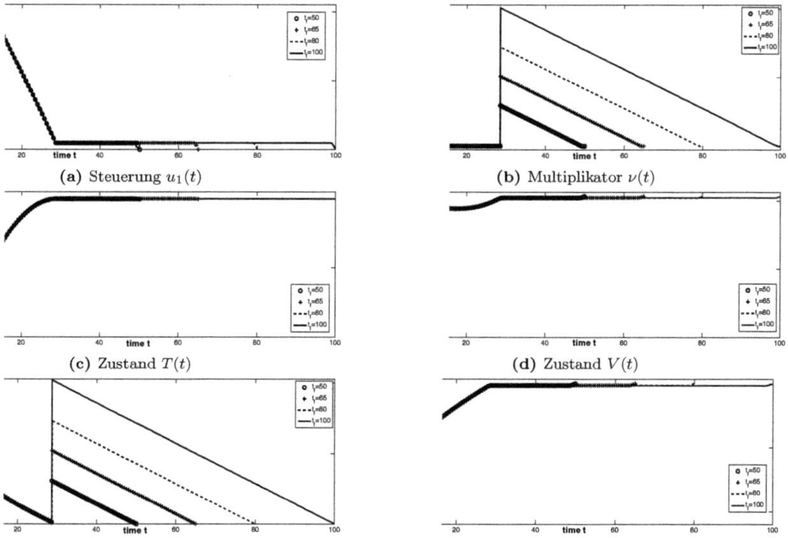

(a) Steuerung $u_1(t)$

(b) Multiplikator $\nu(t)$

(c) Zustand $T(t)$

(d) Zustand $V(t)$

(e) Adjungierte $\lambda_T(t)$

(f) Adjungierte $\lambda_V(t)$

Abbildung 6.11: Vergleich der berechneten Lösung (zu $T_{\max} = 600$) bei verschiedenen Endzeiten ($t_f = 50$ - Kreise, $t_f = 65$ - Kreuze, $t_f = 80$ - gestrichelte Linie, $t_f = 100$ - durchgehende Linie) – die Endzeit ändert den Verlauf der Steuerung und der Zustände nicht, es verlängert sich nur das Intervall mit aktiver Nebenbedingung, einzig ν steigt mit wachsendem t_f an.

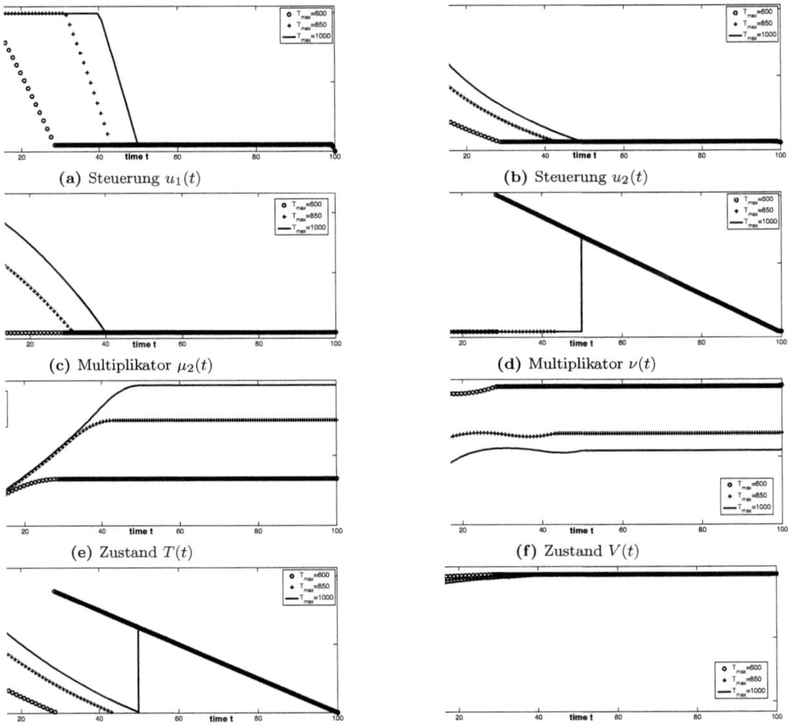

(a) Steuerung $u_1(t)$ (b) Steuerung $u_2(t)$

(c) Multiplikator $\mu_2(t)$ (d) Multiplikator $\nu(t)$

(e) Zustand $T(t)$ (f) Zustand $V(t)$

(g) Adjungierte $\lambda_T(t)$ (h) Adjungierte $\lambda_V(t)$

Abbildung 6.12: Vergleich der berechneten Lösung (zu $t_f = 100$) bei verschiedenen Zustandsbeschränkungen ($T_{\max} = 600$ - Kreise, $T_{\max} = 850$ - Kreuze, $T_{\max} = 1000$ - durchgehende Linie) - mit steigendem $T_{\max}$ wird die Beschränkung später aktiv. Außerdem sind die Steuerungen länger gleich den Oberschranken, wodurch V und λ_V kleiner werden. Überraschend ist daneben, dass entlang der Beschränkung ν und λ_T jeweils gleich sind.

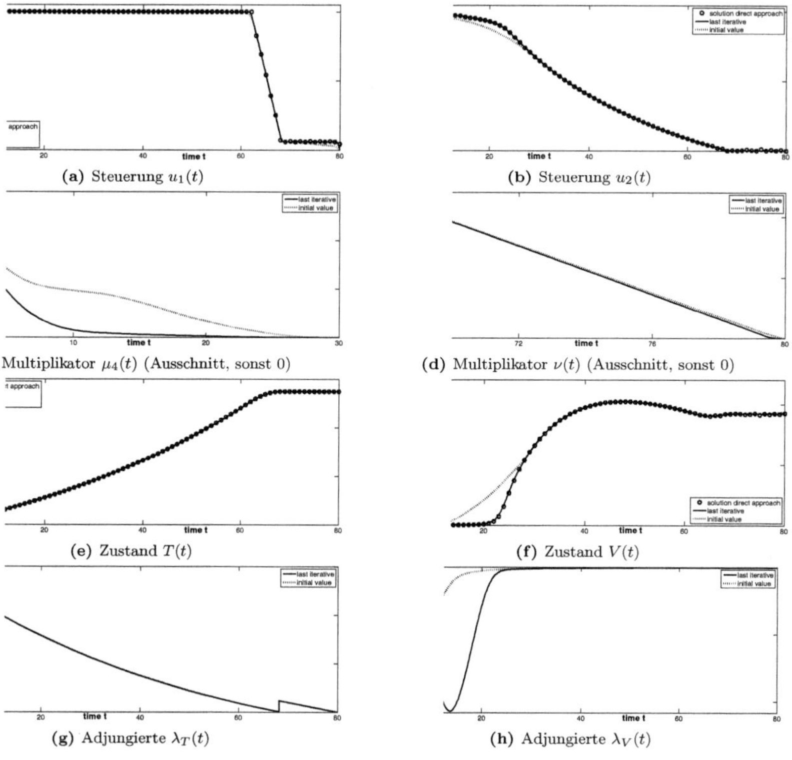

(a) Steuerung $u_1(t)$

(b) Steuerung $u_2(t)$

(c) Multiplikator $\mu_4(t)$ (Ausschnitt, sonst 0)

(d) Multiplikator $\nu(t)$ (Ausschnitt, sonst 0)

(e) Zustand $T(t)$

(f) Zustand $V(t)$

(g) Adjungierte $\lambda_T(t)$

(h) Adjungierte $\lambda_V(t)$

Abbildung 6.13: Vergleich der Werte aus dem letzten Iterationsschritt, bevor die Iteration abbricht (zu $t_f = 80$ und $T_{\max} = 1500$) mit dem verwendeten Startwert (gestrichelte Linie) und der Lösung aus dem direkten Ansatz - die Iteration ist sehr nah an der optimalen Lösung. Erstaunlich ist dabei, wie stark sich λ_V durch die Iteration verkleinert, während die anderen Größen sich nur wenig ändern.

Kapitel 7

Schätzung der Konvergenzgeschwindigkeit

Ziel dieses Abschnitts soll es sein, die Konvergenzgeschwindigkeit der verwendeten Iterationsverfahren bei den Beispielen zu untersuchen, in denen eine Konvergenz vorgelegen hat. Dazu wird angenommen, dass eine lineare Konvergenz vorliegt, dass heißt, es gilt:

$$\left\| z^{i+1} - z^{opt} \right\| \leq \mathrm{L} \cdot \left\| z^{i} - z^{opt} \right\| \qquad \text{mit } 0 < \mathrm{L} < 1 \text{ für alle Iterationsschritte } i \tag{7.1}$$

Bei den von mir bearbeiteten Problemen ist dabei $z = (u, \mu, \nu)$ und z^{opt} sind die in der letzten Iteration berechneten Funktionen (bzw. Vektoren mit den Werten an den Diskretisierungsstellen als Einträge), vorausgesetzt das Iterationsverfahren endete vor dem Erreichen der maximalen Iterationsanzahl, dass heißt, dass die 1-Norm der Änderungen klein genug wurde.

Aus Gl. (7.1) ergibt sich der Konvergenzquotient $\frac{\left\| z^{i+1} - z^{opt} \right\|}{\left\| z^{i} - z^{opt} \right\|}$, der für alle Iterationen kleiner als 1 sein muss, damit eine lineare Konvergenz vorliegt, wobei zur Abstandsberechnung die 2-Norm als Summe über die Diskretisierungsstellen verwendet wurde:

$$\left\| z^{i} - z^{opt} \right\| = \sqrt{\sum_{j=1}^{N} [u^i(t_j) - u^{opt}(t_j)]^2} + \sqrt{\sum_{j=1}^{N} [\mu^i(t_j) - \mu^{opt}(t_j)]^2} + \sqrt{\sum_{j=1}^{N} [\nu^i(t_j) - \nu^{opt}(t_j)]^2}$$

Da beim Fischerei-Problem mit mehreren isolierten Nebenbedingungen die Sprungparameter $\nu_1, \ldots, \nu_M$ nur an den Stellen der Einnahmenbedingungen bestimmt werden, ergab sich folgendes:

$$\left\| z^{i} - z^{opt} \right\| = \sqrt{\sum_{j=1}^{N} [u^i(t_j) - u^{opt}(t_j)]^2} + \sqrt{\sum_{j=1}^{N} [\mu^i(t_j) - \mu^{opt}(t_j)]^2} + \sqrt{\sum_{k=1}^{M} \left[\nu^i_k - \nu^{opt} - k\right]^2}$$

Gerdts [7] zeigt für sein Iterationsverfahren sogar superlineare Konvergenz, dass heißt nahe dem Optimum konvergiert der Konvergenzquotient gegen 0, während Lee [14] gezeigt hat, dass für das Verfahren von Miele (an das die Quasilinearisierung angelehnt ist) quadratisch konvergiert, so dass sogar gilt:

$$\left\| z^{i+1} - z^{opt} \right\| \leq \mathrm{Q} \cdot \left\| z^{i} - z^{opt} \right\|^2 \qquad \text{mit } \mathrm{Q} > 0 \text{ für alle Iterationsschritte } i$$

Für die in dieser Arbeit verwendeten Iterationsverfahren lässt sich leider keine derartige Aussage zeigen. Stattdessen ist sogar festzustellen, dass es für beide Ansätze eine Menge Beispiele gibt, in denen keine lineare Konvergenz vorliegt.

In den Beispielen variieren die Konvergenzquotienten sehr stark. So liegt beim global-restringierten Fischerei-Problem bei der Quasilinearisierung immer superlineare Konvergenz vor (Tab. 7.1). Beim FB-Ansatz (Tab. 7.2) wird der Quotient zwei Mal im 1. Schritt größer als 1 und bei Tab. A.32 werden mehrere Konvergenzquotienten größer als 1. Dies ist hier aber höchstens dann der Fall, wenn die Minimalschrittweite verwendet wurde (vergl. Abb. 7.1). Bei dem Fischerei-Problem mit mehreren isolierten Nebenbedingungen (Tab. 7.3, 7.4) verschlechterte sich die Situation bereits, so war die Quasilinearisierung nur noch von linearer Konvergenzgeschwindigkeit (mit Ausnahme von Tab. B.43), während beim FB-Ansatz sehr oft der erste Quotient größer als 1 wurde. Beim Rayleigh-Problem (Tab. 7.5, 7.6) lag bei der Quasilinearisierung wenigstens bei neun von zwölf Iterationen lineare Geschwindigkeit vor, während es beim FB-Ansatz nur bei der Hälfte der Iterationen so war.

Beim unrestringierten HIV-Problem (Tab. 7.7, 7.8) bestätigte sich dieser Trend zumindest bei der Verwendung von $\Theta_{approx}(\beta_{approx})$, da dort jeweils fünf Iteration zumindest linear konvergierten, aber drei bei der Quasilinearisierung und zwei beim FB-Ansatz nicht. Dieses Verhalten änderte sich als der exakte Fehler mit der ihn minimierenden Schrittweite β_{opt} unter Verzicht auf eine Minimalschrittweite verwendet wurde, da alle Iterationsverfahren dann linear konvergierten (Tab. 7.9).

Bei den letzten Beispielen traten dabei die Konvergenzprobleme auch bei der Schrittweite 1 auf, so dass die Minimalschrittweite nicht allein verantwortlich dafür sein kann, dass keine lineare Konvergenz vorliegt.

Somit muss – leider – festgestellt werden, dass die verwendeten Iterationsverfahren von sehr schlechter (da noch nicht einmal linearer) Konvergenzgeschwindigkeit sind. Daneben ist in den Tabellen 7.1 - 7.8 auch erkennbar, dass die Konvergenzprobleme unabhängig von den verwendeten Schrittweiten- und Fehleransätzen auftraten.

	A.1	A.5	A.7	A.9	A.11	A.14	A.19	A.27	A.32
Θ	Θ_{exakt}	Θ_{exakt}	Θ_{approx}	Θ_{approx}	Θ_{approx}	Θ_{exakt}	Θ_{approx}	Θ_{exakt}	Θ_{approx}
β	β_{opt}	$\beta_{\max}$	β_{approx}	β_{opt}	$\beta_{\max}$	β_{opt}	β_{approx}	β_{opt}	β_{opt}
0	4,30E-1	4,30E-1	4,30E-1	4,26E-1	4,30E-1	3,05E-1	3,05E-1	3,05E-1	4,20E-1
1	1,98E-1	1,98E-1	1,98E-1	2,39E-1	1,98E-1	1,61E-1	1,61E-1	1,61E-1	1,99E-1
2	2,68E-1	2,68E-1	2,70E-1	2,84E-1	2,70E-1	2,67E-2	3,19E-2	3,19E-2	1,69E-2
3	2,77E-1	2,77E-1	2,87E-1	2,81E-1	2,87E-1	1,29E-1	2,50E-4	2,50E-4	9,68E-3
4	3,14E-1	3,15E-1	3,49E-1	3,38E-1	3,49E-1	9,60E-1	0	0	2,74E-1
5	2,92E-1	2,96E-1	3,94E-1	3,93E-1	3,94E-1	9,58E-1			0
6	6,78E-3	6,43E-3	3,55E-1	3,69E-1	3,55E-1	9,57E-1			
7	0	0	2,49E-1	2,74E-1	2,49E-1	9,56E-1			
8			1,06E-1	1,31E-1	1,06E-1	9,55E-1			
9			5,08E-2	5,38E-2	5,08E-2	9,53E-1			
10			0	0	0	9,52E-1			
11						9,50E-1			
12						9,49E-1			
13						9,47E-1			
14						9,44E-1			
15						9,42E-1			
16						9,40E-1			
17						9,37E-1			
18						9,33E-1			
19						9,30E-1			
20						9,26E-1			
21						9,21E-1			
22						9,16E-1			
23						9,09E-1			
24						9,02E-1			
25						8,93E-1			
26						8,82E-1			
27						8,68E-1			
28						8,50E-1			
29						8,27E-1			
30						7,94E-1			
31						7,44E-1			
32						6,61E-1			
33						4,96E-1			
34						0			

Tabelle 7.1: Die Konvergenzquotienten $\frac{\|z^{i+1}-z^{opt}\|}{\|z^{i}-z^{opt}\|}$ beim Fischerei-Problem mit einer globalen Nebenbedingungen für die Quasilinearisierung – die Quotienten verkleinern sich, je näher die Iteration der Lösung kommt (außer bei A.32), so dass hier von einer superlinearen Konvergenz gesprochen werden kann.

	A.1	A.5	A.7	A.9	A.11	A.14	A.19	A.27	A.32
Θ	Θ_{exakt}	Θ_{exakt}	Θ_{approx}	Θ_{approx}	Θ_{approx}	Θ_{exakt}	Θ_{approx}	Θ_{exakt}	Θ_{approx}
β	β_{opt}	$\beta_{\max}$	β_{approx}	β_{opt}	$\beta_{\max}$	β_{opt}	β_{approx}	β_{opt}	β_{opt}
0	4,93E-1	4,93E-1	4,93E-1	5,11E-1	4,93E-1	**1,15**	**1,15**	9,38E-1	9,05E-1
1	1,70E-1	1,70E-1	1,70E-1	2,25E-1	1,70E-1	8,33E-1	8,33E-1	8,79E-1	8,72E-1
2	4,26E-1	2,57E-1	2,57E-1	2,06E-1	2,57E-1	7,37E-1	9,84E-1	8,35E-1	9,01E-1
3	1,27E-1	8,57E-2	8,57E-2	1,32E-1	8,57E-2	6,67E-1	9,83E-1	6,19E-1	9,52E-1
4	6,82E-2	5,32E-2	5,32E-2	7,86E-2	5,32E-2	3,45E-1	9,81E-1	6,23E-1	7,12E-1
5	3,93E-2	1,12E-1	1,12E-1	2,17E-2	1,12E-1	5,13E-1	9,80E-1	5,76E-1	8,49E-1
6	3,64E-2	1,59E-1	1,59E-1	7,63E-2	1,59E-1	3,16E-1	9,79E-1	4,60E-1	6,13E-1
7	0	0	0	0	0	1,02E-1	9,78E-1	4,38E-1	6,26E-1
8						8,40E-2	9,77E-1	7,86E-2	8,84E-1
9						5,26E-2	9,77E-1	7,57E-2	**1,01**
10						5,92E-2	9,77E-1	6,07E-2	**1,03**
11						0	9,77E-1	7,01E-2	9,50E-1
12							9,78E-1	0	9,13E-1
13							9,79E-1		**1,14**
14							9,81E-1		8,38E-1
15							9,82E-1		**1,05**
16							9,83E-1		9,28E-1
17							9,84E-1		**1,18**
18							7,11E-1		8,06E-1
19							4,18E-1		**1,07**
20							6,02E-1		9,07E-1
21							5,28E-1		**1,31**
22							1,03E-1		6,95E-1
23							1,88E-2		**1,07**
24							1,56E-2		9,08E-1
25							0		**1,28**
26									7,46E-1
27									**1,18**
28									8,21E-1
29									**1,47**
30									6,21E-1
31									**1,23**
32									8,84E-1
33									**1,02**
34									8,55E-1
35									5,29E-1
36									3,60E-1
37									9,39E-2
38									1,91E-2
39									8,45E-2
40									1,01E-1
41									0

Tabelle 7.2: Die Konvergenzquotienten $\frac{\|z^{i+1}-z^{opt}\|}{\|z^{i}-z^{opt}\|}$ beim Fischerei-Problem mit einer globalen Nebenbedingungen für den Fischer-Burmeister-Ansatz – bei Tab. A.32 verschlechtern sich die Normen so stark, dass keine lineare Konvergenz vorliegt. Dabei wird der Quotient höchstens dann größer als 1, wenn die Minimalschrittweite verwendet wird (s. Abb. 7.1).

Tabelle	B.1	B.7	B.9	B.11	B.19	B.23	B.16	B.38	B.39	B.43
Θ	Θ_{exakt}	Θ_{approx}	Θ_{approx}	Θ_{approx}	Θ_{exakt}	Θ_{approx}	Θ_{approx}	Θ_{approx}	Θ_{approx}	Θ_{exakt}
i	β_{opt}	β_{opt}	$\beta_{\max}$	β_{approx}	β_{opt}	β_{opt}	β_{opt}	β_{approx}	$\beta_{\max}$	β_{opt}
0	5,56E-1	5,56E-1	6,66E-1	5,78E-1	3,33E-1	3,09E-1	6,12E-1	9,03E-1	9,03E-1	9,02E-1
1	4,12E-1	4,23E-1	4,78E-1	3,91E-1	5,25E-2	5,25E-2	4,75E-1	8,98E-1	9,88E-1	7,79E-1
2	2,88E-1	2,99E-1	3,76E-1	3,17E-1	9,15E-3	1,53E-2	3,54E-1	3,53E-1	3,75E-1	2,99E-1
3	3,82E-1	3,77E-1	2,24E-1	3,76E-1	6,24E-5	3,04E-5	3,35E-1	2,95E-1	3,13E-1	2,44E-1
4	6,98E-1	4,16E-1	2,20E-1	4,14E-1	0	0	1,68E-1	1,66E-1	1,85E-1	1,34E-1
5	4,18E-1	4,10E-1	3,63E-1	4,10E-1			5,45E-2	6,85E-2	7,33E-2	9,85E-1
6	3,93E-1	3,51E-1	2,54E-1	3,52E-1			9,57E-3	1,94E-2	1,51E-2	9,85E-1
7	3,30E-1	2,57E-1	7,45E-2	2,56E-1			0	3,69E-3	3,65E-3	9,85E-1
8	2,64E-1	4,34E-2	2,28E-2	4,35E-2				0	0	9,85E-1
9	7,71E-2	8,56E-3	0	8,60E-3						9,85E-1
10	3,31E-3	0		0						5,20E-2
11	0									9,58E-1
12										9,66E-1
13										9,62E-1
14										9,60E-1
15										9,77E-1
16										9,79E-1
17										9,68E-1
18										9,80E-1
19										9,83E-1
20										9,91E-1
21										**1,02**
22										**1,003**
23										9,96E-1
24										**1,0005**
25										**1,02**
26										9,99E-1
27										1,37E-1
28										7,88E-2
29										0

Tabelle 7.3: Die Konvergenzquotienten $\frac{\|z^{i+1}-z^{opt}\|}{\|z^i-z^{opt}\|}$ beim Fischerei-Problem mit mehreren isolierten Bedingungen für die Quasilinearisierung – außer bei B.43 liegt noch superlineare Konvergenz vor.

	B.7	B.9	B.11	B.23	B.25	B.16	B.28	B.29	B.30	B.32	B.33	B.34	B.37	B.38	B.39	B.40	B.43
	Θ_{appr}	Θ_{appr}	Θ_{appr}	Θ_{appr}	Θ_{appr}	Θ_{appr}	Θ_{ex}	Θ_{appr}	Θ_{appr}	Θ_{appr}	Θ_{appr}	Θ_{appr}	Θ_{ex}	Θ_{appr}	Θ_{appr}	Θ_{appr}	Θ_{ex}
i	β_{opt}	$\beta_{\max}$	β_{appr}	β_{opt}	β_{appr}	β_{opt}	β_{opt}	β_{opt}	$\beta_{\max}$	β_{appr}	$\beta_{\max}$	β_{opt}	β_{opt}	β_{appr}	$\beta_{\max}$	β_{opt}	β_{opt}
0	5,1E-1	5,7E-1	5,0E-1	7,6E-2	6,1E-2	6,7E-1	7,1E-1	7,1E-1	7,1E-1	**1,08**	**1,08**	**1,08**	**1,08**	**1,07**	**1,07**	**1,07**	**1,07**
1	3,0E-1	4,6E-1	3,5E-1	2,2E-1	2,1E-1	5,5E-1	6,3E-1	6,4E-1	6,3E-1	4,9E-1	4,9E-1	4,9E-1	4,9E-1	4,9E-1	4,9E-1	4,9E-1	4,9E-1
2	1,0E-1	6,6E-1	1,2E-1	1,4E-1	1,1E-1	5,6E-1	7,0E-1	6,6E-1	5,6E-1	6,2E-1	6,2E-1	6,8E-1	6,8E-1	5,7E-1	5,7E-1	6,4E-1	6,5E-1
3	1,3E-1	2,7E-1	1,0E-1	6,1E-2	9,5E-2	4,8E-1	5,6E-1	5,4E-1	2,8E-1	5,5E-1	5,5E-1	6,2E-1	6,4E-1	5,6E-1	5,6E-1	5,7E-1	5,9E-1
4	3,0E-2	2,8E-1	2,6E-2	1,3E-1	1,1E-1	3,4E-1	1,9E-1	2,0E-1	1,4E-1	2,6E-1	2,6E-1	3,0E-1	4,2E-1	2,3E-1	2,3E-1	2,4E-1	2,9E-1
5	1,2E-2	1,2E-1	1,5E-3	8,4E-3	1,0E-2	2,3E-1	1,2E-1	1,2E-1	3,2E-2	1,4E-1	1,4E-1	1,3E-1	1,5E-1	1,7E-1	1,7E-1	1,1E-1	1,1E-1
6	0	1,6E-2	0	0	0	1,4E-1	9,9E-2	2,4E-2	1,1E-2	5,0E-2	5,0E-2	3,5E-2	4,5E-2	7,6E-2	7,6E-2	4,4E-2	1,9E-2
7		8,6E-4				3,7E-2	9,7E-1	1,5E-2	0	1,3E-2	1,3E-2	1,4E-2	6,9E-4	1,4E-2	1,4E-2	1,7E-2	9,4E-1
8		0				1,1E-1	9,5E-1	0		1,5E-2	1,5E-2	0	0	6,1E-3	6,1E-3	0	9,3E-1
9						0	7,5E-1			0	0			0	0		9,3E-1
10							6,7E-1										9,0E-1
11							8,4E-1										9,5E-1
12							6,0E-1										9,5E-1
13							8,3E-1										8,9E-1
14							1,3E-1										8,8E-1
15							2,5E-1										8,6E-1
16							0										8,7E-1
17																	9,0E-1
18																	9,0E-1
19																	8,4E-1
20																	8,8E-1
21																	8,0E-1
22																	6,6E-1
23																	4,7E-1
24																	4,8E-1
25																	0

Tabelle 7.4: Die Konvergenzquotienten $\frac{\|z^{i+1}-z^{opt}\|}{\|z^{i}-z^{opt}\|}$ beim Fischerei-Problem mit mehreren isolierten Nebenbedingungen für den FB-Ansatz – hier ist sehr oft der erste Quotient größer als 1 (obwohl dort die Schrittweite 1 verwendet wird), ansonsten scheint aber lineare Konvergenz vorzuliegen.

Tab.	C.1	C.2	C.3	C.7	C.8	C.9	C.11	C.13	C.15	C.16	C.17	C.24
Θ	Θ_{approx}	Θ_{approx}	Θ_{approx}	Θ_{exakt}	Θ_{exakt}	Θ_{exakt}	Θ_{exakt}	Θ_{approx}	Θ_{exakt}	Θ_{exakt}	Θ_{exakt}	Θ_{exakt}
β	β_{approx}	β_{approx}	β_{approx}	β_{opt}	β_{opt}	β_{opt}	β_{opt}	β_{approx}	β_{opt}	β_{opt}	β_{opt}	β_{opt}
0	9,60E-02	1,81E-01	9,97E-02	1,45E-01	9,09E-01	1,29E-01	2,80E-02	9,19E-02	1,33E-01	1,16E-01	9,60E-02	1,18E-01
1	1,53E-01	4,74E-01	1,52E-01	1,28E-01	9,01E-01	1,35E-01	1,28E-01	1,53E-01	1,30E-01	1,40E-01	1,53E-01	3,27E-01
2	2,85E-01	4,81E-01	2,77E-01	9,53E-01	9,44E-01	9,53E-01	**1,41**	2,91E-01	2,78E-01	9,53E-01	9,54E-01	6,52E-01
3	2,64E-01	4,53E-01	2,64E-01	9,53E-01	9,44E-01	9,53E-01	3,70E-01	2,59E-01	2,70E-01	9,53E-01	9,54E-01	5,75E-01
4	1,49E-01	3,27E-01	1,49E-01	9,53E-01	9,44E-01	9,53E-01	4,06E-01	1,46E-01	8,43E-01	9,53E-01	9,54E-01	**3,36**
5	2,58E-01	0	2,41E-01	9,52E-01	9,44E-01	9,53E-01	2,62E-01	2,24E-01	3,18E-01	9,53E-01	9,54E-01	**1,12**
6	7,52E-01		8,14E-01	9,52E-01	9,44E-01	9,53E-01	5,36E-01	**1,11**	7,57E-02	9,53E-01	9,53E-01	4,20E-01
7	1,07E-01		9,04E-02	9,52E-01	9,43E-01	9,53E-01	5,02E-01	6,11E-02	9,80E-02	9,53E-01	9,53E-01	4,57E-02
8	2,27E-01		2,88E-01	9,52E-01	9,43E-01	9,53E-01	1,18E-02	2,05E-01	3,12E-01	9,53E-01	9,53E-01	3,53E-04
9	0		0	9,52E-01	9,43E-01	9,52E-01	0	0	0	9,53E-01	9,53E-01	0
10				9,52E-01	9,42E-01	9,52E-01				9,53E-01	9,53E-01	
11				9,52E-01	9,41E-01	9,52E-01				9,53E-01	9,53E-01	
12				9,52E-01	9,40E-01	9,52E-01				9,52E-01	9,53E-01	
13				9,52E-01	9,39E-01	9,52E-01				9,52E-01	9,53E-01	
14				9,52E-01	9,39E-01	9,52E-01				9,52E-01	9,53E-01	
...												
25				9,50E-01	9,14E-01	9,51E-01				9,51E-01	9,51E-01	
26				9,50E-01	9,10E-01	9,50E-01				9,50E-01	9,50E-01	
27				9,50E-01	9,05E-01	9,50E-01				9,50E-01	9,50E-01	
28				9,50E-01	8,99E-01	9,50E-01				9,50E-01	9,50E-01	
29				9,50E-01	8,91E-01	9,50E-01				9,50E-01	9,50E-01	
30				9,50E-01	8,83E-01	9,50E-01				5,38E-01	9,50E-01	
31				9,49E-01	8,72E-01	9,50E-01				9,47E-01	9,49E-01	
32				9,49E-01	8,59E-01	9,49E-01				8,74E-01	9,49E-01	
33				9,49E-01	8,42E-01	9,49E-01				3,80E-01	9,49E-01	
34				9,49E-01	8,18E-01	4,84E-01				9,32E-02	9,49E-01	
35				9,49E-01	7,88E-01	3,84E-01				5,62E-01	9,48E-01	
36				9,48E-01	7,37E-01	3,60E-01				6,25E-03	6,71E-01	
37				9,48E-01	6,53E-01	1,78E-01				0	9,46E-01	
38				9,48E-01	4,90E-01	4,46E-03					4,18E-01	
39				6,74E-01	0	0					9,50E-02	
40				9,36E-01							5,09E-01	
41				4,07E-01							5,68E-03	
42				9,08E-02							0	
43				5,15E-01								
44				3,77E-03								
45				0								

Tabelle 7.5: Die Konvergenzquotienten $\frac{\|z^{i+1}-z^{opt}\|}{\|z^{i}-z^{opt}\|}$ beim Rayleigh-Problem für die Quasilinearisierung – bei 9 der 12 Iterationen liegt noch lineare Konvergenz vor.

Tab.	C.1	C.2	C.3	C.7	C.10	C.11	C.13	C.15	C.16	C.17	C.21	C.24
Θ	Θ_{approx}	Θ_{approx}	Θ_{approx}	Θ_{exakt}	Θ_{approx}	Θ_{exakt}	Θ_{approx}	Θ_{exakt}	Θ_{exakt}	Θ_{exakt}	Θ_{approx}	Θ_{exakt}
β	β_{approx}	β_{approx}	β_{approx}	β_{opt}	β_{approx}	β_{opt}	β_{approx}	β_{opt}	β_{opt}	β_{opt}	β_{approx}	β_{opt}
0	1,87E-01	1,12E-01	1,66E-01	2,74E-01	7,57E-02	7,74E-02	1,43E-01	7,64E-01	6,68E-01	2,89E-01	1,07	2,74E-01
1	2,41E-01	9,65E-02	3,76E-01	2,57E-01	1,85E-01	2,74E-01	5,61E-01	7,84E-01	2,88E-01	2,86E-01	1,13	2,29E-01
2	2,18E-01	1,97E-01	2,10E-01	2,75E-01	1,38E-01	6,14E-01	2,19E-01	8,04E-01	2,99E-01	2,98E-01	1,00	1,51E-01
3	1,74E-01	**14,18**	1,62E-01	8,71E-01	4,41E-02	4,65E-01	2,45E-01	8,19E-01	7,56E-01	9,45E-01	1,34	8,84E-03
4	1,25E-01	6,19E-03	3,15E-02	9,46E-01	6,21E-02	3,65E-01	1,52E-01	2,92E-01	5,52E-01	9,44E-01	9,85E-01	0
5	6,50E-02	0	6,08E-02	9,45E-01	3,16E-01	3,69E-02	3,03E-02	4,14E-01	9,49E-01	7,43E-01	9,73E-01	**NaN**
6	3,06E-01		**1,35**	9,45E-01	1,14E-01	4,43E-02	1,38E-01	1,82E-01	9,49E-01	7,06E-01	7,93E-01	
7	**1,26**		7,96E-03	9,45E-01	**6,57**	4,19E-02	**1,19**	1,55E-01	9,48E-01	9,43E-01	9,04E-01	
8	1,73E-02		0	9,45E-01	6,87E-03	0	2,23E-02	3,37E-02	9,48E-01	9,43E-01	8,39E-01	
9	**113,01**			9,44E-01	**145,23**		0	2,22E-01	9,48E-01	8,22E-01	7,51E-01	
10	3,04E-01			9,44E-01	6,63E-03			6,54E-02	4,63E-01	5,94E-01	7,02E-01	
11	**1,76**			9,44E-01	**500,87**			0	5,27E-01	4,09E-01	6,80E-01	
12	7,53E-03			9,44E-01	8,19E-03				6,83E-02	9,39E-01	7,77E-01	
13	**132,78**			9,43E-01	0				4,66E-02	9,39E-01	9,28E-01	
14	5,61E-01			9,43E-01					5,43E-01	9,39E-01	1,72	
15	**3,33**			9,43E-01					8,42E-02	9,39E-01	6,35E-01	
16	8,44E-03			9,43E-01					0	9,39E-01	5,12E-01	
17	0			9,42E-01						9,39E-01	3,43	
18				9,42E-01						9,39E-01	2,31	
19				9,42E-01						9,39E-01	1,55	
20				9,42E-01						3,93E-01	8,22E-01	
21				9,42E-01						9,38E-01	1,32	
22				9,41E-01						9,38E-01	7,01E-01	
23				9,41E-01						9,38E-01	8,21E-01	
24				9,41E-01						9,38E-01	4,34E-01	
25				9,41E-01						9,38E-01	1,94	
26				9,41E-01						9,38E-01	7,16E-01	
27				9,41E-01						9,39E-01	5,04E-01	
28				9,40E-01						9,38E-01	1,43	
...												
41				9,39E-01							2,87E-01	
42				9,39E-01							1,57E-01	
43				9,39E-01							2,07E-02	
44				2,99E-02							1,87E-01	
45				3,59E-02							3,50	
46				4,01E-01							1,73E-02	
47				0							0	

Tabelle 7.6: Die Konvergenzquotienten $\frac{\|z^{i+1}-z^{opt}\|}{\|z^i-z^{opt}\|}$ beim Rayleigh-Problem für den FB-Ansatz – bei fast jeder Iteration wird mindestens ein Quotient größer als 1. Bei C.24 wird im letzten Iterationsschritt $\beta = 0$ bestimmt, daher ist $\|z^i - z^{opt}\| = 0$.

Tab.	E.1	E.4	E.7	E.10	E.13	E.16	E.19	E.22
0	2,62E-1	1,58E-1	3,37E-1	6,01E-1	4,70E-1	**1,002**	4,67E-1	6,68E-1
1	1,20E-1	3,87E-1	2,04E-1	6,70E-1	6,94E-1	1,83E-1	6,63E-1	6,55E-1
2	2,75E-2	4,38E-1	9,47E-2	5,58E-1	6,81E-1	3,43E-1	6,42E-1	6,45E-1
3	1,07E-3	3,70E-1	1,88E-2	3,46E-1	6,68E-1	8,30E-1	8,13E-1	6,39E-1
4	2,29E-3	3,43E-1	2,26E-3	3,55E-1	8,28E-1	6,56E-1	8,10E-1	6,36E-1
5	0	3,07E-1	2,41E-4	6,63E-1	8,25E-1	6,44E-1	8,08E-1	6,37E-1
6		2,34E-1	0	3,28E-1	8,23E-1	2,72E-1	9,03E-1	6,41E-1
7		1,54E-1		2,79E-1	8,20E-1	1,69E-1	9,03E-1	6,47E-1
8		3,48E-2		1,43E-2	8,18E-1	3,18E-2	9,02E-1	3,44E-1
9		1,14E-2		8,04E-3	8,16E-1	3,92E-2	9,02E-1	3,97E-1
10		9,49E-4		1,70E-3	8,14E-1	1,41E-1	9,01E-1	3,44E-1
11		0		0	8,12E-1	2,93E-3	9,01E-1	2,09E-1
12					6,20E-1	0	9,01E-1	1,16E-2
13					6,12E-1		9,00E-1	1,84E-1
14					2,07E-1		9,00E-1	**1,0005**
15					1,89E-1		9,00E-1	1,89E-3
16					1,26E-1		9,00E-1	0
17					4,48E-2		8,99E-1	
18					2,71E-3		8,99E-1	
19					4,17E-1		8,99E-1	
20					0		8,99E-1	
21							8,98E-1	
22							8,98E-1	
23							8,98E-1	
24							7,95E-1	
25							7,94E-1	
26							7,93E-1	
27							7,92E-1	
28							5,83E-1	
29							5,79E-1	
30							1,49E-1	
31							1,62E-1	
32							1,11E-1	
33							3,76E-3	
34							**114,3**	
35							8,63E-1	
36							1,59E+00	
37							1,55E-3	
38							0	

Tabelle 7.7: Die Konvergenzquotienten $\frac{\|z^{i+1}-z^{opt}\|}{\|z^{i}-z^{opt}\|}$ beim HIV-Problem für die Quasilinearisierung (dabei wurde immer $\Theta_{approx}(\beta_{approx})$ verwendet) – nur noch bei fünf der acht Durchläufe liegt lineare Konvergenz vor.

Tab.	E.1	E.4	E.7	E.10	E.13	E.16	E.19
0	5,86E-1	2,28E-1	8,60E-1	9,75E-1	9,07E-1	6,94E-1	9,24E-1
1	5,18E-1	1,32E-2	8,57E-1	9,75E-1	9,07E-1	3,37E-1	9,24E-1
2	4,46E-1	9,66E-1	7,15E-1	9,75E-1	9,07E-1	2,06E-3	9,24E-1
3	3,97E-1	9,999E-1	7,27E-1	9,75E-1	9,07E-1	2,70E-2	9,24E-1
4	4,67E-1	9,96E-1	7,47E-1	9,75E-1	9,07E-1	3,64E-2	9,24E-1
5	3,86E-1	5,57E-3	7,74E-1	9,75E-1	9,08E-1	1,80E-2	9,25E-1
6	4,29E-2	5,50E-5	8,04E-1	9,76E-1	9,09E-1	**10,9**	9,25E-1
7	6,50E-2	5,89E-5	8,29E-1	9,76E-1	9,09E-1	6,46E-3	9,26E-1
8	1,14E-2	0	8,51E-1	9,76E-1	9,10E-1	**149,5**	9,26E-1
9	1,70E-4		2,92E-2	9,76E-1	9,11E-1	**1,031**	9,26E-1
10	0		1,24E-1	9,76E-1	9,11E-1	**4,03**	9,27E-1
11			6,32E-2	9,76E-1	8,24E-1	2,46E-1	9,27E-1
12			9,91E-3	9,76E-1	8,29E-1	9,41E-3	9,27E-1
13			6,12E-4	9,77E-1	8,32E-1	0	9,28E-1
14			0	9,77E-1	8,34E-1		9,28E-1
15				9,54E-1	8,36E-1		9,28E-1
16				9,54E-1	8,36E-1		9,28E-1
17				9,77E-1	8,38E-1		9,29E-1
18				9,55E-1	8,37E-1		9,29E-1
19				9,55E-1	8,40E-1		9,29E-1
20				9,78E-1	8,37E-1		9,29E-1
21				9,55E-1	6,78E-1		9,29E-1
22				9,78E-1	6,87E-1		9,29E-1
23				9,56E-1	4,05E-1		8,59E-1
24				9,78E-1	2,82E-1		8,60E-1
25				9,78E-1	1,83E-1		8,60E-1
26				9,56E-1	8,84E-3		8,61E-1
27				9,78E-1	3,49E-1		8,59E-1
28				9,78E-1	2,64E-2		8,61E-1
29				9,14E-1	3,64E-3		8,59E-1
30				9,15E-1	0		8,58E-1
31				9,79E-1			8,60E-1
32				9,16E-1			8,60E-1
33				9,79E-1			8,58E-1
34				9,17E-1			7,16E-1
35				9,59E-1			7,26E-1
36				9,79E-1			7,25E-1
37				9,18E-1			4,68E-1
38				9,59E-1			1,43E-1
39				9,80E-1			1,19E-1
40				8,39E-1			4,81E-2
41				9,80E-1			5,06E-1
42				8,42E-1			**1,18**
43				9,23E-1			9,93E-1
44				8,46E-1			1,17E-4
45				9,25E-1			0
46				9,63E-1			
47				9,81E-1			
48				7,04E-1			
49				9,29E-1			
50				9,82E-1			
51				4,38E-1			
52				1,00E-1			
53				6,96E-4			
54				2,33E-3			
55				5,21E-3			
56				0			

Tabelle 7.8: Die Konvergenzquotienten $\frac{\|z^{i+1}-z^{opt}\|}{\|z^i-z^{opt}\|}$ beim HIV-Problem für den FB-Ansatz (dabei wurde immer $\Theta_{approx}(\beta_{approx})$ verwendet) – in zwei Fällen wird der Quotient größer als 1.

i	E.3	E.6	E.9	E.12	E.15	E.18	E.21	E.24
0	0,2532	0,1604	0,3066	0,7331	0,5609	0,9636	0,6403	0,3526
1	0,0778	0,7332	0,0729	0,8051	0,4593	0,2246	0,6291	0,2052
2	0,2137	0,7319	0,0219	0,8325	0,2730	0,0841	0,5488	0
3	0,4639	0,6875	0,0464	0,8445	0,2927	0,0269	0,5103	NaN
4	0	0,5534	0	0,8454	0,3348	0,3211	0,5555	
5	NaN	0,3220	NaN	0,8328	0,3346	0	0,5676	
6		0,0685		0,7962	0,4429	NaN	0,5156	
7		0,0471		0,7001	0,0221		0,3598	
8		0		0,3588	0,9418		0,1999	
9		NaN		0,0532	0,2673		0,1667	
10				0	0		0,3623	
11				NaN	NaN		0,2619	
12							0	
13							NaN	

(a) Verwendung der Quasilinearisierung

i	E.3	E.9	E.15	E.18	E.21
0	0,7665	0,1091	0,6386	0,6929	0,9383
1	0,7763	0	0,6204	0,3215	0,9587
2	0,7249	NaN	0,5466	0,0040	0,9662
3	0,4473		0,4515	0	0,9714
4	0,3209		0,2686	NaN	0,9730
5	0,1710		0,0039		0,9750
6	0		0		0,9773
7	NaN		NaN		0,9775
8					0,9785
9					0,9790
10					0,9793
...					
60					0,9399
61					0,9478
62					0,9447
63					0,9239
64					0,9360
65					0,9311
66					0,9223
67					0,4867
68					0,2915
69					0,2279
70					0,1018
71					0
72					NaN

(b) Verwendung des Fischer-Burmeister-Ansatzes

Tabelle 7.9: Die Konvergenzquotienten $\frac{\|z^{i+1}-z^{opt}\|}{\|z^i-z^{opt}\|}$ beim HIV-Problem mit $\Theta_{exakt}(\beta_{opt})$ ohne eine Minimalschrittweite – es liegt nun immer lineare Konvergenz vor. Aufgrund der zuletzt immer bestimmten Schrittweite 0, ist der letzte Quotient nicht bestimmbar.

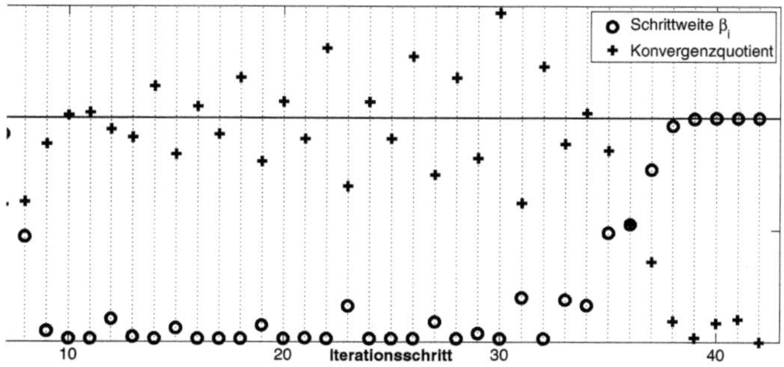

Abbildung 7.1: Vergleich der berechneten Schrittweiten und Konvergenzquotienten $\frac{\|z^{i+1}-z^{opt}\|}{\|z^i-z^{opt}\|}$ für den FB-Ansatz aus Tab. A.32 – hier liegt keine lineare Konvergenz mehr vor, da der Quotient teilweise größer als 1 ist. Dies geschieht aber nur dann, wenn die Minimalschrittweite $\left(\frac{1}{2}\right)^6$ verwendet wird.

Kapitel 8

Zusammenfassung

In meiner Dissertation habe ich verschiedene Optimalsteuerungsprobleme mit Nebenbedingungen aus biologischen Anwendungen bearbeitet, wobei dies zum einen ein von mir entwickeltes Modell einer sozial-nachhaltigen Fischerei und zum anderen ein um eine Zustandsbeschränkung erweitertes HIV-Problem waren.

Zur Lösung dieser restringierten Optimalsteuerungsaufgaben habe ich das bereits bekannte Verfahren der Ersten Variationen als Grundlage für ein eigenes Iterationsverfahren genutzt (die Quasilinearisierung). Später wurden die Komplementaritätsbedingungen mit der Fischer-Burmeister-Funktion zusammengefasst und dies in einem zweiten Iterationsverfahren (der sogenannte Fischer-Burmeister-Ansatz) umgesetzt. Beide Verfahren wurden genutzt, um mehrere grundverschiedene restringierte Optimalsteuerungsaufgaben zu lösen und die Ergebnisse wie das numerische Verhalten der Verfahren zu vergleichen.

Dazu habe ich Optimalsteuerungsprobleme mit gemischten Steuer- und Zustandsbeschränkungen (das global-restringierte Fischereiproblem in Kap. 3.2 und das Rayleigh-Problem in Kap. 4), Probleme mit reinen Steuerbeschränkungen (das unrestringierte HIV-Problem in Kap. 6.2)) und Aufgaben mit reinen Zustandsbeschränkungen (das Fischerei-Problem mit isolierten Einnahmenbedingungen in Kap. 3.3, das Minimum-Energy-Problem in Kap. 5 und das erweiterte HIV-Modell in Kap. 6.3) gelöst.

Dabei ließ sich feststellen, dass beide Iterationsverfahren in der Lage waren, die restringierten Optimalsteuerungsaufgaben korrekt zu lösen - zumindest, wenn ein ausreichend guter Startwert zur Verfügung gestellt wurde. Anhand der Beispielrechnungen wurde aber auch offensichtlich, dass es nur wenige Punkte gibt, die bei allen Beispielen bestätigt werden können. Aber es ist erkennbar, dass der Fischer-Burmeister-Ansatz den deutlich größeren Konvergenzbereich hat, so dass es möglich ist, Startwerte zu verwenden, die die Struktur der optimalen Lösung nicht berücksichtigen. Dabei schien es für den Fischer-Burmeister-Ansatz sogar von Vorteil zu sein, schlechtere Startwerte zu verwenden, da dann oft eine schnellere Konvergenz auftrat. Im Vergleich zur Quasilinearisierung fällt aber negativ auf, dass der Fischer-Burmeister-Ansatz für jeden Iterationsschritt mehr Zeit benötigt. Außerdem waren die Lösungen aus der Quasilinearisierung meist etwas besser (außer beim Rayleigh-Problem und nur wenn die Quasilinearisierung gegen die richtige Lösung konvergierte, was oft genug nicht der Fall war).

Für das Konvergenzverhalten scheint aber auch die Nebenbedingungsgenauigkeit eine wichtige Rolle zu spielen, so dass kleine Veränderungen darin zu deutlich besserer Konvergenz führen können.

Neben den beiden Iterationsverfahren wurden verschiedene Fehlertypen und Schrittweitenansätze getestet. Dabei führte der angenäherte Fehler Θ_{approx}, bei dem die Zustände und Adjungierten nur linear approximiert werden, meist zu dem besseren Konvergenzverhalten. Da er zusätzlich den Vorteil hat, dass mit ihm die Variationen eine Abstiegsrichtung sind, erscheint es sinnvoll ihn weiter zu verwenden. Dabei muss aber auch der Einfluss der verwendeten Minimalschrittweite berücksichtigt werden. So konvergierte das Verfahren beim Rayleigh-Problem bei dem sehr schlechten Startwert nicht, wenn $\beta \geq \left(\frac{1}{2}\right)^4$ verwendet wurde, aber bei $\beta \geq \left(\frac{1}{2}\right)^6$.

Daher sollte für diesen Schrittweitenansatz geprüft werden, ob andere Ansätze zur Bestimmung einer Minimalschrittweite (oder der komplette Verzicht auf diese) zu besseren Ergebnissen führen. Die neben der Armijo-Schrittweite β_{approx} getesteten Ansätze scheinen in Verbindung mit dem angenäherten Fehler nicht sinnvoll zu sein, da sie länger brauchen ohne bessere Lösungen zu bestimmen.

Im Gegensatz zum angenäherten Fehler steht der exakte, bei dem der "echte" Einfluss der Schrittweite auf die notwendigen Bedingungen untersucht wurde, da die Zustände und die Adjungierten unter Verwendung der schrittweitenabhängigen Steuerungen bestimmt werden. Dies entspricht ihrer Bestimmung im Iterationsverfahren, so dass die Bezeichnung "exakter Fehler" gerechtfertigt ist. Es zeigte sich, dass die ihn minimierende Schrittweite β_{opt} am besten geeignet ist, da dann die besten Lösungen und oft die schnellste Konvergenz im Vergleich zu den anderen Schrittweitenansätzen erzielt wurde.

Die daneben getesteten effizienten Schrittweiten zeigten bei dem exakten Fehler meist das deutlich schlechtere Konvergenzverhalten, wobei ich an $\beta_{\max}$ festhalten würde, da dessen Iterationen immer dann nicht abbrachen, wenn es die von β_{opt} taten.

Insgesamt zeigte sich aber, dass Θ_{exakt} meist das deutlich schlechtere Konvergenzverhalten gegenüber Θ_{approx} aufweist. Oftmals endeten die Iterationsverfahren erst mit dem Erreichen der maximalen Iterationsanzahl und bestimmten dabei schlechtere Ergebnisse. Dies lässt sich mit der Struktur der Fehlerfunktionen begründen, da im Optimum $\Theta_{exakt}(\beta)$ nicht mehr fallend ist. Somit wird oft nur die Minimalschrittweite bestimmt, wobei sich beim unrestringierten HIV-Problem zeigte, dass ein kompletter Verzicht auf eine Minimalschrittweite zu besserer Konvergenz führen kann, wobei dafür in Kauf genommen werden muss, dass der Startwert nicht verlassen wird, wenn der Fehler in ihm wachsend ist.

Beim Rayleigh-Problem zeigte sich aber auch, dass die Θ_{exakt}-minimale Lösung nicht der Endpunkt der Iteration ist, sondern dass an dieser Stelle eine Diskrepanz auftritt. Eine Begründung für dieses Verhalten ist die lineare Interpolation der Steuerung und des Multiplikators. Daher sollte aus meiner Sicht bei zukünftigen Berechnungen, nur noch mit dem exakten Fehler gearbeitet werden, wenn die Steuerung exakt bestimmt und nicht nur angenähert wird.

Daneben trat noch ein zweites Problem mit der Konvergenz auf. In Kap. 7 wurde die Konvergenzgeschwindigkeit bei den Iterationen, die konvergiert hatten, bestimmt und leider ist das Ergebnis, dass beide Iterationsverfahren nicht linear konvergierten (auch unabhängig von der Schrittweitenbestimmung). Bei dem global-restringierten Fischerei-Problem war dabei die Bedingung für eine lineare Konvergenz nur verletzt, wenn die Minimalschrittweite verwendet wurde. Bei den anderen Beispielen wurde sie sogar bei der Schrittweite 1 verletzt. Somit ist davon auszugehen, dass die in dieser Dissertation verwendeten Iterationsverfahren auch theoretisch von sehr schlechter Konvergenzordnung sind.

Es zeigte sich aber beim unrestringierten HIV-Problem, dass der Verzicht auf eine Minimalschrittweite bei $\Theta_{exakt}(\beta_{opt})$ wiederum zu linearer Konvergenz führte. Damit verbunden war aber das Problem, dass zwei Iterationsverfahren im Iterationsstartwert stehen blieben, so dass für die verbesserte Konvergenzordnung in Kauf genommen werden muss, dass die Iterationsverfahren nicht die korrekte Lösung bestimmen.

Außerdem zeigte sich beim Rayleigh-Problem, dass die bei Θ_{exakt} verwendete 2-Norm schlechtere Ergebnisse als die 1- und die Maximum-Norm erzielte, so dass auch dieser Punkt kritisch beim exakten Fehler hinterfragt werden muss.

Ein letzter negativer Aspekt der Iterationsverfahren zeigte sich ebenfalls bei dem Rayleigh-Problem, da bezüglich Θ_{exakt} ein deutlich besseres Ergebnis erzielt wurde, als die Schrittweite über $[-1, 1]$ minimiert wurde (an Stelle von $[\left(\frac{1}{2}\right)^4, 1]$). Dabei wurden mehrmals negative Schrittweiten bestimmt, was bedeutet, dass die verwendeten Variationen in die falsche Richtung wiesen und sie somit - streng genommen - falsch sein müssen. Zusätzlich zeigte sich an dieser Stelle auch noch, dass eine höhere Gewichtung der Nebenbedingungskomponente zu deutlich besserem Konvergenzverhalten führen kann.

Insgesamt muss somit festgehalten werden, dass die verwendeten Iterationsverfahren große Probleme bereiten. Da sie aber oft die Lösungen gut annäherten und da insbesondere beim Fischer-Burmeister-Ansatz ein großer Konvergenzbereich vorliegt, sollte geprüft werden, ob sie genutzt werden können, um einen guten Startwert für exakte Programme (wie zum Beispiel BDSCO) zu bestimmen.

Neben der Numerischen Mathematik stand in dieser Dissertation aber auch die Modellierung im Mittelpunkt und hier sind die Ergebnisse deutlich erfreulicher. So konnte eine Modell für eine sozialnachhaltige Fischerei entwickelt werden, das zeigt, dass in der optimalgesteuerten Fischerei auch die Einkommenssituation der Fischer berücksichtigt werden kann und auch sollte. Dazu kann die Bedingung eingeführt werden, dass das akkumulierte Kapital der Fischer permanent mit einer gegebenen Mindestrate ansteigen soll oder dass das Kapital in gegebenen Intervallen (zum Beispiel einem Jahr) um bestimmte Minimalwerte anwachsen soll. Die Ergebnisse konnten auch publiziert werden ([5]). Ende des dritten Kapitels werden zu dem mehrere Möglichkeiten zur Erweiterung des Fischereimodells vorgestellt.

Daneben gelang es das im sechsten Kapitel vorgestellte HIV-Problem für etwas größere Endzeiten als bisher zu lösen, als das Modell unverändert blieb. Einen numerischen Durchbruch stellte dann das HIV-Modell mit einer Obergrenze der T-Zellen dar, da nun für deutlich größere Endzeiten die optimale Medikamentation bestimmt werden kann.

Bei der Lösung der Optimalsteuerungsaufgaben wurde von mir meist auf indirekte Verfahren zurückgegriffen. Aber ich habe meine Ergebnisse auch immer wieder mit Lösungen aus einem direkten Ansatz verglichen (das Vorgehen wird in Abschnitt 2.8 beschrieben, dabei wird die MATLAB-Routine `fmincon` benutzt). Es zeigte sich, dass die Lösungen immer übereinstimmten. Das unrestringierten HIV-Problem könnte so sogar für Endzeiten gelöst werden, bei denen die indirekten Ansätze versagten. Dadurch stellt sich insgesamt die Frage, warum der Weg über die notwendigen Bedingungen (und somit die sehr rechenintensive Randwertprobleme) gegangen wird, wo doch die direkten Verfahren besser sind und in der Praxis inzwischen meistens nur noch genutzt werden (so haben Maurer und Pesch [19] bei einem umfangreichen zustandsbeschränkten Problem sehr gute Ergebnisse erzielt). Aber es zeigte sich bei den Iterationsverfahren, dass sie oft weniger Zeit benötigten. So wurde das global-restringierte Fischereiproblem mit den guten Startwerten in etwa 14 Minuten gelöst, während `fmincon` über 36 Minuten benötigte (obwohl es parallel auf acht Kernen arbeitete).

Literaturverzeichnis

[1] Beddington JR., Agnew DJ., Clark CW. Current Problems in the Management of Marine Fisheries. *Science* 2007; **316** (5832), 1713–1716. DOI:10.1126/science.1137362

[2] Clark CW. *Mathematical bioeconomics: the optimal management of renewable resources* (2nd edn). Wiley, New York, 1990

[3] Clark CW. *The worldwide crisis in fisheries : economic models and human behavior.* University Press, Cambridge, 2007

[4] Flaaten O., The optimal harvesting of a natural resource with seasonal growth. *Canadian Journal of Economics* 1983; **16** (3), 447–462

[5] Friedland, R., Using constrained optimal control to model a socially sustainable fishery. *Optimal Control Applications and Methods* 2010; DOI:10.1002/oca.926

[6] Gerdts, M., A nonsmooth Newton's method for control-state constrained optimal control problems. *Mathematics and Computers in Simulation* 2008; **79** (4); 925 – 936; DOI:10.1016/j.matcom.2008.02.018

[7] Gerdts, M., Global Convergence of a Nonsmooth Newton Method for Control-State Constrained Optimal Control Problems. *SIAM Journal on Optimization* 2008; **19** (1); 326 – 350; DOI:10.1137/060657546

[8] Hanson FB., Ryan D. Optimal harvesting with both population and price dynamics. *Mathematical Biosciences* 1998; **148** (2): 129–146. DOI:10.1016/S0025-5564(97)10011-6

[9] Hartl RF, Sethi SP, Vickson RG. A Survey of the Maximum Principles for Optimal Control Problems with State Constraints. *SIAM Review* 1995; **37** (2): 181–218. DOI:10.1137/1037043

[10] John, D. *Numerische Lösung von Optimalsteuerungsproblemen bei einem Modell für die HIV-Therapie* (Diplomarbeit), Greifswald, 2009

[11] Joshi, HR. Optimal control of an HIV immunology model. *Optimal Control Applications and Methods* 2002; **23**; 199 – 213; DOI: 10.1002/oca.710

[12] Kirschner, D., Lenhart, S., Serbin, S., Optimal control of chemotherapy of HIV. *Journal of Mathematical Biology* 1997; **35** (7); 775 – 792; DOI: 10.1007/s002850050076

[13] Kot, M. *Elements of mathematical ecology.* Cambridge Univ. Press, 2001

[14] Lee, ES. *Quasilinearization and Invariant Imbedding, with Applications to Chemical Engineering and Adaptive Control.* Academic Press, New York, 1968

[15] Lewis TR. Exploitation of a renewable resource under uncertainty. *Canadian Journal of Economics* 1981; 14: 422–439

[16] Locatelli A. *Optimal Control: An Introduction.* Birkhauser, Basel, 2001

[17] Malanowski K. On Normality of Lagrange Multipliers for State Constrained Optimal Control Problems. *Optimization* 2003; 52 (1); 75-91; DOI:10.1080/0233193021000058940

[18] Maurer, H., Augustin, D.; *Sensitivity analysis and real-time control of parametric optimal control problems using boundary value methods*; in: Grötschel, M., Krumke, S. O., Rambau, J. (Eds.); *Online Optimization of Large Scale Systems*; 2001; Springer, Berlin; 17 – 55

[19] Maurer, H., Pesch, H. J., Direct Optimization Methods for Solving a Complex State-Constrained Optimal Control Problem in Microeconomics. *Applied Mathematics and Computation* 2008; **204** (2); 568-579; DOI:10.1016/j.amc.2008.05.035

[20] Miele A, Iyer RR, Well KH. Modified quasilinearization and optimal initial choice of the multipliers, Part II - optimal control problems. *Journal of Optimization – Theory and Applications* 1970; 6: 381–409. DOI:10.1007/BF00932584

[21] Pauly D, Christensen V, Guenette S, Pitcher TJ, Sumaila UR, Walters CJ, Watson R, Zeller D. Towards sustainability in world fisheries.; *Nature 2002*; 418: 689–695. DOI:10.1038/nature01017

[22] Ryan D. Effort Fluctuations in a Harvest Model with Random Prices. *Mathematical Biosciences* 1987; 86: 171–181. DOI:10.1016/S0025-5564(97)10011-6

[23] Schaefer MB. Some aspects of the dynamics of populations important to the management of the commercial Marine fisheries. (reprint) *Bulletin of Mathematical Biology* 1991; 53: 253–279. DOI:10.1007/BF02464432

[24] Sethi SP, Thompson GL. *Optimal Control Theory: Applications to management science and economics* (2nd Ed.). Kluwer, Boston, 2003

[25] Shampine LF, Kirzenka J, Reichelt MW. Solving Boundary Value Problems for Ordinary Differential Equations in MATLAB with `bvp4c`. `http://www.mathworks.com/bvp_tutorial`, 2000

[26] Sternberg J, Griewank A. *Reduction of Storage Requirement by Checkpointing for Time-Dependent Optimal Control Problems in ODEs*; in: Bäcker, H. M.; Corliss, G.; Hovland, P.; Naumann, U.; Norris, B. (Eds.); *Automatic Differentiation: Applications, Theory, and Implementations*; 2006; Springer Berlin; 99 – 110

[27] Zhao C, Zhao P, Wang MS. Optimal harvesting for nonlinear age-dependent population dynamics. *Mathematical and Computer Modelling* 2006; 43: 310–319. DOI:10.1016/j.mcm.2005.06.008

Abbildungsverzeichnis

2.1 Die Fehlerfunktionen $\Theta_{exakt}(\beta)$ und $\Theta_{approx}(\beta)$ . . . 17

3.1 Lösung des unrestringierten Fischereiproblemes für verschiedene Startwerte der Biomasse 20
3.2 Vergleich der global-restringierten Lösung und der ohne Nebenbedingung . . . 23
3.3 Vergleich der global-restringierten Lösungen bei verschiedenen Werten der Nebenbedingung 23
3.4 Die Ungleichung $\Gamma(t) \geq \varepsilon$ ist bei dem global-restringierten Fischereiproblem immer erfüllt. 28
3.5 Die Lösung des Fischereiproblems bei einer isolierten Einnahmenbedingung . . . 33
3.6 Lösung des Fischereiproblem im Falle eines jährlichen Mindesteinkommens . . . 43
3.7 Vergleich der Lösung für verschiedene Werte der isolierten Einnahmenbedingungen . . . 43
3.8 Der Lösung bei dem jährlichen Minimaleinkommen von $K_3 = 1.3$ . . . 44
3.9 Der Lösung bei dem zweijährlichen Minimaleinkommen von $K_3 = 3$ . . . 44
3.10 Lösung bei $\tau = \{0, 2, 4, 5, 6, 8\}$ and $K_3 = 3$ . . . 44
3.11 Lösung des unrestringierten Fischereimodells mit einer Endbedingung . . . 47
3.12 Lösung des unrestringierten Fischereimodells bei einer zeitabhängigen Wachstumsfunktion 47
3.13 Lösung des global-restringierten Fischereimodells bei einer zeitabhängigen Wachstumsfunktion . . . 48
3.14 Lösung des Fischereimodells mit mehreren isolierten Nebenbedingungen bei einer zeitabhängigen Wachstumsfunktion . . . 48
3.15 Lösung des Fischereimodells mit mehreren steigenden isolierten Nebenbedingungen . . . 48
3.16 Lösung des global-restringierten Fischereimodells bei anwachsendem Mindesteinkommen . 49
3.17 Die Lösung des unrestringierten Fischereiproblemes bei anderen Kostenfunktionen . . . 49
3.18 Die Θ-Fehler der optimalen Lösung aus dem global-restringierten Fischereiproblem . . . 51
3.19 Die Θ-Fehler der optimalen Lösung aus dem Fischereiproblem mit mehreren isolierten Einnahmenbedingungen . . . 51

4.1 Die Lösung des Rayleigh-Problems mit den Iterationsstartwerten . . . 61
4.2 Für verschiedene ε ist $\tilde{x}_1$ immer negativ (darüber hinaus sogar streng monoton fallend). . 61
4.3 Vergleich der Verläufe der Fehlerfunktionen $|L_D(z)|$ und $|\varphi(x_1, u, \mu)|$ . . . 62
4.4 Vergleich der Qualität der Lösungen aus der Quasilinearisierung und dem FB-Ansatz . . . 62
4.5 Vergleich der Qualität der Lösungen aus der Quasilinearisierung bei Verwendung des schlechteren Startwertes . . . 63
4.6 Die Fehlerkomponente $|L_D(z)|$ der berechneten Lösungen für verschiedene Diskretisierungsfeinheiten . . . 63
4.7 Die Fehlerkomponenten $|L_D(z)|$ und $|\varphi(x_1, u, \mu)|$ der linear- und der Spline-interpolierten Lösung . . . 63
4.8 Vergleich der Lösung aus dem Iterationsverfahren mit der Lösung, die Θ_{exakt} minimiert . 64
4.9 Vergleich des angenäherten und des exakten Θ-Fehlers bei der FB-Lösung und dem Zwischenergebnis aus dem FB-Ansatz . . . 64

5.1 Vergleich der mit der Quasilinearisierung berechneten Lösungen bei verschiedenen Werten der Obergrenze A . . . 73

6.1 Lösung des unrestringierten HIV-Problemes mit $t_f = 50$ . . . 88
6.2 Lösung des unrestringierten HIV-Problemes mit $t_f = 35$ . . . 89
6.3 Lösung des unrestringierten HIV-Problemes mit $t_f = 40$ . . . 89
6.4 Lösung des unrestringierten HIV-Problemes mit $t_f = 45$ . . . 90
6.5 Lösung des unrestringierten HIV-Problemes mit $t_f = 50$ . . . 90
6.6 Vergleich der berechneten Lösungen für $t_f = 100$ bei verschiedenen Obergrenzen für die Steuerung u_2 . . . 98
6.7 Vergleich der berechneten Lösungen für $t_f = 100$ bei verschiedenen Werten der Parameter A_1 und A_2 . . . 99
6.8 Lösung des restringierten HIV-Problemes bei $t_f = 35$ und $T_{\max} = 600$ . . . 100
6.9 Lösung des restringierten HIV-Problemes bei $t_f = 50$ und $T_{\max} = 700$ . . . 101
6.10 Lösung des restringierten HIV-Problemes bei $t_f = 65$ und $T_{\max} = 800$ . . . 102
6.11 Lösung des restringierten HIV-Problemes bei $T_{\max} = 600$ zu verschiedenen Endzeiten t_f . 103
6.12 Lösung des restringierten HIV-Problemes bei $t_f = 100$ und verschiedenen $T_{\max}$ . . . 104
6.13 Annäherung der Lösung des restringierten HIV-Problemes bei $t_f = 100$ und $T_{\max} = 1500$. 105

7.1 Vergleich der berechneten Schrittweiten und Konvergenzquotienten für den FB-Ansatz aus Tab. A.32 . . . 117

Tabellenverzeichnis

3.1 Vergleich der Fehler $R(u,\mu)$ der optimalen Lösungen, der Zielfunktionale $y(T)$ und der Endzeiten der aktiven Nebenbedingung τ abhängig vom Wert der Nebenbedingung K_1 für verschiedene Diskretisierungsfeinheiten . . . 22
3.2 Ergebnisse für den guten Startwert $u^0 \equiv MSY$ . . . 28
3.3 Ergebnisse für den guten Startwert $u^0 \equiv MSY$ mit einer größeren NB-Genauigkeit . . . 29
3.4 Ergebnisse für $u^0 \equiv 0.1$, $\mu^0 \equiv 0$ . . . 29
3.5 Resultate für $u^0 \equiv 0.1$, $\mu^0 \equiv 0.1$ . . . 29
3.6 Ergebnisse für $u^0 \equiv 0.1$ und μ^0 aus $L_b = 0$ . . . 30
3.7 Resultate für $u^0 = 0.1$ und μ^0 aus $L_b = 0$ und mit $\mu^0 \equiv 0$ zwischen 9 und 10 . . . 30
3.8 Resultate für $u^0 \equiv MSY$ . . . 40
3.9 Ergebnisse für $u^0 \equiv MSY$ mit der höheren NB-Genauigkeit von 1E-06 . . . 40
3.10 Resultate für $u^0 \equiv 0.1$ und μ^0 derart, dass $L_b(z) \equiv 0$ gilt . . . 41
3.11 Ergebnisse für $u^0 \equiv 0.1$ und $\mu^0 \equiv 0$ mit der FB-Funktion für die Einnahmenbedingungen . 41
3.12 Resultate für $u^0 \equiv 0.1$ und $\mu^0 \equiv 0$ mit der FB-Funktion für die Einnahmenbedingung . . . 42
3.13 Resultate für $u^0 \equiv 0.1$, $\mu^0 \equiv 0.1$ und $\nu^0 \equiv 0.1$ und der FB-Funktion für die Einnahmenbedingung . . . 42
3.14 Resultate für $u^0 \equiv 0.1$, $\mu^0 \equiv 0.1$ und $\nu^0 \equiv 0$ mit der FB-Funktion für die Einnahmenbedingung . . . 42

4.1 Vergleich der Ergebnisse bei Verwendung des besseren Startwertes . . . 59
4.2 Vergleich der Ergebnisse bei Verwendung des schlechteren Startwertes . . . 60
4.3 Vergleich der Ergebnisse bei Verwendung des besseren Startwertes mit $\mu^0 \equiv 1$ . . . 60
4.4 Vergleich der Ergebnisse bei Verwendung der exakten Differentialgleichungen für die Variationen . . . 60
4.5 Vergleich der Ergebnisse bei Verwendung von $\Theta_{exakt}(\beta_{opt})$ bei verschiedenen Normen . . . 60
4.6 Vergleich der Ergebnisse bei Verwendung des sehr schlechten Startwertes $u^0 \equiv 0$, $\mu^0 \equiv 1$ bei verschiedenen Minimalschrittweiten . . . 61

6.1 Parameter im HIV-Modell . . . 75
6.2 Vergleich der Ergebnisse der Iterationen unter Verwendung von $\Theta_{approx}(\beta_{approx})$ . . . 86
6.3 Vergleich der Ergebnisse der Iterationen unter Verwendung von $\Theta_{exakt}(\beta_{opt})$ mit der Minimalschrittweite $\left(\frac{1}{2}\right)^8$ . . . 86
6.4 Vergleich der Ergebnisse der Iterationen unter Verwendung von $\Theta_{exakt}(\beta_{opt})$ ohne Minimalschrittweite . . . 87
6.5 Vergleich der Ergebnisse der Iterationen bei dem restringierten HIV-Problem . . . 99

7.1 Die Konvergenzquotienten beim Fischerei-Problem mit einer globalen Nebenbedingungen für die Quasilinearisierung . . . 108
7.2 Die Konvergenzquotienten beim Fischerei-Problem mit einer globalen Nebenbedingungen für den FB-Ansatz . . . 109

7.3 Die Konvergenzquotienten beim Fischerei-Problem mit mehreren isolierten Nebenbedingungen für die Quasilinearisierung . . . 110
7.4 Die Konvergenzquotienten beim Fischerei-Problem mit mehreren isolierten Nebenbedingungen für den FB-Ansatz . . . 111
7.5 Die Konvergenzquotienten bei dem Rayleigh-Problem für die Quasilinearisierung . . . 112
7.6 Die Konvergenzquotienten bei dem Rayleigh-Problem für den FB-Ansatz . . . 113
7.7 Die Konvergenzquotienten bei dem unrestringierten HIV-Problem für die Quasilinearisierung bei $\Theta_{approx}(\beta_{approx})$ . . . 114
7.8 Die Konvergenzquotienten bei dem unrestringierten HIV-Problem für den FB-Ansatz bei $\Theta_{approx}(\beta_{approx})$ . . . 115
7.9 Die Konvergenzquotienten bei dem unrestringierten HIV-Problem bei $\Theta_{exakt}(\beta_{opt})$ . . . 116

A.1 . . . 132
A.2 . . . 132
A.3 . . . 133
A.4 . . . 134
A.5 . . . 135
A.6 . . . 135
A.7 . . . 136
A.8 . . . 137
A.9 . . . 138
A.10 . . . 139
A.11 . . . 140
A.12 . . . 141
A.13 . . . 142
A.14 . . . 143
A.15 . . . 144
A.16 . . . 145
A.17 . . . 146
A.18 . . . 146
A.19 . . . 147
A.20 . . . 148
A.21 . . . 148
A.22 . . . 149
A.23 . . . 149
A.24 . . . 150
A.25 . . . 150
A.26 . . . 151
A.27 . . . 152
A.28 . . . 153
A.29 . . . 154
A.30 . . . 155
A.31 . . . 156
A.32 . . . 157
A.33 . . . 158
A.34 . . . 159
A.35 . . . 160
A.36 . . . 161
A.37 . . . 162

B.1 164
B.2 165
B.3 166
B.4 167
B.5 168
B.6 169
B.7 170
B.8 171
B.9 172
B.10 173
B.11 174
B.12 175
B.13 176
B.14 177
B.15 178
B.16 179
B.17 179
B.18 180
B.19 181
B.20 182
B.21 183
B.22 184
B.23 185
B.24 186
B.25 187
B.26 188
B.27 189
B.28 189
B.29 190
B.30 190
B.31 190
B.32 191
B.33 191
B.34 191
B.35 192
B.36 193
B.37 194
B.38 194
B.39 195
B.40 195
B.41 196
B.42 197
B.43 198

C.1 200
C.2 201
C.3 201
C.4 202
C.5 203
C.6 204

C.7 205
C.8 206
C.9 207
C.10 208
C.11 209
C.12 210
C.13 211
C.14 212
C.15 213
C.16 214
C.17 215
C.18 216
C.19 217
C.20 218
C.21 219
C.22 220
C.23 221
C.24 222
C.25 223

D.1 224
D.2 224
D.3 225
D.4 225
D.5 226
D.6 226
D.7 226
D.8 227
D.9 228

E.1 229
E.2 230
E.3 230
E.4 231
E.5 231
E.6 232
E.7 232
E.8 233
E.9 233
E.10 234
E.11 235
E.12 235
E.13 236
E.14 237
E.15 237
E.16 238
E.17 239
E.18 239
E.19 240
E.20 241

E.21 242
E.22 243
E.23 243
E.24 244
E.25 245
E.26 245
E.27 246
E.28 246
E.29 247
E.30 247
E.31 247
E.32 248
E.33 248
E.34 248

Danksagung

Ich möchte mich bei meinem Betreuer Prof. Dr. Kugelmann für die vielen kleinen wie großen Inspirationen und Verbesserungsvorschläge bedanken, ohne die diese Arbeit nicht geworden wäre, was und wie sie ist. Daneben danke ich den aktuellen und ehemaligen Mitgliedern unser Arbeitsgruppe, die mit mir viel Geduld hatten, jederzeit bereit waren, mit mir die bearbeiteten Fragestellungen zu diskutieren und mich stets unterstützten.

Ein besonderer Dank gebührt Claudia, die mir zeigte, dass mit einem ordentlichen Satzbau die Inhalte viel klarer hervorgehoben werden können und die mich ebenso auf die inflationäre Verwendung von Klammern, Gedankenstrichen und Füllwörtern aufmerksam gemacht hat.

Herzlich bedanken möchte ich mich aber auch bei Marlene und Gregor, die mich nicht nur in den Zeiten des Trübsals immer wieder aufgebaut haben, sondern auch dafür sorgten, dass mein Magen nicht immer nur Mensa-Essen ertragen musste.

Nicht zuletzt möchte ich meinen Eltern für die Unterstützung in meinem Studium, während der Arbeit an dieser Dissertation und allen Lebenslagen danken. Es war und ist nicht immer einfach mit mir gewesen, die Entfernung ist weit und die Zeit knapp. Trotzdem danke für alles, auch wenn ich meine Dankbarkeit nie so konnte, wie ich es gern würde – ohne euch wäre diese Dissertation nie entstanden!

Der letzte Dank geht aber an den wichtigsten Menschen in meinem Leben – Katharina, ich liebe dich über alles. Ohne dich war wirklich alles doof, ich kann dir nur immer wieder sagen, wie schön es ist, mit dir zusammen sein zu können. Danke für Alles und noch viel mehr und schlußendlich auch für den Druck, diese Dissertation fristgerecht einreichen zu wollen.

Anhang A

Konvergenzverhalten bei dem Fischerei-Problem mit einer globalen Nebenbedingung

[0] Immer wenn im Folgenden Iterationsschritte ausgelassen wurden, wurde die Minimalschrittweite verwendet.

i	$S(\beta\Delta u^i, \beta\Delta\mu^i)$	$R(u^i, \mu^i)$	$y^i(T)$	β^i	$\Theta(\beta^i)$	Zeit (in Sek.)
Verwendung der Quasilinearisierung						
0	0	5,0363	19,2655	0	304,0072	0
1	31,4351	0,9641	21,1197	0,9999	10,5851	42,27
2	11,9326	0,1636	21,3408	0,9999	0,0793	74,28
3	2,2890	0,0385	21,3600	0,9999	5,72E-04	80,66
4	0,5007	0,0180	21,3620	0,9999	2,35E-04	122,27
5	0,1128	8,40E-03	21,3622	0,9999	2,04E-04	202,21
6	0,0276	4,74E-03	21,3623	0,9999	1,85E-04	142,06
7	8,75E-03	3,84E-03	21,3623	0,9797	1,79E-04	134,44
8	5,35E-05	3,84E-03	21,3623	0,0157	1,79E-04	141,36
Verwendung des Fischer-Burmeister-Ansatzes						
0	0	5,0363	19,2655	0	303,8950	0
1	34,1651	1,0974	21,2903	0,9999	13,9313	63,07
2	13,6663	0,2681	21,3775	0,9999	0,2606	270,07
3	1,6649	0,2129	21,3690	0,7495	0,0685	184,93
4	0,9947	0,0151	21,3631	0,9999	9,30E-04	413,82
5	0,1260	5,94E-03	21,3623	0,9999	2,63E-04	277,25
6	8,55E-03	4,26E-03	21,3623	0,9999	2,19E-04	278,06
7	3,12E-04	4,17E-03	21,3623	0,9999	2,17E-04	265,98
8	1,18E-05	4,17E-03	21,3623	0,9998	2,16E-04	265,22

Tabelle A.1: Vergleich der Iterationsläufe bei Verwendung von Θ_{exakt} und β_{opt} – beide Ansätze benötigen die gleiche Anzahl an Iterationen, dabei ist die Lösung aus dem QL-Ansatz minimal besser (101 Diskretisierungspunkte, $u^0 = MSY, \mu^0$ aus $L_b = 0$, NB-Genauigkeit = 1E-04)

i	$S(\beta\Delta u^i, \beta\Delta\mu^i)$	$R(u^i, \mu^i)$	$y^i(T)$	β^i	$\Theta(\beta^i)$	Zeit (in Sek.)
Verwendung der Quasilinearisierung						
0	0	5,0363	19,2655	0	304,0072	0
1	31,4351	0,9641	21,1197	0,9999	10,5851	42,72
2	11,9326	0,1636	21,3408	0,9999	0,0793	74,80
3	2,2890	0,0385	21,3600	0,9999	5,72E-04	81,25
4	0,5010	0,0181	21,3620	0,9999	2,39E-04	116,56
5	0,1161	8,60E-03	21,3622	0,9999	2,20E-04	235,53
6	0,0292	5,01E-03	21,3623	0,9999	2,02E-04	131,87
7	9,27E-03	4,13E-03	21,3623	0,9999	1,90E-04	137,20
8	3,39E-03	3,72E-03	21,3623	0,9999	1,87E-04	133,91
9	9,90E-04	3,66E-03	21,3623	0,9998	1,87E-04	158,75
10	2,41E-06	3,66E-03	21,3623	0,0158	1,87E-04	156,22
Verwendung des Fischer-Burmeister-Ansatzes						
0	0	5,0363	19,2655	0	303,8950	0
1	34,1651	1,0974	21,2903	0,9999	13,9313	60,90
2	13,6663	0,2681	21,3775	0,9999	0,2606	277,75
3	1,6650	0,2129	21,3690	0,7495	0,0685	209,56
4	0,9947	0,0151	21,3631	0,9999	9,30E-04	546,04
5	0,1260	5,94E-03	21,3623	0,9999	2,63E-04	407,76
6	8,55E-03	4,26E-03	21,3623	0,9999	2,19E-04	618,18
7	3,12E-04	4,17E-03	21,3623	0,9999	2,17E-04	351,34
8	1,07E-05	4,17E-03	21,3623	0,9993	2,16E-04	402,73

Tabelle A.2: Vergleich der Iterationsläufe bei Verwendung von Θ_{exakt} und β_{opt} mit einer größeren NB-Genauigkeitsforderung als in Tab. A.1 – der QL-Ansatz benötigt nun zwei Iterationen mehr, wobei die berechnete Lösung bezüglich R minimal verbessert werden konnte, während ihr Θ-Wert sich verschlechterte. Beim FB-Ansatz gibt es quasi keinen Unterschied zwischen den Lösungen (101 Diskretisierungspunkte, $u^0 = MSY, \mu^0$ aus $L_b = 0$, NB-Genauigkeit = 1E-06)

i	$S(\beta\Delta u^i, \beta\Delta\mu^i)$	$R(u^i, \mu^i)$	$y^i(T)$	β^i	$\Theta(\beta^i)$	Zeit (in Sek.)
			Verwendung der Quasilinearisierung			
0	0	5,0363	19,2655	0	304,0072	0
1	31,4371	0,9639	21,1197	1	10,5811	11,40
2	11,9336	0,1635	21,3408	1	0,0792	37,45
3	2,2885	0,0385	21,3600	1	5,72E-04	42,68
4	0,5005	0,0180	21,3620	1	2,35E-04	77,15
5	1,76E-03	0,0179	21,3621	0,015625	2,34E-04	149,56
6	1,74E-03	0,0178	21,3621	0,015625	2,33E-04	132,67
7	1,72E-03	0,0178	21,3621	0,015625	2,33E-04	135,46
8	1,70E-03	0,0177	21,3621	0,015625	2,32E-04	136,16
9	1,68E-03	0,0176	21,3621	0,015625	2,32E-04	136,07
10	1,67E-03	0,0175	21,3621	0,015625	2,31E-04	137,22
11	1,64E-03	0,0174	21,3621	0,015625	2,31E-04	138,17
12	1,62E-03	0,0173	21,3621	0,015625	2,30E-04	138,09
13	1,60E-03	0,0173	21,3621	0,015625	2,29E-04	138,95
14	1,59E-03	0,0172	21,3621	0,015625	2,29E-04	121,22
15	1,57E-03	0,0171	21,3621	0,015625	2,28E-04	121,22
16	1,55E-03	0,0170	21,3621	0,015625	2,28E-04	122,34
17	1,53E-03	0,0169	21,3621	0,015625	2,27E-04	123,18
18	1,52E-03	0,0169	21,3621	0,015625	2,27E-04	151,38
19	1,50E-03	0,0168	21,3621	0,015625	2,26E-04	151,69
20	1,48E-03	0,0167	21,3621	0,015625	2,26E-04	151,64
...						
81	7,38E-04	0,0118	21,3622	0,015625	2,02E-04	103,91
82	7,29E-04	0,0118	21,3622	0,015625	2,02E-04	102,82
83	7,21E-04	0,0117	21,3622	0,015625	2,02E-04	102,78
84	7,13E-04	0,0116	21,3622	0,015625	2,01E-04	102,80
85	7,05E-04	0,0115	21,3622	0,015625	2,01E-04	102,83
86	6,97E-04	0,0114	21,3622	0,015625	2,01E-04	102,73
87	6,89E-04	0,0114	21,3622	0,015625	2,01E-04	103,19
88	6,81E-04	0,0113	21,3622	0,015625	2,00E-04	103,21
89	6,74E-04	0,0112	21,3622	0,015625	2,00E-04	103,15
90	6,66E-04	0,0111	21,3622	0,015625	2,00E-04	103,28
91	6,58E-04	0,0111	21,3622	0,015625	2,00E-04	103,27
92	6,51E-04	0,0110	21,3622	0,015625	1,99E-04	103,26
93	6,44E-04	0,0109	21,3622	0,015625	1,99E-04	103,25
94	6,36E-04	0,0108	21,3622	0,015625	1,99E-04	103,29
95	6,29E-04	0,0108	21,3622	0,015625	1,99E-04	103,24
96	6,22E-04	0,0107	21,3622	0,015625	1,98E-04	103,37
97	6,15E-04	0,0106	21,3622	0,015625	1,98E-04	103,87
98	6,08E-04	0,0106	21,3622	0,015625	1,98E-04	103,55
99	6,01E-04	0,0105	21,3622	0,015625	1,98E-04	103,47
100	5,94E-04	0,0104	21,3622	0,015625	1,97E-04	103,62
			Verwendung des Fischer-Burmeister-Ansatzes			
0	0	5,0363	19,2655	0	304,0072	0
1	34,1673	1,0974	21,2903	1	13,9277	31,67
2	13,6672	0,2680	21,3775	1	0,2605	233,72
3	2,2213	0,2861	21,3657	1	0,0862	171,33
4	0,5550	0,0151	21,3625	1	4,43E-04	220,09
5	0,0518	5,65E-03	21,3623	1	2,20E-04	252,34
6	3,64E-05	5,63E-03	21,3623	0,015625	2,20E-04	246,29

Tabelle A.3: Vergleich der Iterationsläufe bei Verwendung von Θ_{exakt} und $\beta_{approx} \geq \left(\frac{1}{2}\right)^6 = 0,015625$ - hier bricht bei der Quasilinearisierung das Verfahren erst ab, nachdem die maximale Anzahl von Iterationsschritten erreicht ist, dabei ist die berechnete Lösung außer in Bezug auf Θ schlechter als die FB-Lösung (101 Diskretisierungspunkte, $u^0 = MSY, \mu^0$ aus $L_b = 0$, NB-Genauigkeit = 1E-04)

i	$S(\beta\Delta u^i, \beta\Delta\mu^i)$	$R(u^i, \mu^i)$	$y^i(T)$	β^i	$\Theta(\beta^i)$	Zeit (in Sek.)
			Verwendung der Quasilinearisierung			
0	0	5,0363	19,2655	0	304,0072	0
1	31,4371	0,9639	21,1197	1	10,5811	13,73
2	11,9336	0,1635	21,3408	1	0,0792	45,13
3	2,2885	0,0385	21,3600	1	5,72E-04	51,37
4	0,5008	0,0181	21,3620	1	2,39E-04	88,19
5	1,81E-03	0,0180	21,3620	0,015625	2,39E-04	220,09
6	1,79E-03	0,0179	21,3620	0,015625	2,38E-04	221,36
7	1,77E-03	0,0178	21,3621	0,015625	2,38E-04	221,07
8	1,75E-03	0,0177	21,3621	0,015625	2,37E-04	221,64
9	1,73E-03	0,0177	21,3621	0,015625	2,37E-04	225,10
10	1,71E-03	0,0176	21,3621	0,015625	2,37E-04	223,98
11	1,69E-03	0,0175	21,3621	0,015625	2,36E-04	225,21
12	1,67E-03	0,0174	21,3621	0,015625	2,36E-04	200,34
13	1,66E-03	0,0173	21,3621	0,015625	2,36E-04	200,44
14	1,64E-03	0,0173	21,3621	0,015625	2,35E-04	201,56
15	1,62E-03	0,0172	21,3621	0,015625	2,35E-04	202,95
16	1,60E-03	0,0171	21,3621	0,015625	2,35E-04	201,50
17	1,58E-03	0,0170	21,3621	0,015625	2,34E-04	203,16
18	1,57E-03	0,0169	21,3621	0,015625	2,34E-04	202,76
19	1,55E-03	0,0169	21,3621	0,015625	2,34E-04	177,87
20	1,53E-03	0,0168	21,3621	0,015625	2,33E-04	180,78
...						
81	7,60E-04	0,0120	21,3622	0,015625	2,16E-04	115,17
82	7,53E-04	0,0119	21,3622	0,015625	2,15E-04	115,06
83	7,45E-04	0,0118	21,3622	0,015625	2,15E-04	115,44
84	7,34E-04	0,0118	21,3622	0,015625	2,15E-04	114,38
85	7,28E-04	0,0117	21,3622	0,015625	2,14E-04	115,57
86	7,19E-04	0,0116	21,3622	0,015625	2,14E-04	114,04
87	7,09E-04	0,0115	21,3622	0,015625	2,14E-04	112,91
88	7,03E-04	0,0115	21,3622	0,015625	2,14E-04	113,54
89	6,95E-04	0,0114	21,3622	0,015625	2,13E-04	113,66
90	6,87E-04	0,0113	21,3622	0,015625	2,13E-04	113,93
91	6,77E-04	0,0112	21,3622	0,015625	2,13E-04	113,31
92	6,72E-04	0,0112	21,3622	0,015625	2,13E-04	113,88
93	6,64E-04	0,0111	21,3622	0,015625	2,12E-04	113,94
94	6,54E-04	0,0110	21,3622	0,015625	2,12E-04	112,93
95	6,49E-04	0,0109	21,3622	0,015625	2,12E-04	113,77
96	6,41E-04	0,0109	21,3622	0,015625	2,12E-04	114,22
97	6,32E-04	0,0108	21,3622	0,015625	2,11E-04	113,52
98	6,27E-04	0,0107	21,3622	0,015625	2,11E-04	114,35
99	6,20E-04	0,0107	21,3622	0,015625	2,11E-04	113,92
100	6,10E-04	0,0106	21,3622	0,015625	2,11E-04	113,57
			Verwendung des Fischer-Burmeister-Ansatzes			
0	0	5,0363	19,2655	0	303,8950	0
1	34,1673	1,0974	21,2903	1	13,9277	37,85
2	13,6672	0,2680	21,3775	1	0,2605	280,33
3	2,2213	0,2861	21,3657	1	0,0862	229,78
4	0,5550	0,0151	21,3625	1	4,43E-04	511,87
5	0,0518	5,65E-03	21,3623	1	2,20E-04	732,51
6	Iteration bricht ab					

Tabelle A.4: Vergleich der Iterationsläufe bei Verwendung von Θ_{exakt} und $\beta_{approx} \geq \left(\frac{1}{2}\right)^6 = 0,015625$ (mit größerer NB-Genauigkeit als in Tab. A.3) – der FB-Ansatz bricht hier wiederum nach 6 Iterationsschritten ab, während die QL erst nach dem Erreichen der maximalen Iterationsanzahl abbricht, wobei die Lösung minimal schlechter als zuvor ist (101 Diskretisierungspunkte, $u^0 = MSY, \mu^0$ aus $L_b = 0$, NB-Genauigkeit = 1E-06)

i	$S(\beta\Delta u^i,\beta\Delta\mu^i)$	$R(u^i,\mu^i)$	$y^i(T)$	β^i	$\Theta(\beta^i)$	Zeit (in Sek.)
			Verwendung der Quasilinearisierung			
0	0	5,0363	19,2655	0	304,0072	0
1	31,4371	0,9639	21,1197	1	10,5811	14,68
2	11,9336	0,1635	21,3408	1	0,0792	42,10
3	2,2885	0,0385	21,3600	1	5,72E-04	47,50
4	0,5005	0,0180	21,3620	1	2,35E-04	84,52
5	0,1127	0,0084	21,3622	1	2,04E-04	285,80
6	0,0276	4,74E-03	21,3623	1	1,85E-04	241,47
7	8,92E-03	3,83E-03	21,3623	1	1,79E-04	246,18
8	5,15E-05	3,82E-03	21,3623	0,0156	1,79E-04	246,22
			Verwendung des Fischer-Burmeister-Ansatzes			
0	0	5,0363	19,2655	0	303,8950	0
1	34,1673	1,0974	21,2903	1	13,9277	90,52
2	13,6672	0,2680	21,3775	1	0,2605	572,93
3	2,2213	0,2861	21,3657	1	0,0862	415,69
4	0,5550	0,0151	21,3625	1	4,43E-04	270,80
5	0,0518	5,65E-03	21,3623	1	2,20E-04	308,89
6	2,33E-03	4,21E-03	21,3623	1	2,14E-04	445,90
7	2,40E-04	4,17E-03	21,3623	1	2,16E-04	856,66
8	4,68E-05	4,17E-03	21,3623	1	2,16E-04	870,47

Tabelle A.5: Vergleich der Iterationsläufe bei Verwendung von Θ_{exakt} und β_{max} – beide Ansätze benötigen gleich viele Iterationsschritte und berechnen nur minimal unterschiedliche Lösungen (101 Diskretisierungspunkte, $u^0 = MSY$, μ^0 aus $L_b = 0$, NB-Genauigkeit = 1E-04)

i	$S(\beta\Delta u^i,\beta\Delta\mu^i)$	$R(u^i,\mu^i)$	$y^i(T)$	β^i	$\Theta(\beta^i)$	Zeit (in Sek.)
			Verwendung der Quasilinearisierung			
0	0	5,0363	19,2655	0	304,0072	0
1	31,4371	0,9639	21,1197	1	10,5811	17,40
2	11,9336	0,1635	21,3408	1	0,0792	46,01
3	2,2885	0,0385	21,3600	1	5,72E-04	51,74
4	0,5008	0,0181	21,3620	1	2,39E-04	84,18
5	0,1063	0,0101	21,3622	0,9164	2,22E-04	326,88
6	0,0368	5,15E-03	21,3623	1	2,03E-04	216,38
7	8,21E-03	4,42E-03	21,3623	0,7740	1,93E-04	232,38
8	8,53E-05	4,41E-03	21,3623	0,0156	1,92E-04	217,37
			Verwendung des Fischer-Burmeister-Ansatzes			
0	0	5,0363	19,2655	0	303,8950	0
1	34,1673	1,0974	21,2903	1	13,9277	43,81
2	13,6672	0,2680	21,3775	1	0,2605	279,31
3	2,2213	0,2861	21,3657	1	8,62E-02	229,93
4	0,5550	0,0151	21,3625	1	4,43E-04	503,41
5	0,0518	5,65E-03	21,3623	1	2,20E-04	716,26
6	Iteration bricht ab					

Tabelle A.6: Vergleich der Iterationsläufe bei Verwendung von Θ_{exakt} und $\beta_{\max}$ mit einer größeren NB-Genauigkeit als zuvor – der FB-Ansatz bricht hier ab, während der QL-Ansatz die etwas schlechtere Lösung als zuvor bestimmt (101 Diskretisierungspunkte, $u^0 = MSY$, μ^0 aus $L_b = 0$, NB-Genauigkeit = 1E-06)

i	$S(\beta\Delta u^i, \beta\Delta\mu^i)$	$R(u^i, \mu^i)$	$y^i(T)$	β^i	$\Theta(\beta^i)$	Zeit (in Sek.)
			Verwendung der Quasilinearisierung			
0	0	5,0363	19,2655	0	304,0072	0
1	31,4371	0,9639	21,1197	1	31,2514	10,58
2	11,9336	0,1635	21,3408	1	0,1056	40,86
3	2,2885	0,0385	21,3600	1	1,45E-04	47,00
4	0,5005	0,0180	21,3620	1	2,42E-06	87,19
5	0,1127	8,39E-03	21,3622	1	7,78E-08	162,43
6	0,0276	4,74E-03	21,3623	1	3,76E-08	108,01
7	8,92E-03	3,83E-03	21,3623	1	3,62E-08	105,40
8	3,30E-03	3,40E-03	21,3623	1	3,61E-08	106,86
9	1,03E-03	3,36E-03	21,3623	1	3,61E-08	108,47
10	1,69E-04	3,36E-03	21,3623	1	3,61E-08	108,66
11	1,15E-05	3,36E-03	21,3623	1	3,61E-08	108,33
			Verwendung des Fischer-Burmeister-Ansatzes			
0	0	5,0363	19,2655	0	304,0072	1
1	34,1673	1,0974	21,2903	1	30,5327	33,84
2	13,6672	0,2680	21,3775	1	0,3016	270,52
3	2,2213	0,2861	21,3657	1	0,0859	197,46
4	0,5550	0,0151	21,3625	1	1,66E-04	255,01
5	0,0518	5,65E-03	21,3623	1	2,18E-06	292,46
6	2,33E-03	4,21E-03	21,3623	1	4,50E-09	276,53
7	2,40E-04	4,17E-03	21,3623	1	1,75E-11	271,11
8	4,68E-05	4,17E-03	21,3623	1	1,73E-11	269,79

Tabelle A.7: Vergleich der Iterationsläufe bei Verwendung von Θ_{approx} und β_{approx} – der FB-Ansatz benötigt 3 Iterationsschritte weniger, erzeugt bezüglich Θ die bessere und bezüglich R die knapp schlechtere Lösung (101 Diskretisierungspunkte, $u^0 = MSY, \mu^0$ aus $L_b = 0$, NB-Genauigkeit = 1E-04)

i	$S(\beta\Delta u^i, \beta\Delta\mu^i)$	$R(u^i, \mu^i)$	$y^i(T)$	β^i	$\Theta(\beta^i)$	Zeit (in Sek.)
			Verwendung der Quasilinearisierung			
0	0	5,0363	19,2655	0	304,0072	0
1	31,4371	0,9639	21,1197	1	31,2514	9,22
2	11,9336	0,1635	21,3408	1	0,1056	35,85
3	2,2885	0,0385	21,3600	1	1,45E-04	41,10
4	0,5008	0,0181	21,3620	1	2,39E-06	71,47
5	0,1160	8,60E-03	21,3622	1	4,22E-08	173,36
6	0,0292	5,01E-03	21,3623	1	1,65E-09	84,56
7	9,26E-03	4,13E-03	21,3623	1	1,64E-10	85,39
8	3,39E-03	3,72E-03	21,3623	1	8,40E-11	85,19
9	9,89E-04	3,66E-03	21,3623	1	8,04E-11	86,32
10	1,52E-04	3,66E-03	21,3623	1	8,03E-11	105,44
11	9,36E-06	3,66E-03	21,3623	1	8,03E-11	85,17
			Verwendung des Fischer-Burmeister-Ansatzes			
0	0	5,0363	19,2655	0	303,8950	0
1	34,1673	1,0974	21,2903	1	30,5327	29,68
2	13,6672	0,2680	21,3775	1	0,3016	236,51
3	2,2213	0,2861	21,3657	1	0,0859	193,57
4	0,5550	0,0151	21,3625	1	1,66E-04	435,81
5	0,0518	5,65E-03	21,3623	1	2,18E-06	625,13
6	Iteration bricht ab					

Tabelle A.8: Vergleich der Iterationsläufe bei Verwendung von Θ_{approx} und β_{approx} (mit größerer NB-Genauigkeit als in Tab. A.7) – der FB-Ansatz bricht wieder nach 6 Schritten ab, während das QL-Verfahren 11 Schritte benötigt und die etwas schlechtere Lösung bezüglich R aber die deutlich bessere Lösung bezüglich Θ erzeugt (101 Diskretisierungspunkte, $u^0 = MSY, \mu^0$ aus $L_b = 0$, NB-Genauigkeit = 1E-06)

i	$S(\beta\Delta u^i, \beta\Delta\mu^i)$	$R(u^i, \mu^i)$	$y^i(T)$	β^i	$\Theta(\beta^i)$	Zeit (in Sek.)
			Verwendung der Quasilinearisierung			
0	0	5,0363	19,2655	0	304,0072	0
1	28,0970	1,2932	21,0409	0,8938	26,8121	10,57
2	11,6892	0,1698	21,3386	0,9996	0,2729	41,89
3	2,7018	0,0418	21,3593	0,9999	2,76E-04	45,68
4	0,6446	0,0195	21,3619	0,9999	4,62E-06	153,84
5	0,1451	0,0101	21,3622	0,9999	1,44E-07	184,12
6	0,0349	4,97E-03	21,3623	0,9999	6,53E-08	117,62
7	0,0108	3,95E-03	21,3623	0,9999	6,28E-08	108,50
8	4,01E-03	3,45E-03	21,3623	0,9999	6,27E-08	105,41
9	1,33E-03	3,35E-03	21,3623	0,9999	6,26E-08	106,21
10	2,53E-04	3,35E-03	21,3623	0,9999	6,26E-08	108,34
11	2,09E-05	3,35E-03	21,3623	0,9999	6,26E-08	104,79
			Verwendung des Fischer-Burmeister-Ansatzes			
0	0	5,0363	19,2655	0	303,8950	1
1	30,4507	1,2294	21,2051	0,8912	25,4443	33,97
2	12,0314	0,7750	21,3694	0,9419	1,2279	271,00
3	2,9787	0,3033	21,3648	0,9499	0,1097	141,70
4	0,5966	0,0177	21,3627	0,9999	5,61E-04	279,65
5	0,0807	5,83E-03	21,3623	0,9999	3,13E-06	290,93
6	6,74E-03	4,24E-03	21,3623	0,9999	4,94E-09	320,11
7	1,27E-04	4,17E-03	21,3623	0,9999	1,54E-11	269,93
8	1,05E-05	4,17E-03	21,3623	0,9999	1,51E-11	269,11

Tabelle A.9: Vergleich der Iterationsläufe bei Verwendung von Θ_{approx} und β_{opt} – der FB-Ansatz benötigt drei Iterationsschritte weniger, erzeugt aber bezüglich R die etwas schlechtere Lösung (101 Diskretisierungspunkte, $u^0 = MSY, \mu^0$ aus $L_b = 0$, NB-Genauigkeit = 1E-04)

i	$S(\beta\Delta u^i, \beta\Delta\mu^i)$	$R(u^i, \mu^i)$	$y^i(T)$	β^i	$\Theta(\beta^i)$	Zeit (in Sek.)
Verwendung der Quasilinearisierung						
0	0	5,0363	19,2655	0	304,0072	0
1	28,0970	1,2932	21,0409	0,8938	26,8121	10,55
2	11,6892	0,1698	21,3386	0,9996	0,2729	41,88
3	2,7018	0,0418	21,3593	0,9999	2,76E-04	45,74
4	0,6455	0,0196	21,3619	0,9999	4,56E-06	153,27
5	0,1479	0,0102	21,3622	0,9999	8,26E-08	255,14
6	0,0369	5,25E-03	21,3623	0,9999	2,81E-09	96,96
7	0,0112	4,25E-03	21,3623	0,9999	2,22E-10	121,92
8	4,11E-03	3,76E-03	21,3623	0,9999	8,49E-11	101,90
9	1,29E-03	3,66E-03	21,3623	0,9999	7,84E-11	97,70
10	2,30E-04	3,66E-03	21,3623	0,9999	7,84E-11	98,14
11	1,77E-05	3,66E-03	21,3623	0,9999	7,84E-11	121,10
Verwendung des Fischer-Burmeister-Ansatzes						
0	0	5,0363	19,2655	0	303,8950	0
1	30,4507	1,2294	21,2051	0,8912	25,4443	34,06
2	12,0314	0,7750	21,3694	0,9419	1,2279	270,35
3	2,9787	0,3033	21,3648	0,9499	0,1097	142,64
4	0,5966	0,0177	21,3627	0,9999	5,61E-04	504,08
5	0,0807	5,83E-03	21,3623	0,9999	3,13E-06	480,87
6	6,74E-03	4,24E-03	21,3623	0,9999	4,94E-09	959,74
7	1,26E-04	4,17E-03	21,3623	0,9999	1,54E-11	414,82
8	1,04E-05	4,17E-03	21,3623	0,9999	1,51E-11	819,22

Tabelle A.10: Vergleich der Iterationsläufe bei Verwendung von Θ_{approx} und β_{opt} (wie in Tab. A.9 aber mit höherer NB-Genauigkeit) – für den FB-Ansatz ändert sich nichts, während sich die QL-Lösung bezüglich R verschlechtert und bezüglich Θ verbessert (101 Diskretisierungspunkte, $u^0 = MSY, \mu^0$ aus $L_b = 0$, NB-Genauigkeit = 1E-06)

i	$S(\beta\Delta u^i, \beta\Delta\mu^i)$	$R(u^i, \mu^i)$	$y^i(T)$	β^i	$\Theta(\beta^i)$	Zeit (in Sek.)
			Verwendung der Quasilinearisierung			
0	0	5,0363	19,2655	0	304,0072	0
1	31,4371	0,9639	21,1197	1	31,2514	10,86
2	11,9336	0,1635	21,3408	1	0,1056	42,00
3	2,2885	0,0385	21,3600	1	1,45E-04	48,16
4	0,5005	0,0180	21,3620	1	2,42E-06	89,69
5	0,1127	8,39E-03	21,3622	1	7,78E-08	167,23
6	0,0276	4,74E-03	21,3623	1	3,76E-08	110,06
7	8,92E-03	3,83E-03	21,3623	1	3,62E-08	108,22
8	3,30E-03	3,40E-03	21,3623	1	3,61E-08	110,40
9	1,03E-03	3,36E-03	21,3623	1	3,61E-08	111,76
10	1,69E-04	3,36E-03	21,3623	1	3,61E-08	111,92
11	1,15E-05	3,36E-03	21,3623	1	3,61E-08	110,24
			Verwendung des Fischer-Burmeister-Ansatzes			
0	0	5,0363	19,2655	0	303,8950	0
1	34,1673	1,0974	21,2903	1	30,5327	35,15
2	13,6672	0,2680	21,3775	1	0,3016	277,48
3	2,2213	0,2861	21,3657	1	0,0859	203,43
4	0,5550	0,0151	21,3625	1	1,66E-04	261,48
5	0,0518	5,65E-03	21,3623	1	2,18E-06	298,87
6	2,33E-03	4,21E-03	21,3623	1	4,50E-09	282,90
7	2,40E-04	4,17E-03	21,3623	1	1,75E-11	277,41
8	4,68E-05	4,17E-03	21,3623	1	1,73E-11	276,04

Tabelle A.11: Vergleich der Iterationsläufe bei Verwendung von Θ_{approx} und β_{max} – der FB-Ansatz benötigt drei Iterationsschritte weniger, erzeugt aber bezüglich R die etwas schlechtere Lösung (101 Diskretisierungspunkte, $u^0 = MSY, \mu^0$ aus $L_b = 0$, NB-Genauigkeit = 1E-04)

i	$S(\beta\Delta u^i, \beta\Delta\mu^i)$	$R(u^i, \mu^i)$	$y^i(T)$	β^i	$\Theta(\beta^i)$	Zeit (in Sek.)
			Verwendung der Quasilinearisierung			
0	0	5,0363	19,2655	0	304,0072	0
1	31,4371	0,9639	21,1197	1	31,2514	9,07
2	11,9336	0,1635	21,3408	1	0,1056	35,14
3	2,2885	0,0385	21,3600	1	1,45E-04	40,36
4	0,5008	0,0181	21,3620	1	2,39E-06	70,01
5	0,1160	8,60E-03	21,3622	1	4,22E-08	170,41
6	0,0292	5,01E-03	21,3623	1	1,65E-09	84,89
7	9,26E-03	4,13E-03	21,3623	1	1,64E-10	85,47
8	3,39E-03	3,72E-03	21,3623	1	8,40E-11	86,13
9	9,89E-04	3,66E-03	21,3623	1	8,04E-11	85,08
10	1,52E-04	3,66E-03	21,3623	1	8,03E-11	103,50
11	9,36E-06	3,66E-03	21,3623	1	8,03E-11	83,49
			Verwendung des Fischer-Burmeister-Ansatzes			
0	0	5,0363	19,2655	0	303,8950	0
1	34,1673	1,0974	21,2903	1	30,5327	30,47
2	13,6672	0,2680	21,3775	1	0,3016	241,70
3	2,2213	0,2861	21,3657	1	0,0859	197,17
4	0,5550	0,0151	21,3625	1	1,66E-04	234,15
5	0,0518	5,65E-03	21,3623	1	2,18E-06	385,47
6	2,33E-03	4,21E-03	21,3623	1	4,50E-09	770,10
7	2,41E-04	4,17E-03	21,3623	1	1,75E-11	751,68
8	4,82E-05	4,17E-03	21,3623	1	1,73E-11	365,43

Tabelle A.12: Vergleich der Iterationsläufe bei Verwendung von Θ_{approx} und β_{max} (mit größerer NB-Genauigkeit als in Tab. A.11) – der FB-Ansatz bricht nach 6 Iterationsschritten ab, während die QL wiederum 11 Schritte benötigen und die etwas schlechtere Lösung bezüglich R aber die deutlich bessere Lösung bezüglich Θ erzeugen (101 Diskretisierungspunkte, $u^0 = MSY, \mu^0$ aus $L_b = 0$, NB-Genauigkeit = 1E-06)

i	$S(\beta\Delta u^i, \beta\Delta\mu^i)$	$R(u^i, \mu^i)$	$y^i(T)$	β^i	$\Theta(\beta^i)$	Zeit (in Sek.)
			Verwendung der Quasilinearisierung			
0	0	5,0363	19,2655	0	304,0072	0
1	31,4371	0,9639	21,1197	1	31,2514	9,35
3	11,9336	0,1635	21,3408	1	0,1056	36,15
4	2,2885	0,0385	21,3600	1	1,45E-04	41,52
5	0,5008	0,0181	21,3620	1	2,39E-06	72,12
6	0,1149	8,54E-03	21,3622	1	4,29E-08	162,47
7	0,0286	4,93E-03	21,3623	1	2,33E-09	86,76
8	9,00E-03	4,03E-03	21,3623	1	1,04E-09	82,67
9	3,08E-03	3,60E-03	21,3623	1	9,76E-10	101,49
...						
15	4,83E-04	3,33E-03	21,3623	1	9,80E-10	94,64
16	3,91E-04	3,32E-03	21,3623	1	9,80E-10	94,30
17	1,68E-04	3,30E-03	21,3623	1	9,80E-10	94,14
18	1,42E-04	3,29E-03	21,3623	1	9,80E-10	93,11
19	1,07E-06	3,29E-03	21,3623	1	9,80E-10	92,56
			Verwendung des Fischer-Burmeister-Ansatzes			
0	0	5,0363	19,2655	0	303,8950	0
1	34,1673	1,0974	21,2903	1	30,5327	30,47
2	13,6672	0,2680	21,3775	1	0,3016	241,70
3	2,2213	0,2861	21,3657	1	0,0859	197,17
4	0,5550	0,0151	21,3625	1	1,66E-04	234,15
5	0,0518	5,65E-03	21,3623	1	2,18E-06	385,47
6	2,33E-03	4,21E-03	21,3623	1	4,50E-09	770,10
7	2,41E-04	4,17E-03	21,3623	1	1,75E-11	751,68
8	4,82E-05	4,17E-03	21,3623	1	1,73E-11	365,43

Tabelle A.13: Vergleich der Iterationsläufe bei Verwendung von Θ_{approx} und β_{max} (mit kleiner NB-Genauigkeit als in Tab. A.12) – der FB-Ansatz bricht nun nicht nach 6 Iterationsschritten ab, während die QL-Iteration mehr Iterationen als zuvor benötigt, dafr aber auch die bezüglich R etwas bessere Lösung bestimmt. Die Qualität der FB-Lösung ändert sich nicht (101 Diskretisierungspunkte, $u^0 = MSY, \mu^0$ aus $L_b = 0$, NB-Genauigkeit = 1.2E-05)

i	$S(\beta\Delta u^i, \beta\Delta\mu^i)$	$R(u^i, \mu^i)$	$y^i(T)$	β^i	$\Theta(\beta^i)$	Zeit (in Sek.)
Verwendung der Quasilinearisierung						
0	0	10,5061	7,4464	0	4739,9219	0
1	43,1040	8,1638	21,6243	0,9999	64,1416	62,68
2	7,9996	5,5192	22,1544	0,9999	1,2101	102,04
3	1,1741	5,2103	22,1676	0,9999	1,04E-03	85,22
4	0,0268	5,2069	22,1676	0,7241	3,21E-04	133,85
5	1,60E-04	5,2069	22,1676	0,01569	3,21E-04	164,51
...						
30	1,08E-04	5,2069	22,1676	0,01569	3,32E-04	181,05
31	1,06E-04	5,2068	22,1676	0,01569	3,33E-04	164,59
32	1,05E-04	5,2068	22,1676	0,01569	3,34E-04	164,97
33	1,03E-04	5,2068	22,1676	0,01569	3,35E-04	166,12
34	1,01E-04	5,2068	22,1676	0,01569	3,36E-04	168,37
35	9,98E-05	5,2068	22,1676	0,01569	3,36E-04	165,66
Verwendung des Fischer-Burmeister-Ansatzes						
0	0	10,5061	7,4464	0	4784,4351	0
1	76,8003	3,2008	12,0438	0,9999	305,3248	70,57
2	35,6752	1,5111	19,7800	0,9999	82,2089	46,71
3	35,1929	1,8094	21,0156	0,3371	50,1750	106,44
4	29,9439	1,3760	21,4730	0,4579	23,5823	103,03
5	41,6733	0,8059	21,4401	0,9741	2,2366	130,73
6	6,9220	0,6598	21,4059	0,6432	0,7338	191,93
7	4,5706	0,2342	21,3748	0,8378	0,0879	402,10
8	1,6465	0,0252	21,3631	0,9999	1,50E-03	290,90
9	0,1443	6,58E-03	21,3623	0,9999	2,83E-04	303,99
10	0,0118	4,29E-03	21,3623	0,9999	2,21E-04	274,24
11	6,03E-04	4,17E-03	21,3623	0,9998	2,17E-04	267,04
12	3,69E-05	4,17E-03	21,3623	0,9998	2,16E-04	265,96

Tabelle A.14: Vergleich der Iterationsverläufe bei Verwendung von Θ_{exakt} und β_{opt} mit einem anderen Startwert als in Tab. A.1 – die Quasilinearisierung konvergiert nun gegen die unrestringierte Lösung, während der FB-Ansatz trotz des deutlich schlechteren Startwertes die gleiche Lösung wie zuvor berechnet, dafür aber vier Iterationsschritte mehr benötigt (101 Diskretisierungspunkte, $u^0 = 0.1, \mu^0 = 0$, NB-Genauigkeit = 1E-04)

i	$S(\beta\Delta u^i, \beta\Delta\mu^i)$	$R(u^i, \mu^i)$	$y^i(T)$	β^i	$\Theta(\beta^i)$	Zeit (in Sek.)
Verwendung der Quasilinearisierung						
0	0	10,5061	7,4464	0	4739,9219	0
1	43,1068	8,1638	21,6245	1	64,1011	34,28
2	7,9989	5,5190	22,1545	1	1,2086	70,80
3	1,1735	5,2102	22,1676	1	1,03E-03	54,87
4	0,0369	5,2068	22,1676	1	4,25E-04	129,57
5	9,66E-06	5,2068	22,1676	1	4,25E-04	318,60
Verwendung des Fischer-Burmeister-Ansatzes						
0	0	10,5061	7,4464	0	4784,4351	0
1	76,8054	3,2007	12,0440	1	305,2760	45,43
2	35,6798	1,5110	19,7799	1	82,2147	34,37
3	47,2321	3,4881	20,5808	0,4524	63,6194	133,63
4	45,2643	2,4238	21,3861	0,7778	38,8769	136,69
5	28,8570	5,0207	21,1053	0,8996	21,3910	253,06
6	13,4192	2,0715	21,2807	1	3,0892	319,88
7	4,8867	1,0172	21,3251	1	1,1602	244,92
8	2,1215	0,6280	21,3569	1	0,2226	419,21
9	1,1594	1,15E-01	21,3619	1	0,0138	263,80
10	0,1383	4,18E-03	21,3623	1	2,32E-04	276,96
11	1,26E-03	4,17E-03	21,3623	1	2,16E-04	431,66
12	7,16E-06	4,17E-03	21,3623	0,7869	2,16E-04	430,25

Tabelle A.15: Vergleich der Iterationsverläufe bei Verwendung von Θ_{exakt} und β_{max} mit einem anderen Startwert als in Tab. A.5 – die QL konvergieren wiederum gegen die unrestringierte Lösung, während der FB-Ansatz trotz des deutlich schlechteren Startwertes die gleiche Lösung wie zuvor berechnet, dafür aber vier Iterationsschritte mehr benötigt (101 Diskretisierungspunkte, $u^0 = 0.1, \mu^0 = 0$, NB-Genauigkeit=1E-04)

i	$S(\beta\Delta u^i, \beta\Delta\mu^i)$	$R(u^i, \mu^i)$	$y^i(T)$	β^i	$\Theta(\beta^i)$	Zeit (in Sek.)
			Verwendung der Quasilinearisierung			
0	0	10,5061	7,4464	0	4739,9219	0
1	43,1068	8,1638	21,6245	1	64,1011	24,25
2	7,9989	5,5190	22,1545	1	1,2086	56,59
3	1,1735	5,2102	22,1676	1	1,03E-03	42,29
4	0,0369	5,2068	22,1676	1	4,25E-04	109,31
5	1,51E-07	5,2068	22,1676	0,015625	4,25E-04	123,39
			Verwendung des Fischer-Burmeister-Ansatzes			
0	0	10,5061	7,4464	0	4784,4351	0
1	76,8054	3,2007	12,0440	1	305,2760	32,02
2	35,6798	1,5110	19,7799	1	82,2147	26,25
3	1,6314	1,4890	19,9484	0,015625	79,7104	96,59
4	1,6358	1,4673	20,1073	0,015625	77,2796	78,34
5	1,6360	1,4460	20,2563	0,015625	74,9192	78,79
6	1,6319	1,4250	20,3949	0,015625	72,6273	78,09
7	1,6226	1,4042	20,5223	0,015625	70,4019	93,09
8	1,6074	1,3837	20,6380	0,015625	68,2412	123,13
9	1,5856	1,3634	20,7416	0,015625	66,1437	77,64
10	1,5565	1,3434	20,8328	0,015625	64,1077	77,52
11	1,5202	1,3234	20,9117	0,015625	62,1317	64,09
12	1,4767	1,3035	20,9789	0,015625	60,2144	93,63
13	1,4275	1,2837	21,0355	0,015625	58,3545	77,87
14	1,3754	1,2639	21,0827	0,015625	56,5510	77,18
15	1,3239	1,2443	21,1223	0,015625	54,8025	107,08
16	1,2757	1,2249	21,1557	0,015625	53,1079	92,87
17	1,2324	1,2057	21,1842	0,015625	51,4656	107,85
18	1,1938	1,1868	21,2088	0,015625	49,8741	78,40
19	37,1102	1,8574	21,3945	0,5	21,6160	85,14
20	41,6831	1,6638	21,4071	1	3,9597	129,93
21	6,2652	1,1046	21,3955	0,5	1,9609	358,47
22	7,4677	0,9362	21,3607	1	0,5760	300,94
23	1,8498	0,0864	21,3627	1	6,78E-03	315,56
24	0,1710	5,97E-03	21,3623	1	2,49E-04	363,98
25	9,86E-05	5,94E-03	21,3623	0,015625	2,48E-04	265,03

Tabelle A.16: Vergleich der Iterationsverläufe bei Verwendung von Θ_{exakt} und $\beta_{approx} \geq \left(\frac{1}{2}\right)^6$ mit einem anderen Startwert als in Tab. A.3 – die QL bestimmen die unrestringierte Lösung, während der FB-Ansatz nach 25 Schritten die korrekte Lösung bestimmt (101 Diskretisierungspunkte, $u^0 = 0.1, \mu^0 = 0$, NB-Genauigkeit=1E-04)

i	$S(\beta\Delta u^i, \beta\Delta\mu^i)$	$R(u^i, \mu^i)$	$y^i(T)$	β^i	$\Theta(\beta^i)$	Zeit (in Sek.)
			Verwendung der Quasilinearisierung			
0	0	10,5061	7,4464	0	4739,9219	0
1	43,1039	8,1638	21,6243	1	348,0542	22,29
2	7,9182	5,5429	22,1531	0,9898	1,9170	58,38
3	1,2419	5,2112	22,1676	1	2,25E-03	25,12
4	0,0407	5,2068	22,1676	1	1,63E-09	119,00
5	1,77E-05	5,2068	22,1676	1	8,12E-11	125,80
			Verwendung des Fischer-Burmeister-Ansatzes			
0	0	10,5061	7,4464	0	4784,4351	0
1	76,8003	3,2008	12,0438	1	207,0973	30,63
2	35,6752	1,5111	19,7800	1	88,9208	25,97
3	19,3768	1,3462	21,0118	0,1856	63,3159	96,37
4	19,4339	1,4959	21,3407	0,2137	41,1910	126,92
5	51,0596	1,5110	21,4426	0,8617	6,6676	118,88
6	21,2272	1,2271	21,4019	0,9002	1,8056	69,33
7	6,2221	0,1786	21,3773	0,8760	0,0848	217,09
8	1,9313	0,0271	21,3634	1	1,14E-03	242,19
9	Iteration bricht ab					

Tabelle A.17: Vergleich der Iterationsverläufe bei Verwendung von Θ_{approx} und β_{opt} mit einem anderen Startwert als in Tab. A.9 – die QL bestimmen die unrestringierte Lösung und der FB-Ansatz bricht nach 8 Iterationsschritten ab (101 Diskretisierungspunkte, $u^0 = 0.1, \mu^0 = 0$, NB-Genauigkeit=1E-04)

i	$S(\beta\Delta u^i, \beta\Delta\mu^i)$	$R(u^i, \mu^i)$	$y^i(T)$	β^i	$\Theta(\beta^i)$	Zeit (in Sek.)
			Verwendung der Quasilinearisierung			
0	0	10,5061	7,4464	0	4739,9219	0
1	43,1068	8,1638	21,6245	1	348,0239	19,37
2	7,9989	5,5190	22,1545	1	1,9227	52,49
3	1,1735	5,2102	22,1676	1	1,86E-03	38,26
4	0,0369	5,2068	22,1676	1	9,89E-10	103,82
5	9,66E-06	5,2068	22,1676	1	6,92E-11	107,34
			Verwendung des Fischer-Burmeister-Ansatzes			
0	0	10,5061	7,4464	0	4784,4351	0
1	76,8054	3,2007	12,0440	1	207,0631	28,12
2	35,6798	1,5110	19,7799	1	88,9268	23,89
3	26,9376	1,4655	21,1063	0,2580	71,6092	90,18
4	42,2922	5,2273	21,3239	0,5341	38,8022	84,83
5	41,3101	1,8463	21,4047	1	4,6791	124,06
6	11,5727	1,2100	21,3782	0,9020	2,3383	237,30
7	5,0501	1,1139	21,3485	0,9064	1,3041	250,06
8	2,0713	0,3140	21,3620	1	0,0898	240,47
9	0,4385	0,0419	21,3623	1	1,86E-03	472,15
10	0,0476	4,25E-03	21,3623	1	1,60E-07	257,28
11	3,99E-04	4,17E-03	21,3623	1	1,83E-11	248,28
12	2,14E-05	4,17E-03	21,3623	1	1,73E-11	239,70

Tabelle A.18: Vergleich der Iterationsverläufe bei Verwendung von Θ_{approx} und $\beta_{\max}$ mit einem anderen Startwert als in Tab. A.11 – der QL-Ansatz konvergiert gegen die unrestringierte Lösung, während die FB-Iteration in 12 Schritten die korrekte Lösung bestimmt (101 Diskretisierungspunkte, $u^0 = 0.1, \mu^0 = 0$, NB-Genauigkeit=1E-04)

i	$S(\beta\Delta u^i, \beta\Delta\mu^i)$	$R(u^i, \mu^i)$	$y^i(T)$	β^i	$\Theta(\beta^i)$	Zeit (in Sek.)
Verwendung der Quasilinearisierung						
0	0	10,5061	7,4464	0	4739,9219	0
1	43,1068	8,1638	21,6245	1	348,0239	22,46
2	7,9989	5,5190	22,1545	1	1,9227	60,77
3	1,1735	5,2102	22,1676	1	1,86E-03	44,39
4	0,0369	5,2068	22,1676	1	9,89E-10	120,51
5	9,66E-06	5,2068	22,1676	1	6,92E-11	124,55
Verwendung des Fischer-Burmeister-Ansatzes						
0	0	10,5061	7,4464	0	4784,4351	0
1	76,8054	3,2007	12,0440	1	207,0631	30,68
2	35,6798	1,5110	19,7799	1	88,9268	26,32
3	1,6314	1,4890	19,9484	0,015625	79,7206	96,45
4	1,6358	1,4673	20,1073	0,015625	77,2882	76,09
5	1,6360	1,4460	20,2563	0,015625	74,9269	76,84
6	1,6319	1,4250	20,3949	0,015625	72,6344	76,49
7	1,6226	1,4042	20,5223	0,015625	70,4086	93,90
8	1,6074	1,3837	20,6380	0,015625	68,2474	127,79
9	1,5856	1,3634	20,7416	0,015625	66,1492	75,53
10	1,5565	1,3434	20,8328	0,015625	64,1125	75,87
11	1,5202	1,3234	20,9117	0,015625	62,1359	59,29
12	1,4767	1,3035	20,9789	0,015625	60,2180	93,32
13	1,4275	1,2837	21,0355	0,015625	58,3576	75,56
14	1,3754	1,2639	21,0827	0,015625	56,5534	75,33
15	1,3239	1,2443	21,1223	0,015625	54,8043	111,09
16	1,2757	1,2249	21,1557	0,015625	53,1091	92,97
17	1,2324	1,2057	21,1842	0,015625	51,4663	109,78
18	1,1938	1,1868	21,2088	0,015625	49,8744	76,36
19	37,1102	1,8574	21,3945	0,5	23,3284	91,70
20	41,6831	1,6638	21,4071	1	3,4787	145,01
21	6,2652	1,1046	21,3955	0,5	1,6629	407,14
22	7,4677	0,9362	21,3607	1	0,8379	338,87
23	1,8498	0,0864	21,3627	1	1,37E-02	344,01
24	0,1710	5,97E-03	21,3623	1	3,92E-06	416,66
25	6,31E-03	4,25E-03	21,3623	1	6,47E-09	288,78
26	5,28E-05	4,17E-03	21,3623	1	1,77E-11	276,71

Tabelle A.19: Vergleich der Iterationsverläufe bei Verwendung von Θ_{approx} und $\beta_{approx} \geq \left(\frac{1}{2}\right)^6$ mit einem anderen Startwert als in Tab. A.7 – der QL-Ansatz bestimmt die unrestringierte Lösung, während die FB-Iteration 26 Schritte benötigt, um die korrekte Lösung zu bestimmen (101 Diskretisierungspunkte, $u^0 = 0.1, \mu^0 = 0$, NB-Genauigkeit=1E-04)

i	$S(\beta\Delta u^i, \beta\Delta\mu^i)$	$R(u^i, \mu^i)$	$y^i(T)$	β^i	$\Theta(\beta^i)$	Zeit (in Sek.)
0	0	11,3019	7,4464	0	5771,8135	0
1	87,2554	3,5338	10,7204	0,9999	328,9717	74,85
2	31,5409	1,6436	18,9064	0,9999	108,9736	53,63
3	34,5851	1,7752	20,2832	0,2914	76,1241	88,26
4	27,7048	2,1621	21,2091	0,2954	49,2605	74,92
5	33,5143	1,7024	21,4655	0,5532	20,4919	107,68
6	25,4645	1,8073	21,3949	0,6718	4,9236	164,83
7	16,0492	1,1285	21,3728	0,9463	1,3869	293,65
8	3,4499	0,8215	21,3660	0,6001	0,4079	192,37
9	2,0293	0,2839	21,3646	0,7541	0,0587	316,28
10	0,7831	0,0378	21,3625	0,9447	1,44E-03	380,05
11	Iteration bricht ab					

Tabelle A.20: Iterationsverlauf des FB-Ansatzes bei Verwendung von Θ_{exakt} und β_{opt} mit einem anderen Startwert als in Tab. A.1 – das Verfahren nach 11 Iterationsschritten ab (101 Diskretisierungspunkte, $u^0 = 0.1, \mu^0 = 0.1$, NB-Genauigkeit = 1E-04)

i	$S(\beta\Delta u^i, \beta\Delta\mu^i)$	$R(u^i, \mu^i)$	$y^i(T)$	β^i	$\Theta(\beta^i)$	Zeit (in Sek.)
0	0	11,3019	7,4464	0	5771,8135	0
1	87,2612	3,5338	10,7205	1	328,9334	43,31
2	31,5432	1,6435	18,9065	1	108,9811	35,01
3	46,9213	2,6331	19,4186	0,3952	87,4465	100,08
4	37,8984	2,3827	21,1103	0,5339	64,1040	115,08
5	53,9698	1,7698	21,3728	1	23,1998	121,69
6	16,9694	1,5517	21,3664	1	2,2031	292,82
7	4,2742	0,2282	21,3632	1	0,0440	431,07
8	0,5335	0,0151	21,3624	1	5,77E-04	549,17
9	0,0420	5,02E-03	21,3623	1	2,46E-04	292,58
10	3,77E-03	4,20E-03	21,3623	1	2,20E-04	431,80
11	1,82E-04	4,19E-03	21,3623	0,5035	2,18E-04	430,32
12	1,92E-04	4,17E-03	21,3623	0,9630	2,17E-04	428,57
13	2,89E-05	4,17E-03	21,3623	1	2,16E-04	429,49

Tabelle A.21: Iterationsverlauf des FB-Ansatzes bei Verwendung von Θ_{exakt} und β_{max} mit einem anderen Startwert als in Tab. A.5 – das Verfahren benötigt nun zwar fünf Iterationsschritte mehr (damit auch einen mehr als in Tab. A.15), berechnete aber die gleiche Lösung (101 Diskretisierungspunkte, $u^0 = 0.1, \mu^0 = 0.1$, NB-Genauigkeit = 1E-04)

i	$S(\beta\Delta u^i, \beta\Delta\mu^i)$	$R(u^i, \mu^i)$	$y^i(T)$	β^i	$\Theta(\beta^i)$	Zeit (in Sek.)
0	0	11,3019	7,4464	0	5771,8135	0
1	87,2612	3,5338	10,7205	1	328,9334	29,67
2	31,5432	1,6435	18,9065	1	108,9811	25,69
3	1,8551	1,6205	19,1887	0,015625	105,7163	68,94
4	1,9070	1,5981	19,4600	0,015625	102,5426	71,79
5	1,9518	1,5763	19,7178	0,015625	99,4571	72,85
6	1,9871	1,5552	19,9601	0,015625	96,4569	73,80
7	2,0097	1,5346	20,1836	0,015625	93,5395	73,23
8	2,0172	1,5145	20,3860	0,015625	90,7024	72,38
9	2,0066	1,4949	20,5658	0,015625	87,9437	75,51
10	1,9747	1,4757	20,7211	0,015625	85,2615	93,30
11	1,9192	1,4567	20,8508	0,015625	82,6541	77,32
12	1,8400	1,4379	20,9550	0,015625	80,1203	76,30
13	1,7410	1,4188	21,0351	0,015625	77,6584	81,26
14	1,6278	1,3991	21,0945	0,015625	75,2672	81,07
15	1,5117	1,3788	21,1383	0,015625	72,9470	117,59
16	1,4102	1,3582	21,1715	0,015625	70,6964	117,43
17	1,3320	1,3375	21,1978	0,015625	68,5148	67,29
18	1,2730	1,3170	21,2197	0,015625	66,4008	86,51
19	39,2736	1,7554	21,3512	0,5	28,8024	78,84
20	45,7850	1,7804	21,4082	1	4,6275	98,98
21	7,0046	1,0952	21,3987	0,5	1,9412	282,10
22	8,2489	0,8255	21,3640	1	0,4564	322,51
23	1,8789	0,0682	21,3628	1	4,16E-03	4421,87
24	0,1609	5,97E-03	21,3623	1	2,52E-04	364,18
25	1,03E-04	5,94E-03	21,3623	0,015625	2,51E-04	292,69
26	1,02E-04	5,92E-03	21,3623	0,015625	2,51E-04	259,83
27	1,00E-04	5,89E-03	21,3623	0,015625	2,50E-04	260,83
28	9,85E-05	5,86E-03	21,3623	0,015625	2,49E-04	258,75

Tabelle A.22: Iterationsverlauf des FB-Ansatzes bei Verwendung von Θ_{exakt} und $\beta_{approx} \geq \left(\frac{1}{2}\right)^6$ mit einem anderen Startwert als in Tab. A.3 – das Verfahren benötigt nun deutlich mehr Schritte und berechnet die minimal schlechtere Lösung (101 Diskretisierungspunkte, $u^0 = 0.1, \mu^0 = 0.1$, NB-Genauigkeit = 1E-04)

i	$S(\beta\Delta u^i, \beta\Delta\mu^i)$	$R(u^i, \mu^i)$	$y^i(T)$	β^i	$\Theta(\beta^i)$	Zeit (in Sek.)
0	0	11,3019	7,4464	0	5771,8135	0
1	87,2554	3,5338	10,7204	0,9999	248,1412	28,38
2	31,5409	1,6436	18,9064	0,9999	111,5833	25,87
3	20,3084	1,5599	20,5712	0,1711	88,2434	68,20
4	14,7885	1,6216	21,0565	0,1246	69,2090	83,71
5	55,0049	2,7751	21,2591	0,6676	19,0288	64,62
6	40,1773	1,9674	21,3792	0,9960	3,4017	174,52
7	10,5316	1,1303	21,3791	0,8912	1,3418	255,35
8	2,7835	0,7583	21,3671	0,6021	0,4704	196,86
9	1,7412	0,2307	21,3648	0,7431	0,0523	290,25
10	0,7021	0,0253	21,3623	0,9994	5,41E-04	512,79
11	0,0550	5,06E-03	21,3623	0,9999	7,69E-07	2106,87
12	2,64E-03	4,19E-03	21,3623	0,9999	1,45E-10	1405,81
13	1,35E-04	4,17E-03	21,3623	0,9999	1,51E-11	496,59
14	1,45E-05	4,17E-03	21,3623	0,9999	1,51E-11	540,95

Tabelle A.23: Iterationsverlauf des FB-Ansatzes bei Verwendung von Θ_{approx} und β_{opt} mit einem anderen Startwert als in Tab. A.1 – wiederum sind nun deutlich mehr Iterationsschritte notwendig, die Lösungen stimmen aber überein (101 Diskretisierungspunkte, $u^0 = 0.1, \mu^0 = 0.1$, NB-Genauigkeit = 1E-04)

i	$S(\beta\Delta u^i, \beta\Delta\mu^i)$	$R(u^i, \mu^i)$	$y^i(T)$	β^i	$\Theta(\beta^i)$	Zeit (in Sek.)
0	0	11,3019	7,4464	0	5771,8135	0
1	87,2612	3,5338	10,7205	1	248,1175	26,53
2	31,5432	1,6435	18,9065	1	111,5928	24,14
3	27,9312	1,6237	20,5316	0,2353	96,1621	64,32
4	27,2120	3,1507	21,0801	0,2527	68,0423	63,63
5	62,9373	2,6801	21,3344	1	12,6337	115,72
6	17,0877	7,0301	21,2671	0,6662	49,1000	237,91
7	10,1978	2,2703	21,3236	1	4,9158	184,27
8	3,1810	1,3944	21,3502	1	1,7770	201,32
9	2,0165	1,3881	21,3456	0,4474	1,3929	373,89
10	1,9358	1,0566	21,3539	0,8987	0,8184	230,80
11	1,7712	0,7589	21,3555	0,8186	0,5136	313,02
12	1,0428	0,2214	21,3617	1	0,0598	384,30
13	0,2397	0,0111	21,3623	1	1,27E-04	233,21
14	8,35E-03	4,17E-03	21,3623	1	5,60E-10	242,98
15	1,20E-05	4,17E-03	21,3623	1	1,73E-11	243,17

Tabelle A.24: Iterationsverlauf des FB-Ansatzes bei Verwendung von Θ_{approx} und $\beta_{\max}$ mit einem anderen Startwert als in Tab. A.5 – wiederum sind nun deutlich mehr Iterationsschritte notwendig, die Lösungen stimmen aber überein (101 Diskretisierungspunkte, $u^0 = 0.1, \mu^0 = 0.1$, NB-Genauigkeit = 1E-04)

i	$S(\beta\Delta u^i, \beta\Delta\mu^i)$	$R(u^i, \mu^i)$	$y^i(T)$	β^i	$\Theta(\beta^i)$	Zeit (in Sek.)
0	0	11,3019	7,4464	0	5771,8135	0
1	87,2612	3,5338	10,7205	1	248,1175	29,10
2	31,5432	1,6435	18,9065	1	111,5928	27,67
3	1,8551	1,6205	19,1887	0,015625	105,7416	70,19
4	1,9070	1,5981	19,4600	0,015625	102,5678	73,30
5	1,9518	1,5763	19,7178	0,015625	99,4816	75,14
6	1,9871	1,5552	19,9601	0,015625	96,4802	75,92
7	2,0097	1,5346	20,1836	0,015625	93,5608	75,57
8	2,0172	1,5145	20,3860	0,015625	90,7214	72,08
9	2,0066	1,4949	20,5658	0,015625	87,9600	75,18
10	1,9747	1,4757	20,7211	0,015625	85,2746	95,97
11	1,9192	1,4567	20,8508	0,015625	82,6638	76,58
12	1,8400	1,4379	20,9550	0,015625	80,1264	73,74
13	1,7410	1,4188	21,0351	0,015625	77,6613	78,34
14	1,6278	1,3991	21,0945	0,015625	75,2679	78,69
15	1,5117	1,3788	21,1383	0,015625	72,9457	117,45
16	1,4102	1,3582	21,1715	0,015625	70,6940	115,62
17	1,3320	1,3375	21,1978	0,015625	68,5116	59,00
18	1,2730	1,3170	21,2197	0,015625	66,3967	79,48
19	39,2736	1,7554	21,3512	0,5	26,8982	80,17
20	45,7850	1,7804	21,4082	1	3,8759	184,14
21	7,0046	1,0952	21,3987	0,5	1,7149	626,63
22	8,2489	0,8255	21,3640	1	0,6560	723,41
23	1,8789	0,0682	21,3628	1	8,12E-03	7645,42
24	0,1609	5,97E-03	21,3623	1	3,11E-06	413,11
25	6,60E-03	4,25E-03	21,3623	1	5,90E-09	324,16
26	1,28E-04	4,17E-03	21,3623	1	1,76E-11	273,02
27	1,28E-05	4,17E-03	21,3623	1	1,73E-11	277,90

Tabelle A.25: Iterationsverlauf des FB-Ansatzes bei Verwendung von Θ_{approx} und $\beta_{approx} \geq \left(\frac{1}{2}\right)^6$ mit einem anderen Startwert als in Tab. A.7 – wiederum sind nun deutlich mehr Iterationsschritte notwendig, die Lösungen stimmen aber überein (101 Diskretisierungspunkte, $u^0 = 0.1, \mu^0 = 0.1$, NB-Genauigkeit = 1E-04)

i	$S(\beta\Delta u^i, \beta\Delta\mu^i)$	$R(u^i, \mu^i)$	$y^i(T)$	β^i	$\Theta(\beta^i)$	Zeit (in Sek.)
			Verwendung der Quasilinearisierung			
0	0	3,2080	7,4464	0	70,7275	0
1	17,1140	2,2817	9,5952	0,9999	2,9208	69,09
2	6,7207	2,0623	9,9765	0,9999	0,0766	53,24
3	1,3004	2,0034	9,9990	0,9781	2,15E-05	86,90
4	0,0209	2,0001	10,0002	0,9999	2,45E-07	128,07
5	1,30E-04	2,0001	10,0003	0,8328	2,08E-07	44,63
6	4,33E-05	2,0001	10,0003	0,7152	1,97E-07	39,76
			Verwendung des Fischer-Burmeister-Ansatzes			
1	0	3,2080	7,4464	0	484,1446	0
2	32,4603	1,6486	17,1677	0,99953	175,6052	57,56
3	39,9445	1,5683	20,0178	0,3610	119,7722	33,30
4	18,2760	2,3558	20,7192	0,1244	100,6892	51,79
5	29,9307	2,0749	21,6253	0,3365	59,8852	123,95
6	46,0160	2,2425	21,6708	0,7306	15,9393	111,34
7	6,9917	2,3108	21,6874	0,1766	12,2800	235,82
8	22,1096	1,7635	21,5603	0,7487	5,0651	164,51
9	6,1899	1,6570	21,5308	0,3106	3,5327	120,10
10	2,4689	1,5895	21,5161	0,1294	3,2042	129,06
11	0,7834	1,5869	21,5151	0,0265	3,1123	238,95
12	0,7376	1,5922	21,5099	0,0163	3,1610	251,87
13	1,0027	1,5842	21,5084	0,0390	3,0323	237,11
14	0,6606	1,5822	21,5047	0,0162	3,0553	253,11
15	0,7073	1,5795	21,5040	0,0239	2,9763	245,84
16	0,7867	1,5940	21,4975	0,0160	3,0593	255,85
17	1,2139	1,5772	21,4958	0,0542	2,8908	302,07
18	0,6370	1,5746	21,4926	0,0161	2,9136	254,77
19	0,6245	1,5714	21,4921	0,0211	2,8459	247,93
20	0,9314	1,6121	21,4818	0,0163	3,0182	257,54
21	1,8312	1,5681	21,4790	0,1031	2,7237	224,53
22	0,5701	1,5612	21,4769	0,0162	2,7313	284,36
23	0,5604	1,5660	21,4759	0,0163	2,6968	279,75
24	0,5833	1,5612	21,4736	0,0160	2,7123	286,47
25	0,5047	1,5600	21,4733	0,0160	2,6664	277,36
26	0,9581	1,6121	21,4619	0,0160	2,8758	379,28
27	1,8745	1,5552	21,4603	0,1193	2,5627	373,64
28	0,6303	1,5570	21,4572	0,0162	2,6023	279,61
29	0,5980	1,5497	21,4573	0,0235	2,5366	326,95
30	1,7411	2,0902	21,4105	0,0163	4,3970	316,18
31	8,3839	1,4579	21,3712	0,9581	2,0638	300,05
32	0,6805	1,4815	21,3621	0,0162	2,1212	686,15
33	1,1313	1,3862	21,3693	0,1565	1,8475	241,94
34	2,0833	1,1410	21,3533	0,4993	0,8610	240,78
35	1,9345	0,5630	21,3626	0,6565	0,1918	201,19
36	0,9031	0,1537	21,3624	0,8854	0,0134	399,35
37	Iteration bricht ab					

Tabelle A.26: Vergleich der Iterationsläufe bei Verwendung von Θ_{exakt} und β_{opt} mit einem anderen Startwert als in Tab. A.1 – der QL-Ansatz bestimmt die Lösung, bei der die Nebenbedingung überall aktiv ist, während der FB-Ansatz nach 16 Iterationsschritten abbricht (101 Diskretisierungspunkte, $u^0 = 0.1$, μ^0 aus $L_b = 0$, NB-Genauigkeit=1E-04)

i	$S(\beta\Delta u^i, \beta\Delta\mu^i)$	$R(u^i, \mu^i)$	$y^i(T)$	β^i	$\Theta(\beta^i)$	Zeit (in Sek.)
			Verwendung der Quasilinearisierung			
0	0	11,2223	7,4464	0	867,1688	0
1	31,6686	4,0378	15,1295	0,9999	40,2799	90,51
2	10,3894	2,2013	16,0147	0,9999	0,8759	220,56
3	1,3066	2,0179	16,0445	0,5030	0,0550	432,41
4	0,2537	2,0096	16,0480	0,2366	0,0322	399,07
5	6,09E-05	2,0096	16,0480	6,61E-05	0,0322	416,32
			Verwendung des Fischer-Burmeister-Ansatzes			
0	0	11,2223	7,4464	0	1235,5807	0
1	37,8324	3,2935	16,0932	0,9999	197,3006	107,33
2	42,4891	2,1654	19,4195	0,4534	111,0864	63,89
3	32,1020	1,6841	20,9228	0,3374	62,5325	90,09
4	48,7103	1,7141	21,5638	0,7096	16,6286	87,36
5	26,6972	1,1562	21,6294	0,7675	4,2900	253,71
6	13,8513	0,7168	21,5155	0,6895	1,1891	132,37
7	8,1344	0,3734	21,4266	0,7087	0,2793	189,92
8	3,6259	0,2017	21,3884	0,6507	0,0728	265,31
9	2,5218	0,0243	21,3632	0,9999	2,13E-03	240,57
10	0,1792	6,59E-03	21,3623	0,9999	3,01E-04	535,93
11	0,0134	4,30E-03	21,3623	0,9999	2,23E-04	318,62
12	7,78E-04	4,18E-03	21,3623	0,9999	2,17E-04	309,77
13	5,69E-05	4,17E-03	21,3623	0,9998	2,16E-04	305,53

Tabelle A.27: Vergleich der Iterationsläufe bei Verwendung von Θ_{exakt} und β_{opt} mit einem anderen μ-Startwert als in Tab. A.26 – der QL-Ansatz bestimmt erneut die Lösung, bei der die Nebenbedingung überall aktiv ist, während der FB-Ansatz die korrekte Lösung bestimmt. Bei der Quasilinearisierung wurde hier auf die Minimalschrittweitenforderung verzichtet, da sonst das Iterationsverfahren abbricht. (101 Diskretisierungspunkte, $u^0 = 0.1$, μ^0 aus $L_b = 0$ und $\mu^0(t) = 0$ für $t \in [9, 10]$, NB-Genauigkeit=1E-04)

i	$S(\beta\Delta u^i, \beta\Delta\mu^i)$	$R(u^i, \mu^i)$	$y^i(T)$	β^i	$\Theta(\beta^i)$	Zeit (in Sek.)
			Verwendung der Quasilinearisierung			
0	0	11,2223	7,4464	0	867,1688	0
1	31,6584	4,0392	15,1284	0,9996	40,3372	82,28
2	10,4022	2,2360	16,0104	0,9996	1,2759	246,65
3	1,6580	1,9895	16,0506	0,6775	0,0223	276,24
4	0,4407	1,9638	16,0594	0,7825	1,25E-03	389,73
5	Iteration bricht ab					
			Verwendung des Fischer-Burmeister-Ansatzes			
0	0	3,2080	7,4464	0	484,1446	0
1	32,4757	1,6485	17,1693	1	175,5883	36,27
2	54,2178	2,2638	18,6879	0,4898	132,5859	43,24
3	27,9404	6,0725	20,6470	0,2779	114,1609	101,89
4	46,9394	4,1769	21,6579	0,6196	78,7950	108,01
5	44,4515	2,7184	21,5607	1	8,5468	128,63
6	13,0804	2,1488	21,4539	0,6593	5,7293	237,4
7	10,1383	1,7521	21,3973	0,7512	3,5775	169,74
8	5,1154	1,5109	21,3734	0,7465	2,2421	175,15
9	0,9355	1,4896	21,3760	0,0797	2,1527	294,24
10	0,4246	1,4809	21,3767	0,0179	2,1334	341,62
11	0,5456	1,5040	21,3740	0,0156	2,1858	310,78
12	0,6475	1,4845	21,3755	0,0448	2,1368	327,41
13	0,4294	1,4889	21,3751	0,0156	2,1376	229,93
14	0,4665	1,4873	21,3748	0,0156	2,1425	278,31
15	0,3821	1,4851	21,3753	0,0161	2,1253	334,7
16	0,9452	1,5690	21,3634	0,0156	2,3882	288,36
17	1,4553	1,5039	21,3703	0,2007	2,1486	400,82
18	0,5398	1,4870	21,3720	0,0345	2,1115	331,93
19	0,5307	1,5069	21,3696	0,0156	2,1536	312,78
20	0,5564	1,4887	21,3715	0,0376	2,1131	331,06
21	0,5323	1,5088	21,3691	0,0156	2,1551	303,22
22	0,5517	1,4902	21,3710	0,0378	2,1144	330,26
23	0,5487	1,5133	21,3683	0,0156	2,1636	305,74
24	0,5814	1,4920	21,3705	0,0431	2,1169	357,94
25	0,5405	1,5135	21,3680	0,0156	2,1609	271,08
26	0,5541	1,4932	21,3701	0,0397	2,1180	388,75
27	0,5739	1,5212	21,3668	0,0156	2,1786	302,13
28	0,6213	1,4953	21,3695	0,0517	2,1222	361,67
29	0,5383	1,5163	21,3670	0,0156	2,1632	283,32
30	0,5322	1,4960	21,3692	0,0380	2,1221	339,14
31	0,6390	1,5381	21,3645	0,0156	2,2195	279,03
32	0,7309	1,5004	21,3683	0,0771	2,1339	412,61
33	0,6005	1,5324	21,3652	0,0156	2,2026	306,54
34	0,5231	1,5110	21,3684	0,0393	2,1593	410,61
35	0,6265	1,4891	21,3608	0,0367	2,1197	531,3
36	1,5453	1,4224	21,3575	0,2191	1,8875	375,95
37	1,9395	1,2338	21,3521	0,5073	1,4087	389,71
38	2,5329	1,3062	21,3399	0,7830	0,8572	425,17
39	1,2670	0,5684	21,3621	1	0,3104	945,03
40	0,5343	0,0791	21,3622	1	3,55E-03	332,52
41	0,1035	4,99E-03	21,3623	1	1,99E-04	226,7
42	4,93E-05	4,98E-03	21,3623	0,0156	1,99E-04	234,3

Tabelle A.28: Vergleich der Iterationsläufe bei Verwendung von Θ_{exakt} und $\beta_{\max}$ mit einem anderen Startwert als in Tab. A.5 – der QL-Ansatz bestimmt die Lösung, bei der die Nebenbedingung überall aktiv ist, während der FB-Ansatz die fast korrekte Lösung bestimmt, da μ im Intervall $[9, 10]$ negativ berechnet wird (101 Diskretisierungspunkte, $u^0 = 0.1$, μ^0 aus $L_b = 0$, NB-Genauigkeit=1E-04)

i	$S(\beta\Delta u^i, \beta\Delta\mu^i)$	$R(u^i, \mu^i)$	$y^i(T)$	β^i	$\Theta(\beta^i)$	Zeit (in Sek.)
			Verwendung der Quasilinearisierung			
0	0	11,2223	7,4464	0	867,1688	0
1	31,6707	4,0375	15,1297	1	40,2681	44,06
2	10,4213	2,1321	16,0236	1	0,2540	188,66
3	1,0855	2,0604	16,0453	0,6123	0,1762	305,89
4	0,0115	2,0621	16,0455	0,0156	0,1784	320,53
5	1,0023	2,0571	16,0617	0,9143	0,0969	315,69
6	3,32E-03	2,0580	16,0617	0,0156	0,0987	263,17
7	0,1810	1,9950	16,0621	1	0,0150	263,13
8	0,1749	1,9772	16,0613	0,8477	8,62E-03	218,94
9	3,28E-03	1,9784	16,0613	0,0156	9,17E-03	118,13
10	0,1345	1,9802	16,0620	0,5138	6,81E-03	223,17
11	0,0107	1,9838	16,0620	0,0156	8,42E-03	126,38
12	0,1092	1,9652	16,0615	0,9520	4,41E-03	219,40
13	0,0743	1,9722	16,0619	0,1158	4,16E-03	195,56
14	0,0381	1,9594	16,0617	0,7067	2,69E-03	318,66
15	9,89E-03	1,9627	16,0617	0,0156	2,74E-03	157,07
16	0,0129	1,9584	16,0617	0,0216	2,72E-03	236,68
17	0,0121	1,9625	16,0617	0,0156	2,73E-03	147,21
18	5,10E-04	1,9626	16,0617	0,0156	2,74E-03	168,18
19	0,0114	1,9664	16,0618	0,0156	3,08E-03	208,02
20	Iteration bricht ab					
			Verwendung des Fischer-Burmeister-Ansatzes			
0	0	11,2223	7,4464	0	1235,5807	0
1	37,8349	3,2932	16,0933	1	197,2894	81,91
2	61,5539	2,6087	18,3177	0,6568	132,5007	72,35
3	46,4081	2,3674	21,1708	0,5245	97,7508	99,54
4	37,4571	6,2799	21,0283	0,4870	73,9464	95,73
5	41,4075	2,3905	21,5312	1	20,8535	167,84
6	7,5862	2,9128	21,4634	0,2832	17,9006	465,91
7	17,2590	2,3931	21,3231	1	4,6732	259,66
8	7,9913	0,7329	21,3567	1	0,8639	578,93
9	2,5103	0,1839	21,3616	1	0,0445	415,05
10	0,4078	6,29E-03	21,3623	1	1,55E-04	429,15
11	0,0111	4,22E-03	21,3623	1	2,13E-04	397,61
12	3,00E-04	4,17E-03	21,3623	1	2,16E-04	431,66
13	5,73E-05	4,17E-03	21,3623	1	2,16E-04	430,52

Tabelle A.29: Vergleich der Iterationsläufe bei Verwendung von Θ_{exakt} und $\beta_{\max}$ mit einem anderen μ-Startwert als in Tab. A.28 – der QL-Ansatz bestimmt erneut die Lösung, bei der die Nebenbedingung überall aktiv ist, während der FB-Ansatz die korrekte Lösung bestimmt (101 Diskretisierungspunkte, $u^0 = 0.1$, μ^0 aus $L_b = 0$ und $\mu^0(t) = 0$ für $t \in [9, 10]$, NB-Genauigkeit=1E-04)

i	$S(\beta\Delta u^i, \beta\Delta\mu^i)$	$R(u^i, \mu^i)$	$y^i(T)$	β^i	$\Theta(\beta^i)$	Zeit (in Sek.)
			Verwendung der Quasilinearisierung			
0	0	3,2080	7,4464	0	70,7275	0
1	17,1151	2,2817	9,5953	1	2,9199	20,12
2	6,7205	2,0623	9,9765	1	0,0765	14,11
3	1,3289	2,0087	9,9995	1	6,15E-05	57,78
4	0,0376	2,0001	10,0003	1	1,77E-07	35,78
5	6,16E-07	2,0001	10,0003	0,015625	1,77E-07	19,61
			Verwendung des Fischer-Burmeister-Ansatzes			
0	0	3,2080	7,4464	0	484,1446	0
1	32,4757	1,6485	17,1693	1	175,5883	34,64
2	1,7296	1,6223	17,5754	0,015625	170,3512	32,97
3	1,8398	1,5965	17,9864	0,015625	165,2706	32,60
4	1,9598	1,5710	18,3994	0,015625	160,3407	32,41
5	2,0889	1,5456	18,8109	0,015625	155,5558	33,16
6	2,2262	1,5206	19,2160	0,015625	150,9103	42,09
7	2,3699	1,4958	19,6090	0,015625	146,3990	41,82
8	2,5176	1,4712	19,9833	0,015625	142,0172	42,66
9	2,6667	1,4470	20,3311	0,015625	137,7607	33,89
10	2,8153	1,4232	20,6439	0,015625	133,6269	32,62
11	2,9632	1,3998	20,9114	0,015625	129,6153	69,90
12	3,1201	1,3953	21,1201	0,015625	125,7341	60,73
13	3,3910	1,4425	21,2447	0,015625	122,0785	77,74
14	2,5037	1,4686	21,2672	0,015625	118,4728	87,54
15	2,0888	1,4686	21,3142	0,015625	114,8813	82,36
16	2,2447	1,5723	21,3319	0,015625	111,6803	97,49
17	45,2689	3,4157	21,7137	0,5	53,8684	87,34
18	51,9809	2,3015	21,6955	1	10,9459	128,87
19	0,3489	2,2687	21,6979	0,015625	10,6281	223,04
20	0,3618	2,2366	21,7004	0,015625	10,3155	204,55
21	0,3802	2,2053	21,7031	0,015625	10,0065	204,45
22	0,4067	2,1751	21,7059	0,015625	9,7009	157,56
23	0,4470	2,1463	21,7088	0,015625	9,4007	181,35
24	0,5264	2,1208	21,7114	0,015625	9,1029	198,29
25	0,8161	2,1198	21,7098	0,015625	8,8252	192,37
26	0,6048	2,0990	21,7091	0,015625	8,6670	224,91
27	4,0709	17,5252	21,4378	0,015625	289,3334	273,96
28	18,8285	4,9980	21,4264	1	26,6873	154,05
29	9,9081	1,9834	21,3546	1	4,9260	356,27
30	4,5687	1,4644	21,3625	1	2,1390	375,61
31	Iteration bricht ab					

Tabelle A.30: Vergleich der Iterationsläufe bei Verwendung von Θ_{exakt} und β_{approx} mit einem anderen Startwert als in Tab. A.7 – der QL-Ansatz bestimmt die Lösung, bei der die Nebenbedingung überall aktiv ist, während der FB-Ansatz abbricht (101 Diskretisierungspunkte, $u^0 = 0.1$, μ^0 aus $L_b = 0$, NB-Genauigkeit=1E-04)

i	$S(\beta\Delta u^i, \beta\Delta\mu^i)$	$R(u^i, \mu^i)$	$y^i(T)$	β^i	$\Theta(\beta^i)$	Zeit (in Sek.)
			Verwendung der Quasilinearisierung			
0	0	11,2223	7,4464	0	867,1688	0
1	31,6707	4,0375	15,1297	1	40,2681	40,46
2	10,4213	2,1321	16,0236	1	0,2540	186,23
3	0,0277	2,1298	16,0242	0,015625	0,2487	253,50
4	0,9208	2,0578	16,0459	0,5	0,1066	236,39
5	0,3511	2,0028	16,0488	0,25	0,0261	358,59
6	0,1641	1,9789	16,0525	0,25	0,0122	337,37
7	0,0109	1,9786	16,0526	0,015625	0,0115	363,32
8	0,2164	1,9779	16,0574	0,5	3,76E-03	360,11
9	3,84E-03	1,9784	16,0575	0,015625	3,84E-03	336,63
10	3,31E-03	1,9787	16,0576	0,015625	3,87E-03	351,34
11	Iteration bricht ab					
			Verwendung des Fischer-Burmeister-Ansatzes			
0	0	11,2223	7,4464	0	1235,5807	0
1	37,8349	3,2932	16,0933	1	197,2894	64,31
2	1,4644	3,2424	16,3878	0,015625	191,2902	55,77
3	1,5064	3,1923	16,6752	0,015625	185,4647	45,48
4	1,5440	3,1429	16,9537	0,015625	179,8077	45,50
5	1,5755	3,0943	17,2214	0,015625	174,3141	62,90
6	1,5999	3,0463	17,4768	0,015625	168,9797	59,50
7	1,6166	2,9991	17,7187	0,015625	163,8005	72,53
8	1,6252	2,9526	17,9463	0,015625	158,7727	55,94
9	1,6262	2,9067	18,1593	0,015625	153,8930	55,29
10	1,6201	2,8616	18,3579	0,015625	149,1580	56,12
11	1,6079	2,8172	18,5425	0,015625	144,5642	67,56
12	1,5910	2,7735	18,7137	0,015625	140,1083	69,02
13	1,5701	2,7304	18,8726	0,015625	135,7869	57,68
14	49,4910	1,6872	20,5769	0,5	66,3672	63,07
15	36,0108	1,2677	21,6010	0,5	24,4356	97,05
16	23,5605	0,8243	21,6925	0,5	7,4084	71,16
17	29,5320	0,7278	21,5558	1	1,8373	61,52
18	0,1771	0,7163	21,5538	0,015625	1,7791	163,61
19	0,1759	0,7049	21,5517	0,015625	1,7224	187,87
20	0,1746	0,6937	21,5497	0,015625	1,6676	214,12
...						
80	1,35E-04	5,60E-03	21,3623	0,015625	2,76E-04	271,77
81	1,33E-04	5,58E-03	21,3623	0,015625	2,75E-04	268,96
82	1,31E-04	5,56E-03	21,3623	0,015625	2,74E-04	261,73
83	1,29E-04	5,54E-03	21,3623	0,015625	2,73E-04	262,16
84	1,27E-04	5,52E-03	21,3623	0,015625	2,72E-04	264,32
85	1,26E-04	5,50E-03	21,3623	0,015625	2,71E-04	264,91
86	1,24E-04	5,48E-03	21,3623	0,015625	2,70E-04	264,51
87	1,22E-04	5,46E-03	21,3623	0,015625	2,69E-04	264,21
88	1,20E-04	5,44E-03	21,3623	0,015625	2,68E-04	262,41
89	1,18E-04	5,42E-03	21,3623	0,015625	2,67E-04	262,46
90	1,17E-04	5,40E-03	21,3623	0,015625	2,66E-04	258,77
91	1,15E-04	5,38E-03	21,3623	0,015625	2,65E-04	259,84
92	1,13E-04	5,36E-03	21,3623	0,015625	2,65E-04	260,02
93	1,12E-04	5,34E-03	21,3623	0,015625	2,64E-04	262,53
94	1,10E-04	5,33E-03	21,3623	0,015625	2,63E-04	260,32
95	1,09E-04	5,31E-03	21,3623	0,015625	2,62E-04	261,55
96	1,07E-04	5,29E-03	21,3623	0,015625	2,61E-04	260,27
97	1,05E-04	5,28E-03	21,3623	0,015625	2,61E-04	294,35
98	1,04E-04	5,26E-03	21,3623	0,015625	2,60E-04	265,66
99	1,02E-04	5,24E-03	21,3623	0,015625	2,59E-04	307,14
100	1,01E-04	5,23E-03	21,3623	0,015625	2,58E-04	260,05

Tabelle A.31: Vergleich der Iterationsläufe bei Verwendung von Θ_{exakt} und β_{approx} mit einem anderen μ-Startwert als in Tab. A.30 – der QL-Ansatz bricht nun nach 11 Iterationsschritten ab, während der FB-Ansatz die korrekte Lösung bestimmt, obwohl das Verfahren erst nach Erreichen der maximalen Iterationsanzahl endet (101 Diskretisierungspunkte, $u^0 = 0.1$, μ^0 aus $L_b = 0$ und $\mu^0(t) = 0$ für $t \in [9, 10]$, NB-Genauigkeit=1E-04)

i	$S(\beta\Delta u^i, \beta\Delta\mu^i)$	$R(u^i, \mu^i)$	$y^i(T)$	β^i	$\Theta(\beta^i)$	Zeit (in Sek.)
			Verwendung der Quasilinearisierung			
0	0	3,2080	7,4464	0	70,7275	0
1	17,1140	2,2817	9,5952	0,9999	2,3764	15,18
2	6,7207	2,0623	9,9765	0,9999	0,0369	10,34
3	1,3074	2,0047	9,9991	0,9833	1,99E-05	54,83
4	0,0224	2,0001	10,0003	0,9999	1,48E-07	61,31
5	1,66E-04	2,0001	10,0003	0,9999	1,42E-07	19,98
6	1,34E-05	2,0001	10,0003	0,9999	1,73E-07	14,02
			Verwendung des Fischer-Burmeister-Ansatzes			
0	0	3,2080	7,4464	0	484,1446	0
1	31,8859	1,6559	17,1087	0,9818	187,4232	30,50
2	29,9358	1,4277	20,3929	0,2742	130,6162	22,66
3	12,2434	1,5091	20,9330	0,0753	111,3715	22,54
4	5,7346	1,9221	21,0521	0,0353	103,0978	56,38
5	64,9197	3,3085	21,1873	0,6869	32,8181	102,71
6	36,7181	3,9448	21,6718	0,6896	37,2413	108,51
7	22,8724	1,9058	21,5391	0,9272	4,5835	135,93
8	6,1892	1,5036	21,4947	0,4707	2,6997	143,91
9	1,0502	1,5097	21,4907	0,0492	2,5893	155,71
10	0,4708	1,4859	21,4903	0,0157	2,6109	183,12
11	0,7410	1,5528	21,4834	0,0157	2,6346	183,30
12	1,6103	1,4712	21,4772	0,1029	2,4797	202,76
13	0,6002	1,4792	21,4757	0,0231	2,4228	210,22
14	0,7333	1,4879	21,4711	0,0157	2,5142	215,38
15	1,1362	1,4745	21,4681	0,0624	2,3498	206,74
16	0,5295	1,4692	21,4670	0,0157	2,3882	189,87
17	0,4700	1,4693	21,4658	0,0157	2,3423	213,48
18	0,7747	1,5006	21,4602	0,0157	2,4506	193,14
19	1,2388	1,4759	21,4577	0,0750	2,2692	236,65
20	0,5497	1,4766	21,4563	0,0157	2,3158	215,99
21	0,4920	1,4734	21,4555	0,0185	2,2669	188,51
22	0,9756	1,5506	21,4441	0,0157	2,5102	225,82
23	1,9722	1,4825	21,4408	0,1612	2,1603	257,40
24	0,5129	1,4808	21,4399	0,0157	2,2163	323,92
25	0,4451	1,4799	21,4392	0,0157	2,1848	247,12
26	0,8140	1,5219	21,4322	0,0157	2,3209	275,59
27	1,2402	1,4845	21,4319	0,0898	2,1360	394,18
28	0,6415	1,4988	21,4288	0,0157	2,2181	385,13
29	0,7155	1,4849	21,4288	0,0388	2,1406	420,28
30	1,0677	1,5936	21,4143	0,0157	2,4844	622,01
31	1,9305	1,4977	21,4159	0,1985	2,0924	596,31
32	0,5591	1,5247	21,4080	0,0157	2,1659	524,18
33	1,6982	1,4354	21,4045	0,1888	1,8790	268,81
34	1,6565	1,3336	21,3909	0,1643	1,6310	223,93
35	2,8242	1,0923	21,3764	0,4890	0,9617	245,35
36	2,1106	0,7093	21,3701	0,5270	0,4033	180,69
37	1,4198	0,2501	21,3645	0,7708	0,0467	238,99
38	0,5521	0,0294	21,3624	0,9661	6,42E-04	429,90
39	0,0510	4,33E-03	21,3623	0,9966	6,82E-08	264,20
40	1,71E-03	4,18E-03	21,3623	0,9999	1,53E-11	238,16
41	1,49E-04	4,17E-03	21,3623	0,9999	1,51E-11	236,70
42	1,68E-05	4,17E-03	21,3623	0,9999	1,51E-11	238,13

Tabelle A.32: Vergleich der Iterationsläufe bei Verwendung von Θ_{approx} und β_{opt} mit einem anderen Startwert als in Tab. A.9 – die QL bestimmt die Lösung, bei der die NB überall aktiv ist, während der FB-Ansatz die korrekte Lösung bestimmt (101 Diskretisierungspunkte, $u^0 = 0.1$, μ^0 aus $L_b = 0$, NB-Genauigkeit=1E-04)

i	$S(\beta\Delta u^i, \beta\Delta\mu^i)$	$R(u^i, \mu^i)$	$y^i(T)$	β^i	$\Theta(\beta^i)$	Zeit (in Sek.)
			Verwendung der Quasilinearisierung			
0	0	3,2080	7,4464	0	70,7275	0
1	17,1151	2,2817	9,5953	1	2,3759	15,24
2	6,7205	2,0623	9,9765	1	0,0369	10,51
3	1,3289	2,0087	9,9995	1	4,26E-05	53,92
4	0,0376	2,0001	10,0003	1	1,10E-07	32,13
5	3,94E-05	2,0001	10,0003	1	1,77E-07	5,83
			Verwendung des Fischer-Burmeister-Ansatzes			
0	0	3,2080	7,4464	0	484,1446	0
1	32,4757	1,6485	17,1693	1	187,4824	34,95
2	39,4944	1,5577	20,0460	0,3568	144,2636	26,64
3	19,2237	2,4986	20,7346	0,1298	112,0199	36,14
4	88,0798	5,7510	19,6484	1	48,7320	136,16
5	12,1435	18,5167	20,2214	0,2085	733,9776	129,15
6	34,1620	5,8129	21,4369	1	37,0418	97,81
7	15,8338	2,0615	21,3931	1	5,2224	194,39
8	7,8374	1,5413	21,3592	0,9751	2,6506	406,81
9	1,3867	1,5036	21,3617	0,2052	2,0849	436,04
10	1,0025	1,5038	21,3625	0,0868	2,0753	300,49
11	0,7974	1,4906	21,3637	0,0655	2,0807	312,64
12	0,6712	1,4951	21,3636	0,0387	2,0740	319,08
13	0,5706	1,4870	21,3644	0,0324	2,0809	351,44
14	0,5002	1,4916	21,3641	0,0216	2,0758	352,08
15	0,4371	1,4857	21,3648	0,0186	2,0817	354,67
16	0,4583	1,4948	21,3638	0,015625	2,0836	351,63
17	0,4860	1,4882	21,3645	0,0232	2,0830	349,34
18	0,4331	1,4925	21,3641	0,0163	2,0801	358,24
19	0,4208	1,4890	21,3645	0,015625	2,0875	366,46
20	0,4354	1,4947	21,3639	0,015625	2,0839	352,04
21	0,4133	1,4893	21,3645	0,0166	2,0858	442,40
22	0,4811	1,5016	21,3632	0,015625	2,0947	366,40
23	0,5574	1,4940	21,3639	0,0309	2,0871	362,08
24	0,4969	1,4985	21,3636	0,0212	2,0881	434,70
25	0,4420	1,4928	21,3642	0,0190	2,0898	379,83
26	0,4513	1,5005	21,3634	0,015625	2,0946	368,88
27	0,4652	1,4945	21,3640	0,0211	2,0916	338,62
28	0,4301	1,4992	21,3636	0,015625	2,0938	411,70
29	0,4088	1,4947	21,3641	0,015625	2,0949	376,98
30	0,4719	1,5054	21,3630	0,015625	2,1037	399,50
31	0,5287	1,4984	21,3636	0,0275	2,0954	409,03
32	0,4754	1,5029	21,3634	0,0193	2,1002	372,61
33	0,4170	1,4977	21,3639	0,0167	2,1002	374,45
34	0,5262	1,5168	21,3620	0,015625	2,1261	377,21
35	0,6002	1,5087	21,3634	0,0365	2,1140	471,30
36	0,6216	1,5433	21,3616	0,015625	2,1879	382,33
37	0,5074	1,5515	21,3641	0,015625	2,2443	527,83
38	Iteration bricht ab					

Tabelle A.33: Vergleich der Iterationsläufe bei Verwendung von Θ_{approx} und $\beta_{\max}$ mit einem anderen Startwert als in Tab. A.11 – der QL-Ansatz bestimmt die Lösung, bei der die Nebenbedingung überall aktiv ist, während der FB-Ansatz a (101 Diskretisierungspunkte, $u^0 = 0.1$, μ^0 aus $L_b = 0$, NB-Genauigkeit=1E-04)

i	$S(\beta\Delta u^i, \beta\Delta\mu^i)$	$R(u^i, \mu^i)$	$y^i(T)$	β^i	$\Theta(\beta^i)$	Zeit (in Sek.)
			Verwendung der Quasilinearisierung			
0	0	3,2080	7,4464	0	70,7275	0
1	17,1151	2,2817	9,5953	1	2,3759	17,43
2	6,7205	2,0623	9,9765	1	0,0369	11,84
3	1,3289	2,0087	9,9995	1	4,26E-05	61,86
4	0,0376	2,0001	10,0003	1	1,10E-07	36,76
5	6,16E-07	2,0001	10,0003	0,015625	1,78E-07	6,48
			Verwendung des Fischer-Burmeister-Ansatzes			
0	0	3,21	7,45	0	484,1446	0
1	32,4757	1,6485	17,1693	1	187,4824	34,56
2	1,7296	1,6223	17,5754	0,015625	170,3712	26,43
3	1,8398	1,5965	17,9864	0,015625	165,2932	26,48
4	1,9598	1,5710	18,3994	0,015625	160,3663	26,34
...						
16	2,2447	1,5723	21,3319	0,015625	111,5561	92,66
17	45,2689	3,4157	21,7137	0,5	47,8625	93,14
18	51,9809	2,3015	21,6955	1	6,2338	143,64
19	0,3489	2,2687	21,6979	0,015625	10,6128	239,82
...						
26	0,6048	2,0990	21,7091	0,015625	8,5790	237,03
27	4,0709	17,5252	21,4378	0,015625	152,7196	285,68
28	18,8285	4,9980	21,4264	1	21,8448	169,08
29	9,9081	1,9834	21,3546	1	4,2851	402,82
30	4,5687	1,4644	21,3625	1	1,9712	425,85
31	6,2291	43,6355	20,6230	0,015625	1373,8803	578,30
32	3,9142	11,0503	21,1534	1	120,1480	303,77
33	1,6295	2,9714	21,2915	1	8,6648	329,81
34	1,1603	1,6018	21,3397	1	2,4655	243,62
35	0,0568	1,5795	21,3416	0,015625	2,3142	237,09
36	0,0628	1,5577	21,3437	0,015625	2,2501	238,90
...						
43	0,2810	1,4355	21,3585	0,015625	1,9050	251,12
44	2,2993	5,8702	21,2554	0,015625	16,3740	287,66
45	1,0840	2,1233	21,3217	1	3,6404	270,57
46	1,0499	1,4912	21,3556	1	1,8526	271,76
47	0,1552	1,4721	21,3579	0,015625	2,0146	248,97
48	0,2781	1,4588	21,3598	0,015625	1,9750	282,69
49	4,1628	20,6500	21,0249	0,015625	247,5984	380,37
50	2,5284	5,3081	21,2605	1	26,0430	244,06
51	1,0943	1,9687	21,3261	1	3,2651	287,81
52	1,2354	1,4677	21,3591	1	1,8156	240,97
53	0,4811	1,4719	21,3586	0,015625	2,0079	300,72
54	0,2833	1,4631	21,3600	0,015625	1,9669	285,51
55	2,3021	5,8226	21,2583	0,015625	15,7068	341,69
56	1,2102	2,1378	21,3216	1	3,6116	417,17
57	1,0252	1,4955	21,3553	1	1,8590	270,70
58	0,1478	1,4761	21,3576	0,015625	2,0262	248,31
59	0,2592	1,4618	21,3597	0,015625	1,9834	287,31
60	0,3355	1,4594	21,3568	0,015625	1,9477	573,24
61	0,1327	1,4393	21,3585	0,015625	1,9227	247,53
62	0,1257	1,4185	21,3595	0,015625	1,8649	246,00
63	0,0682	1,3967	21,3598	0,015625	1,8060	236,52
64	1,1181	0,9677	21,3561	0,5	0,6492	235,01
65	0,9498	0,4275	21,3618	0,5	0,2011	229,75
66	0,5068	0,0553	21,3622	1	1,90E-03	233,88
67	0,0888	4,63E-03	21,3623	1	1,48E-06	263,56
68	1,54E-03	4,17E-03	21,3623	1	1,87E-11	272,89
69	2,05E-06	4,17E-03	21,3623	1	1,73E-11	272,47

Tabelle A.34: Vergleich der Iterationsläufe bei Verwendung von Θ_{approx} und $\beta_{approx} \geq \left(\frac{1}{2}\right)^6$ mit einem anderen Startwert als in Tab. A.7 – der QL-Ansatz bestimmt die Lösung, bei der die Nebenbedingung überall aktiv ist, während der FB-Ansatz die korrekte Lösung bestimmt (101 Diskretisierungspunkte, $u^0 = 0.1$, μ^0 aus $L_b = 0$, NB-Genauigkeit=1E-04, alle hier nicht gezeigten Iterationsschritte haben die Schrittweite $\left(\frac{1}{2}\right)^6$)

i	$S(\beta\Delta u^i, \beta\Delta\mu^i)$	$R(u^i, \mu^i)$	$y^i(T)$	β^i	$\Theta(\beta^i)$	Zeit (in Sek.)
			Verwendung der Quasilinearisierung			
0	0	11,2223	7,4464	0,0000	867,1688	0
1	31,6707	4,0375	15,1297	1	176,0860	40,30
2	10,4213	2,1321	16,0236	1	1,9994	211,19
3	1,7728	2,1239	16,0577	1	1,49E-03	276,20
4	1,1944	2,1983	16,0623	1	9,83E-03	181,08
5	0,6618	1,9813	16,0621	1	2,47E-04	165,14
6	0,0940	2,0114	16,0624	1	1,26E-05	137,65
7	0,7201	2,1576	16,0571	1	2,22E-03	187,76
8	Iteration bricht ab					
			Verwendung des Fischer-Burmeister-Ansatzes			
0	0	11,2223	7,4464	0,0000	1235,5807	0
1	37,8349	3,2932	16,0933	1	204,2008	68,38
2	50,4942	2,1298	19,0899	0,5388	144,1415	51,91
3	69,8910	4,3380	20,1056	0,7463	71,8670	56,49
4	31,9407	7,7707	20,9417	0,4453	316,9371	201,28
5	40,9070	2,2304	21,4714	1	9,4331	129,01
6	10,6158	2,6364	21,3876	0,4862	8,8858	117,35
7	13,3588	2,3917	21,2843	1	4,2949	243,55
8	5,6350	1,0616	21,3422	1	0,8442	288,32
9	2,2568	0,6160	21,3526	0,8591	0,3318	819,54
10	1,0214	0,1105	21,3620	1	0,0127	343,28
11	0,1261	4,20E-03	21,3623	1	3,40E-06	276,38
12	1,44E-03	4,17E-03	21,3623	1	2,35E-11	276,24
13	3,11E-05	4,17E-03	21,3623	1	1,73E-11	276,07

Tabelle A.35: Vergleich der Iterationsläufe bei Verwendung von Θ_{approx} und $\beta_{\max}$ mit einem anderen μ-Startwert als in Tab. A.33 – der QL-Ansatz bricht ab, während der FB-Ansatz die korrekte Lösung bestimmt (101 Diskretisierungspunkte, $u^0 = 0.1$, μ^0 aus $L_b = 0$ und $\mu^0(t) = 0$ für $t \in [9, 10]$, NB-Genauigkeit=1E-04)

i	$S(\beta\Delta u^i, \beta\Delta\mu^i)$	$R(u^i, \mu^i)$	$y^i(T)$	β^i	$\Theta(\beta^i)$	Zeit (in Sek.)
			Verwendung der Quasilinearisierung			
0	0	11,2223	7,4464	0	867,1688	0
1	31,6707	4,0375	15,1297	1	176,0860	34,48
2	10,4213	2,1321	16,0236	1	1,9994	180,90
3	1,7728	2,1239	16,0577	1	1,49E-03	236,54
4	1,1944	2,1983	16,0623	1	9,83E-03	155,04
5	0,6618	1,9813	16,0621	1	2,47E-04	141,06
6	0,0940	2,0114	16,0624	1	1,26E-05	118,18
7	0,7201	2,1576	16,0571	1	2,22E-03	160,79
8	Iteration bricht ab					
			Verwendung des Fischer-Burmeister-Ansatzes			
0	0	11,2223	7,4464	0	1235,5807	0
1	37,8349	3,2932	16,0933	1	204,2008	58,79
2	1,4644	3,2424	16,3878	0,015625	191,3125	44,16
3	1,5064	3,1923	16,6752	0,015625	185,4880	34,95
4	1,5440	3,1429	16,9537	0,015625	179,8315	35,61
5	1,5755	3,0943	17,2214	0,015625	174,3386	53,64
6	1,5999	3,0463	17,4768	0,015625	169,0038	49,41
7	1,6166	2,9991	17,7187	0,015625	163,8243	62,43
8	1,6252	2,9526	17,9463	0,015625	158,7964	45,19
9	1,6262	2,9067	18,1593	0,015625	153,9152	45,17
10	1,6201	2,8616	18,3579	0,015625	149,1794	45,84
11	1,6079	2,8172	18,5425	0,015625	144,5847	56,39
12	1,5910	2,7735	18,7137	0,015625	140,1282	57,87
13	1,5701	2,7304	18,8726	0,015625	135,8059	45,70
14	1,5466	2,6881	19,0199	0,015625	131,6142	57,41
15	1,5212	2,6464	19,1567	0,015625	127,5507	45,99
16	1,4947	2,6054	19,2841	0,015625	123,6114	47,76
17	1,4678	2,5650	19,4028	0,015625	119,7932	46,36
18	1,4409	2,5254	19,5139	0,015625	116,0922	57,06
19	45,2617	1,5777	20,9884	0,5	56,0681	46,90
20	33,5889	0,9726	21,7045	0,5	16,9052	121,90
21	38,9507	0,6260	21,6400	1	1,8407	51,26
22	0,2145	0,6159	21,6375	0,015625	2,1709	203,47
23	6,7793	0,7580	21,5497	0,5	1,0371	156,01
24	5,3553	0,4612	21,4781	0,5	0,4695	160,27
25	3,7923	0,3594	21,4288	0,5	0,2330	149,06
26	2,4337	0,1882	21,3985	0,5	0,0744	280,74
27	2,8697	0,0291	21,3637	1	1,33E-03	418,18
28	0,2403	7,35E-03	21,3623	1	1,42E-05	509,65
29	0,0172	4,34E-03	21,3623	1	1,45E-08	247,69
30	1,21E-03	4,18E-03	21,3623	1	1,78E-11	239,81
31	1,04E-04	4,17E-03	21,3623	1	1,73E-11	236,48
32	1,16E-05	4,17E-03	21,3623	1	1,73E-11	236,46

Tabelle A.36: Vergleich der Iterationsläufe bei Verwendung von Θ_{approx} und β_{approx} mit einem anderen μ-Startwert als in Tab. A.34 – der QL-Ansatz bricht ab, während der FB-Ansatz die korrekte Lösung bestimmt (101 Diskretisierungspunkte, $u^0 = 0.1$, μ^0 aus $L_b = 0$ und $\mu^0(t) = 0$ für $t \in [9, 10]$, NB-Genauigkeit=1E-04)

i	$S(\beta\Delta u^i, \beta\Delta\mu^i)$	$R(u^i, \mu^i)$	$y^i(T)$	β^i	$\Theta(\beta^i)$	Zeit (in Sek.)
			Verwendung der Quasilinearisierung			
0	0	11,2223	7,4464	0	867,1688	0
1	26,1490	4,8676	14,4467	0,8257	136,6710	34,51
2	13,2641	2,5602	15,8862	0,9333	5,7310	156,55
3	3,7284	2,1123	16,0572	0,9996	0,0282	218,86
4	1,1928	2,1846	16,0625	0,9252	1,01E-02	323,15
5	0,9523	2,0510	16,0600	0,9983	2,84E-04	167,76
6	0,8140	2,1386	16,0628	0,9233	3,74E-03	147,83
7	0,2575	2,0545	16,0627	0,9954	4,64E-05	167,80
8	0,2102	1,9845	16,0621	0,9975	7,89E-06	129,38
9	0,5055	2,1090	16,0585	0,7608	1,29E-03	108,74
10	0,3306	1,9882	16,0612	0,9996	2,06E-05	125,27
11	0,2761	2,0175	16,0625	0,9940	4,64E-05	133,00
12	0,1099	2,0543	16,0628	0,9904	7,84E-05	122,88
13	0,3968	2,1850	16,0626	0,9316	2,97E-03	142,33
14	1,1297	2,5745	16,0522	0,2323	0,3540	199,44
15	2,0865	2,0502	16,0601	0,9946	3,78E-03	126,21
16	0,1035	2,0140	16,0608	0,9996	7,99E-07	137,20
17	0,2623	1,9893	16,0622	0,9994	8,06E-06	149,55
18	0,2971	2,0882	16,0629	0,9172	4,59E-04	120,57
19	1,1793	2,2407	16,0542	0,7865	0,0225	172,25
20	1,3453	2,1422	16,0629	0,9846	5,51E-03	153,11
21	0,0948	2,1122	16,0629	0,9935	1,16E-04	145,37
22	0,1292	2,0696	16,0628	0,9950	2,68E-05	128,93
23	0,0236	2,0772	16,0629	0,9933	8,96E-05	143,23
24	Iteration bricht ab					
			Verwendung des Fischer-Burmeister-Ansatzes			
0	0	11,2223	7,4464	0	1235,5807	0
1	37,8202	3,2945	16,0923	0,9996	204,2493	58,80
2	36,7314	2,2760	19,5088	0,3920	120,5076	43,84
3	58,0718	2,5530	20,7363	0,6097	43,8184	77,21
4	42,7112	1,6418	21,6475	0,6458	33,2175	79,87
5	27,6900	1,2909	21,5902	0,8630	2,6771	151,23
6	10,5343	0,7816	21,4916	0,6211	1,1175	100,40
7	7,0075	0,4381	21,4180	0,6833	0,3037	182,48
8	3,1476	0,2309	21,3848	0,6486	0,0872	324,83
9	2,1799	0,0241	21,3630	0,9996	7,86E-04	288,43
10	0,1455	6,61E-03	21,3623	0,9996	8,83E-06	307,28
11	0,0106	4,29E-03	21,3623	0,9996	1,16E-08	241,42
12	5,38E-04	4,17E-03	21,3623	0,9996	3,41E-11	238,78
13	2,79E-05	4,17E-03	21,3623	0,9996	3,31E-11	237,49

Tabelle A.37: Vergleich der Iterationsläufe bei Verwendung von Θ_{approx} und β_{opt} mit einem anderen μ-Startwert als in Tab. A.32 – der QL-Ansatz bricht ab, während der FB-Ansatz die korrekte Lösung bestimmt (101 Diskretisierungspunkte, $u^0 = 0.1$, μ^0 aus $L_b = 0$ und $\mu^0(t) = 0$ für $t \in [9, 10]$, NB-Genauigkeit=1E-04)

Anhang B

Konvergenzverhalten bei dem Fischerei-Problem mit mehreren Punktbedingungen

i	$S(\beta\Delta u^i, \beta\Delta\mu^i)$	$R(u^i, \mu^i)$	$y^i(T)$	β^i	$\Theta(\beta^i)$	Zeit (in Sek.)
			Verwendung der Quasilinearisierung			
0	0	5,3666	19,2655	0	256,8218	0
1	23,9580	4,4139	20,1384	0,5519	104,3281	418,61
2	17,4375	0,5653	21,2639	0,9996	1,6507	647,05
3	6,9122	0,1711	21,2188	0,9996	0,0461	731,58
4	1,5185	0,0531	21,2364	0,9996	2,95E-03	789,87
5	0,2247	0,0444	21,2368	0,5119	2,91E-03	850,43
6	0,2865	0,0303	21,2374	0,9988	2,57E-03	838,52
7	0,0852	0,0210	21,2380	0,9981	2,03E-03	809,51
8	0,0343	0,0137	21,2385	0,9995	1,47E-03	795,95
9	0,0124	0,0108	21,2387	0,9977	1,22E-03	741,10
10	3,73E-03	9,93E-03	21,2387	0,9981	1,13E-03	790,83
11	4,32E-04	9,81E-03	21,2388	0,9988	1,09E-03	786,44
12	2,04E-06	9,81E-03	21,2388	0,9582	1,09E-03	815,57
			Verwendung des Fischer-Burmeister-Ansatzes			
0	0	5,3666	19,2655	0	253,5055	0
1	27,6561	4,6920	20,1114	0,4545	121,9980	388,38
2	23,4651	1,4907	21,3237	0,9996	4,1173	838,67
3	5,1997	0,2298	21,2276	0,9996	0,0745	1002,84
4	0,5236	0,0244	21,2388	0,9996	1,85E-03	1007,03
5	0,0253	0,0188	21,2387	0,4318	1,78E-03	945,62
6	1,05E-03	0,0185	21,2387	0,0307	1,78E-03	938,41
7	1,24E-03	0,0183	21,2387	0,0372	1,78E-03	910,68
8	6,59E-04	0,0181	21,2387	0,0206	1,78E-03	930,72
9	6,45E-04	0,0180	21,2387	0,0206	1,78E-03	930,70
10	7,03E-04	0,0178	21,2386	0,0229	1,78E-03	930,24
11	9,98E-04	0,0176	21,2386	0,0332	1,78E-03	905,64
12	1,12E-03	0,0174	21,2386	0,0385	1,79E-03	914,04
13	4,77E-04	0,0173	21,2386	0,0170	1,79E-03	955,88
14	5,14E-04	0,0172	21,2386	0,0187	1,79E-03	960,71
15	5,06E-04	0,0170	21,2386	0,0187	1,79E-03	969,88
16	4,74E-04	0,0169	21,2386	0,0179	1,79E-03	957,08
17	5,21E-04	0,0168	21,2386	0,0200	1,79E-03	1003,85
18	4,45E-04	0,0167	21,2386	0,0174	1,79E-03	981,69
19	5,17E-04	0,0166	21,2386	0,0206	1,79E-03	939,06
20	5,73E-04	0,0165	21,2386	0,0233	1,79E-03	891,31
...						
71	1,50E-04	0,0133	21,2385	0,0160	1,85E-03	951,85
72	1,52E-04	0,0132	21,2385	0,0165	1,85E-03	998,89
73	1,56E-04	0,0132	21,2385	0,0172	1,85E-03	987,55
74	1,45E-04	0,0132	21,2385	0,0163	1,85E-03	970,98
75	1,42E-04	0,0131	21,2385	0,0162	1,86E-03	930,39
76	1,58E-04	0,0131	21,2385	0,0183	1,86E-03	967,52
77	3,09E-04	0,0131	21,2385	0,0366	1,86E-03	964,89
78	1,55E-04	0,0130	21,2385	0,0190	1,86E-03	940,54
79	1,28E-04	0,0130	21,2385	0,0160	1,86E-03	1002,18
80	1,27E-04	0,0130	21,2385	0,0161	1,86E-03	981,47
81	1,24E-04	0,0129	21,2385	0,0160	1,86E-03	990,14
82	1,22E-04	0,0129	21,2385	0,0160	1,86E-03	957,46
83	1,21E-04	0,0129	21,2385	0,0161	1,86E-03	954,37
84	1,24E-04	0,0129	21,2385	0,0168	1,86E-03	983,39
85	1,19E-04	0,0128	21,2385	0,0165	1,86E-03	954,09
86	1,20E-04	0,0128	21,2385	0,0168	1,86E-03	1008,51
87	1,33E-04	0,0128	21,2385	0,0190	1,87E-03	946,16
88	1,12E-04	0,0128	21,2385	0,0163	1,87E-03	994,55
89	2,48E-04	0,0127	21,2385	0,0366	1,87E-03	923,83
90	1,04E-04	0,0127	21,2385	0,0160	1,87E-03	990,77
91	1,05E-04	0,0127	21,2385	0,0163	1,87E-03	968,63
92	1,02E-04	0,0126	21,2385	0,0162	1,87E-03	943,04
93	9,94E-05	0,0126	21,2385	0,0160	1,87E-03	1013,91

Tabelle B.1: Vergleich der Iterationsläufe bei Verwendung von Θ_{exakt} und β_{opt} – der FB-Ansatz benötigt deutlich mehr Iterationen und berechnet trotzdem die schlechtere Lösung (101 Diskretisierungspunkte, $u^0 = MSY$, μ^0 aus $L_c = 0$, NB-Genauigkeit = 1E-03)

i	$S(\beta\Delta u^i, \beta\Delta\mu^i)$	$R(u^i, \mu^i)$	$y^i(T)$	β^i	$\Theta(\beta^i)$	Zeit (in Sek.)
Verwendung der Quasilinearisierung						
0	0	5,3666	19,2655	0	256,8218	0
1	23,9440	4,4095	20,1382	0,5516	104,3281	297,43
2	17,4397	0,5635	21,2639	0,9996	1,6482	559,00
3	6,9096	0,1709	21,2189	0,9996	0,0460	632,84
4	1,5185	0,0531	21,2364	0,9996	2,95E-03	677,68
5	0,2037	0,0452	21,2368	0,4636	2,91E-03	632,77
6	0,2729	0,0322	21,2374	0,9048	2,62E-03	680,35
7	0,1142	0,0221	21,2380	0,9988	2,01E-03	696,77
8	0,0408	0,0146	21,2385	0,9988	1,45E-03	691,50
9	0,0152	0,0108	21,2387	0,9991	1,17E-03	679,31
10	4,58E-03	9,63E-03	21,2388	0,9933	1,07E-03	637,44
11	1,48E-03	9,10E-03	21,2388	0,9992	1,03E-03	671,77
12	3,87E-04	8,94E-03	21,2389	0,9976	1,01E-03	679,98
13	3,64E-05	8,92E-03	21,2389	0,9098	1,01E-03	559,48
Verwendung des Fischer-Burmeister-Ansatzes						
0	0	5,3666	19,2655	0	253,5055	0
1	27,6561	4,6920	20,1114	0,4545	121,9980	389,60
2	23,4651	1,4907	21,3237	0,9996	4,1173	826,68
3	5,1997	0,2298	21,2276	0,9996	0,0745	1011,15
4	0,5235	0,0244	21,2388	0,9996	1,85E-03	1006,32
5	0,0353	0,0162	21,2387	0,6205	1,72E-03	861,04
6	5,61E-04	0,0161	21,2387	0,0236	1,72E-03	981,86
7	4,23E-04	0,0160	21,2387	0,0182	1,72E-03	988,73
8	3,83E-04	0,0159	21,2387	0,0168	1,72E-03	978,58
9	5,31E-04	0,0158	21,2387	0,0236	1,73E-03	915,22
10	3,76E-04	0,0157	21,2387	0,0171	1,73E-03	1001,04
11	3,83E-04	0,0156	21,2387	0,0177	1,73E-03	1001,01
12	5,17E-04	0,0155	21,2386	0,0243	1,73E-03	939,12
13	4,13E-04	0,0154	21,2386	0,0198	1,73E-03	980,21
14	4,00E-04	0,0154	21,2386	0,0196	1,73E-03	987,90
15	3,51E-04	0,0153	21,2386	0,0175	1,74E-03	1012,93
16	3,19E-04	0,0152	21,2386	0,0162	1,74E-03	1008,18
17	3,99E-04	0,0151	21,2386	0,0206	1,74E-03	984,61
18	3,92E-04	0,0151	21,2386	0,0206	1,74E-03	928,54
19	4,35E-04	0,0150	21,2386	0,0233	1,74E-03	955,60
20	2,95E-04	0,0149	21,2386	0,0161	1,75E-03	1009,49
...						
65	1,36E-04	0,0128	21,2386	0,0175	1,83E-03	973,17
66	1,22E-04	0,0127	21,2386	0,0160	1,83E-03	1025,10
67	1,29E-04	0,0127	21,2386	0,0172	1,83E-03	976,63
68	1,20E-04	0,0127	21,2386	0,0162	1,83E-03	990,34
69	1,19E-04	0,0127	21,2386	0,0163	1,83E-03	989,30
70	1,15E-04	0,0126	21,2386	0,0160	1,83E-03	1004,38
71	1,35E-04	0,0126	21,2386	0,0191	1,83E-03	923,83
72	1,11E-04	0,0126	21,2386	0,0160	1,83E-03	963,16
73	1,19E-04	0,0126	21,2386	0,0175	1,84E-03	964,53
74	1,22E-04	0,0126	21,2385	0,0182	1,84E-03	963,07
75	1,05E-04	0,0125	21,2385	0,0160	1,84E-03	985,94
76	1,13E-04	0,0125	21,2385	0,0175	1,84E-03	971,72
77	1,04E-04	0,0125	21,2385	0,0163	1,84E-03	967,70
78	1,02E-04	0,0125	21,2385	0,0163	1,84E-03	965,49
79	1,03E-04	0,0124	21,2385	0,0168	1,84E-03	1022,78
80	1,06E-04	0,0124	21,2385	0,0175	1,84E-03	966,07
81	1,11E-04	0,0124	21,2385	0,0187	1,84E-03	981,99
82	1,04E-04	0,0124	21,2385	0,0178	1,85E-03	946,73
83	9,62E-05	0,0124	21,2385	0,0168	1,85E-03	997,50

Tabelle B.2: Vergleich der Iterationsläufe bei Verwendung von Θ_{exakt} und β_{opt} (mit einer höheren NB-Genauigkeit als in Tab. B.1) – die Quasilinearisierung benötigt einen Schritt mehr, während der FB-Ansatz 10 Schritte weniger braucht. Bei beiden wird die Lösung verbessert (101 Diskretisierungspunkte, $u^0 = MSY$, μ^0 aus $L_c = 0$, NB-Genauigkeit = 1E-06)

i	$S(\beta\Delta u^i, \beta\Delta\mu^i)$	$R(u^i, \mu^i)$	$y^i(T)$	β^i	$\Theta(\beta^i)$	Zeit (in Sek.)
			Verwendung der Quasilinearisierung			
0	0	5,3666	19,2655	0	256,8218	0
1	34,8832	8,4870	20,1623	0,8036	153,6248	720,83
2	15,5594	2,7035	21,2160	1	24,8836	242,21
3	10,8519	1,7451	21,2910	1	3,4036	277,38
4	3,0311	0,0856	21,2776	1	0,0104	321,72
5	0,6688	0,0307	21,2692	1	2,24E-03	316,63
6	0,0736	0,0170	21,2705	1	8,56E-04	308,94
7	4,46E-04	0,0169	21,2705	0,015625	8,51E-04	344,28
8	4,42E-04	0,0168	21,2705	0,015625	8,45E-04	341,37
9	4,37E-04	0,0167	21,2705	0,015625	8,39E-04	340,30
10	4,33E-04	0,0166	21,2705	0,015625	8,34E-04	342,46
11	4,29E-04	0,0165	21,2705	0,015625	8,28E-04	339,60
12	4,25E-04	0,0165	21,2705	0,015625	8,23E-04	336,71
13	4,21E-04	0,0164	21,2705	0,015625	8,18E-04	337,11
14	4,16E-04	0,0163	21,2705	0,015625	8,13E-04	340,97
15	4,12E-04	0,0162	21,2705	0,015625	8,07E-04	339,81
16	4,08E-04	0,0161	21,2706	0,015625	8,02E-04	339,48
17	4,04E-04	0,0160	21,2706	0,015625	7,97E-04	338,16
18	4,00E-04	0,0160	21,2706	0,015625	7,92E-04	338,85
19	3,96E-04	0,0159	21,2706	0,015625	7,87E-04	341,19
20	3,92E-04	0,0158	21,2706	0,015625	7,82E-04	337,88
80	2,09E-04	0,0118	21,2708	0,015625	5,88E-04	355,70
81	2,06E-04	0,0117	21,2708	0,015625	5,86E-04	353,67
82	2,04E-04	0,0117	21,2708	0,015625	5,84E-04	336,95
83	2,02E-04	0,0116	21,2708	0,015625	5,81E-04	351,17
84	2,00E-04	0,0116	21,2708	0,015625	5,79E-04	349,90
85	1,97E-04	0,0115	21,2708	0,015625	5,77E-04	349,67
86	1,95E-04	0,0114	21,2708	0,015625	5,75E-04	340,59
87	1,93E-04	0,0114	21,2708	0,015625	5,73E-04	349,13
88	1,91E-04	0,0113	21,2708	0,015625	5,71E-04	344,68
89	1,89E-04	0,0113	21,2708	0,015625	5,69E-04	336,55
90	2,94E-04	0,0112	21,2708	0,0246	5,62E-04	1300,42
91	1,83E-04	0,0111	21,2708	0,015625	5,60E-04	336,94
92	1,81E-04	0,0111	21,2708	0,015625	5,59E-04	348,13
93	1,79E-04	0,0110	21,2709	0,015625	5,57E-04	342,66
94	1,77E-04	0,0110	21,2709	0,015625	5,55E-04	338,83
95	1,75E-04	0,0109	21,2709	0,015625	5,53E-04	350,80
96	1,73E-04	0,0109	21,2709	0,015625	5,51E-04	354,55
97	1,71E-04	0,0108	21,2709	0,015625	5,50E-04	349,26
98	1,69E-04	0,0108	21,2709	0,015625	5,48E-04	337,55
99	1,68E-04	0,0107	21,2709	0,015625	5,46E-04	336,50
100	1,66E-04	0,0107	21,2709	0,015625	5,45E-04	335,31
			Verwendung des Fischer-Burmeister-Ansatzes			
0	0	5,3666	19,2655	0	253,5055	0
1	40,2577	9,2804	20,1868	0,6616	169,6408	535,55
2	23,0711	2,9232	21,3113	1	17,9265	481,82
3	14,0303	1,7989	20,9528	0,8589	10,2277	1462,94
4	6,5683	0,3962	21,2078	1	0,4082	594,87
5	1,5176	0,0681	21,2348	1	6,11E-03	637,82
6	Iteration bricht ab					

Tabelle B.3: Vergleich der Iterationsläufe bei Verwendung von Θ_{exakt} und $\beta_{\max}$ – der FB-Ansatz bricht nach 6 Iterationen ab, während das QL-Verfahren erst nach Erreichen der maximalen Iterationsanzahl endet (101 Diskretisierungspunkte, $u^0 = MSY$, μ^0 aus $L_c = 0$, NB-Genauigkeit = 1E-03)

i	$S(\beta\Delta u^i, \beta\Delta\mu^i)$	$R(u^i, \mu^i)$	$y^i(T)$	β^i	$\Theta(\beta^i)$	Zeit (in Sek.)
			Verwendung der Quasilinearisierung			
0	0	5,3666	19,2655	0	256,8218	0
1	34,8832	8,4870	20,1623	0,8036	153,6248	880,94
2	15,5594	2,7035	21,2160	1	24,8836	294,44
3	10,8519	1,7451	21,2910	1	3,4036	332,86
4	3,0311	0,0856	21,2776	1	0,0104	386,17
5	0,6721	0,0308	21,2691	1	2,25E-03	388,34
6	0,0755	0,0167	21,2705	1	8,06E-04	374,18
7	4,46E-04	0,0166	21,2705	0,015625	8,01E-04	399,62
8	4,42E-04	0,0166	21,2705	0,015625	7,95E-04	398,73
9	4,38E-04	0,0165	21,2705	0,015625	7,90E-04	399,30
10	4,33E-04	0,0164	21,2705	0,015625	7,85E-04	401,70
11	4,29E-04	0,0163	21,2705	0,015625	7,80E-04	403,49
12	4,25E-04	0,0162	21,2705	0,015625	7,74E-04	401,04
13	4,21E-04	0,0161	21,2705	0,015625	7,69E-04	399,14
14	4,17E-04	0,0161	21,2706	0,015625	7,64E-04	397,71
15	4,13E-04	0,0160	21,2706	0,015625	7,60E-04	397,71
16	4,09E-04	0,0159	21,2706	0,015625	7,55E-04	397,80
17	4,05E-04	0,0158	21,2706	0,015625	7,50E-04	397,77
18	4,01E-04	0,0157	21,2706	0,015625	7,45E-04	397,02
19	3,97E-04	0,0157	21,2706	0,015625	7,40E-04	396,65
20	3,93E-04	0,0156	21,2706	0,015625	7,36E-04	396,99
...						
85	1,97E-04	0,0113	21,2708	0,015625	5,41E-04	403,06
86	1,95E-04	0,0112	21,2708	0,015625	5,39E-04	402,58
87	1,93E-04	0,0112	21,2708	0,015625	5,37E-04	402,16
88	1,91E-04	0,0111	21,2708	0,015625	5,35E-04	404,07
89	1,89E-04	0,0111	21,2708	0,015625	5,33E-04	403,38
90	3,01E-04	0,0110	21,2709	0,0252	5,26E-04	1410,10
91	1,83E-04	0,0109	21,2709	0,015625	5,25E-04	404,77
92	1,81E-04	0,0109	21,2709	0,015625	5,23E-04	404,72
93	1,79E-04	0,0108	21,2709	0,015625	5,21E-04	402,38
94	1,77E-04	0,0108	21,2709	0,015625	5,19E-04	403,10
95	1,75E-04	0,0107	21,2709	0,015625	5,18E-04	402,58
96	1,73E-04	0,0107	21,2709	0,015625	5,16E-04	403,77
97	1,71E-04	0,0106	21,2709	0,015625	5,14E-04	404,14
98	1,69E-04	0,0106	21,2709	0,015625	5,13E-04	404,57
99	1,67E-04	0,0105	21,2709	0,015625	5,11E-04	402,78
100	1,65E-04	0,0105	21,2709	0,015625	5,10E-04	401,04
			Verwendung des Fischer-Burmeister-Ansatzes			
0	0	5,3666	19,2655	0	253,5055	0
1	40,2577	9,2804	20,1868	0,6616	169,6408	633,61
2	23,0711	2,9232	21,3113	1	17,9265	587,25
3	14,0303	1,7989	20,9528	0,8589	10,2277	1208,11
4	6,5684	0,3963	21,2078	1	0,4086	769,24
5	1,5148	0,0683	21,2346	1	6,19E-03	778,92
6	0,3405	0,0170	21,2385	1	1,39E-03	811,97
7	5,64E-04	0,0169	21,2385	0,015625	1,39E-03	834,87
8	5,56E-04	0,0168	21,2385	0,015625	1,40E-03	871,30
9	5,48E-04	0,0167	21,2385	0,015625	1,40E-03	873,23
10	Iteration bricht ab					

Tabelle B.4: Vergleich der Iterationsläufe bei Verwendung von Θ_{exakt} und $\beta_{\max}$ (mit einer höheren NB-Genauigkeit als in Tab. B.3) – der FB-Ansatz bricht nun nach 10 Iterationen ab, während das QL-Verfahren wiederum erst nach Erreichen der maximalen Iterationsanzahl endet (101 Diskretisierungspunkte, $u^0 = MSY$, μ^0 aus $L_c = 0$, NB-Genauigkeit = 1E-06)

i	$S(\beta\Delta u^i, \beta\Delta\mu^i)$	$R(u^i, \mu^i)$	$y^i(T)$	β^i	$\Theta(\beta^i)$	Zeit (in Sek.)
			Verwendung der Quasilinearisierung			
0	0	5,3666	19,2655	0	256,8218	0
1	21,7031	3,7848	20,1057	0,5	106,0467	135,99
2	17,8047	0,5262	21,2574	1	1,5621	195,87
3	6,7184	0,1498	21,2266	1	0,0276	241,09
4	1,6152	0,0549	21,2365	1	2,91E-03	281,73
5	7,53E-03	0,0546	21,2365	0,015625	2,90E-03	450,29
6	7,45E-03	0,0543	21,2365	0,015625	2,90E-03	450,55
7	7,37E-03	0,0540	21,2365	0,015625	2,90E-03	452,03
8	7,29E-03	0,0538	21,2365	0,015625	2,90E-03	452,69
9	7,22E-03	0,0535	21,2365	0,015625	2,90E-03	454,80
10	7,14E-03	0,0532	21,2366	0,015625	2,90E-03	458,29
11	7,07E-03	0,0530	21,2366	0,015625	2,89E-03	458,90
12	6,99E-03	0,0527	21,2366	0,015625	2,89E-03	462,91
...						
90	2,96E-03	0,0360	21,2373	0,015625	2,54E-03	443,84
91	2,93E-03	0,0358	21,2373	0,015625	2,54E-03	443,09
92	2,90E-03	0,0356	21,2373	0,015625	2,54E-03	444,06
93	2,87E-03	0,0355	21,2373	0,015625	2,53E-03	443,24
94	2,84E-03	0,0353	21,2373	0,015625	2,53E-03	443,94
95	2,81E-03	0,0352	21,2373	0,015625	2,52E-03	454,22
96	2,78E-03	0,0350	21,2373	0,015625	2,52E-03	459,00
97	2,75E-03	0,0349	21,2373	0,015625	2,52E-03	445,47
98	2,72E-03	0,0347	21,2373	0,015625	2,52E-03	444,82
99	2,69E-03	0,0346	21,2374	0,015625	2,51E-03	444,97
100	2,66E-03	0,0344	21,2374	0,015625	2,51E-03	445,34
			Verwendung des Fischer-Burmeister-Ansatzes			
0	0	5,3666	19,2655	0	253,5055	0
1	30,4227	5,5719	20,1439	0,5	123,9827	236,55
2	23,0085	1,5123	21,3328	1	3,9588	394,21
3	5,6626	0,2590	21,2181	1	0,1256	628,98
4	0,6406	0,0223	21,2388	1	1,88E-03	586,77
5	8,36E-04	0,0221	21,2388	0,015625	1,88E-03	728,57
6	8,23E-04	0,0219	21,2388	0,015625	1,87E-03	757,88
7	8,11E-04	0,0218	21,2388	0,015625	1,87E-03	727,47
8	7,99E-04	0,0216	21,2388	0,015625	1,86E-03	746,40
9	7,87E-04	0,0215	21,2388	0,015625	1,86E-03	725,82
10	7,75E-04	0,0213	21,2388	0,015625	1,86E-03	744,05
11	7,64E-04	0,0211	21,2388	0,015625	1,85E-03	738,54
...						
90	2,26E-04	0,0141	21,2386	0,015625	1,84E-03	716,34
91	2,23E-04	0,0141	21,2386	0,015625	1,84E-03	746,24
92	2,20E-04	0,0140	21,2386	0,015625	1,84E-03	744,17
93	2,16E-04	0,0140	21,2386	0,015625	1,84E-03	714,06
94	2,13E-04	0,0140	21,2386	0,015625	1,84E-03	744,58
95	2,10E-04	0,0139	21,2386	0,015625	1,84E-03	714,77
96	2,06E-04	0,0139	21,2386	0,015625	1,84E-03	713,55
97	2,03E-04	0,0138	21,2386	0,015625	1,85E-03	744,89
98	2,00E-04	0,0138	21,2386	0,015625	1,85E-03	745,68
99	1,97E-04	0,0138	21,2386	0,015625	1,85E-03	715,02
100	1,94E-04	0,0137	21,2386	0,015625	1,85E-03	744,56

Tabelle B.5: Vergleich der Iterationsläufe bei Verwendung von Θ_{exakt} und β_{approx} – beide Ansätze brechen erst ab, nachdem die maximale Iterationsanzahl (100) erreicht wurde, dabei ist die Lösung aus dem FB-Ansatz deutlich besser (101 Diskretisierungspunkte, $u^0 = MSY$, μ^0 aus $L_c = 0$, NB-Genauigkeit = 1E-03)

i	$S(\beta\Delta u^i, \beta\Delta\mu^i)$	$R(u^i, \mu^i)$	$y^i(T)$	β^i	$\Theta(\beta^i)$	Zeit (in Sek.)
Verwendung der Quasilinearisierung						
0	0	5,3666	19,2655	0	256,8218	0
1	21,7031	3,7848	20,1057	0,5	106,0467	166,61
2	17,8047	0,5262	21,2574	1	1,5621	240,19
3	6,7184	0,1498	21,2266	1	0,0276	295,75
4	1,6152	0,0549	21,2365	1	2,91E-03	344,50
5	7,53E-03	0,0546	21,2365	0,015625	2,90E-03	551,54
6	7,45E-03	0,0543	21,2365	0,015625	2,90E-03	552,02
7	7,37E-03	0,0540	21,2365	0,015625	2,90E-03	553,35
8	7,29E-03	0,0538	21,2365	0,015625	2,90E-03	554,90
9	7,22E-03	0,0535	21,2365	0,015625	2,90E-03	556,98
10	7,14E-03	0,0532	21,2366	0,015625	2,90E-03	560,76
11	7,07E-03	0,0530	21,2366	0,015625	2,89E-03	559,56
12	6,99E-03	0,0527	21,2366	0,015625	2,89E-03	558,17
...						
90	3,02E-03	0,0359	21,2373	0,015625	2,52E-03	537,91
91	2,99E-03	0,0358	21,2373	0,015625	2,51E-03	536,60
92	2,96E-03	0,0356	21,2373	0,015625	2,50E-03	538,96
93	2,93E-03	0,0354	21,2373	0,015625	2,50E-03	539,22
94	2,90E-03	0,0353	21,2373	0,015625	2,49E-03	540,54
95	2,87E-03	0,0351	21,2373	0,015625	2,49E-03	540,68
96	2,84E-03	0,0349	21,2373	0,015625	2,48E-03	539,35
97	2,81E-03	0,0348	21,2374	0,015625	2,47E-03	541,90
98	2,78E-03	0,0346	21,2374	0,015625	2,47E-03	541,83
99	2,75E-03	0,0345	21,2374	0,015625	2,46E-03	540,46
100	2,72E-03	0,0343	21,2374	0,015625	2,45E-03	540,86
Verwendung des Fischer-Burmeister-Ansatzes						
0	0	5,3666	19,2655	0	253,5055	0
1	30,4227	5,5719	20,1439	0,5	123,9827	288,25
2	23,0085	1,5123	21,3328	1	3,9588	480,53
3	5,6626	0,2590	21,2181	1	0,1256	773,92
4	0,6406	0,0223	21,2388	1	1,88E-03	724,09
5	8,07E-04	0,0221	21,2388	0,015625	1,87E-03	898,19
6	7,95E-04	0,0219	21,2388	0,015625	1,87E-03	931,11
7	7,84E-04	0,0218	21,2388	0,015625	1,86E-03	891,72
8	7,73E-04	0,0216	21,2388	0,015625	1,86E-03	894,38
9	7,61E-04	0,0214	21,2388	0,015625	1,85E-03	890,98
10	7,50E-04	0,0213	21,2388	0,015625	1,85E-03	891,60
11	7,40E-04	0,0211	21,2388	0,015625	1,84E-03	915,77
...						
90	2,31E-04	0,0141	21,2386	0,015625	1,81E-03	906,18
91	2,28E-04	0,0140	21,2386	0,015625	1,81E-03	897,09
92	2,25E-04	0,0140	21,2386	0,015625	1,81E-03	893,07
93	2,21E-04	0,0139	21,2386	0,015625	1,81E-03	893,79
94	2,18E-04	0,0139	21,2386	0,015625	1,81E-03	894,78
95	2,15E-04	0,0138	21,2386	0,015625	1,81E-03	893,13
96	2,11E-04	0,0138	21,2386	0,015625	1,81E-03	931,70
97	2,08E-04	0,0138	21,2386	0,015625	1,81E-03	896,70
98	2,05E-04	0,0137	21,2386	0,015625	1,81E-03	936,70
99	2,02E-04	0,0137	21,2386	0,015625	1,82E-03	907,12
100	1,99E-04	0,0136	21,2386	0,015625	1,82E-03	931,56

Tabelle B.6: Vergleich der Iterationsläufe bei Verwendung von Θ_{exakt} und β_{approx} (mit einer höheren NB-Genauigkeit als in Tab. B.5) – beide Iterationen enden wiederum erst nach dem Erreichen der maximalen Schrittanzahl (101 Diskretisierungspunkte, $u^0 = MSY$, μ^0 aus $L_c = 0$, NB-Genauigkeit = 1E-06)

i	$S(\beta\Delta u^i, \beta\Delta\mu^i)$	$R(u^i, \mu^i)$	$y^i(T)$	β^i	$\Theta(\beta^i)$	Zeit (in Sek.)
			Verwendung der Quasilinearisierung			
0	0	5,3666	19,2655	0	256,8218	0
1	23,9622	4,4153	20,1384	0,5520	90,8663	90,16
2	16,9807	0,6484	21,2478	0,9735	3,2838	163,34
3	7,0344	0,1634	21,2227	0,9902	0,0251	186,66
4	1,6051	0,0545	21,2364	0,9996	1,36E-04	237,08
5	0,4712	0,0368	21,2371	0,9996	5,11E-06	266,85
6	0,1439	0,0250	21,2377	0,9987	2,76E-07	277,33
7	0,0527	0,0167	21,2383	0,9991	1,68E-08	277,06
8	0,0208	0,0114	21,2387	0,9995	3,30E-09	263,84
9	6,69E-03	9,90E-03	21,2388	0,9994	2,76E-09	270,99
10	4,57E-04	9,84E-03	21,2388	0,9994	2,73E-09	262,00
11	3,96E-06	9,84E-03	21,2388	0,9994	2,73E-09	263,52
			Verwendung des Fischer-Burmeister-Ansatzes			
0	0	5,3666	19,2655	0	253,5055	0
1	27,4025	4,6160	20,1080	0,4504	111,7946	186,76
2	21,3878	1,4400	21,2669	0,9090	6,4250	372,44
3	5,1977	0,1830	21,2353	0,9996	0,0488	487,35
4	0,5077	0,0225	21,2388	0,9996	2,58E-04	585,80
5	0,0483	0,0115	21,2385	0,9996	2,51E-07	554,38
6	1,31E-03	0,0113	21,2385	0,9994	4,81E-10	578,19
7	1,21E-05	0,0113	21,2385	0,9994	4,48E-10	574,80

Tabelle B.7: Vergleich der Iterationsläufe bei Verwendung von Θ_{approx} und β_{opt} – der FB-Ansatz benötigt 4 Iterationsschritte weniger, berechnet aber bezüglich R die schlechtere Lösung (101 Diskretisierungspunkte, $u^0 = MSY$, μ^0 aus $L_c = 0$, NB-Genauigkeit = 1E-03)

i	$S(\beta\Delta u^i, \beta\Delta\mu^i)$	$R(u^i, \mu^i)$	$y^i(T)$	β^i	$\Theta(\beta^i)$	Zeit (in Sek.)
			Verwendung der Quasilinearisierung			
0	0	5,3666	19,2655	0	256,8218	0
1	23,9622	4,4153	20,1384	0,5520	90,8663	93,11
2	16,9807	0,6484	21,2478	0,9735	3,2838	168,21
3	7,0344	0,1634	21,2227	0,9902	0,0251	190,67
4	1,6051	0,0545	21,2364	0,9996	1,36E-04	245,19
5	0,4712	0,0368	21,2371	0,9996	5,11E-06	278,74
6	0,1444	0,0250	21,2377	0,9987	2,73E-07	287,74
7	0,0532	0,0167	21,2383	0,9991	1,43E-08	286,14
8	0,0208	0,0114	21,2387	0,9995	7,52E-10	268,75
9	6,69E-03	9,88E-03	21,2388	0,9994	2,13E-10	270,44
10	2,04E-03	9,21E-03	21,2388	0,9994	1,75E-10	270,18
11	6,11E-04	8,96E-03	21,2389	0,9994	1,65E-10	268,17
12	8,78E-05	8,92E-03	21,2389	0,9994	1,63E-10	275,24
			Verwendung des Fischer-Burmeister-Ansatzes			
0	0	5,3666	19,2655	0	253,5055	0
1	27,4025	4,6160	20,1080	0,4504	111,7946	191,94
2	21,3878	1,4400	21,2669	0,9090	6,4250	374,85
3	5,1977	0,1830	21,2353	0,9996	0,0488	498,57
4	0,5076	0,0225	21,2388	0,9996	2,59E-04	617,73
5	0,0470	0,0117	21,2386	0,9996	7,59E-07	578,16
6	2,64E-03	0,0114	21,2385	0,9994	1,59E-08	582,94
7	3,55E-04	0,0113	21,2385	0,9994	4,49E-10	589,49
8	1,45E-05	0,0113	21,2385	0,9994	4,48E-10	587,07

Tabelle B.8: Vergleich der Iterationsläufe bei Verwendung von Θ_{approx} und β_{opt} (mit einer höheren NB-Genauigkeit als in Tab. B.7)– beide Ansätze benötigen nun einen Iterationsschritt mehr, dabei verbessert sich aber nur die QL-Lösung im Vergleich zu zuvor (101 Diskretisierungspunkte, $u^0 = MSY$, μ^0 aus $L_c = 0$, NB-Genauigkeit = 1E-06)

i	$S(\beta\Delta u^i, \beta\Delta\mu^i)$	$R(u^i, \mu^i)$	$y^i(T)$	β^i	$\Theta(\beta^i)$	Zeit (in Sek.)
			Verwendung der Quasilinearisierung			
0	0	5,3666	19,2655	0	256,8218	0
1	34,9071	8,4971	20,1621	0,8042	153,4717	109,29
2	15,5539	2,7086	21,2157	1	12,3299	206,19
3	10,8794	1,7602	21,2912	1	4,7840	236,25
4	3,0477	0,0865	21,2778	1	6,94E-03	290,67
5	0,6771	0,0308	21,2692	1	3,14E-05	334,08
6	0,0735	0,0169	21,2705	1	1,49E-07	282,37
7	0,0283	0,0101	21,2709	1	1,10E-07	291,23
8	9,14E-03	7,46E-03	21,2710	1	1,09E-07	288,61
9	7,46E-04	7,46E-03	21,2710	1	1,08E-07	282,23
10	1,85E-05	7,47E-03	21,2710	1	1,08E-07	283,00
			Verwendung des Fischer-Burmeister-Ansatzes			
0	0	5,3666	19,2655	0	253,5055	0
1	39,9143	9,1401	20,1872	0,6560	171,0969	225,34
2	23,0529	2,8773	21,3138	1	11,1529	496,10
3	12,6769	1,5825	21,0253	0,9225	9,1184	689,83
4	5,4730	0,3177	21,2205	1	0,1922	644,78
5	1,2135	0,0695	21,2356	1	6,06E-03	624,48
6	0,2485	0,0175	21,2385	1	7,41E-05	738,02
7	0,0300	0,0114	21,2385	1	1,83E-08	684,26
8	4,68E-04	0,0113	21,2385	1	1,06E-09	680,67
9	8,24E-07	0,0113	21,2385	1	1,07E-09	680,42

Tabelle B.9: Vergleich der Iterationsläufe bei Verwendung von Θ_{approx} und $\beta_{\max}$ – der FB-Ansatz bricht einen Schritt früher ab, berechnet aber die etwas schlechtere Lösung bezüglich R (101 Diskretisierungspunkte, $u^0 = MSY$, μ^0 aus $L_c = 0$, NB-Genauigkeit = 1E-03)

i	$S(\beta\Delta u^i, \beta\Delta\mu^i)$	$R(u^i, \mu^i)$	$y^i(T)$	β^i	$\Theta(\beta^i)$	Zeit (in Sek.)
Verwendung der Quasilinearisierung						
0	0	5,3666	19,2655	0	256,8218	0
1	34,9071	8,4971	20,1621	0,8042	153,4717	111,30
2	15,5539	2,7086	21,2157	1	12,3299	208,93
3	10,8794	1,7602	21,2912	1	4,7840	240,95
4	3,0477	0,0865	21,2778	1	6,94E-03	295,78
5	0,6805	0,0309	21,2691	1	3,13E-05	347,21
6	0,0755	0,0167	21,2705	1	4,01E-08	291,70
7	0,0284	9,85E-03	21,2709	1	1,62E-09	294,43
8	9,12E-03	7,03E-03	21,2710	1	1,17E-10	292,77
9	2,09E-03	6,48E-03	21,2711	1	6,29E-11	292,53
10	4,52E-04	6,31E-03	21,2711	1	5,52E-11	287,30
11	5,07E-05	6,28E-03	21,2711	1	5,35E-11	281,40
Verwendung des Fischer-Burmeister-Ansatzes						
0	0	5,3666	19,2655	0	253,5055	0
1	39,9143	9,1401	20,1872	0,6560	171,0969	229,11
2	23,0529	2,8773	21,3138	1	11,1529	505,84
3	12,6769	1,5825	21,0253	0,9225	9,1184	570,64
4	5,4730	0,3177	21,2205	1	0,1922	654,14
5	1,2136	0,0695	21,2356	1	6,06E-03	642,43
6	0,2485	0,0175	21,2385	1	7,41E-05	752,54
7	0,0296	0,0114	21,2385	1	4,27E-08	708,54
8	8,54E-04	0,0113	21,2385	1	1,06E-09	693,49
9	2,09E-05	0,0113	21,2385	1	1,07E-09	694,37

Tabelle B.10: Vergleich der Iterationsläufe bei Verwendung von Θ_{approx} und $\beta_{\max}$ (mit höheren NB-Genauigkeit als in Tab. B.9) – beim Fb-Ansatz ändert sich nichts, während die QL einen Iterationsschritt mehr benötigen und die deutlich bessere Lösung bestimmen (101 Diskretisierungspunkte, $u^0 = MSY$, μ^0 aus $L_c = 0$, NB-Genauigkeit = 1E-06)

i	$S(\beta\Delta u^i, \beta\Delta\mu^i)$	$R(u^i, \mu^i)$	$y^i(T)$	β^i	$\Theta(\beta^i)$	Zeit (in Sek.)
			Verwendung der Quasilinearisierung			
0	0	5,3666	19,2655	0	256,8218	0
1	21,7031	3,7848	20,1057	0,5	60,0312	106,91
2	17,8047	0,5262	21,2574	1	4,2365	189,56
3	6,7184	0,1498	21,2266	1	0,0179	237,18
4	1,6152	0,0549	21,2365	1	1,47E-04	283,75
5	0,4817	0,0371	21,2371	1	5,42E-06	318,36
6	0,1467	0,0252	21,2377	1	2,95E-07	327,75
7	0,0535	0,0168	21,2383	1	1,94E-08	331,31
8	0,0211	0,0114	21,2387	1	4,00E-09	316,42
9	6,79E-03	9,91E-03	21,2388	1	3,10E-09	318,01
10	4,65E-04	9,85E-03	21,2388	1	2,97E-09	315,20
11	3,83E-06	9,85E-03	21,2388	1	2,96E-09	316,13
			Verwendung des Fischer-Burmeister-Ansatzes			
0	0	5,3666	19,2655	0	253,5055	0
1	30,4227	5,5719	20,1439	0,5	98,8883	225,19
2	23,0085	1,5123	21,3328	1	6,4606	423,78
3	5,6626	0,2590	21,2181	1	0,0720	705,61
4	0,6406	0,0223	21,2388	1	2,91E-04	652,69
5	0,0535	0,0116	21,2385	1	1,81E-07	645,07
6	1,19E-03	0,0113	21,2385	1	1,05E-09	687,05
7	2,44E-06	0,0113	21,2385	1	1,07E-09	686,82

Tabelle B.11: Vergleich der Iterationsläufe bei Verwendung von Θ_{approx} und β_{approx} – der FB-Ansatz benötigt 4 Iterationsschritte weniger, berechnet aber bezüglich R die etwas schlechtere Lösung (101 Diskretisierungspunkte, $u^0 = MSY$, μ^0 aus $L_c = 0$, NB-Genauigkeit = 1E-03)

i	$S(\beta\Delta u^i, \beta\Delta\mu^i)$	$R(u^i, \mu^i)$	$y^i(T)$	β^i	$\Theta(\beta^i)$	Zeit (in Sek.)
			Verwendung der Quasilinearisierung			
0	0	5,3666	19,2655	0	256,8218	0
1	21,7031	3,7848	20,1057	0,5	60,0312	107,47
2	17,8047	0,5262	21,2574	1	4,2365	189,86
3	6,7184	0,1498	21,2266	1	0,0179	237,74
4	1,6152	0,0549	21,2365	1	1,47E-04	288,70
5	0,4817	0,0371	21,2371	1	5,42E-06	318,85
6	0,1472	0,0251	21,2377	1	2,93E-07	329,00
7	0,0539	0,0168	21,2383	1	1,67E-08	334,08
8	0,0211	0,0114	21,2387	1	1,35E-09	311,49
9	6,79E-03	9,89E-03	21,2388	1	4,60E-10	315,91
10	2,06E-03	9,21E-03	21,2388	1	3,28E-10	314,96
11	6,15E-04	8,96E-03	21,2389	1	2,88E-10	313,87
12	8,84E-05	8,92E-03	21,2389	1	2,76E-10	310,50
			Verwendung des Fischer-Burmeister-Ansatzes			
0	0	5,3666	19,2655	0	253,5055	0
1	30,4227	5,5719	20,1439	0,5	98,8883	228,04
2	23,0085	1,5123	21,3328	1	6,4606	424,59
3	5,6626	0,2590	21,2181	1	0,0720	703,72
4	0,6406	0,0223	21,2388	1	2,91E-04	660,18
5	0,0517	0,0118	21,2386	1	8,26E-07	666,97
6	2,62E-03	0,0114	21,2385	1	2,59E-08	708,67
7	4,27E-04	0,0113	21,2385	1	1,06E-09	693,64
8	2,14E-05	0,0113	21,2385	1	1,07E-09	688,89

Tabelle B.12: Vergleich der Iterationsläufe bei Verwendung von Θ_{approx} und β_{approx} (mit höherer NB-Genauigkeit als in Tab. B.11) – beide Verfahren benötigen nun einen Schritt mehr als zuvor, die Lösung verbessert sich aber nur bei den QL (101 Diskretisierungspunkte, $u^0 = MSY$, μ^0 aus $L_c = 0$, NB-Genauigkeit = 1E-06)

i	$S(\beta\Delta u^i, \beta\Delta\mu^i)$	$R(u^i, \mu^i)$	$y^i(T)$	β^i	$\Theta(\beta^i)$	Zeit (in Sek.)
			Verwendung der Quasilinearisierung			
0	0	9,9174	7,4464	0	5491,5362	0
1	49,9631	5,5054	20,1674	0,9978	138,5697	454,35
2	10,4223	2,6384	21,2270	0,9369	21,0994	439,70
3	6,7157	0,9504	21,5082	0,8856	0,1034	494,11
4	2,5472	0,9523	21,4998	0,8785	3,77E-03	578,31
5	0,4811	0,9410	21,5046	0,6159	2,06E-04	566,86
6	0,0198	0,9412	21,5048	0,0495	2,08E-04	735,12
7	3,83E-02	0,9415	21,5052	0,1001	2,23E-04	800,08
8	6,47E-03	0,9415	21,5053	0,0187	2,29E-04	773,48
9	5,52E-03	0,9416	21,5054	0,0160	2,35E-04	837,17
10	5,34E-03	0,9417	21,5054	0,0160	2,43E-04	897,37
11	5,36E-03	0,9417	21,5055	0,0160	2,50E-04	824,17
12	5,21E-03	0,9418	21,5056	0,0160	2,58E-04	821,03
13	5,19E-03	0,9418	21,5056	0,0160	2,66E-04	784,51
14	5,84E-03	0,9419	21,5057	0,0187	2,79E-04	859,66
...						
82	1,74E-04	0,9453	21,5086	0,0160	8,62E-04	823,17
83	2,32E-04	0,9453	21,5086	0,0160	8,72E-04	804,89
84	1,89E-04	0,9453	21,5086	0,0160	8,77E-04	784,54
85	0,0135	0,9448	21,5083	0,9996	6,14E-04	1009,86
86	1,17E-04	0,9448	21,5084	0,0160	6,24E-04	796,38
87	1,07E-04	0,9449	21,5084	0,0160	6,33E-04	850,02
88	1,10E-04	0,9449	21,5084	0,0160	6,43E-04	765,41
89	1,39E-04	0,9449	21,5084	0,0160	6,55E-04	789,06
90	7,08E-05	0,9449	21,5084	0,0160	6,61E-04	792,43
			Verwendung des Fischer-Burmeister-Ansatzes			
0	0	9,9174	7,4464	0	5491,5362	0
1	49,5634	5,4815	20,1675	0,9963	141,1609	427,91
2	17,6158	2,2403	21,1782	0,8924	25,3207	770,10
3	8,1394	0,4380	21,5141	0,8883	0,3390	907,93
4	3,3286	0,2256	21,4799	0,7595	0,0693	1004,57
5	1,9611	0,0841	21,4806	0,9994	0,0111	1048,47
6	0,5990	0,0266	21,4846	0,9988	9,13E-04	1177,92
7	0,0884	0,0144	21,4847	0,7169	5,69E-04	1465,84
8	7,40E-04	0,0143	21,4847	0,0163	5,75E-04	1206,36
9	7,26E-04	0,0142	21,4847	0,0162	5,77E-04	1188,17
10	7,15E-04	0,0141	21,4847	0,0162	5,79E-04	1177,26
11	7,02E-04	0,0140	21,4847	0,0162	5,80E-04	1201,49
12	6,92E-04	0,0139	21,4847	0,0162	5,82E-04	1195,61
13	6,81E-04	0,0138	21,4847	0,0162	5,84E-04	1196,53
...						
92	1,53E-04	8,93E-03	21,4847	0,0160	7,81E-04	1143,87
93	1,51E-04	8,91E-03	21,4847	0,0160	7,82E-04	1155,82
94	1,48E-04	8,89E-03	21,4847	0,0160	7,84E-04	1195,87
95	1,49E-04	8,87E-03	21,4847	0,0163	7,85E-04	1184,09
96	1,44E-04	8,85E-03	21,4847	0,0160	7,87E-04	1187,10
97	1,41E-04	8,83E-03	21,4847	0,0160	7,88E-04	1183,99
98	1,40E-04	8,81E-03	21,4847	0,0161	7,90E-04	1182,42
99	1,37E-04	8,79E-03	21,4847	0,0161	7,91E-04	1180,78
100	1,37E-04	8,77E-03	21,4847	0,0163	7,92E-04	1178,87

Tabelle B.13: Vergleich der Iterationsläufe bei Verwendung von Θ_{exakt} und β_{opt} – der FB-Ansatz endet erst als die maximale Iterationsanzahl erreicht ist, während die QL-Iteration zwar früher abbricht, dafür wird die Steuerbeschränkung $u \geq 0$ nicht überall erfüllt (101 Diskretisierungspunkte, $u^0 = 0.1$, μ^0 aus $L_c = 0$, NB-Genauigkeit = 1E-03)

i	$S(\beta\Delta u^i, \beta\Delta\mu^i)$	$R(u^i, \mu^i)$	$y^i(T)$	β^i	$\Theta(\beta^i)$	Zeit (in Sek.)
			Verwendung der Quasilinearisierung			
0	0	9,9174	7,4464	0	5491,5362	0
1	50,0714	5,5399	20,1673	1	138,5941	87,64
2	11,0893	2,6258	21,2528	1	22,2452	262,88
3	7,3552	1,2287	21,5275	1	0,7496	284,40
4	2,8197	1,0124	21,5088	1	0,0129	298,07
5	0,7285	0,9446	21,5058	1	2,65E-04	318,18
6	1,30E-03	0,9446	21,5058	0,015625	2,65E-04	344,92
7	1,28E-03	0,9446	21,5059	0,015625	2,64E-04	341,65
8	1,26E-03	0,9446	21,5059	0,015625	2,64E-04	346,38
9	1,24E-03	0,9445	21,5059	0,015625	2,64E-04	342,37
10	1,22E-03	0,9445	21,5059	0,015625	2,65E-04	345,67
11	1,21E-03	0,9445	21,5060	0,015625	2,65E-04	346,45
12	1,19E-03	0,9445	21,5060	0,015625	2,65E-04	344,36
13	1,17E-03	0,9445	21,5060	0,015625	2,65E-04	353,67
14	1,15E-03	0,9445	21,5061	0,015625	2,66E-04	360,27
15	1,14E-03	0,9445	21,5061	0,015625	2,66E-04	359,90
16	1,12E-03	0,9444	21,5061	0,015625	2,66E-04	357,62
17	1,10E-03	0,9444	21,5061	0,015625	2,67E-04	354,67
18	1,09E-03	0,9444	21,5062	0,015625	2,68E-04	354,74
19	1,07E-03	0,9444	21,5062	0,015625	2,68E-04	357,28
20	1,05E-03	0,9444	21,5062	0,015625	2,69E-04	364,12
...						
80	4,23E-04	0,9440	21,5073	0,015625	3,31E-04	360,56
81	4,17E-04	0,9440	21,5073	0,015625	3,32E-04	361,65
82	4,10E-04	0,9440	21,5073	0,015625	3,33E-04	354,17
83	4,04E-04	0,9440	21,5073	0,015625	3,34E-04	361,56
84	3,98E-04	0,9439	21,5073	0,015625	3,35E-04	373,26
85	3,92E-04	0,9439	21,5073	0,015625	3,36E-04	359,03
86	3,86E-04	0,9439	21,5073	0,015625	3,37E-04	366,56
87	3,80E-04	0,9439	21,5073	0,015625	3,37E-04	372,01
88	3,74E-04	0,9439	21,5073	0,015625	3,38E-04	369,41
89	3,68E-04	0,9439	21,5073	0,015625	3,39E-04	368,18
90	3,63E-04	0,9439	21,5073	0,015625	3,40E-04	368,46
91	3,57E-04	0,9439	21,5074	0,015625	3,41E-04	371,40
92	3,52E-04	0,9439	21,5074	0,015625	3,42E-04	360,34
93	3,46E-04	0,9439	21,5074	0,015625	3,43E-04	353,22
94	3,41E-04	0,9439	21,5074	0,015625	3,44E-04	353,83
95	3,36E-04	0,9439	21,5074	0,015625	3,45E-04	362,65
96	3,31E-04	0,9439	21,5074	0,015625	3,45E-04	366,59
97	3,26E-04	0,9439	21,5074	0,015625	3,46E-04	351,21
98	3,21E-04	0,9439	21,5074	0,015625	3,47E-04	356,01
99	3,16E-04	0,9439	21,5074	0,015625	3,48E-04	360,80
100	3,11E-04	0,9439	21,5074	0,015625	3,49E-04	351,72
			Verwendung des Fischer-Burmeister-Ansatzes			
0	0	9,9174	7,4464	0	5491,5362	0
1	49,7459	5,5399	20,1673	1	141,2053	111,48
2	19,8167	2,2058	21,2163	1	28,6112	474,36
3	Iteration bricht ab					

Tabelle B.14: Vergleich der Iterationsläufe bei Verwendung von Θ_{exakt} und $\beta_{\max}$ – (101 Diskretisierungspunkte, $u^0 = 0.1$, μ^0 aus $L_c = 0$, NB-Genauigkeit = 1E-03)

i	$S(\beta\Delta u^i, \beta\Delta\mu^i)$	$R(u^i, \mu^i)$	$y^i(T)$	β^i	$\Theta(\beta^i)$	Zeit (in Sek.)
			Verwendung der Quasilinearisierung			
0	0	9,9174	7,4464	0	5491,5362	0
1	50,0714	5,5399	20,1673	1	138,5941	67,41
2	11,0893	2,6258	21,2528	1	22,2452	236,47
3	7,3552	1,2287	21,5275	1	0,7496	262,82
4	2,8197	1,0124	21,5088	1	0,0129	275,60
5	0,7285	0,9446	21,5058	1	2,65E-04	300,20
6	1,30E-03	0,9446	21,5058	0,015625	2,65E-04	427,95
7	1,28E-03	0,9446	21,5059	0,015625	2,64E-04	423,48
8	1,26E-03	0,9446	21,5059	0,015625	2,64E-04	425,73
9	1,24E-03	0,9445	21,5059	0,015625	2,64E-04	432,84
10	1,22E-03	0,9445	21,5059	0,015625	2,65E-04	437,21
11	1,21E-03	0,9445	21,5060	0,015625	2,65E-04	437,64
12	1,19E-03	0,9445	21,5060	0,015625	2,65E-04	429,41
13	1,17E-03	0,9445	21,5060	0,015625	2,65E-04	434,42
14	1,15E-03	0,9445	21,5061	0,015625	2,66E-04	436,20
15	1,14E-03	0,9445	21,5061	0,015625	2,66E-04	440,36
16	1,12E-03	0,9444	21,5061	0,015625	2,66E-04	443,43
17	1,10E-03	0,9444	21,5061	0,015625	2,67E-04	435,73
18	1,09E-03	0,9444	21,5062	0,015625	2,68E-04	443,21
19	1,07E-03	0,9444	21,5062	0,015625	2,68E-04	446,25
20	1,05E-03	0,9444	21,5062	0,015625	2,69E-04	447,22
...						
80	4,23E-04	0,9440	21,5073	0,015625	3,31E-04	434,23
81	4,17E-04	0,9440	21,5073	0,015625	3,32E-04	434,84
82	4,10E-04	0,9440	21,5073	0,015625	3,33E-04	435,01
83	4,04E-04	0,9440	21,5073	0,015625	3,34E-04	437,94
84	3,98E-04	0,9439	21,5073	0,015625	3,35E-04	435,45
85	3,92E-04	0,9439	21,5073	0,015625	3,36E-04	434,92
86	3,86E-04	0,9439	21,5073	0,015625	3,37E-04	435,22
87	3,80E-04	0,9439	21,5073	0,015625	3,37E-04	435,27
88	3,74E-04	0,9439	21,5073	0,015625	3,38E-04	434,53
89	3,68E-04	0,9439	21,5073	0,015625	3,39E-04	434,75
90	3,63E-04	0,9439	21,5073	0,015625	3,40E-04	433,88
91	3,57E-04	0,9439	21,5074	0,015625	3,41E-04	434,78
92	3,52E-04	0,9439	21,5074	0,015625	3,42E-04	435,37
93	3,46E-04	0,9439	21,5074	0,015625	3,43E-04	435,01
94	3,41E-04	0,9439	21,5074	0,015625	3,44E-04	434,75
95	3,36E-04	0,9439	21,5074	0,015625	3,45E-04	434,80
96	3,31E-04	0,9439	21,5074	0,015625	3,45E-04	434,67
97	3,26E-04	0,9439	21,5074	0,015625	3,46E-04	432,12
98	3,21E-04	0,9439	21,5074	0,015625	3,47E-04	432,23
99	3,16E-04	0,9439	21,5074	0,015625	3,48E-04	432,44
100	3,11E-04	0,9439	21,5074	0,015625	3,49E-04	432,00
			Verwendung des Fischer-Burmeister-Ansatzes			
0	0	9,9174	7,4464	0	5491,5362	0
1	49,7459	5,5399	20,1673	1	141,2053	87,34
2	19,8167	2,2058	21,2163	1	28,6112	455,53
3	Iteration bricht ab					

Tabelle B.15: Vergleich der Iterationsläufe bei Verwendung von Θ_{exakt} und β_{approx} – (101 Diskretisierungspunkte, $u^0 = 0.1$, μ^0 aus $L_c = 0$, NB-Genauigkeit = 1E-03)

i	$S(\beta\Delta u^i, \beta\Delta\mu^i)$	$R(u^i, \mu^i)$	$y^i(T)$	β^i	$\Theta(\beta^i)$	Zeit (in Sek.)
			Verwendung der Quasilinearisierung			
0	0	9,9174	7,4464	0	5491,5362	0
1	50,0514	5,5335	20,1673	0,9996	475,9396	37,78
2	10,8179	2,6345	21,2425	0,9750	9,6317	179,01
3	6,6462	0,9880	21,5075	0,8927	0,3838	210,78
4	2,6326	0,9585	21,4993	0,9096	5,51E-03	225,62
5	0,7536	0,9419	21,5047	0,9609	1,54E-04	255,30
6	0,1712	0,9439	21,5077	0,9964	3,04E-07	259,65
7	9,79E-03	0,9442	21,5079	0,9996	2,32E-10	253,79
8	9,46E-05	0,9442	21,5079	0,9996	1,91E-10	255,81
			Verwendung des Fischer-Burmeister-Ansatzes			
0	0	9,9174	7,4464	0	5491,5362	0
1	49,7260	5,5335	20,1673	0,9996	478,5481	58,49
2	18,7321	2,2331	21,1962	0,9457	12,3054	415,40
3	7,9401	0,4579	21,5146	0,8693	0,6001	543,47
4	3,6106	0,2220	21,4702	0,7877	0,0872	591,88
5	2,0520	0,0854	21,4788	0,9996	0,0124	540,78
6	0,7360	0,0262	21,4843	0,9996	6,66E-04	603,96
7	0,1528	0,0106	21,4847	0,9996	1,63E-05	635,60
8	0,0127	7,69E-03	21,4847	0,9996	2,05E-08	531,23
9	5,37E-04	7,65E-03	21,4847	0,9994	3,05E-10	585,68
10	7,27E-05	7,65E-03	21,4847	0,9994	3,15E-10	585,11

Tabelle B.16: Vergleich der Iterationsläufe bei Verwendung von Θ_{approx} und β_{opt} – (101 Diskretisierungspunkte, $u^0 = 0.1$, μ^0 aus $L_c = 0$, NB-Genauigkeit = 1E-03)

i	$S(\beta\Delta u^i, \beta\Delta\mu^i)$	$R(u^i, \mu^i)$	$y^i(T)$	β^i	$\Theta(\beta^i)$	Zeit (in Sek.)
			Verwendung der Quasilinearisierung			
0	0	9,9174	7,4464	0	5491,5362	0
1	50,0714	5,5399	20,1673	1	475,8615	37,39
2	11,0893	2,6258	21,2528	1	9,7423	188,76
3	7,3552	1,2287	21,5275	1	0,7945	206,15
4	2,8197	1,0124	21,5088	1	0,0103	224,68
5	0,7285	0,9446	21,5058	1	1,81E-04	255,18
6	0,0831	0,9441	21,5079	1	2,63E-08	262,90
7	2,79E-03	0,9442	21,5079	1	9,09E-11	277,09
8	2,03E-05	0,9442	21,5079	1	8,61E-11	249,99
			Verwendung des Fischer-Burmeister-Ansatzes			
0	0	9,9174	7,4464	0	5491,5362	0
1	49,7459	5,5399	20,1673	1	478,4728	58,99
2	19,8167	2,2058	21,2163	1	12,7816	407,95
3	Iteration bricht ab					

Tabelle B.17: Vergleich der Iterationsläufe bei Verwendung von Θ_{approx} und $\beta_{\max}$ – (101 Diskretisierungspunkte, $u^0 = 0.1$, μ^0 aus $L_c = 0$, NB-Genauigkeit = 1E-03)

i	$S(\beta\Delta u^i, \beta\Delta\mu^i)$	$R(u^i, \mu^i)$	$y^i(T)$	β^i	$\Theta(\beta^i)$	Zeit (in Sek.)
Verwendung der Quasilinearisierung						
0	0	9,9174	7,4464	0	5491,5362	0
1	50,0714	5,5399	20,1673	1	475,8615	37,74
2	11,0893	2,6258	21,2528	1	9,7423	184,98
3	7,3552	1,2287	21,5275	1	0,7945	203,98
4	2,8197	1,0124	21,5088	1	0,0103	224,15
5	0,7285	0,9446	21,5058	1	1,81E-04	254,98
6	0,0831	0,9441	21,5079	1	2,63E-08	261,65
7	2,79E-03	0,9442	21,5079	1	9,09E-11	281,47
8	2,03E-05	0,9442	21,5079	1	8,61E-11	252,92
Verwendung des Fischer-Burmeister-Ansatzes						
0	0	9,9174	7,4464	0	5491,5362	0
1	49,7459	5,5399	20,1673	1	478,4728	58,70
2	19,8167	2,2058	21,2163	1	12,7816	403,03
3	Iteration bricht ab					

Tabelle B.18: Vergleich der Iterationsläufe bei Verwendung von Θ_{approx} und β_{approx} – (101 Diskretisierungspunkte, $u^0 = 0.1$, μ^0 aus $L_c = 0$, NB-Genauigkeit = 1E-03)

i	$S(\beta\Delta u^i, \beta\Delta\mu^i)$	$R(u^i, \mu^i)$	$y^i(T)$	β^i	$\Theta(\beta^i)$	Zeit (in Sek.)
Verwendung der Quasilinearisierung						
0	0	21,7140	7,4464	0	176,9645	0
1	152,7192	20,9947	-0,0361	0,9510	7,4536	253,92
2	30,9287	20,0538	-0,0700	0,8542	0,0262	318,29
3	2,2841	20,0021	-0,0124	0,9996	9,38E-04	417,52
4	0,0219	20,0020	-0,0124	0,9961	9,32E-04	288,13
5	1,36E-06	20,0020	-0,0124	0,0160	9,32E-04	361,67
Verwendung des Fischer-Burmeister-Ansatzes						
0	0	21,7140	7,4464	0	28152,7647	0
1	873,5833	3,1442	20,5699	0,9996	82,7811	442,33
2	32,3192	0,6058	21,3315	0,9996	2,3098	839,86
3	7,3401	0,0500	21,2735	0,9996	8,36E-03	919,18
4	0,4966	0,0103	21,2712	0,9946	3,50E-04	1027,79
5	3,64E-04	0,0103	21,2712	0,0163	3,51E-04	906,16
6	3,60E-04	0,0102	21,2712	0,0163	3,52E-04	916,18
7	3,48E-04	0,0102	21,2712	0,0160	3,53E-04	928,70
8	3,43E-04	0,0101	21,2712	0,0160	3,54E-04	922,84
9	3,38E-04	0,0101	21,2712	0,0160	3,55E-04	918,58
10	3,33E-04	0,0100	21,2712	0,0160	3,56E-04	915,57
11	3,28E-04	0,0100	21,2712	0,0160	3,57E-04	934,63
12	3,24E-04	9,95E-03	21,2712	0,0160	3,58E-04	904,18
13	3,19E-04	9,91E-03	21,2712	0,0160	3,59E-04	901,74
14	3,15E-04	9,86E-03	21,2712	0,0160	3,60E-04	902,09
15	3,33E-04	9,83E-03	21,2712	0,0163	3,61E-04	894,58
16	3,22E-04	9,78E-03	21,2712	0,0160	3,63E-04	916,50
17	3,17E-04	9,74E-03	21,2711	0,0160	3,65E-04	898,98
18	3,12E-04	9,70E-03	21,2711	0,0160	3,66E-04	902,36
19	3,07E-04	9,67E-03	21,2711	0,0160	3,68E-04	911,18
20	3,02E-04	9,63E-03	21,2711	0,0160	3,69E-04	920,10
...						
60	1,61E-04	8,54E-03	21,2710	0,0160	4,28E-04	954,11
61	1,58E-04	8,52E-03	21,2710	0,0160	4,29E-04	949,53
62	1,56E-04	8,50E-03	21,2710	0,0160	4,30E-04	950,04
63	1,53E-04	8,48E-03	21,2710	0,0160	4,32E-04	960,68
64	1,51E-04	8,47E-03	21,2710	0,0160	4,33E-04	952,48
65	1,48E-04	8,45E-03	21,2710	0,0160	4,34E-04	948,88
66	1,46E-04	8,43E-03	21,2710	0,0160	4,35E-04	946,01
67	1,44E-04	8,41E-03	21,2710	0,0160	4,36E-04	947,37
68	1,65E-04	8,40E-03	21,2710	0,0187	4,37E-04	924,43
69	1,39E-04	8,38E-03	21,2710	0,0160	4,39E-04	971,73
70	1,37E-04	8,36E-03	21,2710	0,0160	4,40E-04	966,66
71	1,35E-04	8,35E-03	21,2710	0,0160	4,41E-04	980,28
72	1,32E-04	8,33E-03	21,2710	0,0160	4,42E-04	962,40
73	1,30E-04	8,32E-03	21,2710	0,0160	4,44E-04	943,69
74	1,30E-04	8,30E-03	21,2710	0,0162	4,45E-04	923,44
75	1,27E-04	8,29E-03	21,2710	0,0161	4,46E-04	959,30
76	1,24E-04	8,27E-03	21,2710	0,0160	4,47E-04	962,78
77	1,22E-04	8,26E-03	21,2710	0,0160	4,48E-04	964,71
78	1,24E-04	8,24E-03	21,2710	0,0165	4,49E-04	945,42
79	1,19E-04	8,23E-03	21,2710	0,0161	4,50E-04	945,07
80	1,17E-04	8,22E-03	21,2710	0,0160	4,51E-04	942,75
81	1,15E-04	8,20E-03	21,2710	0,0160	4,52E-04	943,50
82	1,13E-04	8,19E-03	21,2710	0,0160	4,53E-04	942,62
83	1,12E-04	8,18E-03	21,2710	0,0161	4,54E-04	940,23
84	2,50E-04	8,15E-03	21,2710	0,0366	4,56E-04	940,43
85	1,05E-04	8,13E-03	21,2710	0,0160	4,58E-04	939,96
86	1,06E-04	8,12E-03	21,2710	0,0163	4,59E-04	938,96
87	1,02E-04	8,11E-03	21,2710	0,0160	4,60E-04	938,68
88	1,00E-04	8,10E-03	21,2710	0,0160	4,61E-04	936,18
89	9,88E-05	8,09E-03	21,2710	0,0160	4,62E-04	935,41

Tabelle B.19: Vergleich der Iterationsläufe bei Verwendung von Θ_{exakt} und β_{opt} – (101 Diskretisierungspunkte, $u^0 = 0.1$, μ^0 aus $L_c = 0$ ohne Vorzeichenbedingung wie in Tab. B.13, NB-Genauigkeit = 1E-03)

i	$S(\beta\Delta u^i, \beta\Delta\mu^i)$	$R(u^i, \mu^i)$	$y^i(T)$	β^i	$\Theta(\beta^i)$	Zeit (in Sek.)
Verwendung der Quasilinearisierung						
0	0	21,7140	7,4464	0	176,9645	0
1	160,5942	21,1615	-0,4714	1	7,9292	99,88
2	43,3203	20,1681	-0,0956	1	0,3808	145,13
3	4,3222	20,0025	-0,0159	1	6,63E-04	118,13
4	1,05E-03	20,0025	-0,0159	0,015625	6,59E-04	205,21
5	1,03E-03	20,0024	-0,0159	0,015625	6,55E-04	207,36
6	1,01E-03	20,0024	-0,0159	0,015625	6,51E-04	201,26
7	9,98E-04	20,0023	-0,0159	0,015625	6,47E-04	205,56
8	9,83E-04	20,0022	-0,0159	0,015625	6,43E-04	201,30
9	9,67E-04	20,0022	-0,0159	0,015625	6,39E-04	207,05
10	9,52E-04	20,0021	-0,0159	0,015625	6,36E-04	207,91
11	9,37E-04	20,0021	-0,0159	0,015625	6,32E-04	201,95
12	9,23E-04	20,0020	-0,0159	0,015625	6,29E-04	203,49
13	9,08E-04	20,0020	-0,0159	0,015625	6,25E-04	205,86
14	8,94E-04	20,0019	-0,0159	0,015625	6,22E-04	202,43
15	8,80E-04	20,0019	-0,0159	0,015625	6,19E-04	202,91
...						
90	2,70E-04	19,9996	-0,0159	0,015625	5,33E-04	200,72
91	2,66E-04	19,9996	-0,0159	0,015625	5,33E-04	200,83
92	2,62E-04	19,9996	-0,0159	0,015625	5,32E-04	200,60
93	2,58E-04	19,9996	-0,0159	0,015625	5,32E-04	200,74
94	2,54E-04	19,9996	-0,0159	0,015625	5,32E-04	200,71
95	2,50E-04	19,9995	-0,0159	0,015625	5,32E-04	200,68
96	2,46E-04	19,9995	-0,0159	0,015625	5,31E-04	200,63
97	2,42E-04	19,9995	-0,0159	0,015625	5,31E-04	200,80
98	2,38E-04	19,9995	-0,0159	0,015625	5,31E-04	200,86
99	2,34E-04	19,9995	-0,0159	0,015625	5,31E-04	200,61
100	2,31E-04	19,9995	-0,0159	0,015625	5,30E-04	200,70
Verwendung des Fischer-Burmeister-Ansatzes						
0	0	21,7140	7,4464	0	28152,7647	0
1	873,9227	3,1401	20,5706	1	82,6491	83,42
2	32,0965	0,6077	21,3322	1	2,3083	485,79
3	7,2588	0,0535	21,2735	1	8,54E-03	521,82
4	0,4909	0,0110	21,2712	1	3,48E-04	665,42
5	3,42E-04	0,0109	21,2712	0,015625	3,49E-04	695,97
6	3,38E-04	0,0109	21,2712	0,015625	3,49E-04	701,59
7	3,33E-04	0,0108	21,2712	0,015625	3,50E-04	710,19
8	3,28E-04	0,0107	21,2712	0,015625	3,51E-04	704,41
9	3,24E-04	0,0107	21,2712	0,015625	3,52E-04	698,83
10	3,19E-04	0,0106	21,2712	0,015625	3,52E-04	705,40
11	3,15E-04	0,0106	21,2712	0,015625	3,53E-04	709,31
12	3,11E-04	0,0105	21,2712	0,015625	3,54E-04	704,75
13	3,06E-04	0,0105	21,2712	0,015625	3,55E-04	704,79
14	3,02E-04	0,0104	21,2712	0,015625	3,56E-04	707,10
15	2,98E-04	0,0104	21,2712	0,015625	3,57E-04	724,28
...						
80	1,17E-04	8,44E-03	21,2710	0,015625	4,43E-04	732,79
81	1,15E-04	8,42E-03	21,2710	0,015625	4,44E-04	730,57
82	1,13E-04	8,41E-03	21,2710	0,015625	4,45E-04	734,38
83	1,11E-04	8,39E-03	21,2710	0,015625	4,46E-04	730,88
84	1,10E-04	8,37E-03	21,2710	0,015625	4,48E-04	730,11
85	1,08E-04	8,36E-03	21,2710	0,015625	4,49E-04	734,60
86	1,06E-04	8,34E-03	21,2710	0,015625	4,50E-04	730,29
87	1,05E-04	8,33E-03	21,2710	0,015625	4,51E-04	729,69
88	1,03E-04	8,31E-03	21,2710	0,015625	4,52E-04	736,29
89	1,01E-04	8,30E-03	21,2710	0,015625	4,53E-04	738,52
90	9,99E-05	8,28E-03	21,2710	0,015625	4,54E-04	746,76

Tabelle B.20: Vergleich der Iterationsläufe bei Verwendung von Θ_{exakt} und β_{approx} – beide Iterationen benötigen viele Schritte, wobei die QL erst enden, als die maximale Iterationsanzahl erreicht wird. Der FB-Ansatz endet etwas früher, macht aber einen Fehler, da $u(2.2) = -0.0013$ berechnet wird (101 Diskretisierungspunkte, $u^0 = 0.1$, μ^0 aus $L_c = 0$ ohne Vorzeichenbedingung wie in Tab. B.15, NB-Genauigkeit = 1E-03)

i	$S(\beta\Delta u^i,\beta\Delta\mu^i)$	$R(u^i,\mu^i)$	$y^i(T)$	β^i	$\Theta(\beta^i)$	Zeit (in Sek.)
Verwendung der Quasilinearisierung						
0	0	21,7140	7,4464	0	176,9645	0
1	160,5942	21,1615	-0,4714	1	7,9292	99,91
2	43,3203	20,1681	-0,0956	1	0,3808	144,47
3	4,6426	20,0004	-1,66E-03	1	1,55E-04	130,10
4	0,1100	19,9965	-1,07E-06	1	1,06E-07	81,29
5	1,75E-03	19,9964	8,01E-13	1	6,98E-13	35,29
6	6,89E-11	19,9964	7,88E-13	0,015625	6,98E-13	93,56
Verwendung des Fischer-Burmeister-Ansatzes						
0	0	21,7140	7,4464	0	28152,76	0
1	873,9227	3,1401	20,5706	1	82,65	80,21
2	32,0965	0,6077	21,3322	1	2,31	483,73
3	7,2588	0,0535	21,2735	1	8,54E-03	519,58
4	0,4907	0,0109	21,2712	1	3,40E-04	656,00
5	3,48E-04	0,0108	21,2712	0,015625	3,40E-04	698,16
6	3,43E-04	0,0107	21,2712	0,015625	3,41E-04	699,28
7	3,38E-04	0,0107	21,2712	0,015625	3,41E-04	700,75
8	3,33E-04	0,0106	21,2712	0,015625	3,42E-04	697,57
9	3,29E-04	0,0106	21,2712	0,015625	3,42E-04	697,48
10	3,24E-04	0,0105	21,2712	0,015625	3,43E-04	698,06
11	3,20E-04	0,0105	21,2712	0,015625	3,44E-04	696,82
12	3,15E-04	0,0104	21,2712	0,015625	3,44E-04	696,85
13	3,11E-04	0,0104	21,2712	0,015625	3,45E-04	699,02
14	3,06E-04	0,0103	21,2712	0,015625	3,46E-04	699,24
15	3,02E-04	0,0103	21,2712	0,015625	3,47E-04	699,17
16	2,98E-04	0,0102	21,2712	0,015625	3,48E-04	699,42
17	2,94E-04	0,0102	21,2712	0,015625	3,49E-04	697,88
18	2,90E-04	0,0101	21,2712	0,015625	3,49E-04	697,02
19	2,86E-04	0,0101	21,2712	0,015625	3,50E-04	706,14
20	2,82E-04	0,0100	21,2712	0,015625	3,51E-04	731,50
21	2,78E-04	9,96E-03	21,2712	0,015625	3,52E-04	698,34
22	2,74E-04	9,92E-03	21,2712	0,015625	3,53E-04	698,37
23	2,70E-04	9,88E-03	21,2712	0,015625	3,54E-04	699,28
24	2,66E-04	9,83E-03	21,2712	0,015625	3,55E-04	699,67
25	2,63E-04	9,79E-03	21,2711	0,015625	3,56E-04	700,15
26	2,59E-04	9,75E-03	21,2711	0,015625	3,57E-04	697,97
27	2,55E-04	9,71E-03	21,2711	0,015625	3,58E-04	697,78
28	2,52E-04	9,67E-03	21,2711	0,015625	3,60E-04	700,64
29	2,48E-04	9,63E-03	21,2711	0,015625	3,61E-04	710,13
30	2,45E-04	9,59E-03	21,2711	0,015625	3,62E-04	716,47
...						
80	1,23E-04	8,31E-03	21,2710	0,015625	4,23E-04	751,54
81	1,21E-04	8,29E-03	21,2710	0,015625	4,24E-04	752,79
82	1,19E-04	8,28E-03	21,2710	0,015625	4,25E-04	752,06
83	1,18E-04	8,26E-03	21,2710	0,015625	4,26E-04	753,12
84	1,16E-04	8,25E-03	21,2710	0,015625	4,27E-04	750,21
85	1,14E-04	8,23E-03	21,2710	0,015625	4,29E-04	750,22
86	1,13E-04	8,22E-03	21,2710	0,015625	4,30E-04	750,75
87	1,11E-04	8,21E-03	21,2710	0,015625	4,31E-04	750,45
88	1,10E-04	8,19E-03	21,2710	0,015625	4,32E-04	750,04
89	1,08E-04	8,18E-03	21,2710	0,015625	4,33E-04	750,92
90	1,07E-04	8,17E-03	21,2710	0,015625	4,34E-04	750,87
91	1,05E-04	8,15E-03	21,2710	0,015625	4,35E-04	749,41
92	1,04E-04	8,14E-03	21,2710	0,015625	4,36E-04	749,18
93	1,02E-04	8,13E-03	21,2710	0,015625	4,37E-04	750,89
94	1,01E-04	8,11E-03	21,2710	0,015625	4,38E-04	750,39
95	9,93E-05	8,10E-03	21,2710	0,015625	4,40E-04	750,46

Tabelle B.21: Vergleich der Iterationsläufe bei Verwendung von Θ_{exakt} und β_{approx} mit einer höheren NB-Genauigkeit als in Tab. B.20 – der QL-Ansatz bestimmt nun nach 6 Iterationsschritten die Lösung $u \equiv 0$, während die FB-Iteration noch 5 Schritte mehr als zuvor benötigt (101 Diskretisierungspunkte, $u^0 = 0.1$, μ^0 aus $L_c = 0$ ohne Vorzeichenbedingung wie in Tab. B.15, NB-Genauigkeit = 0)

i	$S(\beta\Delta u^i, \beta\Delta\mu^i)$	$R(u^i, \mu^i)$	$y^i(T)$	β^i	$\Theta(\beta^i)$	Zeit (in Sek.)
			Verwendung der Quasilinearisierung			
0	0	21,7140	7,4464	0	176,9645	0
1	160,5942	21,1615	-0,4714	1	7,9292	126,96
2	43,3203	20,1681	-0,0956	1	0,3808	170,96
3	4,3222	20,0025	-0,0159	1	6,63E-04	139,50
4	1,05E-03	20,0025	-0,0159	0,015625	6,59E-04	125,84
5	1,03E-03	20,0024	-0,0159	0,015625	6,55E-04	126,24
6	1,01E-03	20,0024	-0,0159	0,015625	6,51E-04	125,34
7	9,98E-04	20,0023	-0,0159	0,015625	6,47E-04	125,50
8	9,83E-04	20,0022	-0,0159	0,015625	6,43E-04	126,09
9	9,67E-04	20,0022	-0,0159	0,015625	6,39E-04	126,75
10	9,52E-04	20,0021	-0,0159	0,015625	6,36E-04	126,14
11	9,37E-04	20,0021	-0,0159	0,015625	6,32E-04	125,63
12	9,23E-04	20,0020	-0,0159	0,015625	6,29E-04	125,94
13	9,08E-04	20,0020	-0,0159	0,015625	6,25E-04	125,59
14	8,94E-04	20,0019	-0,0159	0,015625	6,22E-04	132,71
15	8,80E-04	20,0019	-0,0159	0,015625	6,19E-04	130,43
...						
90	2,70E-04	19,9996	-0,0159	0,015625	5,33E-04	126,60
91	2,66E-04	19,9996	-0,0159	0,015625	5,33E-04	128,13
92	2,62E-04	19,9996	-0,0159	0,015625	5,32E-04	126,68
93	2,58E-04	19,9996	-0,0159	0,015625	5,32E-04	131,05
94	2,54E-04	19,9996	-0,0159	0,015625	5,32E-04	130,52
95	2,50E-04	19,9995	-0,0159	0,015625	5,32E-04	129,15
96	2,46E-04	19,9995	-0,0159	0,015625	5,31E-04	127,30
97	2,42E-04	19,9995	-0,0159	0,015625	5,31E-04	126,51
98	2,38E-04	19,9995	-0,0159	0,015625	5,31E-04	127,00
99	2,34E-04	19,9995	-0,0159	0,015625	5,31E-04	125,76
100	2,31E-04	19,9995	-0,0159	0,015625	5,30E-04	126,71
			Verwendung des Fischer-Burmeister-Ansatzes			
0	0	21,7140	7,4464	0	28152,7647	0
1	873,9227	3,1401	20,5706	1	82,6491	105,82
2	32,0965	0,6077	21,3322	1	2,3083	517,50
3	7,2588	0,0535	21,2735	1	8,54E-03	551,34
4	0,4909	0,0110	21,2712	1	3,48E-04	694,51
5	3,42E-04	0,0109	21,2712	0,015625	3,49E-04	607,11
6	3,38E-04	0,0109	21,2712	0,015625	3,49E-04	608,76
7	3,33E-04	0,0108	21,2712	0,015625	3,50E-04	611,88
8	3,28E-04	0,0107	21,2712	0,015625	3,51E-04	612,20
9	3,24E-04	0,0107	21,2712	0,015625	3,52E-04	617,98
10	3,19E-04	0,0106	21,2712	0,015625	3,52E-04	613,17
11	3,15E-04	0,0106	21,2712	0,015625	3,53E-04	613,30
12	3,11E-04	0,0105	21,2712	0,015625	3,54E-04	616,28
13	3,06E-04	0,0105	21,2712	0,015625	3,55E-04	621,48
14	3,02E-04	0,0104	21,2712	0,015625	3,56E-04	612,39
15	2,98E-04	0,0104	21,2712	0,015625	3,57E-04	608,62
...						
80	1,17E-04	8,44E-03	21,2710	0,015625	4,43E-04	662,57
81	1,15E-04	8,42E-03	21,2710	0,015625	4,44E-04	656,93
82	1,13E-04	8,41E-03	21,2710	0,015625	4,45E-04	655,67
83	1,11E-04	8,39E-03	21,2710	0,015625	4,46E-04	667,98
84	1,10E-04	8,37E-03	21,2710	0,015625	4,48E-04	649,50
85	1,08E-04	8,36E-03	21,2710	0,015625	4,49E-04	640,90
86	1,06E-04	8,34E-03	21,2710	0,015625	4,50E-04	653,80
87	1,05E-04	8,33E-03	21,2710	0,015625	4,51E-04	657,98
88	1,03E-04	8,31E-03	21,2710	0,015625	4,52E-04	659,46
89	1,01E-04	8,30E-03	21,2710	0,015625	4,53E-04	658,12
90	9,99E-05	8,28E-03	21,2710	0,015625	4,54E-04	668,57

Tabelle B.22: Vergleich der Iterationsläufe bei Verwendung von Θ_{exakt} und $\beta_{\max}$ – beide Iterationen stimmen komplett mit denen aus dem $\Theta_{exakt}(\beta_{\approx})$-Ansatz überein (101 Diskretisierungspunkte, $u^0 = 0.1$, μ^0 aus $L_c = 0$ ohne Vorzeichenbedingung wie in Tab. B.14, NB-Genauigkeit = 1E-03)

i	$S(\beta\Delta u^i, \beta\Delta\mu^i)$	$R(u^i, \mu^i)$	$y^i(T)$	β^i	$\Theta(\beta^i)$	Zeit (in Sek.)
			Verwendung der Quasilinearisierung			
0	0	21,7140	7,4464	0	176,9645	0
1	148,0807	20,9032	0,2180	0,9221	2,7068	74,83
2	29,1745	20,0791	-0,0424	0,9055	0,0334	115,96
3	1,5397	19,9979	-0,0307	0,9994	2,33E-03	76,89
4	0,0190	19,9974	-0,0307	0,9981	2,33E-03	46,68
5	5,75E-07	19,9974	-0,0307	0,0160	2,33E-03	46,28
			Verwendung des Fischer-Burmeister-Ansatzes			
0	0	21,7140	7,4464	0	28152,7647	0
1	858,6521	3,3326	20,5334	0,9825	311,3482	58,56
2	42,9874	0,6263	21,3069	0,9996	3,3066	484,83
3	10,4067	0,0507	21,2739	0,9996	0,0172	590,17
4	1,0517	9,23E-03	21,2712	0,9996	2,57E-05	656,70
5	0,0377	7,93E-03	21,2710	0,9996	6,40E-07	588,17
6	1,91E-03	7,40E-03	21,2709	0,9995	5,31E-11	643,31
7	3,15E-05	7,41E-03	21,2709	0,9995	5,46E-11	633,63

Tabelle B.23: Vergleich der Iterationsläufe bei Verwendung von Θ_{approx} und β_{opt} – (101 Diskretisierungspunkte, $u^0 = 0.1$, μ^0 aus $L_c = 0$ ohne Vorzeichenbedingung wie in Tab. B.16, NB-Genauigkeit = 1E-03)

i	$S(\beta\Delta u^i, \beta\Delta\mu^i)$	$R(u^i, \mu^i)$	$y^i(T)$	β^i	$\Theta(\beta^i)$	Zeit (in Sek.)
			Verwendung der Quasilinearisierung			
0	0	21,7140	7,4464	0	176,9645	0
1	160,5942	21,1615	-0,4714	1	4,1495	72,75
2	43,3203	20,1681	-0,0956	1	0,1605	105,31
3	4,3222	20,0025	-0,0159	1	5,78E-04	79,80
4	1,05E-03	20,0025	-0,0159	0,015625	6,61E-04	50,13
5	1,03E-03	20,0024	-0,0159	0,015625	6,57E-04	49,93
6	1,01E-03	20,0024	-0,0159	0,015625	6,53E-04	48,68
7	9,98E-04	20,0023	-0,0159	0,015625	6,49E-04	49,83
8	9,83E-04	20,0022	-0,0159	0,015625	6,45E-04	51,41
9	9,67E-04	20,0022	-0,0159	0,015625	6,41E-04	50,69
10	9,52E-04	20,0021	-0,0159	0,015625	6,38E-04	50,24
11	9,37E-04	20,0021	-0,0159	0,015625	6,34E-04	49,39
12	9,23E-04	20,0020	-0,0159	0,015625	6,31E-04	49,49
13	9,08E-04	20,0020	-0,0159	0,015625	6,28E-04	48,27
14	8,94E-04	20,0019	-0,0159	0,015625	6,24E-04	48,60
15	8,80E-04	20,0019	-0,0159	0,015625	6,21E-04	48,36
16	8,66E-04	20,0018	-0,0159	0,015625	6,18E-04	48,76
17	8,53E-04	20,0018	-0,0159	0,015625	6,15E-04	49,46
18	8,39E-04	20,0017	-0,0159	0,015625	6,13E-04	49,19
19	8,26E-04	20,0017	-0,0159	0,015625	6,10E-04	49,04
20	8,13E-04	20,0016	-0,0159	0,015625	6,07E-04	48,57
...						
81	3,11E-04	19,9998	-0,0159	0,015625	5,36E-04	49,94
82	3,06E-04	19,9997	-0,0159	0,015625	5,36E-04	49,36
83	3,02E-04	19,9997	-0,0159	0,015625	5,36E-04	49,91
84	2,97E-04	19,9997	-0,0159	0,015625	5,35E-04	48,59
85	2,92E-04	19,9997	-0,0159	0,015625	5,35E-04	48,66
86	2,88E-04	19,9997	-0,0159	0,015625	5,35E-04	50,57
87	2,83E-04	19,9997	-0,0159	0,015625	5,34E-04	49,83
88	2,79E-04	19,9996	-0,0159	0,015625	5,34E-04	49,69
89	2,74E-04	19,9996	-0,0159	0,015625	5,34E-04	50,14
90	2,70E-04	19,9996	-0,0159	0,015625	5,33E-04	49,87
91	2,66E-04	19,9996	-0,0159	0,015625	5,33E-04	49,02
92	2,62E-04	19,9996	-0,0159	0,015625	5,33E-04	49,94
93	2,58E-04	19,9996	-0,0159	0,015625	5,33E-04	50,03
94	2,54E-04	19,9996	-0,0159	0,015625	5,32E-04	48,97
95	2,50E-04	19,9995	-0,0159	0,015625	5,32E-04	49,13
96	2,46E-04	19,9995	-0,0159	0,015625	5,32E-04	49,92
97	2,42E-04	19,9995	-0,0159	0,015625	5,32E-04	49,32
98	2,38E-04	19,9995	-0,0159	0,015625	5,31E-04	49,14
99	2,34E-04	19,9995	-0,0159	0,015625	5,31E-04	49,50
100	2,31E-04	19,9995	-0,0159	0,015625	5,31E-04	49,04
			Verwendung des Fischer-Burmeister-Ansatzes			
0	0	21,7140	7,4464	0	28152,7647	0
1	873,9227	3,1401	20,5706	1	318,3539	49,58
2	32,0965	0,6077	21,3322	1	2,7491	439,66
3	7,2588	0,0535	21,2735	1	9,93E-03	477,66
4	0,4909	0,0110	21,2712	1	3,88E-05	617,98
5	0,0219	7,61E-03	21,2710	1	3,96E-07	511,98
6	1,93E-03	7,40E-03	21,2709	1	1,01E-10	549,31
7	3,70E-05	7,41E-03	21,2709	1	9,51E-11	545,18

Tabelle B.24: Vergleich der Iterationsläufe bei Verwendung von Θ_{approx} und $\beta_{\max}$ – (101 Diskretisierungspunkte, $u^0 = 0.1$, μ^0 aus $L_c = 0$ ohne Vorzeichenbedingung wie in Tab. B.17, NB-Genauigkeit = 1E-03)

i	$S(\beta\Delta u^i, \beta\Delta\mu^i)$	$R(u^i, \mu^i)$	$y^i(T)$	β^i	$\Theta(\beta^i)$	Zeit (in Sek.)
			Verwendung der Quasilinearisierung			
0	0	21,7140	7,4464	0	176,9645	0
1	160,5942	21,1615	-0,4714	1	4,1495	71,32
2	43,3203	20,1681	-0,0956	1	0,1605	104,88
3	4,3222	20,0025	-0,0159	1	5,78E-04	79,60
4	0,0167	20,0016	-0,0159	0,25	5,69E-04	49,26
5	1,57E-03	20,0015	-0,0159	0,03125	5,94E-04	48,90
6	7,60E-04	20,0014	-0,0159	0,015625	5,94E-04	49,27
7	7,48E-04	20,0014	-0,0159	0,015625	5,92E-04	49,70
8	7,37E-04	20,0013	-0,0159	0,015625	5,90E-04	48,70
9	7,25E-04	20,0013	-0,0159	0,015625	5,88E-04	48,78
10	7,14E-04	20,0012	-0,0159	0,015625	5,86E-04	50,04
11	7,03E-04	20,0012	-0,0159	0,015625	5,84E-04	49,72
12	6,92E-04	20,0012	-0,0159	0,015625	5,82E-04	49,04
13	6,81E-04	20,0011	-0,0159	0,015625	5,81E-04	48,81
14	6,70E-04	20,0011	-0,0159	0,015625	5,79E-04	49,48
15	6,60E-04	20,0010	-0,0159	0,015625	5,77E-04	50,20
16	6,49E-04	20,0010	-0,0159	0,015625	5,75E-04	49,27
17	6,39E-04	20,0010	-0,0159	0,015625	5,74E-04	49,15
18	6,29E-04	20,0009	-0,0159	0,015625	5,72E-04	48,95
19	6,20E-04	20,0009	-0,0159	0,015625	5,71E-04	50,09
20	6,10E-04	20,0009	-0,0159	0,015625	5,69E-04	50,07
...						
81	2,33E-04	19,9995	-0,0159	0,015625	5,31E-04	49,54
82	2,30E-04	19,9995	-0,0159	0,015625	5,31E-04	48,86
83	2,26E-04	19,9995	-0,0159	0,015625	5,30E-04	48,70
84	2,23E-04	19,9994	-0,0159	0,015625	5,30E-04	48,61
85	2,19E-04	19,9994	-0,0159	0,015625	5,30E-04	50,71
86	2,16E-04	19,9994	-0,0159	0,015625	5,30E-04	49,67
87	2,12E-04	19,9994	-0,0159	0,015625	5,30E-04	49,17
88	2,09E-04	19,9994	-0,0159	0,015625	5,30E-04	49,48
89	2,06E-04	19,9994	-0,0159	0,015625	5,29E-04	49,55
90	2,03E-04	19,9994	-0,0159	0,015625	5,29E-04	48,88
91	1,99E-04	19,9994	-0,0159	0,015625	5,29E-04	48,72
92	1,96E-04	19,9993	-0,0159	0,015625	5,29E-04	49,25
93	1,93E-04	19,9993	-0,0159	0,015625	5,29E-04	50,21
94	1,90E-04	19,9993	-0,0159	0,015625	5,29E-04	50,31
95	1,87E-04	19,9993	-0,0159	0,015625	5,29E-04	49,58
96	1,84E-04	19,9993	-0,0159	0,015625	5,28E-04	49,04
97	1,81E-04	19,9993	-0,0159	0,015625	5,28E-04	49,79
98	1,79E-04	19,9993	-0,0159	0,015625	5,28E-04	50,53
99	1,76E-04	19,9993	-0,0159	0,015625	5,28E-04	50,75
100	1,73E-04	19,9993	-0,0159	0,015625	5,28E-04	50,40
			Verwendung des Fischer-Burmeister-Ansatzes			
0	0	21,7140	7,4464	0	28152,7647	0
1	873,9227	3,1401	20,5706	1	318,3539	50,21
2	32,0965	0,6077	21,3322	1	2,7491	444,66
3	7,2588	0,0535	21,2735	1	9,93E-03	483,32
4	0,4909	0,0110	21,2712	1	3,88E-05	619,35
5	0,0219	7,61E-03	21,2710	1	3,96E-07	513,22
6	1,93E-03	7,40E-03	21,2709	1	1,01E-10	550,99
7	3,70E-05	7,41E-03	21,2709	1	9,51E-11	541,58

Tabelle B.25: Vergleich der Iterationsläufe bei Verwendung von Θ_{approx} und β_{approx} – (101 Diskretisierungspunkte, $u^0 = 0.1$, μ^0 aus $L_c = 0$ ohne Vorzeichenbedingung wie in Tab. B.18, NB-Genauigkeit = 1E-03)

i	$S(\beta\Delta u^i, \beta\Delta\mu^i)$	$R(u^i, \mu^i)$	$y^i(T)$	β^i	$\Theta(\beta^i)$	Zeit (in Sek.)
0	0	9,9174	7,4464	0	5491,5362	0
1	40,7541	3,5568	20,6178	1	109,6450	142,64
2	14,2608	0,6065	21,3317	1	1,7877	704,19
3	7,2538	0,7027	21,2878	0,8994	0,9837	1868,78
4	5,4218	0,2725	21,2685	1	0,1388	706,02
5	2,5349	0,0575	21,2461	1	6,60E-03	719,13
6	0,4982	0,0176	21,2401	1	1,26E-03	657,83
7	1,39E-03	0,0175	21,2401	0,015625	1,26E-03	695,64
8	1,37E-03	0,0174	21,2400	0,015625	1,27E-03	696,60
9	1,35E-03	0,0173	21,2400	0,015625	1,27E-03	684,59
10	1,33E-03	0,0172	21,2400	0,015625	1,28E-03	695,20
...						
90	4,02E-04	0,0129	21,2389	0,015625	1,65E-03	660,03
91	3,96E-04	0,0129	21,2389	0,015625	1,66E-03	689,44
92	3,90E-04	0,0128	21,2389	0,015625	1,66E-03	689,55
93	3,84E-04	0,0128	21,2389	0,015625	1,66E-03	689,15
94	3,78E-04	0,0128	21,2389	0,015625	1,67E-03	687,77
95	3,72E-04	0,0128	21,2389	0,015625	1,67E-03	689,56
96	3,67E-04	0,0127	21,2389	0,015625	1,67E-03	689,41
97	3,61E-04	0,0127	21,2389	0,015625	1,68E-03	690,84
98	3,55E-04	0,0127	21,2389	0,015625	1,68E-03	690,61
99	3,50E-04	0,0127	21,2389	0,015625	1,68E-03	691,88
100	3,45E-04	0,0127	21,2389	0,015625	1,68E-03	692,88

Tabelle B.26: FB-Iterationsverlauf bei Verwendung von Θ_{exakt} und $\beta_{\max}$ – anders als in Tab. B.14 wurde die Fischer-Burmeister-Funktion auch bei den Einnahmenbedingungen benutzt, die jetzt alle erfüllt werden, dafür wird ein μ mit $\mu(2.2) = 0.0017$ negativ berechnet (101 Diskretisierungspunkte, $u^0 = 0.1$, $\mu^0 \geq 0$ aus $L_c = 0$, NB-Genauigkeit = 1E-03)

i	$S(\beta\Delta u^i, \beta\Delta\mu^i)$	$R(u^i, \mu^i)$	$y^i(T)$	β^i	$\Theta(\beta^i)$	Zeit (in Sek.)
0	0	9,9174	7,4464	0	5491,5362	0
1	40,7541	3,5568	20,6178	1	109,6450	114,40
2	14,2608	0,6065	21,3317	1	1,7877	676,79
3	4,0325	0,4729	21,3232	0,5	0,7430	676,39
4	3,5444	0,3666	21,3107	0,5	0,3364	633,16
5	4,9002	0,1997	21,2547	1	0,1293	621,54
6	1,2073	0,0235	21,2409	1	2,78E-03	675,25
7	2,62E-03	0,0233	21,2409	0,015625	2,77E-03	822,47
8	2,58E-03	0,0231	21,2409	0,015625	2,75E-03	820,13
9	2,55E-03	0,0229	21,2408	0,015625	2,73E-03	823,27
10	2,51E-03	0,0227	21,2408	0,015625	2,71E-03	803,07
...						
90	7,58E-04	0,0145	21,2392	0,015625	2,08E-03	814,71
91	7,46E-04	0,0144	21,2392	0,015625	2,08E-03	809,89
92	7,35E-04	0,0144	21,2392	0,015625	2,07E-03	810,62
93	7,24E-04	0,0143	21,2392	0,015625	2,07E-03	806,78
94	7,12E-04	0,0143	21,2391	0,015625	2,07E-03	809,50
95	7,02E-04	0,0142	21,2391	0,015625	2,06E-03	810,76
96	6,91E-04	0,0142	21,2391	0,015625	2,06E-03	808,88
97	6,80E-04	0,0141	21,2391	0,015625	2,06E-03	807,70
98	6,70E-04	0,0141	21,2391	0,015625	2,06E-03	806,92
99	6,59E-04	0,0141	21,2391	0,015625	2,05E-03	809,15
100	6,49E-04	0,0140	21,2391	0,015625	2,05E-03	803,67

Tabelle B.27: FB-Iterationsverlauf bei Verwendung von Θ_{exakt} und β_{approx} – anders als in Tab. B.15 wurde die Fischer-Burmeister-Funktion auch bei den Einnahmenbedingungen benutzt, die jetzt alle erfüllt werden (101 Diskretisierungspunkte, $u^0 = 0.1$, $\mu^0 \geq 0$ aus $L_c = 0$, NB-Genauigkeit = 1E-03)

i	$S(\beta\Delta u^i, \beta\Delta\mu^i)$	$R(u^i, \mu^i)$	$y^i(T)$	β^i	$\Theta(\beta^i)$	Zeit (in Sek.)
0	0	9,9174	7,4464	0	5491,5362	0
1	40,7383	3,5583	20,6165	0,9996	110,0178	574,50
2	14,2594	0,6074	21,3317	0,9996	1,7912	1122,83
3	4,9254	0,5308	21,3160	0,6103	0,7043	831,34
4	5,1296	0,3510	21,2903	0,7653	0,2672	864,72
5	3,9126	0,1008	21,2480	0,9996	0,0334	1043,17
6	0,6514	0,0148	21,2400	0,9996	2,05E-03	1048,37
7	0,0858	0,0116	21,2387	0,9217	1,91E-03	1009,28
8	2,60E-04	0,0116	21,2387	0,0273	1,91E-03	992,11
9	4,63E-04	0,0116	21,2386	0,0500	1,91E-03	1012,22
10	2,16E-03	0,0115	21,2386	0,2455	1,91E-03	899,33
11	2,13E-03	0,0114	21,2386	0,3221	1,91E-03	953,75
12	7,11E-04	0,0114	21,2386	0,1592	1,91E-03	909,14
13	1,46E-03	0,0114	21,2385	0,3905	1,91E-03	1063,96
14	3,57E-04	0,0114	21,2385	0,1574	1,91E-03	1020,99
15	1,56E-03	0,0113	21,2385	0,8166	1,91E-03	859,11
16	1,83E-04	0,0113	21,2385	0,5552	1,91E-03	901,81
17	6,06E-05	0,0113	21,2385	0,4206	1,91E-03	998,81

Tabelle B.28: FB-Iterationsverlauf bei Verwendung von Θ_{exakt} und β_{opt} – anders als in Tab. B.13 wurde die Fischer-Burmeister-Funktion auch bei den Einnahmenbedingungen benutzt, die jetzt alle erfüllt werden (101 Diskretisierungspunkte, $u^0 = 0.1$, $\mu^0 \geq 0$ aus $L_c = 0$, NB-Genauigkeit = 1E-03)

i	$S(\beta\Delta u^i, \beta\Delta\mu^i)$	$R(u^i, \mu^i)$	$y^i(T)$	β^i	$\Theta(\beta^i)$	Zeit (in Sek.)
0	0	9,9174	7,4464	0	5491,5362	0
1	40,7378	3,5583	20,6164	0,9996	352,2501	75,42
2	14,0806	0,6244	21,3314	0,9871	3,9971	606,14
3	5,8503	0,5797	21,3084	0,7189	0,4739	621,72
4	5,0242	0,3331	21,2858	0,7931	0,1833	552,53
5	3,5625	0,0862	21,2478	0,9860	1,76E-02	590,87
6	0,6259	0,0140	21,2400	0,9996	2,86E-05	620,58
7	0,0922	0,0113	21,2385	0,9996	1,70E-08	578,15
8	2,21E-03	0,0113	21,2385	0,9994	4,62E-10	612,62
9	3,26E-05	0,0113	21,2385	0,9994	4,48E-10	564,78

Tabelle B.29: FB-Iterationsverlauf bei Verwendung von Θ_{approx} und β_{opt} – anders als in Tab. B.16 wurde die Fischer-Burmeister-Funktion auch bei den Einnahmenbedingungen benutzt, die jetzt alle erfüllt werden (101 Diskretisierungspunkte, $u^0 = 0.1$, $\mu^0 \geq 0$ aus $L_c = 0$, NB-Genauigkeit = 1E-03)

i	$S(\beta\Delta u^i, \beta\Delta\mu^i)$	$R(u^i, \mu^i)$	$y^i(T)$	β^i	$\Theta(\beta^i)$	Zeit (in Sek.)
0	0	9,9174	7,4464	0	5491,5362	0
1	40,7541	3,5568	20,6178	1	351,9911	75,82
2	14,2608	0,6065	21,3317	1	4,0102	615,01
3	8,0650	0,7749	21,2750	1	0,7284	584,88
4	4,5967	0,2617	21,2499	1	0,1528	723,95
5	1,4974	0,0409	21,2396	1	2,12E-03	646,83
6	0,1971	0,0120	21,2386	1	2,31E-06	594,68
7	6,54E-03	0,0113	21,2385	1	1,45E-09	630,93
8	5,33E-05	0,0113	21,2385	1	1,07E-09	571,46

Tabelle B.30: FB-Iterationsverlauf bei Verwendung von Θ_{approx} und $\beta_{\max}$ – anders als in Tab. B.17 wurde die Fischer-Burmeister-Funktion auch bei den Einnahmenbedingungen benutzt, die jetzt alle erfüllt werden (101 Diskretisierungspunkte, $u^0 = 0.1$, $\mu^0 \geq 0$ aus $L_c = 0$, NB-Genauigkeit = 1E-03)

i	$S(\beta\Delta u^i, \beta\Delta\mu^i)$	$R(u^i, \mu^i)$	$y^i(T)$	β^i	$\Theta(\beta^i)$	Zeit (in Sek.)
0	0	9,9174	7,4464	0	5491,5362	0
1	40,7541	3,5568	20,6178	1	351,9911	77,77
2	14,2608	0,6065	21,3317	1	4,0102	634,96
3	8,0650	0,7749	21,2750	1	0,7284	602,57
4	4,5967	0,2617	21,2499	1	0,1528	743,16
5	1,4974	0,0409	21,2395	1	2,12E-03	676,46
6	0,1971	0,0120	21,2386	1	2,31E-06	612,18
7	6,53E-03	0,0113	21,2385	1	1,45E-09	646,29
8	5,08E-05	0,0113	21,2385	1	1,07E-09	582,91

Tabelle B.31: FB-Iterationsverlauf bei Verwendung von Θ_{approx} und β_{approx} – anders als in Tab. B.18 wurde die Fischer-Burmeister-Funktion auch bei den Einnahmenbedingungen benutzt, die jetzt alle erfüllt werden (101 Diskretisierungspunkte, $u^0 = 0.1$, $\mu^0 \geq 0$ aus $L_c = 0$, NB-Genauigkeit = 1E-03)

i	$S(\beta\Delta u^i, \beta\Delta\mu^i)$	$R(u^i, \mu^i)$	$y^i(T)$	β^i	$\Theta(\beta^i)$	Zeit (in Sek.)
0	0	9,2912	7,4464	0	5114,7016	0
1	85,8316	3,9441	19,6542	1	234,4066	66,19
2	48,4791	0,8726	21,3123	1	5,8230	728,15
3	21,1010	1,0488	21,4407	1	2,2425	723,71
4	8,3048	0,3831	21,3427	1	0,3111	668,00
5	4,1908	0,1160	21,2669	1	0,0459	841,84
6	1,1381	0,0205	21,2417	1	2,63E-04	844,71
7	0,1636	0,0114	21,2387	1	2,60E-07	919,45
8	8,81E-03	0,0113	21,2385	1	1,15E-09	903,29
9	1,05E-04	0,0113	21,2385	1	1,07E-09	893,21
10	1,60E-06	0,0113	21,2385	1	1,07E-09	895,17

Tabelle B.32: FB-Iterationsverlauf bei Θ_{approx} und β_{approx} – trotz des sehr schlechten Startwertes wird innerhalb von zehn Schritten die korrekte Lösung (mit $\nu = \{3.0786, 0.7684, 0.1398, 0, \ldots, 0\}$) bestimmt. Die QL-Iteration bricht nach zwei Schritten ab (101 Diskretisierungspunkte, $u^0 = 0.1$, $\mu^0 = 0.1$, $\nu^0 = 0.1$, NB-Genauigkeit = 1E-03)

i	$S(\beta\Delta u^i, \beta\Delta\mu^i)$	$R(u^i, \mu^i)$	$y^i(T)$	β^i	$\Theta(\beta^i)$	Zeit (in Sek.)
0	0	9,2912	7,4464	0	5114,7016	0
1	85,8316	3,9441	19,6542	1	234,4066	69,85
2	48,4791	0,8726	21,3123	1	5,8230	734,72
3	21,1010	1,0488	21,4407	1	2,2425	733,91
4	8,3048	0,3831	21,3427	1	0,3111	671,56
5	4,1908	0,1160	21,2669	1	0,0459	844,31
6	1,1381	0,0205	21,2417	1	2,63E-04	872,20
7	0,1636	0,0114	21,2387	1	2,60E-07	950,92
8	8,81E-03	0,0113	21,2385	1	1,15E-09	929,90
9	1,05E-04	0,0113	21,2385	1	1,07E-09	924,07
10	1,60E-06	0,0113	21,2385	1	1,07E-09	925,40

Tabelle B.33: FB-Iterationsverlauf bei Verwendung von Θ_{approx} und $\beta_{\max}$ – der Iterationsverlauf stimmt komplett mit $\Theta_{approx}(\beta_{approx})$ aus Tab. B.32 überein, nur wird hier mehr Zeit für jeden Iterationsschritt benötigt. (101 Diskretisierungspunkte, $u^0 = 0.1$, $\mu^0 = 0.1$, $\nu^0 = 0.1$, NB-Genauigkeit = 1E-03)

i	$S(\beta\Delta u^i, \beta\Delta\mu^i)$	$R(u^i, \mu^i)$	$y^i(T)$	β^i	$\Theta(\beta^i)$	Zeit (in Sek.)
0	0	9,2912	7,4464	0	5114,7016	0
1	85,7973	3,9448	19,6523	0,9996	234,7042	65,35
2	48,4454	0,8739	21,3120	0,9996	5,8397	663,08
3	14,5455	0,8485	21,4377	0,6889	1,3297	729,24
4	8,8261	0,4866	21,3870	0,7350	0,4328	627,89
5	6,1301	0,1901	21,2792	0,9996	0,0597	691,32
6	1,5620	0,0349	21,2421	0,9996	8,33E-04	925,45
7	0,2080	0,0116	21,2386	0,9996	6,43E-07	928,19
8	8,15E-03	0,0113	21,2385	0,9994	5,77E-10	916,28
9	9,71E-05	0,0113	21,2385	0,9994	4,48E-10	899,16

Tabelle B.34: FB-Iterationsverlauf bei Verwendung von Θ_{approx} und β_{opt} – im Vergleich zu den vorherigen FB-Iterationen wird nun die bezüglich Θ deutlich bessere Lösung bei sogar einem Iterationsschritt weniger bestimmt. Die QL-Iteration bricht hier nach 3 Schritten ab. (101 Diskretisierungspunkte, $u^0 = 0.1$, $\mu^0 = 0.1$, $\nu^0 = 0.1$, NB-Genauigkeit = 1E-03)

i	$S(\beta\Delta u^i, \beta\Delta\mu^i)$	$R(u^i, \mu^i)$	$y^i(T)$	β^i	$\Theta(\beta^i)$	Zeit (in Sek.)
0	0	9,2912	7,4464	0	5114,7016	0
1	85,8316	3,9441	19,6542	1	140,5052	106,97
2	48,4791	0,8726	21,3123	1	5,0551	786,85
3	21,1010	1,0488	21,4407	1	2,1247	787,24
4	8,3048	0,3831	21,3427	1	0,3652	731,85
5	4,1908	0,1160	21,2669	1	0,0720	904,64
6	1,1381	0,0205	21,2417	1	3,38E-03	922,75
7	0,0818	0,0153	21,2402	0,5	2,53E-03	1034,94
8	1,38E-03	0,0153	21,2402	0,015625	2,52E-03	1208,19
9	1,36E-03	0,0152	21,2402	0,015625	2,51E-03	1201,03
10	1,34E-03	0,0151	21,2401	0,015625	2,50E-03	1230,99
11	1,32E-03	0,0151	21,2401	0,015625	2,49E-03	1213,52
12	1,30E-03	0,0150	21,2401	0,015625	2,48E-03	1203,67
13	1,28E-03	0,0150	21,2401	0,015625	2,46E-03	1179,90
14	1,26E-03	0,0149	21,2400	0,015625	2,45E-03	1179,38
15	1,24E-03	0,0148	21,2400	0,015625	2,44E-03	1210,58
16	1,23E-03	0,0148	21,2400	0,015625	2,43E-03	1215,49
17	1,21E-03	0,0147	21,2400	0,015625	2,43E-03	1213,74
18	1,19E-03	0,0147	21,2399	0,015625	2,42E-03	1215,40
19	1,17E-03	0,0146	21,2399	0,015625	2,40E-03	1214,99
20	1,15E-03	0,0146	21,2399	0,015625	2,39E-03	1214,16
80	4,59E-04	0,0126	21,2391	0,015625	2,08E-03	1176,14
81	4,52E-04	0,0125	21,2390	0,015625	2,07E-03	1182,36
82	4,45E-04	0,0125	21,2390	0,015625	2,07E-03	1184,47
83	4,38E-04	0,0125	21,2390	0,015625	2,07E-03	1183,13
84	4,31E-04	0,0125	21,2390	0,015625	2,07E-03	1194,94
85	4,25E-04	0,0125	21,2390	0,015625	2,06E-03	1174,81
86	4,18E-04	0,0124	21,2390	0,015625	2,06E-03	1176,18
87	4,12E-04	0,0124	21,2390	0,015625	2,06E-03	1173,61
88	4,05E-04	0,0124	21,2390	0,015625	2,06E-03	1176,60
89	3,99E-04	0,0124	21,2390	0,015625	2,05E-03	1167,48
90	3,93E-04	0,0124	21,2390	0,015625	2,05E-03	1180,92
91	3,87E-04	0,0124	21,2390	0,015625	2,05E-03	1167,39
92	3,81E-04	0,0123	21,2390	0,015625	2,05E-03	1168,13
93	3,75E-04	0,0123	21,2390	0,015625	2,04E-03	1172,29
94	3,69E-04	0,0123	21,2389	0,015625	2,04E-03	1160,35
95	3,63E-04	0,0123	21,2389	0,015625	2,04E-03	1162,20
96	3,57E-04	0,0123	21,2389	0,015625	2,04E-03	1177,77
97	3,52E-04	0,0123	21,2389	0,015625	2,03E-03	1159,57
98	3,46E-04	0,0122	21,2389	0,015625	2,03E-03	1165,05
99	3,41E-04	0,0122	21,2389	0,015625	2,03E-03	1161,54
100	3,36E-04	0,0122	21,2389	0,015625	2,03E-03	1166,90

Tabelle B.35: FB-Iterationsverlauf bei Verwendung von Θ_{exakt} und β_{approx} – die FB-Iteration endet erst mit dem Erreichen der maximalen Iterationsanzahl, dabei fallen S, R und Θ permanent. Die Quasilinearisierung bricht hier ebenfalls nach 2 Schritten ab. (101 Diskretisierungspunkte, $u^0 = 0.1$, $\mu^0 = 0.1$, $\nu^0 = 0.1$, NB-Genauigkeit = 1E-03)

i	$S(\beta\Delta u^i, \beta\Delta\mu^i)$	$R(u^i, \mu^i)$	$y^i(T)$	β^i	$\Theta(\beta^i)$	Zeit (in Sek.)
0	0	9,2912	7,4464	0	5114,7016	0
1	85,8316	3,9441	19,6542	1	140,5052	142,40
2	48,4791	0,8726	21,3123	1	5,0551	834,51
3	21,1010	1,0488	21,4407	1	2,1247	846,93
4	8,3048	0,3831	21,3427	1	0,3652	778,74
5	4,1908	0,1160	21,2669	1	0,0720	964,06
6	1,1381	0,0205	21,2417	1	3,38E-03	983,20
7	0,0881	0,0150	21,2401	0,5385	2,47E-03	1840,39
8	1,29E-03	0,0150	21,2401	0,015625	2,46E-03	1078,31
9	1,27E-03	0,0149	21,2400	0,015625	2,45E-03	1069,07
10	1,25E-03	0,0148	21,2400	0,015625	2,44E-03	1064,91
11	1,23E-03	0,0148	21,2400	0,015625	2,43E-03	1076,51
12	1,21E-03	0,0147	21,2400	0,015625	2,42E-03	1072,97
13	1,20E-03	0,0147	21,2400	0,015625	2,41E-03	1078,13
14	1,18E-03	0,0146	21,2399	0,015625	2,40E-03	1082,12
15	1,16E-03	0,0146	21,2399	0,015625	2,39E-03	1080,58
16	1,14E-03	0,0145	21,2399	0,015625	2,38E-03	1085,08
17	1,13E-03	0,0145	21,2399	0,015625	2,38E-03	1085,65
18	1,11E-03	0,0144	21,2399	0,015625	2,37E-03	1078,54
19	1,09E-03	0,0144	21,2398	0,015625	2,36E-03	1093,07
20	1,08E-03	0,0143	21,2398	0,015625	2,35E-03	1082,99
80	4,27E-04	0,0125	21,2390	0,015625	2,06E-03	1057,30
81	4,20E-04	0,0124	21,2390	0,015625	2,06E-03	1054,23
82	4,14E-04	0,0124	21,2390	0,015625	2,06E-03	1039,11
83	4,07E-04	0,0124	21,2390	0,015625	2,05E-03	1047,11
84	4,01E-04	0,0124	21,2390	0,015625	2,05E-03	1053,38
85	3,95E-04	0,0124	21,2390	0,015625	2,05E-03	1042,42
86	3,88E-04	0,0124	21,2390	0,015625	2,05E-03	1041,56
87	3,82E-04	0,0123	21,2390	0,015625	2,05E-03	1039,17
88	3,76E-04	0,0123	21,2390	0,015625	2,04E-03	1049,59
89	3,71E-04	0,0123	21,2389	0,015625	2,04E-03	1039,33
90	3,65E-04	0,0123	21,2389	0,015625	2,04E-03	1035,40
91	3,59E-04	0,0123	21,2389	0,015625	2,04E-03	1042,26
92	3,54E-04	0,0123	21,2389	0,015625	2,03E-03	1035,36
93	3,48E-04	0,0122	21,2389	0,015625	2,03E-03	1039,43
94	3,43E-04	0,0122	21,2389	0,015625	2,03E-03	1048,05
95	3,37E-04	0,0122	21,2389	0,015625	2,03E-03	1047,18
96	3,32E-04	0,0122	21,2389	0,015625	2,03E-03	1045,66
97	3,27E-04	0,0122	21,2389	0,015625	2,02E-03	1062,19
98	3,22E-04	0,0122	21,2389	0,015625	2,02E-03	1037,45
99	3,17E-04	0,0122	21,2389	0,015625	2,02E-03	1038,65
100	3,12E-04	0,0121	21,2389	0,015625	2,02E-03	1041,74

Tabelle B.36: FB-Iterationsverlauf bei Verwendung von Θ_{exakt} und $\beta_{\max}$ – erneut gibt es quasi keinen Unterschied zur der $\Theta_{exakt}(\beta_{approx})$-Iteration, beide enden erst mit der maximalen Iterationsanzahl, einzig β^7 ist hier minimal größer, wodurch das Endergebnis minimal besser ist. (101 Diskretisierungspunkte, $u^0 = 0.1$, $\mu^0 = 0.1$, $\nu^0 = 0.1$, NB-Genauigkeit = 1E-03)

i	$S(\beta\Delta u^i, \beta\Delta\mu^i)$	$R(u^i, \mu^i)$	$y^i(T)$	β^i	$\Theta(\beta^i)$	Zeit (in Sek.)
0	0	9,2912	7,4464	0	5114,7016	0
1	85,7983	3,9447	19,6524	0,9996	140,8100	688,52
2	48,0952	0,8907	21,3086	0,9924	5,0453	1329,64
3	14,8421	0,8512	21,4375	0,6962	1,4405	1241,31
4	8,3112	0,4991	21,3921	0,6910	0,5677	974,61
5	5,2965	0,2278	21,3048	0,8273	0,1796	1202,36
6	2,5215	0,0552	21,2456	0,9996	0,0177	1673,01
7	0,3603	0,0124	21,2388	0,9996	2,00E-03	1839,31
8	0,0179	0,0113	21,2385	0,9933	1,91E-03	1758,53
9	9,45E-06	0,0113	21,2385	0,1018	1,91E-03	1546,09

Tabelle B.37: FB-Iterationsverlauf bei Verwendung von Θ_{exakt} und β_{opt} – der FB-Ansatz bestimmt trotz des schlechten Startwertes innerhalb von sehr wenigen Schritten die korrekte Lösung. (101 Diskretisierungspunkte, $u^0 = 0.1$, $\mu^0 = 0.1$, $\nu^0 = 0.1$, NB-Genauigkeit = 1E-03)

i	$S(\beta\Delta u^i, \beta\Delta\mu^i)$	$R(u^i, \mu^i)$	$y^i(T)$	β^i	$\Theta(\beta^i)$	Zeit (in Sek.)
			Verwendung der Quasilinearisierung			
0	0	9,0547	7,4464	0	5114,3451	0
1	86,9641	3,5788	21,3758	1	231,4548	19,73
2	48,4994	5,8830	21,6779	0,5	24,8552	37,14
3	29,7482	2,7082	22,1216	1	1,6504	137,29
4	6,0486	1,6503	22,1640	1	0,0495	189,11
5	1,6450	1,3863	22,1675	1	6,85E-04	179,46
6	0,2942	1,3706	22,1676	1	1,05E-06	215,62
7	0,0186	1,3714	22,1676	1	1,64E-10	198,28
8	2,64E-04	1,3715	22,1676	1	7,31E-11	214,08
9	1,76E-06	1,3715	22,1676	1	7,44E-11	89,39
			Verwendung des Fischer-Burmeister-Ansatzes			
0	0	9,0547	7,4464	0	5114,7016	0
1	85,9082	3,8135	19,7109	1	235,0525	61,46
2	48,5659	0,8833	21,3364	1	5,8266	571,34
3	20,8601	1,0714	21,4401	1	1,8693	610,76
4	7,8030	0,3725	21,3260	1	0,2299	697,83
5	3,7934	0,1016	21,2575	1	0,0461	845,08
6	0,8708	0,0191	21,2415	1	1,77E-04	856,02
7	0,1592	0,0119	21,2387	1	1,19E-06	977,73
8	0,0124	0,0113	21,2385	1	1,29E-09	908,97
9	1,43E-04	0,0113	21,2385	1	1,06E-09	902,00
10	1,06E-06	0,0113	21,2385	1	1,07E-09	897,91

Tabelle B.38: FB-Iterationsverlauf bei Θ_{approx} und β_{approx} (101 Diskretisierungspunkte, $u^0 = 0.1$, $\mu^0 = 0.1$, $\nu^0 = 0$, NB-Genauigkeit = 1E-03)

i	$S(\beta\Delta u^i, \beta\Delta\mu^i)$	$R(u^i, \mu^i)$	$y^i(T)$	β^i	$\Theta(\beta^i)$	Zeit (in Sek.)
			Verwendung der Quasilinearisierung			
0	0	9,0547	7,4464	0	5114,3451	0
1	86,9641	3,5788	21,3758	1	231,4548	20,53
2	53,9877	6,3948	21,6146	0,5566	42,5290	37,87
3	28,7214	2,9741	22,1034	1	2,2982	153,92
4	6,4096	1,7362	22,1618	1	0,0878	190,02
5	1,9760	1,4008	22,1674	1	1,55E-03	203,44
6	0,4066	1,3701	22,1676	1	3,45E-06	172,56
7	0,0286	1,3714	22,1676	1	4,18E-10	184,96
8	3,96E-04	1,3714	22,1676	1	7,32E-11	215,25
9	2,11E-06	1,3715	22,1676	1	7,44E-11	87,92
			Verwendung des Fischer-Burmeister-Ansatzes			
0	0	9,0547	7,4464	0	5114,7016	0
1	85,9082	3,8135	19,7109	1	235,0525	62,47
2	48,5659	0,8833	21,3364	1	5,8266	581,00
3	20,8601	1,0714	21,4401	1	1,8693	619,08
4	7,8030	0,3725	21,3260	1	0,2299	707,25
5	3,7934	0,1016	21,2575	1	0,0461	854,59
6	0,8708	0,0191	21,2415	1	1,77E-04	865,17
7	0,1592	0,0119	21,2387	1	1,19E-06	993,00
8	0,0124	0,0113	21,2385	1	1,29E-09	919,94
9	1,43E-04	0,0113	21,2385	1	1,06E-09	914,94
10	1,06E-06	0,0113	21,2385	1	1,07E-09	909,41

Tabelle B.39: FB-Iterationsverlauf bei Verwendung von Θ_{approx} und $\beta_{\max}$ – die Iterationsläufe stimmen quasi mit $\Theta_{approx}(\beta_{approx})$ aus Tab. B.39 überein, nur β^2 ist in der QL-Iteration geringfügig anders. (101 Diskretisierungspunkte, $u^0 = 0.1$, $\mu^0 = 0.1$, $\nu^0 = 0$, NB-Genauigkeit = 1E-03)

i	$S(\beta\Delta u^i, \beta\Delta\mu^i)$	$R(u^i, \mu^i)$	$y^i(T)$	β^i	$\Theta(\beta^i)$	Zeit (in Sek.)
			Verwendung der Quasilinearisierung			
0	0	9,0547	7,4464	0	5114,3451	0
1	86,9293	3,5800	21,3743	0,9996	231,8013	19,85
2	37,1614	4,8581	21,7407	0,3824	27,9346	41,74
3	32,8050	2,2992	22,1458	0,9818	1,2404	141,59
4	**Abbruch**					
			Verwendung des Fischer-Burmeister-Ansatzes			
0	0	9,0547	7,4464	0	5114,7016	0
1	85,8739	3,8147	19,7089	0,9996	235,3525	63,91
2	48,5322	0,8833	21,3362	0,9996	5,8433	590,90
3	15,0296	0,8330	21,4473	0,7201	1,1689	635,57
4	9,2607	0,4643	21,3643	0,8250	0,3476	626,87
5	5,0304	0,1347	21,2643	0,9996	0,0333	707,66
6	1,0685	0,0195	21,2409	0,9996	1,97E-04	871,42
7	0,1355	0,0116	21,2386	0,9996	3,36E-07	959,18
8	6,15E-03	0,0113	21,2385	0,9994	6,02E-10	918,33
9	8,73E-05	0,0113	21,2385	0,9994	4,48E-10	904,23

Tabelle B.40: FB-Iterationsverlauf bei Verwendung von Θ_{approx} und β_{opt} (101 Diskretisierungspunkte, $u^0 = 0.1$, $\mu^0 = 0.1$, $\nu^0 = 0$, NB-Genauigkeit = 1E-03)

i	$S(\beta\Delta u^i, \beta\Delta\mu^i)$	$R(u^i, \mu^i)$	$y^i(T)$	β^i	$\Theta(\beta^i)$	Zeit (in Sek.)
			Verwendung der Quasilinearisierung			
0	0	9,0547	7,4464	0	5114,3451	0
1	86,9641	3,5788	21,3758	1	58,9973	37,76
2	56,7839	6,6575	21,5740	0,5854	41,7285	222,74
3	28,2795	3,1265	22,0927	1	1,7816	215,79
4	6,6439	1,7914	22,1605	1	0,0742	181,49
5	**Abbruch**					
			Verwendung des Fischer-Burmeister-Ansatzes			
0	0	9,0547	7,4464	0	5114,7016	0
1	85,9082	3,8135	19,7109	1	140,2997	99,56
2	48,5659	0,8833	21,3364	1	5,0721	632,39
3	20,8601	1,0714	21,4401	1	2,3348	677,05
4	7,8030	0,3725	21,3260	1	0,3194	762,26
5	3,7934	0,1016	21,2575	1	0,0568	914,73
6	0,8708	0,0191	21,2415	1	1,95E-03	933,25
7	0,0025	0,0190	21,2414	0,015625	1,94E-03	1285,73
8	2,45E-03	0,0188	21,2414	0,015625	1,94E-03	1288,41
9	2,42E-03	0,0187	21,2413	0,015625	1,93E-03	1327,27
10	2,39E-03	0,0185	21,2413	0,015625	1,92E-03	1275,97
90	7,50E-04	0,0131	21,2393	0,015625	1,82E-03	1215,91
91	7,39E-04	0,0131	21,2393	0,015625	1,82E-03	1219,55
92	7,28E-04	0,0131	21,2393	0,015625	1,82E-03	1212,96
93	7,17E-04	0,0130	21,2393	0,015625	1,82E-03	1214,95
94	7,06E-04	0,0130	21,2393	0,015625	1,82E-03	1206,31
95	6,95E-04	0,0130	21,2393	0,015625	1,83E-03	1207,29
96	6,85E-04	0,0129	21,2393	0,015625	1,83E-03	1199,54
97	6,75E-04	0,0129	21,2393	0,015625	1,83E-03	1204,03
98	6,64E-04	0,0129	21,2392	0,015625	1,83E-03	1202,04
99	6,54E-04	0,0129	21,2392	0,015625	1,83E-03	1201,74
100	6,44E-04	0,0128	21,2392	0,015625	1,83E-03	1202,13

Tabelle B.41: FB-Iterationsverlauf bei Verwendung von Θ_{exakt} und $\beta_{\max}$ – (101 Diskretisierungspunkte, $u^0 = 0.1$, $\mu^0 = 0.1$, $\nu^0 = 0$, NB-Genauigkeit = 1E-03)

i	$S(\beta\Delta u^i, \beta\Delta\mu^i)$	$R(u^i, \mu^i)$	$y^i(T)$	β^i	$\Theta(\beta^i)$	Zeit (in Sek.)
			Verwendung der Quasilinearisierung			
0	0	9,0547	7,4464	0	5114,3451	0
1	86,9641	3,5788	21,3758	1	58,9973	31,66
2	48,4994	5,8830	21,6779	0,5	30,8916	49,86
3	29,7482	2,7082	22,1216	1	1,0884	141,82
4	6,0486	1,6503	22,1640	1	0,0383	192,68
5	1,6450	1,3863	22,1675	1	0,0008	184,94
6	0,1471	1,3782	22,1676	0,5	5,30E-04	222,70
7	0,0025	1,3781	22,1676	0,015625	5,27E-04	227,50
8	2,45E-03	1,3780	22,1676	0,015625	5,24E-04	227,42
9	2,41E-03	1,3779	22,1676	0,015625	5,21E-04	216,58
10	2,38E-03	1,3778	22,1676	0,015625	5,18E-04	229,35
90	7,09E-04	1,3730	22,1676	0,015625	4,40E-04	234,96
91	6,98E-04	1,3730	22,1676	0,015625	4,40E-04	235,38
92	6,87E-04	1,3730	22,1676	0,015625	4,40E-04	224,27
93	6,77E-04	1,3729	22,1676	0,015625	4,40E-04	246,64
94	6,66E-04	1,3729	22,1676	0,015625	4,40E-04	223,68
95	6,56E-04	1,3729	22,1676	0,015625	4,40E-04	223,01
96	6,46E-04	1,3729	22,1676	0,015625	4,40E-04	235,11
97	6,36E-04	1,3729	22,1676	0,015625	4,40E-04	234,77
98	6,26E-04	1,3728	22,1676	0,015625	4,40E-04	235,43
99	6,17E-04	1,3728	22,1676	0,015625	4,40E-04	235,46
100	6,07E-04	1,3728	22,1676	0,015625	4,40E-04	224,92
			Verwendung des Fischer-Burmeister-Ansatzes			
0	0	9,0547	7,4464	0	5114,7016	0
1	85,9082	3,8135	19,7109	1	140,2997	99,56
2	48,5659	0,8833	21,3364	1	5,0721	632,39
3	20,8601	1,0714	21,4401	1	2,3348	677,05
4	7,8030	0,3725	21,3260	1	0,3194	762,26
5	3,7934	0,1016	21,2575	1	0,0568	914,73
6	0,8708	0,0191	21,2415	1	1,95E-03	933,25
7	0,0025	0,0190	21,2414	0,015625	1,94E-03	1285,73
8	2,45E-03	0,0188	21,2414	0,015625	1,94E-03	1288,41
9	2,42E-03	0,0187	21,2413	0,015625	1,93E-03	1327,27
10	2,39E-03	0,0185	21,2413	0,015625	1,92E-03	1275,97
90	7,50E-04	0,0131	21,2393	0,015625	1,82E-03	1215,91
91	7,39E-04	0,0131	21,2393	0,015625	1,82E-03	1219,55
92	7,28E-04	0,0131	21,2393	0,015625	1,82E-03	1212,96
93	7,17E-04	0,0130	21,2393	0,015625	1,82E-03	1214,95
94	7,06E-04	0,0130	21,2393	0,015625	1,82E-03	1206,31
95	6,95E-04	0,0130	21,2393	0,015625	1,83E-03	1207,29
96	6,85E-04	0,0129	21,2393	0,015625	1,83E-03	1199,54
97	6,75E-04	0,0129	21,2393	0,015625	1,83E-03	1204,03
98	6,64E-04	0,0129	21,2392	0,015625	1,83E-03	1202,04
99	6,54E-04	0,0129	21,2392	0,015625	1,83E-03	1201,74
100	6,44E-04	0,0128	21,2392	0,015625	1,83E-03	1202,13

Tabelle B.42: FB-Iterationsverlauf bei Verwendung von Θ_{exakt} und β_{approx} – beide Iterationen stoppen nicht vor der maximalen Iterationsanzahl, dabei stimmt die FB-Iteration erneut komplett mit der von $\Theta_{exakt}(\beta_{\max})$ überein. (101 Diskretisierungspunkte, $u^0 = 0.1$, $\mu^0 = 0.1$, $\nu^0 = 0$, NB-Genauigkeit = 1E-03)

i	$S(\beta\Delta u^i, \beta\Delta\mu^i)$	$R(u^i, \mu^i)$	$y^i(T)$	β^i	$\Theta(\beta^i)$	Zeit (in Sek.)
			Verwendung der Quasilinearisierung			
0	0	9,0547	7,4464	0	5114,3451	0
1	86,9303	3,5800	21,3743	0,9996	59,2196	115,58
2	39,0173	5,0259	21,7360	0,4016	27,4099	102,81
3	32,6509	2,3281	22,1443	0,9996	0,8685	264,81
4	5,6046	1,5306	22,1659	0,9996	0,0279	286,59
5	1,0505	1,3691	22,1675	0,9996	0,0009	355,73
6	0,0025	1,3693	22,1675	0,0160	9,39E-04	383,30
7	0,0024	1,3694	22,1675	0,0160	9,66E-04	369,05
8	2,46E-03	1,3697	22,1675	0,0160	1,02E-03	353,07
9	2,44E-03	1,3700	22,1675	0,0160	1,07E-03	433,37
10	2,24E-03	1,3700	22,1675	0,0160	1,08E-03	368,17
11	0,1354	1,3675	22,1675	0,9996	6,38E-04	427,34
12	4,92E-04	1,3677	22,1675	0,0160	6,75E-04	421,74
13	3,64E-04	1,3679	22,1675	0,0160	7,03E-04	372,08
14	4,53E-04	1,3681	22,1675	0,0160	7,39E-04	408,88
15	5,45E-04	1,3684	22,1675	0,0160	7,85E-04	407,61
16	2,32E-04	1,3685	22,1675	0,0160	8,02E-04	424,65
...						
25	2,49E-04	1,3703	22,1675	0,0160	1,17E-03	455,94
26	4,48E-04	1,3705	22,1675	0,0160	1,22E-03	442,44
27	1,85E-04	1,3706	22,1675	0,0160	1,24E-03	400,14
28	5,26E-03	1,3689	22,1675	0,9996	8,23E-04	481,00
29	7,58E-04	1,3693	22,1675	0,0160	8,99E-04	466,50
30	6,50E-05	1,3693	22,1675	0,0160	9,05E-04	448,45
			Verwendung des Fischer-Burmeister-Ansatzes			
0	0	9,0547	7,4464	0	5114,7016	0
1	85,8748	3,8146	19,7090	0,9996	140,6077	637,84
2	48,1450	0,8945	21,3326	0,9916	5,0620	1098,73
3	14,5879	0,8072	21,4479	0,6908	1,5957	992,43
4	8,7139	0,4865	21,3794	0,7414	0,6060	1060,34
5	5,3948	0,1753	21,2749	0,9517	0,1437	1211,58
6	1,4067	0,0242	21,2417	0,9996	4,92E-03	1769,73
7	0,1703	0,0116	21,2387	0,9976	1,85E-03	1812,27
8	2,06E-04	0,0116	21,2387	0,0238	1,86E-03	1765,04
9	2,26E-04	0,0116	21,2387	0,0267	1,86E-03	1724,36
10	2,13E-04	0,0116	21,2387	0,0258	1,86E-03	1787,75
11	2,71E-04	0,0116	21,2386	0,0338	1,86E-03	1784,34
12	1,29E-04	0,0116	21,2386	0,0166	1,86E-03	1802,65
13	1,31E-04	0,0116	21,2386	0,0171	1,86E-03	1805,64
14	2,42E-04	0,0116	21,2386	0,0324	1,87E-03	1633,17
15	2,42E-04	0,0116	21,2386	0,0334	1,87E-03	1634,46
16	2,56E-04	0,0115	21,2386	0,0366	1,87E-03	1790,72
17	2,07E-04	0,0115	21,2386	0,0306	1,87E-03	1751,28
18	1,30E-04	0,0115	21,2386	0,0199	1,87E-03	1749,26
19	1,19E-04	0,0115	21,2386	0,0186	1,87E-03	1744,36
20	1,76E-04	0,0115	21,2386	0,0280	1,87E-03	1701,85
21	1,12E-04	0,0115	21,2386	0,0184	1,87E-03	1833,99
22	1,62E-04	0,0115	21,2386	0,0270	1,87E-03	1788,43
23	2,18E-04	0,0115	21,2386	0,0375	1,88E-03	1704,40
24	2,21E-04	0,0115	21,2386	0,0395	1,88E-03	1703,14
25	1,03E-04	0,0115	21,2386	0,0191	1,88E-03	1792,90
26	9,38E-05	0,0115	21,2386	0,0177	1,88E-03	1791,43

Tabelle B.43: FB-Iterationsverlauf bei Verwendung von Θ_{exakt} und β_{opt} (101 Diskretisierungspunkte, $u^0 = 0.1$, $\mu^0 = 0.1$, $\nu^0 = 0$, NB-Genauigkeit = 1E-03)

Anhang C

Konvergenzverhalten bei dem Rayleigh-Problem

i	$S(\beta\Delta u^i, \beta\Delta\mu^i)$	$R(u^i, \mu^i)$	$y^i(T)$	β^i	$\Theta(\beta^i)$	Zeit (in Sek.)
			Verwendung der Quasilinearisierung			
0	0	2,6967	-44,9114	0	504,3585	0
1	184,5704	1,1713	-44,8160	1	0,5846	28,66
2	16,8621	0,3526	-44,8096	1	2,22E-03	202,27
3	1,6956	0,4015	-44,8087	1	2,53E-05	50,50
4	0,3874	0,3806	-44,8085	1	2,15E-06	99,50
5	0,0954	0,3770	-44,8085	1	1,46E-06	427,52
6	0,0170	0,3606	-44,8087	1	1,43E-06	147,77
7	3,01E-03	0,3655	-44,8085	1	1,41E-06	129,93
8	1,74E-03	0,3603	-44,8087	1	1,41E-06	139,56
9	5,26E-04	0,3611	-44,8086	1	1,41E-06	119,73
10	5,64E-05	0,3610	-44,8086	1	1,41E-06	112,52
			Verwendung des Fischer-Burmeister-Ansatzes			
0	0	2,6967	-44,9114	0	41,8427	0
1	185,9751	1,8572	-44,9095	0,25	16,2128	120,89
2	39,5626	0,9902	-44,8158	1	2,1503	235,79
3	5,2596	0,5161	-44,8089	1	0,0451	177,56
4	0,9858	0,4235	-44,8085	1	7,18E-04	214,11
5	0,1738	0,3402	-44,8087	1	7,93E-06	180,44
6	0,0118	0,3148	-44,8087	1	2,47E-06	113,82
7	1,09E-03	0,3124	-44,8087	1	1,74E-06	115,44
8	6,08E-04	0,3123	-44,8087	1	1,60E-06	110,57
9	4,07E-04	0,3124	-44,8087	1	1,57E-06	116,28
10	1,16E-03	0,3119	-44,8087	1	1,57E-06	196,15
11	9,14E-04	0,3122	-44,8087	1	1,56E-06	153,48
12	3,94E-04	0,3121	-44,8087	1	1,56E-06	119,56
13	6,46E-04	0,3124	-44,8087	1	1,56E-06	118,69
14	6,46E-04	0,3121	-44,8087	1	1,57E-06	115,56
15	3,98E-04	0,3122	-44,8087	1	1,56E-06	115,44
16	9,16E-04	0,3119	-44,8087	1	1,57E-06	196,38
17	1,16E-03	0,3124	-44,8087	1	1,56E-06	154,39
18	1,29E-05	0,3124	-44,8087	1	1,56E-06	114,95

Tabelle C.1: Vergleich der Iterationsläufe bei Verwendung von Θ_{approx} und β_{approx} – der FB-Ansatz benötigt acht Iterationsschritte mehr und liefert bezüglich R die deutlich bessere Lösung, während sich die Θ-Werte der Lösung kaum unterscheiden, außerdem berechnen beide Ansätze $\mu(4.3) < 0$ (91 Diskretisierungspunkte, NB-Genauigkeit = 5E-04)

i	$S(\beta\Delta u^i, \beta\Delta\mu^i)$	$R(u^i, \mu^i)$	$y^i(T)$	β^i	$\Theta(\beta^i)$	Zeit (in Sek.)
0	0	0,3124	-44,8087	0	1,7854	0
1	0,0197	0,3624	-44,8087	1	1,38E-06	120,27
2	1,93E-03	0,3618	-44,8086	1	1,41E-06	107,02
3	4,22E-04	0,3615	-44,8087	1	1,41E-06	115,59
4	3,80E-04	0,3610	-44,8086	1	1,41E-06	104,22
5	2,01E-04	0,3611	-44,8086	1	1,41E-06	104,78
6	5,43E-05	0,3610	-44,8086	1	1,41E-06	109,28
Verwendung des Fischer-Burmeister-Ansatzes						
0	0	0,3610	-44,8086	0	2,2943	0
1	0,0194	0,3122	-44,8087	1	2,47E-06	173,82
2	2,53E-03	0,3125	-44,8087	1	1,70E-06	115,01
3	1,13E-04	0,3124	-44,8087	1	1,59E-06	114,66
4	6,50E-04	0,3121	-44,8087	1	1,57E-06	115,37
5	6,48E-04	0,3124	-44,8087	1	1,56E-06	114,90
6	5,53E-06	0,3124	-44,8087	1	1,56E-06	114,71

Tabelle C.2: Das Konvergenzverhalten der Iterationsverfahren bei Θ_{approx} und β_{approx}, wobei als Startwert die Lösung des jeweils anderen Ansatzes verwendet wurde – scheinbar sind die Lösungen der einzelnen Verfahren markant, da sie sehr schnell wieder erreicht werden (91 Diskretisierungspunkte).

i	$S(\beta\Delta u^i, \beta\Delta\mu^i)$	$R(u^i, \mu^i)$	$y^i(T)$	β^i	$\Theta(\beta^i)$	Zeit (in Sek.)
Verwendung der Quasilinearisierung						
0	0	2,8021	-44,9136	0	525,0350	0
1	189,6059	1,0907	-44,8154	1	0,6728	29,37
2	18,3838	0,5604	-44,8100	1	2,34E-03	121,27
3	1,9920	0,6427	-44,8091	1	2,76E-05	91,38
4	0,4074	0,6343	-44,8089	1	2,22E-06	93,74
5	0,0984	0,6321	-44,8089	1	1,46E-06	98,34
6	0,0178	0,6158	-44,8090	1	1,43E-06	118,32
7	3,10E-03	0,6209	-44,8090	1	1,41E-06	87,96
8	1,66E-03	0,6156	-44,8090	1	1,41E-06	96,87
9	4,22E-04	0,6164	-44,8090	1	1,41E-06	92,07
10	6,26E-05	0,6163	-44,8090	1	1,41E-06	132,98
Verwendung des Fischer-Burmeister-Ansatzes						
0	0	2,8021	-44,9136	0	45,5286	0
1	198,8560	1,7312	-44,8942	0,25	17,9850	115,34
2	35,7277	1,8718	-44,8240	1	5,3347	153,91
3	6,0329	0,5279	-44,8093	1	0,0931	271,95
4	1,3066	0,3590	-44,8087	1	1,78E-03	219,29
5	0,2383	0,3141	-44,8087	1	3,98E-06	210,14
6	7,94E-03	0,3124	-44,8087	1	1,71E-06	154,59
7	4,34E-04	0,3122	-44,8087	1	1,59E-06	115,94
8	6,55E-04	0,3124	-44,8087	1	1,56E-06	119,38
9	5,92E-06	0,3124	-44,8087	1	1,56E-06	115,15

Tabelle C.3: Vergleich der Iterationsläufe bei Verwendung von Θ_{approx} und β_{approx} mit einem schlechteren Startwert als in Tab. C.1 – der FB-Ansatz konvergiert wie zuvor (benötigt sogar weniger Schritte), während bei der Quasilinearisierung die Beschränkung auf dem hinteren Intervall aktiv bleibt und negative $\mu(t_i)$ berechnet werden, siehe Abb. 4.5 (91 Diskretisierungspunkte, NB-Genauigkeit = 5E-04)

i	$S(\beta\Delta u^i, \beta\Delta\mu^i)$	$R(u^i, \mu^i)$	$y^i(T)$	β^i	$\Theta(\beta^i)$	Zeit (in Sek.)
Verwendung der Quasilinearisierung						
0	0	2,6967	-44,9114	0	504,3585	0
1	184,5704	1,1713	-44,8160	1	23,3751	46,74
2	16,8621	0,3526	-44,8096	1	1,5099	220,84
3	0,1060	0,3558	-44,8095	0,0625	1,5704	74,86
4	0,1010	0,3589	-44,8095	0,0625	1,6288	79,53
5	0,0964	0,3617	-44,8094	0,0625	1,6848	79,92
6	0,0918	0,3641	-44,8093	0,0625	1,7365	86,85
7	0,0874	0,3664	-44,8093	0,0625	1,7879	199,03
8	0,0832	0,3685	-44,8093	0,0625	1,8375	147,58
9	0,0794	0,3704	-44,8092	0,0625	1,8850	129,83
10	0,0756	0,3719	-44,8092	0,0625	1,9268	122,30
11	0,0721	0,3731	-44,8091	0,0625	1,9664	133,88
12	0,0685	0,3742	-44,8091	0,0625	2,0041	123,41
13	0,0653	0,3752	-44,8091	0,0625	2,0399	127,19
14	0,0623	0,3760	-44,8090	0,0625	2,0739	117,07
...						
89	0,0011	0,3648	-44,8085	0,0625	2,3536	141,56
90	0,0010	0,3647	-44,8085	0,0625	2,3518	299,96
91	9,56E-04	0,3646	-44,8085	0,0625	2,3506	185,26
92	9,16E-04	0,3645	-44,8085	0,0625	2,3495	239,69
93	8,66E-04	0,3645	-44,8085	0,0625	2,3490	157,94
94	8,29E-04	0,3645	-44,8085	0,0625	2,3488	142,72
95	7,91E-04	0,3645	-44,8085	0,0625	2,3489	150,27
96	7,46E-04	0,3646	-44,8085	0,0625	2,3495	174,06
97	7,04E-04	0,3647	-44,8085	0,0625	2,3506	183,93
98	6,76E-04	0,3648	-44,8085	0,0625	2,3518	142,34
99	6,53E-04	0,3649	-44,8085	0,0625	2,3532	148,50
100	6,18E-04	0,3651	-44,8085	0,0625	2,3549	148,72
Verwendung des Fischer-Burmeister-Ansatzes						
0	0	2,6967	-44,9114	0	41,8427	0
1	194,7939	1,8906	-44,9170	0,2619	36,5084	249,40
2	34,0998	0,8617	-44,8131	1	3,6859	240,11
3	3,8375	0,3946	-44,8089	1	1,6901	188,61
4	0,0418	0,3906	-44,8089	0,0625	1,7092	238,75
5	0,0397	0,3869	-44,8089	0,0625	1,7268	232,56
6	0,0378	0,3833	-44,8089	0,0625	1,7422	255,28
7	0,0358	0,3798	-44,8088	0,0625	1,7565	134,77
8	0,0340	0,3765	-44,8088	0,0625	1,7692	135,17
9	0,0323	0,3734	-44,8088	0,0625	1,7803	134,40
10	0,0306	0,3703	-44,8088	0,0625	1,7903	135,12
11	0,0290	0,3674	-44,8088	0,0625	1,7988	193,86
12	0,0275	0,3646	-44,8088	0,0625	1,8063	176,65
13	0,0260	0,3619	-44,8088	0,0625	1,8128	179,80
14	0,0246	0,3594	-44,8087	0,0625	1,8185	179,90
...						
89	2,35E-04	0,3127	-44,8087	0,0625	1,7877	139,36
90	2,20E-04	0,3126	-44,8087	0,0625	1,7875	139,28
91	2,11E-04	0,3126	-44,8087	0,0625	1,7872	139,81
92	1,76E-04	0,3126	-44,8087	0,0625	1,7871	139,12
93	1,88E-04	0,3126	-44,8087	0,0625	1,7868	139,69
94	1,55E-04	0,3126	-44,8087	0,0625	1,7868	139,17
95	1,45E-04	0,3126	-44,8087	0,0625	1,7867	139,00
96	1,59E-04	0,3125	-44,8087	0,0625	1,7865	139,75
97	1,45E-04	0,3125	-44,8087	0,0625	1,7863	139,28
98	1,20E-04	0,3125	-44,8087	0,0625	1,7863	138,96
99	1,35E-04	0,3125	-44,8087	0,0625	1,7860	139,70
100	1,26E-04	0,3125	-44,8087	0,0625	1,7858	139,74

Tabelle C.4: Vergleich der Iterationsläufe bei Verwendung von Θ_{exakt} und β_{max} – beide Iterationen enden erst als die maximale Iterationsanzahl erreicht ist, auffällig ist dabei, dass Θ bei der Quasilinearisierung ab dem 3. Schritt nur noch wächst, während beim FB-Ansatz Θ zwar ab dem 3. Iterationsschritt wächst, aber ab dem 23. wieder fällt. (91 Diskretisierungspunkte, NB-Genauigkeit = 5E-04)

i	$S(\beta\Delta u^i, \beta\Delta\mu^i)$	$R(u^i, \mu^i)$	$y^i(T)$	β^i	$\Theta(\beta^i)$	Zeit (in Sek.)
0	0	0,3125	-44,8087	0	1,7857	0
1	1,30E-03	0,3156	-44,8087	0,0625	1,8152	127,60
2	1,24E-03	0,3185	-44,8087	0,0625	1,8430	133,52
3	9,67E-04	0,3210	-44,8087	0,0625	1,8694	120,51
4	9,06E-04	0,3232	-44,8087	0,0625	1,8943	135,34
5	8,46E-04	0,3254	-44,8087	0,0625	1,9178	141,03
...						
30	1,81E-04	0,3523	-44,8087	0,0625	2,2164	135,27
31	1,72E-04	0,3528	-44,8087	0,0625	2,2212	129,15
32	1,63E-04	0,3532	-44,8087	0,0625	2,2257	134,87
33	1,56E-04	0,3536	-44,8087	0,0625	2,2300	128,11
34	1,37E-04	0,3540	-44,8087	0,0625	2,2338	137,24
35	1,31E-04	0,3543	-44,8087	0,0625	2,2374	312,56
36	1,24E-04	0,3546	-44,8087	0,0625	2,2408	447,91
37	1,24E-04	0,3550	-44,8087	0,0625	2,2441	129,71
38	1,23E-04	0,3553	-44,8087	0,0625	2,2472	135,59
39	1,06E-04	0,3555	-44,8087	0,0625	2,2500	257,32
40	9,95E-05	0,3558	-44,8087	0,0625	2,2526	121,92
Verwendung des Fischer-Burmeister-Ansatzes						
0	0	0,3651	-44,8085	0	2,3551	0
1	1,71E-03	0,3628	-44,8086	0,0625	2,3309	272,41
2	1,51E-03	0,3596	-44,8087	0,0625	2,2943	155,45
3	1,47E-03	0,3567	-44,8087	0,0625	2,2600	198,11
4	1,32E-03	0,3539	-44,8087	0,0625	2,2284	136,91
5	1,23E-03	0,3513	-44,8087	0,0625	2,1990	136,94
...						
30	2,19E-04	0,3201	-44,8087	0,0625	1,8598	139,02
31	2,05E-04	0,3197	-44,8087	0,0625	1,8550	138,97
32	1,92E-04	0,3192	-44,8087	0,0625	1,8505	140,22
33	1,80E-04	0,3188	-44,8087	0,0625	1,8464	138,99
34	1,90E-04	0,3184	-44,8087	0,0625	1,8423	139,20
35	2,21E-04	0,3180	-44,8087	0,0625	1,8383	219,72
36	1,45E-04	0,3177	-44,8087	0,0625	1,8349	140,66
37	1,36E-04	0,3174	-44,8087	0,0625	1,8317	140,70
38	1,46E-04	0,3171	-44,8087	0,0625	1,8286	139,61
39	1,20E-04	0,3168	-44,8087	0,0625	1,8258	139,41
40	1,30E-04	0,3165	-44,8087	0,0625	1,8231	139,76
41	1,33E-04	0,3163	-44,8087	0,0625	1,8205	139,79
42	1,14E-04	0,3160	-44,8087	0,0625	1,8181	139,39
43	9,60E-05	0,3158	-44,8087	0,0625	1,8160	139,09

Tabelle C.5: Das Konvergenzverhalten der Iterationsverfahren bei Θ_{exakt} und $\beta_{\max}$, wobei als Startwert die Lösung des jeweils anderen Ansatzes verwendet wurde – erneut werden die Lösungen der einzelnen Verfahren wieder erreicht, wobei der FB-Ansatz deutlich schneller konvergiert (91 Diskretisierungspunkte).

i	$S(\beta\Delta u^i, \beta\Delta\mu^i)$	$R(u^i, \mu^i)$	$y^i(T)$	β^i	$\Theta(\beta^i)$	Zeit (in Sek.)
			Verwendung der Quasilinearisierung			
0	0	2,8021	-44,9136	0	525,0350	0
1	189,6059	1,0907	-44,8154	1	18,9015	47,37
2	18,3838	0,5604	-44,8100	1	1,6024	139,53
3	0,1245	0,5658	-44,8099	0,0625	1,6632	115,76
4	0,1180	0,5709	-44,8099	0,0625	1,7211	112,30
5	0,1120	0,5756	-44,8098	0,0625	1,7762	123,75
6	0,1066	0,5801	-44,8098	0,0625	1,8287	110,87
7	0,1012	0,5841	-44,8097	0,0625	1,8764	110,45
8	0,0960	0,5880	-44,8097	0,0625	1,9240	112,58
9	0,0913	0,5914	-44,8096	0,0625	1,9656	116,44
...						
90	1,09E-03	0,6220	-44,8090	0,0625	2,3781	118,15
91	1,04E-03	0,6219	-44,8090	0,0625	2,3761	107,14
92	9,88E-04	0,6217	-44,8090	0,0625	2,3745	112,22
93	9,36E-04	0,6217	-44,8090	0,0625	2,3734	113,59
94	8,89E-04	0,6216	-44,8090	0,0625	2,3726	119,32
95	8,44E-04	0,6216	-44,8090	0,0625	2,3722	120,40
96	8,03E-04	0,6216	-44,8090	0,0625	2,3721	127,00
97	7,66E-04	0,6216	-44,8090	0,0625	2,3723	114,46
98	7,30E-04	0,6216	-44,8090	0,0625	2,3728	115,14
99	6,96E-04	0,6217	-44,8090	0,0625	2,3737	114,96
100	6,63E-04	0,6217	-44,8090	0,0625	2,3747	115,86
			Verwendung des Fischer-Burmeister-Ansatzes			
0	0	2,8021	-44,9136	0	45,5286	0
1	220,8715	2,6936	-44,9102	0,2777	38,8883	236,05
2	30,6120	1,5658	-44,8220	1	4,8684	176,25
3	6,5745	0,4423	-44,8093	1	1,2900	238,13
4	0,0931	0,4344	-44,8093	0,0625	1,3148	316,55
5	0,0882	0,4266	-44,8092	0,0625	1,3363	253,04
6	0,0838	0,4194	-44,8092	0,0625	1,3575	272,46
7	0,0795	0,4126	-44,8091	0,0625	1,3785	277,16
8	0,0756	0,4063	-44,8091	0,0625	1,3992	298,94
9	0,0717	0,4004	-44,8090	0,0625	1,4195	300,94
...						
90	4,93E-04	0,3120	-44,8087	0,0625	1,7801	176,85
91	4,62E-04	0,3120	-44,8087	0,0625	1,7804	176,78
92	4,34E-04	0,3120	-44,8087	0,0625	1,7807	176,85
93	4,07E-04	0,3120	-44,8087	0,0625	1,7810	176,90
94	4,04E-04	0,3120	-44,8087	0,0625	1,7811	177,37
95	3,56E-04	0,3121	-44,8087	0,0625	1,7814	176,94
96	3,57E-04	0,3121	-44,8087	0,0625	1,7815	177,44
97	3,47E-04	0,3121	-44,8087	0,0625	1,7814	238,30
98	3,13E-04	0,3121	-44,8087	0,0625	1,7815	177,62
99	2,71E-04	0,3121	-44,8087	0,0625	1,7818	176,95
100	2,54E-04	0,3121	-44,8087	0,0625	1,7820	176,90

Tabelle C.6: Vergleich der Iterationsläufe bei Verwendung von Θ_{exakt} und $\beta_{\max}$ mit einem schlechteren Startwert als in Tab. C.7 – beide Ansätze enden erneut erst als die maximale Iterationsanzahl erreicht wird, die QL-Lösung macht dabei den gleichen qualitativen Fehler wie zuvor. Bei der FB-Iteration wird der R-Fehler bis auf 0,3114 gesenkt (im 74. Schritt), danach steigt er wie Θ nach dem 3. Schritt wieder an (91 Diskretisierungspunkte, NB-Genauigkeit = 5E-04)

i	$S(\beta\Delta u^i, \beta\Delta\mu^i)$	$R(u^i, \mu^i)$	$y^i(T)$	β^i	$\Theta(\beta^i)$	Zeit (in Sek.)
			Verwendung der Quasilinearisierung			
0	0	2,6967	-44,9114	0	504,3585	0
1	173,5914	1,2339	-44,8155	0,9405	21,3756	96,01
2	26,2412	0,3428	-44,8098	0,9968	1,2738	467,68
3	0,1516	0,3655	-44,8097	0,0626	1,5358	231,74
4	0,1442	0,3685	-44,8097	0,0626	1,5956	231,96
5	0,1371	0,3712	-44,8096	0,0626	1,6531	329,31
6	0,1303	0,3736	-44,8095	0,0626	1,7086	276,66
7	0,1238	0,3756	-44,8095	0,0626	1,7597	288,38
8	0,1176	0,3776	-44,8094	0,0626	1,8107	226,72
9	0,1119	0,3794	-44,8093	0,0626	1,8597	254,02
10	0,1064	0,3807	-44,8093	0,0626	1,9029	223,17
...						
35	0,0295	0,3880	-44,8087	0,0626	2,4672	231,12
36	0,0280	0,3877	-44,8087	0,0626	2,4758	240,60
37	0,0266	0,3874	-44,8087	0,0626	2,4838	415,49
38	0,0252	0,3871	-44,8087	0,0626	2,4910	236,26
39	0,0239	0,3867	-44,8087	0,0625	2,4975	269,77
40	0,1414	0,3826	-44,8086	0,3900	2,5146	293,18
41	0,0180	0,3819	-44,8086	0,0739	2,5165	412,13
42	0,1568	0,3753	-44,8085	0,6899	2,4897	338,93
43	0,0928	0,3722	-44,8085	0,9999	2,4457	322,47
44	9,83E-03	0,3659	-44,8085	0,9999	2,3600	318,05
45	1,58E-03	0,3602	-44,8087	0,9999	2,2829	303,68
46	2,05E-05	0,3602	-44,8087	0,0626	2,2835	281,29
			Verwendung des Fischer-Burmeister-Ansatzes			
0	0	2,6967	-44,9114	0	41,8427	0
1	159,9959	1,7715	-44,8918	0,2151	27,3211	199,65
2	48,1623	0,8960	-44,8381	0,5925	3,5374	268,89
3	10,2081	0,3506	-44,8112	0,8472	1,0024	277,82
4	0,3803	0,3526	-44,8106	0,1503	1,1143	258,33
5	0,1380	0,3530	-44,8104	0,0626	1,1698	262,83
6	0,1303	0,3533	-44,8102	0,0626	1,2213	263,84
7	0,1233	0,3536	-44,8100	0,0626	1,2717	274,43
8	0,1169	0,3537	-44,8099	0,0626	1,3202	364,40
9	0,1108	0,3533	-44,8098	0,0626	1,3631	299,54
10	0,1050	0,3529	-44,8097	0,0626	1,4037	304,07
...						
36	0,0232	0,3276	-44,8087	0,0626	1,8089	292,62
37	0,0219	0,3269	-44,8087	0,0626	1,8120	301,12
38	0,0205	0,3263	-44,8087	0,0626	1,8153	316,64
39	0,0193	0,3258	-44,8087	0,0626	1,8188	317,31
40	0,0182	0,3253	-44,8087	0,0626	1,8222	316,98
41	0,0171	0,3248	-44,8087	0,0626	1,8252	352,61
42	0,0161	0,3244	-44,8087	0,0626	1,8285	353,74
43	0,0151	0,3240	-44,8087	0,0626	1,8320	353,35
44	0,0142	0,3237	-44,8087	0,0626	1,8350	363,42
45	0,2121	0,3146	-44,8087	0,9999	1,8101	379,79
46	7,22E-03	0,3123	-44,8087	0,9999	1,7837	239,01
47	1,94E-04	0,3123	-44,8087	0,9999	1,7836	201,77
48	4,43E-05	0,3123	-44,8087	0,0626	1,7837	276,79

Tabelle C.7: Vergleich der Iterationsläufe bei Verwendung von Θ_{exakt} und β_{opt} – anders als bei $\beta_{\max}$ berechnen die beiden Iterationen kurz vor dem Ende wieder große Schrittweiten, auffällig ist aber erneut, dass Θ nach 2 bzw. 3 Iterationsschritt wieder wächst, wobei es beim FB-Ansatz am Ende auch wieder fällt (91 Diskretisierungspunkte, NB-Genauigkeit = 5E-04)

i	$S(\beta\Delta u^i, \beta\Delta\mu^i)$	$R(u^i, \mu^i)$	$y^i(T)$	β^i	$\Theta(\beta^i)$	Zeit (in Sek.)
0	0	0,3123	-44,8087	0	1,7833	0
1	1,26E-03	0,3154	-44,8087	0,0626	1,8129	232,09
2	1,20E-03	0,3183	-44,8087	0,0626	1,8410	233,36
3	9,29E-04	0,3208	-44,8087	0,0626	1,8676	238,56
4	8,72E-04	0,3231	-44,8087	0,0626	1,8927	233,96
5	8,09E-04	0,3252	-44,8087	0,0626	1,9163	248,11
6	7,57E-04	0,3273	-44,8087	0,0626	1,9385	228,14
7	7,11E-04	0,3292	-44,8087	0,0626	1,9595	221,47
8	6,67E-04	0,3309	-44,8087	0,0626	1,9794	223,50
9	6,24E-04	0,3326	-44,8087	0,0626	1,9980	222,57
10	5,83E-04	0,3342	-44,8087	0,0626	2,0155	239,25
11	5,54E-04	0,3357	-44,8087	0,0626	2,0321	230,54
12	5,17E-04	0,3371	-44,8087	0,0626	2,0477	217,21
13	4,88E-04	0,3384	-44,8087	0,0626	2,0624	230,00
14	4,59E-04	0,3396	-44,8087	0,0626	2,0762	222,27
15	4,31E-04	0,3408	-44,8087	0,0626	2,0892	235,60
16	3,99E-04	0,3419	-44,8087	0,0626	2,1013	237,37
17	3,71E-04	0,3429	-44,8087	0,0626	2,1127	228,79
18	3,47E-04	0,3439	-44,8087	0,0626	2,1235	230,01
19	3,29E-04	0,3448	-44,8087	0,0626	2,1336	231,17
20	3,09E-04	0,3457	-44,8087	0,0626	2,1431	217,24
21	2,90E-04	0,3465	-44,8087	0,0626	2,1520	230,61
22	2,70E-04	0,3472	-44,8087	0,0626	2,1603	236,28
23	2,60E-04	0,3483	-44,8087	0,0626	2,1734	222,69
24	2,46E-04	0,3490	-44,8087	0,0626	2,1808	223,92
25	2,30E-04	0,3496	-44,8087	0,0626	2,1878	221,40
26	2,26E-04	0,3503	-44,8087	0,0626	2,1945	238,18
27	2,03E-04	0,3508	-44,8087	0,0626	2,2006	236,06
28	1,91E-04	0,3514	-44,8087	0,0626	2,2063	241,44
29	1,79E-04	0,3519	-44,8087	0,0626	2,2117	221,90
30	1,79E-04	0,3523	-44,8087	0,0626	2,2169	439,47
31	1,64E-04	0,3528	-44,8087	0,0626	2,2217	234,17
32	1,56E-04	0,3532	-44,8087	0,0626	2,2262	227,27
33	1,43E-04	0,3536	-44,8087	0,0626	2,2304	249,70
34	1,32E-04	0,3540	-44,8087	0,0626	2,2342	240,87
35	1,30E-04	0,3543	-44,8087	0,0626	2,2379	229,23
36	1,14E-04	0,3547	-44,8087	0,0626	2,2412	341,30
37	1,14E-04	0,3550	-44,8087	0,0626	2,2444	236,37
38	1,15E-04	0,3553	-44,8087	0,0626	2,2475	232,66
39	1,04E-04	0,3556	-44,8087	0,0626	2,2503	349,91
40	9,46E-05	0,3558	-44,8087	0,0626	2,2529	243,70
Verwendung des Fischer-Burmeister-Ansatzes						
0	0	0,3602	-44,8087	0	2,2837	0
1	0,0183	0,3127	-44,8087	0,9999	1,7828	225,17
2	1,59E-03	0,3122	-44,8087	0,9999	1,7824	200,09
3	2,71E-05	0,3122	-44,8087	0,0626	1,7824	201,84

Tabelle C.8: Das Konvergenzverhalten der Iterationsverfahren bei Θ_{exakt} und β_{opt}, wobei als Startwert die Lösung des jeweils anderen Ansatzes verwendet wurde – erneut werden die Lösungen der einzelnen Verfahren wieder erreicht, wobei der FB-Ansatz deutlich schneller konvergiert (91 Diskretisierungspunkte).

i	$S(\beta\Delta u^i, \beta\Delta\mu^i)$	$R(u^i, \mu^i)$	$y^i(T)$	β^i	$\Theta(\beta^i)$	Zeit (in Sek.)
Verwendung der Quasilinearisierung						
0	0	2,8021	-44,9136	0	525,0350	0
1	182,6784	1,1299	-44,8152	0,9635	18,1654	89,70
2	24,1224	0,5921	-44,8101	0,9999	1,9622	304,05
3	0,1480	0,5955	-44,8101	0,0626	2,0044	233,59
4	0,1407	0,5986	-44,8100	0,0626	2,0437	254,93
5	0,1337	0,6014	-44,8099	0,0626	2,0790	202,95
6	0,1270	0,6041	-44,8098	0,0626	2,1150	210,75
7	0,1207	0,6068	-44,8098	0,0626	2,1493	209,17
8	0,1146	0,6093	-44,8097	0,0626	2,1823	219,32
9	0,1090	0,6116	-44,8097	0,0626	2,2133	214,39
10	0,1036	0,6135	-44,8096	0,0626	2,2390	201,09
...						
30	0,0375	0,6336	-44,8092	0,0626	2,5259	200,84
31	0,0356	0,6340	-44,8092	0,0626	2,5324	212,70
32	0,0338	0,6344	-44,8092	0,0626	2,5383	218,95
33	0,0321	0,6348	-44,8091	0,0626	2,5439	204,99
34	0,0305	0,6351	-44,8091	0,0626	2,5490	214,62
35	0,2943	0,6366	-44,8089	0,6368	2,5755	320,25
36	0,1572	0,6328	-44,8089	0,7235	2,5246	304,36
37	0,0834	0,6299	-44,8089	0,9999	2,4870	287,73
38	0,0158	0,6222	-44,8090	0,9999	2,3810	214,98
39	1,77E-03	0,6154	-44,8090	0,9999	2,2894	222,44
40	3,13E-05	0,6155	-44,8090	0,0626	2,2902	208,15
Verwendung des Fischer-Burmeister-Ansatzes						
0	0	2,8021	-44,9136	0	45,5286	0
1	189,8083	1,5368	-44,8884	0,2386	18,3689	229,78
2	30,4825	1,4490	-44,8335	0,7280	3,3427	273,27
3	6,7041	0,7420	-44,8142	0,6358	1,6723	346,30
4	4,6458	0,3633	-44,8088	0,9999	1,0897	285,51
5	0,0503	0,3597	-44,8088	0,0626	1,1237	326,46
6	0,0477	0,3564	-44,8088	0,0626	1,1563	329,39
7	0,0452	0,3534	-44,8087	0,0626	1,1875	268,18
8	0,0429	0,3504	-44,8087	0,0626	1,2171	308,65
9	0,0406	0,3477	-44,8087	0,0626	1,2455	265,58
10	0,0384	0,3451	-44,8087	0,0626	1,2724	290,17
...						
92	2,41E-04	0,3117	-44,8087	0,0626	1,7770	233,06
93	2,34E-04	0,3118	-44,8087	0,0626	1,7775	232,76
94	2,31E-04	0,3118	-44,8087	0,0626	1,7778	233,53
95	2,68E-04	0,3118	-44,8087	0,0626	1,7778	275,13
96	1,88E-04	0,3118	-44,8087	0,0626	1,7783	233,92
97	1,77E-04	0,3119	-44,8087	0,0626	1,7787	232,58
98	1,79E-04	0,3119	-44,8087	0,0626	1,7789	233,36
99	1,55E-04	0,3119	-44,8087	0,0626	1,7793	232,51
100	1,67E-04	0,3119	-44,8087	0,0626	1,7795	233,02

Tabelle C.9: Vergleich der Iterationsläufe bei Verwendung von Θ_{exakt} und β_{opt} mit einem schlechteren Startwert als in Tab. C.7 – der FB-Ansatz endet nun erst mit dem Erreichen der maximalen Iterationsanzahl. Im Gegensatz dazu endet die Quasilinearisierung früher, dafür bleibt die Beschränkung auf dem hinteren Intervall aktiv, wobei negative $\mu(t_i)$ berechnet werden (91 Diskretisierungspunkte, NB-Genauigkeit = 5E-04)

i	$S(\beta\Delta u^i, \beta\Delta\mu^i)$	$R(u^i, \mu^i)$	$y^i(T)$	β^i	$\Theta(\beta^i)$	Zeit (in Sek.)
	Verwendung der Quasilinearisierung					
0	0	22,8712	-44,9114	0	3987,2146	0
1	307,4205	1,2855	-44,8116	1	0,1300	13,78
2	14,5234	0,5495	-44,8089	1	3,33E-04	131,41
3	Iteration bricht ab					
	Verwendung des Fischer-Burmeister-Ansatzes					
0	0	22,8712	-44,9114	0	3964,3111	0
1	344,2152	2,5305	-44,8767	1	47,7697	113,84
2	27,3664	0,7717	-44,8130	1	0,7281	179,47
3	5,1510	0,3919	-44,8086	1	8,15E-03	155,94
4	0,7417	0,3400	-44,8087	1	9,79E-06	148,98
5	0,0212	0,3145	-44,8087	1	2,51E-06	116,55
6	1,02E-03	0,3124	-44,8087	1	1,74E-06	116,56
7	4,27E-04	0,3124	-44,8087	1	1,60E-06	117,50
8	3,85E-04	0,3123	-44,8087	1	1,57E-06	116,30
9	3,79E-04	0,3124	-44,8087	1	1,56E-06	118,20
10	3,76E-04	0,3123	-44,8087	1	1,56E-06	118,12
11	3,77E-04	0,3124	-44,8087	1	1,56E-06	121,90
12	1,16E-03	0,3119	-44,8087	1	1,57E-06	199,53
13	1,16E-03	0,3124	-44,8087	1	1,56E-06	155,08
14	1,28E-05	0,3124	-44,8087	1	1,56E-06	115,94

Tabelle C.10: Vergleich der Iterationsläufe bei Verwendung von Θ_{exakt} und β_{approx} mit einem anderen Multiplikator ($\mu \equiv 1$) als in Tab. C.1 – der FB-Ansatz konvergiert sogar schneller, während die Quasilinearisierung abbricht(91 Diskretisierungspunkte, NB-Genauigkeit = 5E-04)

i	$S(\beta\Delta u^i, \beta\Delta\mu^i)$	$R(u^i, \mu^i)$	$y^i(T)$	β^i	$\Theta(\beta^i)$	Zeit (in Sek.)
			Verwendung der Quasilinearisierung			
0	0	22,8712	-44,9114	0	3987,2146	0
1	307,4014	1,2850	-44,8116	0,9999	26,4484	139,10
2	14,5352	0,5199	-44,8090	0,9999	4,0483	265,47
3	0,3677	0,7958	-44,8094	0,0626	10,1295	198,49
4	0,9964	0,4062	-44,8087	0,9999	2,4985	204,96
5	0,2560	0,3855	-44,8085	0,8820	2,4636	239,94
6	0,0911	0,3619	-44,8085	0,9999	2,3397	266,34
7	0,0117	0,3565	-44,8085	0,5320	2,3134	353,89
8	6,46E-03	0,3548	-44,8085	0,5387	2,2774	271,03
9	6,86E-03	0,3580	-44,8087	0,9999	2,2883	227,01
10	8,68E-05	0,3581	-44,8087	0,0626	2,2887	238,49
			Verwendung des Fischer-Burmeister-Ansatzes			
0	0	22,8712	-44,9114	0	3964,3111	0
1	336,4685	2,7364	-44,8733	0,9775	51,8148	168,34
2	27,6461	0,6300	-44,8159	0,8710	3,1970	213,98
3	3,6459	0,3042	-44,8116	0,4606	0,7670	194,27
4	3,0638	0,3538	-44,8093	0,6082	0,8581	272,28
5	1,6693	0,3775	-44,8086	0,6806	1,2964	349,40
6	0,9171	0,3363	-44,8087	0,9999	2,0673	294,26
7	0,0289	0,3144	-44,8087	0,9999	1,8033	196,21
8	8,65E-04	0,3123	-44,8087	0,9999	1,7826	197,40
9	4,36E-05	0,3123	-44,8087	0,0626	1,7828	196,73

Tabelle C.11: Vergleich der Iterationsläufe bei Verwendung von Θ_{exakt} und β_{opt} mit einem anderen Multiplikator ($\mu \equiv 1$) als in Tab. C.7 – beide Verfahren bestimmen die gleiche Lösung wie bei dem besseren Startwert, benötigen dafür aber deutlich weniger Schritte (91 Diskretisierungspunkte, NB-Genauigkeit = 5E-04)

i	$S(\beta\Delta u^i, \beta\Delta\mu^i)$	$R(u^i, \mu^i)$	$y^i(T)$	β^i	$\Theta(\beta^i)$	Zeit (in Sek.)
			Verwendung der Quasilinearisierung			
0	0	22,8712	-44,9114	0	3987,2146	0
1	307,4205	1,2855	-44,8116	1	0,1300	13,78
2	14,5234	0,5495	-44,8089	1	3,33E-04	131,41
3	Iteration bricht ab					
			Verwendung des Fischer-Burmeister-Ansatzes			
0	0	22,8712	-44,9114	0	3964,3111	0
1	344,2152	2,5305	-44,8767	1	54,3381	135,45
2	27,3664	0,7717	-44,8130	1	6,1203	202,80
3	5,1510	0,3919	-44,8086	1	2,4981	176,79
4	0,0464	0,3893	-44,8086	0,0625	2,4851	176,19
5	0,0436	0,3860	-44,8086	0,0625	2,4607	190,09
6	0,0410	0,3829	-44,8086	0,0625	2,4367	206,58
7	0,0385	0,3801	-44,8086	0,0625	2,4153	183,05
8	0,0362	0,3768	-44,8085	0,0625	2,3868	188,62
9	0,0340	0,3736	-44,8085	0,0625	2,3591	185,32
10	0,0320	0,3710	-44,8085	0,0625	2,3392	212,26
11	0,0427	0,3570	-44,8086	0,0890	2,1769	216,85
12	0,0274	0,3639	-44,8087	0,0625	2,2770	152,42
13	0,0257	0,3612	-44,8087	0,0625	2,2528	154,02
14	0,0242	0,3586	-44,8087	0,0625	2,2296	159,81
15	0,0227	0,3561	-44,8087	0,0625	2,2073	163,43
16	0,0213	0,3537	-44,8087	0,0625	2,1859	165,49
17	0,0200	0,3515	-44,8087	0,0625	2,1654	164,81
18	0,0187	0,3493	-44,8087	0,0625	2,1458	145,42
19	0,0176	0,3472	-44,8087	0,0625	2,1272	141,26
20	0,0165	0,3453	-44,8087	0,0625	2,1092	137,30
...						
81	3,31E-04	0,3132	-44,8087	0,0625	1,7942	135,20
82	3,11E-04	0,3131	-44,8087	0,0625	1,7936	135,23
83	2,72E-04	0,3131	-44,8087	0,0625	1,7932	136,25
84	2,55E-04	0,3131	-44,8087	0,0625	1,7927	136,33
85	2,39E-04	0,3130	-44,8087	0,0625	1,7923	134,93
86	2,24E-04	0,3130	-44,8087	0,0625	1,7919	134,94
87	2,65E-04	0,3129	-44,8087	0,0625	1,7912	213,64
88	2,13E-04	0,3129	-44,8087	0,0625	1,7907	135,33
89	1,99E-04	0,3128	-44,8087	0,0625	1,7903	135,35
90	1,96E-04	0,3128	-44,8087	0,0625	1,7898	135,71
91	1,76E-04	0,3128	-44,8087	0,0625	1,7894	135,32
92	1,54E-04	0,3128	-44,8087	0,0625	1,7892	135,03
93	1,56E-04	0,3127	-44,8087	0,0625	1,7889	135,34
94	1,36E-04	0,3127	-44,8087	0,0625	1,7887	135,03
95	1,27E-04	0,3127	-44,8087	0,0625	1,7885	135,05
96	1,19E-04	0,3127	-44,8087	0,0625	1,7884	135,04
97	1,12E-04	0,3127	-44,8087	0,0625	1,7882	135,00
98	1,17E-04	0,3126	-44,8087	0,0625	1,7879	135,27
99	9,91E-05	0,3126	-44,8087	0,0625	1,7878	135,29

Tabelle C.12: Vergleich der Iterationsläufe bei Verwendung von Θ_{exakt} und $\beta_{\max}$ mit schlechterem μ als in Tab. C.4 – die Quasilinearisierung bricht nach drei Schritten ab, während die FB-Iteration erst unmittelbar vor dem Erreichen der maximalen Iterationsanzahl endet (91 Diskretisierungspunkte, NB-Genauigkeit = 5E-04)

i	$S(\beta\Delta u^i, \beta\Delta\mu^i)$	$R(u^i, \mu^i)$	$y^i(T)$	β^i	$\Theta(\beta^i)$	Zeit (in Sek.)
			Verwendung der Quasilinearisierung			
0	0	2,6967	-44,9114	0	504,3585	0
1	185,2291	1,0917	-44,8153	1	0,5527	28,77
2	16,1415	0,4909	-44,8092	1	2,08E-03	120,39
3	1,5636	0,4037	-44,8088	1	2,48E-05	97,06
4	0,3819	0,3804	-44,8085	1	2,10E-06	111,98
5	0,0918	0,3757	-44,8085	1	1,46E-06	105,86
6	0,0163	0,3614	-44,8087	1	1,43E-06	136,85
7	2,87E-03	0,3667	-44,8085	1	1,41E-06	208,86
8	1,86E-03	0,3607	-44,8086	1	1,41E-06	154,07
9	3,80E-04	0,3614	-44,8086	1	1,41E-06	106,53
10	6,74E-05	0,3614	-44,8086	1	1,41E-06	92,85
			Verwendung des Fischer-Burmeister-Ansatzes			
0	0	2,6967	-44,9114	0	41,8427	0
1	196,6292	5,8829	-44,9190	0,25	16,6448	149,49
2	34,2789	1,6676	-44,8252	1	6,4140	204,89
3	10,4697	0,7184	-44,8089	1	0,1133	152,81
4	2,4807	0,4795	-44,8083	1	2,49E-03	167,39
5	0,4564	0,3523	-44,8086	1	3,76E-05	177,65
6	0,0511	0,3162	-44,8087	1	2,63E-06	152,28
7	1,89E-03	0,3133	-44,8087	1	1,77E-06	114,54
8	4,43E-04	0,3130	-44,8087	1	1,61E-06	114,66
9	3,90E-04	0,3131	-44,8087	1	1,57E-06	114,53
10	3,68E-06	0,3131	-44,8087	1	1,57E-06	114,50

Tabelle C.13: Vergleich der Iterationsläufe bei Verwendung von $\Theta_{approx}(\beta_{approx})$ den exakten DGL'en für die Variationen (4.19) + (4.20) (91 Diskretisierungspunkte, NB-Genauigkeit = 5E-04)

i	$S(\beta\Delta u^i, \beta\Delta\mu^i)$	$R(u^i, \mu^i)$	$y^i(T)$	β^i	$\Theta(\beta^i)$	Zeit (in Sek.)
			Verwendung der Quasilinearisierung			
0	0	2,6967	-44,9114	0	504,3585	0
1	185,2291	1,0917	-44,8153	1	19,3194	44,10
2	16,1415	0,4909	-44,8092	1	3,3655	129,33
3	0,0977	0,4857	-44,8091	0,0625	3,3193	114,30
4	0,0933	0,4807	-44,8091	0,0625	3,2758	121,55
5	0,0891	0,4759	-44,8091	0,0625	3,2353	116,27
6	0,0851	0,4713	-44,8090	0,0625	3,1970	118,33
7	0,0812	0,4669	-44,8090	0,0625	3,1613	143,99
8	0,0775	0,4626	-44,8090	0,0625	3,1280	116,47
9	0,0739	0,4585	-44,8089	0,0625	3,0967	128,02
10	0,0705	0,4545	-44,8089	0,0625	3,0674	128,94
...						
95	7,54E-04	0,3664	-44,8085	0,0625	2,3641	155,91
96	7,11E-04	0,3664	-44,8085	0,0625	2,3645	154,55
97	6,75E-04	0,3664	-44,8085	0,0625	2,3653	150,96
98	6,53E-04	0,3665	-44,8085	0,0625	2,3663	158,91
99	6,23E-04	0,3666	-44,8085	0,0625	2,3676	158,22
100	5,97E-04	0,3667	-44,8085	0,0625	2,3691	158,52
			Verwendung des Fischer-Burmeister-Ansatzes			
0	0	2,6967	-44,9114	0	41,8427	0
1	49,1573	2,5107	-44,8565	0,0625	56,7366	181,16
2	35,6892	3,3981	-44,8386	0,0625	104,8640	228,33
3	26,5859	3,9645	-44,8359	0,0625	156,4951	196,11
4	20,1104	4,1829	-44,8377	0,0625	184,7014	147,16
5	15,1682	4,2235	-44,8414	0,0625	195,6878	194,47
6	11,5243	4,1307	-44,8439	0,0625	191,3464	129,37
7	97,4711	4,4131	-44,8862	0,6934	124,1271	180,20
8	49,7196	1,4105	-44,7996	1	7,1704	214,12
9	0,4172	1,3559	-44,7993	0,0625	6,9464	273,73
10	0,4086	1,3060	-44,7990	0,0625	6,7638	212,93
11	0,6663	1,2155	-44,7985	0,1037	6,2536	280,95
12	6,2475	0,4553	-44,8010	1	2,3320	214,37
13	0,1942	0,4592	-44,8014	0,0625	2,4690	192,86
14	0,1860	0,4547	-44,8017	0,0625	2,4860	194,90
15	0,1778	0,4474	-44,8020	0,0625	2,4602	182,56
16	0,1695	0,4394	-44,8023	0,0625	2,4192	185,25
17	0,1613	0,4315	-44,8026	0,0625	2,3763	189,06
18	0,5256	0,4060	-44,8037	0,2144	2,2386	264,03
19	0,1256	0,4003	-44,8040	0,0625	2,2112	189,92
20	0,1187	0,3952	-44,8042	0,0625	2,1893	197,60
...						
95	1,07E-03	0,3140	-44,8086	0,0625	1,8013	137,41
96	1,00E-03	0,3139	-44,8086	0,0625	1,8009	136,22
97	9,14E-04	0,3139	-44,8086	0,0625	1,8003	136,49
98	8,81E-04	0,3138	-44,8086	0,0625	1,8000	136,15
99	8,26E-04	0,3138	-44,8086	0,0625	1,7996	136,06
100	7,74E-04	0,3138	-44,8086	0,0625	1,7993	137,35

Tabelle C.14: Vergleich der Iterationsläufe bei Verwendung von $\Theta_{exakt}(\beta_{\max})$ den exakten DGL'en für die Variationen (4.19) + (4.20) (91 Diskretisierungspunkte, NB-Genauigkeit = 5E-04)

i	$S(\beta\Delta u^i, \beta\Delta\mu^i)$	$R(u^i, \mu^i)$	$y^i(T)$	β^i	$\Theta(\beta^i)$	Zeit (in Sek.)
			Verwendung der Quasilinearisierung			
0	0	2,6967	-44,9114	0	504,3585	0
1	176,0258	1,1483	-44,8149	0,9503	17,9486	93,84
2	24,0074	0,4853	-44,8094	0,9999	3,1095	235,30
3	2,1594	0,4086	-44,8088	0,9999	2,6340	250,56
4	0,4509	0,3819	-44,8085	0,9999	2,5530	330,59
5	0,0208	0,3806	-44,8085	0,1853	2,5555	304,22
6	0,0758	0,3771	-44,8085	0,7946	2,5080	407,20
7	0,0344	0,3682	-44,8085	0,9999	2,3877	336,08
8	3,79E-03	0,3620	-44,8086	0,9999	2,3056	263,28
9	2,57E-04	0,3615	-44,8086	0,9999	2,3004	230,29
10	9,24E-05	0,3614	-44,8086	0,9999	2,2994	233,57
			Verwendung des Fischer-Burmeister-Ansatzes			
0	0	2,6967	-44,9114	0	41,8427	0
1	50,7511	2,5679	-44,8552	0,0645	56,6396	262,54
2	36,6524	3,4531	-44,8382	0,0650	106,8487	282,32
3	26,3288	3,9905	-44,8358	0,0635	157,0861	302,62
4	19,5184	4,1889	-44,8391	0,0625	186,0235	207,24
5	71,6911	3,9693	-44,8719	0,3042	179,4124	327,13
6	24,3542	1,3621	-44,8165	0,9999	6,6532	326,17
7	6,7036	0,4634	-44,8089	0,9999	2,3295	263,92
8	0,7066	0,3408	-44,8087	0,9999	1,9651	291,69
9	0,1314	0,3148	-44,8087	0,9999	1,8089	237,31
10	4,81E-03	0,3132	-44,8087	0,9999	1,7936	199,67
11	1,21E-03	0,3126	-44,8087	0,9999	1,7868	279,83
12	7,36E-05	0,3126	-44,8087	0,0626	1,7872	200,18

Tabelle C.15: Vergleich der Iterationsläufe bei Verwendung von $\Theta_{exakt}(\beta_{opt})$ den exakten DGL'en für die Variationen (4.19) + (4.20) (91 Diskretisierungspunkte, NB-Genauigkeit = 5E-04)

i	$S(\beta\Delta u^i, \beta\Delta\mu^i)$	$R(u^i, \mu^i)$	$y^i(T)$	β^i	$\Theta(\beta^i)$	Zeit (in Sek.)
			Verwendung der Quasilinearisierung			
0	0	2,6967	-44,9114	0	113,6230	0
1	179,8934	1,1637	-44,8154	0,9747	37,9874	200,78
2	20,7175	0,3912	-44,8097	0,9999	10,1068	547,98
3	0,1255	0,3924	-44,8096	0,0626	10,1977	177,78
4	0,1193	0,3932	-44,8095	0,0626	10,2786	182,67
5	0,1138	0,3941	-44,8095	0,0626	10,3608	177,78
6	0,1083	0,3948	-44,8094	0,0626	10,4391	210,72
7	0,1030	0,3954	-44,8094	0,0626	10,5134	214,40
8	0,0981	0,3960	-44,8093	0,0626	10,5843	211,06
9	0,0933	0,3963	-44,8093	0,0626	10,6514	319,79
10	0,0886	0,3964	-44,8092	0,0626	10,7061	337,81
...						
22	0,0489	0,3943	-44,8089	0,0626	11,1532	228,00
23	0,0465	0,3942	-44,8089	0,0626	11,1770	243,78
24	0,0442	0,3940	-44,8089	0,0626	11,1992	225,76
25	0,0420	0,3939	-44,8088	0,0626	11,2200	294,44
26	0,0400	0,3936	-44,8088	0,0626	11,2395	221,95
27	0,0380	0,3934	-44,8088	0,0626	11,2578	229,89
28	0,0361	0,3931	-44,8088	0,0626	11,2746	216,77
29	0,0343	0,3928	-44,8088	0,0626	11,2902	225,48
30	0,0326	0,3924	-44,8088	0,0626	11,3045	245,71
31	0,2851	0,3862	-44,8086	0,5759	11,3729	305,08
32	0,0164	0,3856	-44,8086	0,0626	11,3750	301,47
33	0,0372	0,3840	-44,8086	0,1494	11,3766	294,59
34	0,1584	0,3739	-44,8085	0,7312	11,2517	326,85
35	0,0833	0,3710	-44,8085	0,9999	11,1248	371,57
36	9,56E-03	0,3657	-44,8085	0,9999	10,9406	313,65
37	1,81E-03	0,3598	-44,8087	0,9999	10,7448	253,55
38	3,71E-05	0,3599	-44,8087	0,0626	10,7468	236,55
			Verwendung des Fischer-Burmeister-Ansatzes			
0	0	2,6967	-44,9114	0	42,6524	0
1	70,1433	2,4110	-44,8730	0,0943	41,8935	232,01
2	107,0817	1,4909	-44,8727	0,2510	37,4411	276,78
3	42,7574	0,9401	-44,8231	0,8320	11,0188	218,76
4	2,2411	0,6484	-44,8170	0,3071	6,0428	246,65
5	3,1288	0,5120	-44,8110	0,5659	6,3147	288,10
6	0,1913	0,5141	-44,8108	0,0625	6,5936	388,43
7	0,1826	0,5092	-44,8105	0,0626	6,8620	339,87
8	0,1741	0,5091	-44,8103	0,0625	7,2512	323,25
9	0,1661	0,5182	-44,8101	0,0625	8,4140	299,05
10	0,1583	0,5064	-44,8101	0,0625	9,0385	273,89
11	1,5452	0,4790	-44,8088	0,6413	13,0632	279,00
12	0,6229	0,4278	-44,8087	0,5264	12,2430	267,20
13	0,6509	0,3452	-44,8087	0,9999	10,5199	274,71
14	0,0367	0,3153	-44,8087	0,9999	9,5794	194,90
15	1,54E-03	0,3124	-44,8087	0,9999	9,4982	196,51
16	9,93E-04	0,3119	-44,8087	0,9999	9,4845	274,94
17	7,34E-05	0,3120	-44,8087	0,0626	9,4856	234,20

Tabelle C.16: Vergleich der Iterationsläufe bei Θ_{exakt} und β_{opt} unter Verwendung der 1-Norm (91 Diskretisierungspunkte, NB-Genauigkeit = 5E-04)

i	$S(\beta\Delta u^i, \beta\Delta\mu^i)$	$R(u^i, \mu^i)$	$y^i(T)$	β^i	$\Theta(\beta^i)$	Zeit (in Sek.)
			Verwendung der Quasilinearisierung			
0	0	2,6967	-44,9114	0	8,8226	0
1	184,5590	1,1713	-44,8160	0,9999	1,1528	155,95
2	16,8701	0,3524	-44,8096	0,9999	0,2957	328,52
3	0,1062	0,3556	-44,8095	0,0626	0,3004	177,37
4	0,1011	0,3587	-44,8095	0,0626	0,3051	181,62
5	0,0966	0,3616	-44,8094	0,0626	0,3094	180,41
6	0,0920	0,3639	-44,8093	0,0626	0,3134	187,01
7	0,0876	0,3663	-44,8093	0,0626	0,3173	197,73
8	0,0833	0,3684	-44,8093	0,0626	0,3210	227,18
9	0,0795	0,3703	-44,8092	0,0626	0,3245	224,96
10	0,0757	0,3718	-44,8092	0,0626	0,3275	224,06
...						
35	0,0219	0,3846	-44,8087	0,0626	0,3639	255,07
36	0,0208	0,3844	-44,8087	0,0626	0,3644	238,75
37	0,1259	0,3810	-44,8086	0,3979	0,3659	278,67
38	0,0134	0,3805	-44,8086	0,0626	0,3660	307,54
39	0,1375	0,3731	-44,8085	0,6821	0,3647	327,25
40	0,0864	0,3711	-44,8085	0,9999	0,3620	306,93
41	0,0102	0,3654	-44,8085	0,9999	0,3560	316,58
42	1,64E-03	0,3599	-44,8087	0,9999	0,3503	377,82
43	2,68E-05	0,3600	-44,8087	0,0626	0,3504	226,50
			Verwendung des Fischer-Burmeister-Ansatzes			
0	0	2,6967	-44,9114	0	2,6967	0
1	156,1578	1,7593	-44,8896	0,2099	1,7593	178,22
2	47,1235	0,8134	-44,8423	0,5212	0,8134	263,35
3	11,6174	0,2870	-44,8129	0,7631	0,2870	196,84
4	0,2471	0,2900	-44,8124	0,0626	0,2900	299,43
5	0,2338	0,2928	-44,8120	0,0625	0,2928	306,58
6	1,0249	0,2684	-44,8105	0,2900	0,2684	348,41
7	0,8617	0,3126	-44,8096	0,3274	0,3126	338,08
8	0,1145	0,3131	-44,8095	0,0625	0,3131	263,37
9	0,1082	0,3135	-44,8094	0,0626	0,3135	265,74
10	0,3163	0,3145	-44,8092	0,1940	0,3145	220,42
11	0,5904	0,3138	-44,8089	0,4387	0,3138	212,15
12	0,5056	0,3126	-44,8087	0,6252	0,3126	260,05
13	0,0208	0,3127	-44,8087	0,0626	0,3127	358,11
14	0,0196	0,3128	-44,8087	0,0626	0,3128	357,18
15	0,0183	0,3128	-44,8087	0,0626	0,3128	363,68
16	0,0171	0,3129	-44,8087	0,0626	0,3129	362,46
17	0,0161	0,3131	-44,8087	0,0626	0,3131	363,80
18	0,0152	0,3132	-44,8087	0,0626	0,3132	364,44
19	0,0143	0,3134	-44,8087	0,0626	0,3134	365,43
20	0,0134	0,3136	-44,8087	0,0626	0,3136	367,34
21	0,1240	0,3117	-44,8087	0,6206	0,3117	323,55
22	4,93E-03	0,3118	-44,8087	0,0626	0,3118	254,79
...						
30	2,98E-03	0,3121	-44,8087	0,0626	0,3121	255,96
31	2,78E-03	0,3121	-44,8087	0,0626	0,3121	236,79
32	2,61E-03	0,3122	-44,8087	0,0626	0,3122	236,35
33	0,0399	0,3121	-44,8087	0,9999	0,3121	278,97
34	6,47E-05	0,3121	-44,8087	0,0626	0,3121	233,64

Tabelle C.17: Vergleich der Iterationsläufe bei Θ_{exakt} und β_{opt} unter Verwendung der Maximumnorm – (91 Diskretisierungspunkte, NB-Genauigkeit = 5E-04)

i	$S(\Delta u^i, \Delta\mu^i)$	$R(u^i, \mu^i)$	β^i	$\Theta(\beta^i)$	i	$S(\Delta u^i, \Delta\mu^i)$	$R(u^i, \mu^i)$	β^i	$\Theta(\beta^i)$
0	0	40,2520	0	19579	50	418,2958	43,7606	0,5	13810
1	168,6135	38,2743	0,25	12991	51	350,4147	32,7714	0,5	8836
2	145,5975	44,7954	0,125	10290	52	205,1122	22,7562	0,5	2981
3	127,1022	36,2542	0,25	6614	53	118,5290	14,4052	0,5	1151
4	1632,2484	277,7732	0,0625	171630468	54	97,7123	21,0507	0,25	2357
5	991,1683	128,2952	0,5	173430	55	284,8064	14,8204	1	1996
6	266,2679	99,2625	0,25	59424	56	36,8055	13,2297	0,125	1567
7	297,8442	80,5489	0,25	38384	57	141,0717	35,7947	0,0625	11335
8	342,2995	202,2905	0,5	20136	58	1012,8540	83,4632	0,0625	2257791
9	296,9604	109,5019	0,5	187050	59	306,6872	63,3054	0,25	45875
10	1510,8510	286,3740	0,0625	328150035	60	457,2477	36,4601	0,5	22302
11	865,9052	143,6183	0,5	106662	61	90,5380	29,1923	0,125	7241
12	236,1226	133,5646	0,0625	91351	62	372,2290	14,0603	1	3051
13	234,7420	99,8042	0,25	42984	63	50,6457	26,1885	0,25	681
14	335,3913	49,5471	0,5	12530	64	210,5314	23,1774	1	267
15	1,93E+02	24,7750	0,5	2892	65	76,6286	26,5219	0,125	4812
16	1,55E+02	26,2439	0,5	1205	66	360,4122	76,6639	1	690
17	2,76E+02	17,0102	0,5	2674	67	352,1657	63,7368	0,125	79839
18	56,9201	14,0231	0,125	2616	68	438,5079	48,9148	0,25	49917
19	93,6267	9,5583	0,25	2006	69	1288,7685	119,1437	0,0625	17573130
20	40,1840	6,3771	0,25	569	70	1148,6665	80,5410	0,5	45925
21	36,9097	4,8374	0,25	264	71	1129,2051	27,0275	1	12904
22	73,2692	29,8821	0,5	73	72	401,9163	28,8633	0,25	9702
23	70,0465	31,5628	1	79	73	221,5366	31,7140	0,0625	12788
24	135,3758	42,2299	0,0625	17455	74	350,5077	39,0600	0,5	6429
25	140,7751	25,3997	0,25	11667	75	108,7498	34,9664	0,0625	10679
26	80,1074	16,1181	0,0625	7327	76	188,8958	30,6904	0,125	9130
27	84,0565	37,8461	0,25	2134	77	179,2631	23,9622	0,0625	8390
28	176,2729	29,8855	1	284	78	889,0026	63,0969	0,0625	5757574
29	64,5398	12,9775	0,25	5518	79	154,3092	46,6492	0,25	12778
30	119,5531	36,4849	1	580	80	221,8260	41,0688	0,5	3673
31	153,6659	17,5274	0,25	11042	81	125,8325	32,2479	0,25	6367
32	153,6600	51,4652	0,25	2475	82	142,0664	13,2335	0,5	2133
33	270,6088	54,4825	0,25	24413	83	119,7997	19,8504	0,5	367
34	212,5235	39,8192	0,125	27719	84	191,6703	12,5308	0,5	1288
35	323,8547	36,9207	0,0625	24396	85	83,1304	55,2202	0,25	1606
36	6,17E+02	67,1614	0,0625	1013181	86	815,2889	90,0532	1	21839
37	6,23E+02	34,5555	0,5	14190	87	647,1109	76,9924	0,0625	397892
38	3,79E+02	39,1601	0,5	4031	88	133,0006	72,0396	0,0625	52464
39	429,5871	38,4112	0,125	18061	89	427,1611	78,9711	0,0625	247195
40	243,6114	33,0673	0,0625	14190	90	520,7083	71,5798	0,25	38214
41	1374,8522	84,8626	0,0625	2450659	91	1000,8287	40,0678	1	8218
42	605,6204	44,7530	0,5	24480	92	381,9508	66,6736	0,5	14567
43	454,8165	187,7843	0,0625	1461945	93	332,3957	37,2439	0,25	40194
44	192,7698	156,0001	0,125	126141	94	279,8280	45,2508	0,5	12037
45	195,7531	137,0179	0,0625	114018	95	340,1983	26,6909	0,5	6392
46	163,5070	122,6740	0,0625	108794	96	6676,7094	486,1609	0,0625	1658300277476
47	200,0894	99,8968	0,0625	96173	97	6795,5114	32,2417	1	141790
48	444,3330	107,2553	0,0625	7302100	98	198,3426	26,7728	0,125	12721
49	331,3240	78,7349	0,25	45710	99	135,3584	24,5176	0,25	6374
					100	206,6181	19,4573	0,25	2433

Tabelle C.18: Der FB-terationsverlauf bei Θ_{approx} und $\beta_{approx} \geq \left(\frac{1}{2}\right)^4$ bei einem sehr schlechten Startwert ($u^0 \equiv 0$, $\mu^0 \equiv 1$) – hier konvergiert das Verfahren nicht und es zeigt sich, dass Θ immer dann deutlich ansteigt, wenn die Minimalschrittweite $\beta = \left(\frac{1}{2}\right)^4$ verwendet wird (91 Diskretisierungspunkte, NB-Genauigkeit = 5E-04)

i	$S(\beta\Delta u^i, \beta\Delta\mu^i)$	$R(u^i, \mu^i)$	$y^i(T)$	β^i	$\Theta(\beta^i)$	Zeit (in Sek.)
0	0	40,2520	-80,9414	0	19578,9126	0
1	450,4134	54,3963	-79,7719	0,6678	13070,8087	142,10
2	168,4607	50,8549	-98,4752	0,1679	11968,4584	258,32
3	151,5979	47,6241	-70,8159	0,1644	10988,0900	193,59
4	260,1213	42,6148	-90,2227	0,2655	9514,1140	296,76
5	415,4185	34,0814	-57,2304	0,6582	6392,4924	183,66
6	247,1527	21,8942	-38,8517	0,6580	4280,2748	187,08
7	125,1211	15,4937	-31,4184	0,4259	3219,3799	143,78
8	72,9722	12,8305	-32,6608	0,4937	2428,7494	194,28
9	36,6668	15,1768	-33,1543	0,0903	2290,9105	260,48
10	175,0260	9,4356	-42,0292	1	1086,9395	133,05
11	28,1401	8,4774	-42,6527	0,2289	962,3043	274,95
12	23,3846	7,4700	-43,1950	0,2479	843,5406	249,48
13	21,1154	6,4338	-43,6978	0,3032	715,7522	207,37
14	17,5743	5,5076	-44,1141	0,3685	583,5489	157,24
15	15,3318	4,6105	-44,4669	0,5080	437,0742	270,46
16	15,9501	3,5864	-44,7796	0,8675	247,8659	189,01
17	14,9153	0,8234	-44,8030	1	8,7188	156,77
18	8,5323	0,2264	-44,8043	1	0,3000	228,82
19	0,1322	0,2319	-44,8042	0,0625	0,3519	302,72
20	0,1275	0,2401	-44,8044	0,0625	0,4248	251,52
...						
90	1,98E-03	0,3118	-44,8085	0,0625	1,7780	175,70
91	1,88E-03	0,3118	-44,8085	0,0625	1,7785	171,77
92	1,68E-03	0,3118	-44,8085	0,0625	1,7786	218,96
93	1,64E-03	0,3119	-44,8085	0,0625	1,7791	176,30
94	1,54E-03	0,3119	-44,8085	0,0625	1,7796	176,15
95	1,46E-03	0,3119	-44,8085	0,0625	1,7799	150,96
96	1,35E-03	0,3120	-44,8085	0,0625	1,7803	176,20
97	1,30E-03	0,3120	-44,8085	0,0625	1,7805	151,33
98	1,22E-03	0,3120	-44,8085	0,0625	1,7806	151,69
99	1,11E-03	0,3120	-44,8085	0,0625	1,7810	175,92
100	1,06E-03	0,3120	-44,8085	0,0625	1,7812	151,00

Tabelle C.19: Der FB-terationsverlauf bei Θ_{exakt} und $\beta_{\max} \geq \left(\frac{1}{2}\right)^4$ bei einem sehr schlechten Startwert ($u^0 \equiv 0$, $\mu^0 \equiv 1$) – nach dem 19. Schritt wird nur noch die Minimalschrittweite verwendet, wodurch das Verfahren erst mit dem Erreichen der maximalen Iterationsanzahl endet (91 Diskretisierungspunkte, NB-Genauigkeit = 5E-04)

i	$S(\beta\Delta u^i, \beta\Delta\mu^i)$	$R(u^i, \mu^i)$	$y^i(T)$	β^i	$\Theta(\beta^i)$	Zeit (in Sek.)
0	0	40,2520	-80,9414	0	19578,9126	0
1	282,4024	43,1787	-77,6267	0,4187	10328,2434	108,83
2	142,6211	45,0085	-82,5721	0,2278	8017,2102	118,79
3	60,1106	43,6272	-91,1592	0,0639	7614,2874	252,76
4	360,7788	31,5299	-55,3053	0,2855	6350,8491	212,32
5	194,9786	26,9054	-67,4142	0,1779	6583,4979	174,88
6	176,4360	18,8036	-43,4596	0,4099	2400,3950	196,26
7	402,0910	40,2158	-110,3472	0,5444	14985,1353	315,63
8	274,4948	45,2347	-70,5074	0,2949	7310,8061	195,43
9	245,4810	34,4888	-73,2267	0,2772	7110,3050	267,83
10	209,2400	16,7393	-41,9988	0,5955	1268,1395	231,11
11	119,8495	16,3586	-45,4362	0,0625	1464,1029	343,62
12	106,4094	11,1514	-41,7170	0,3789	640,8447	226,66
13	62,6588	8,0339	-40,7925	0,2210	410,0113	293,06
14	38,5394	6,5093	-40,5827	0,1493	324,7058	229,23
15	36,9566	5,8957	-40,8388	0,1996	244,3503	169,03
16	32,9930	5,1580	-41,2969	0,2190	182,0978	308,92
17	30,9611	4,4389	-41,8582	0,2421	132,8477	126,63
18	30,3119	3,6244	-42,4858	0,2824	90,4056	188,64
19	30,5316	2,7356	-43,1710	0,3546	54,6511	248,40
20	32,6939	1,6984	-43,9413	0,5182	23,2824	201,15
21	35,7012	0,3475	-44,7850	0,9872	0,9740	320,39
22	1,1863	0,1509	-44,7921	0,3333	0,0709	256,70
23	0,1587	0,1534	-44,7930	0,0626	0,0827	386,22
24	0,1500	0,1562	-44,7938	0,0626	0,1142	402,04
25	0,1415	0,1590	-44,7945	0,0626	0,1613	391,30
26	0,1339	0,1624	-44,7952	0,0625	0,2202	379,51
27	Iteration bricht ab					

Tabelle C.20: Der FB-terationsverlauf bei Θ_{exakt} und $\beta_{opt} \geq \left(\frac{1}{2}\right)^4$ bei einem sehr schlechten Startwert ($u^0 \equiv 0$, $\mu^0 \equiv 1$) – die FB-Iteration bricht nach 26 Schritten ab (91 Diskretisierungspunkte, NB-Genauigkeit = 5E-04)

i	$S(\beta\Delta u^i, \beta\Delta\mu^i)$	$R(u^i, \mu^i)$	$y^i(T)$	β^i	$\Theta(\beta^i)$	Zeit (in Sek.)
0	0	40,2520	-80,9414	0	19578,9126	0
1	168,6135	38,2743	-78,5485	0,25	12990,8998	63,76
2	145,5975	44,7954	-72,3788	0,125	10289,6177	67,36
3	127,1022	36,2542	-75,1502	0,25	6614,0071	89,59
4	408,0621	55,3392	-71,1592	0,015625	88120,0306	335,71
5	49,4231	51,0595	-73,4227	0,03125	21728,2810	214,82
6	49,1602	43,1782	-62,0496	0,0625	17702,9481	209,37
7	203,7797	37,2688	-44,1048	0,5	4159,5086	55,89
8	191,6547	50,0281	-46,9933	0,5	3624,6483	83,72
9	131,1249	21,2611	-41,2691	0,5	7450,1746	76,85
10	114,8570	49,4040	-41,4776	0,5	1132,9422	192,94
11	152,1355	17,7447	-48,6037	1	13750,7402	194,64
12	107,4015	29,3058	-51,2000	0,5	1374,3219	171,72
13	97,5030	40,3633	-48,8046	0,5	3663,4679	110,24
14	57,8604	33,1004	-51,7534	0,0625	23713,3547	200,98
15	102,9002	27,1791	-60,2751	0,015625	18670,1518	784,35
16	79,6866	14,9784	-51,5596	0,125	10296,1574	183,82
17	75,0035	24,7417	-48,3377	0,5	2225,7661	132,58
18	225,1237	72,9376	-79,9801	1	2053,9113	82,49
19	247,3170	53,9395	-99,2857	0,125	34958,6014	308,33
20	240,3460	46,7733	-123,6162	0,125	19730,3166	351,37
21	142,3227	43,6046	-103,2738	0,03125	18001,0641	364,61
22	189,6559	40,8066	-124,1282	0,0625	15942,6430	156,33
23	968,5628	52,3455	-97,9966	0,015625	476071,3245	722,57
24	135,6031	44,4548	-90,4936	0,125	10607,0303	402,58
25	528,4198	78,0246	-67,5235	1	2653,7407	173,29
26	278,8226	39,0419	-70,8204	0,5	41474,8394	165,99
27	106,9367	27,6262	-58,4065	0,125	17462,0323	244,84
28	144,9040	19,2961	-56,2290	0,5	4336,1700	118,16
29	128,3274	30,4448	-60,5564	0,5	2123,6008	246,85
30	52,5004	48,6051	-59,6787	0,015625	6083,5426	319,39
31	170,0618	29,0688	-62,5171	0,5	10443,6920	76,38
32	132,3271	20,0500	-58,3900	0,125	7679,8137	138,64
33	160,7953	10,4619	-52,1852	0,125	4171,5901	123,28
34	80,0320	17,9185	-52,3272	0,5	448,8085	118,15
35	87,2725	14,9438	-48,3001	1	469,5037	135,91
36	41,1261	23,0963	-46,6198	1	131,2297	219,25
37	34,1361	3,7167	-45,4264	1	32,5260	136,39
38	61,2194	20,4832	-45,2742	1	2,3460	233,29
39	9,5437	6,7997	-44,8683	1	0,4136	168,54
40	24,5755	1,2964	-44,8213	1	0,2843	185,77
41	15,6906	0,6908	-44,8097	1	0,0130	198,53
42	1,4035	0,3552	-44,8082	1	0,0010	212,42
43	0,1752	0,3185	-44,8083	1	2,01E-05	232,77
44	0,0251	0,3123	-44,8083	1	1,05E-06	227,07
45	6,90E-04	0,3122	-44,8083	1	1,48E-06	132,10
46	7,78E-04	0,3119	-44,8083	1	1,58E-06	175,44
47	7,51E-04	0,3123	-44,8083	1	1,59E-06	151,17
48	1,19E-05	0,3123	-44,8083	1	1,60E-06	116,08

Tabelle C.21: Der FB-terationsverlauf bei Θ_{approx} und $\beta_{approx} \geq \left(\frac{1}{2}\right)^6$ bei einem sehr schlechten Startwert ($u^0 \equiv 0$, $\mu^0 \equiv 1$) – anders als bei $\beta_{approx} \geq \left(\frac{1}{2}\right)^4$ (Tab. C.18) konvergiert das Verfahren nun und bestimmt die richtige Lösung nach 48 Schritten (91 Diskretisierungspunkte, NB-Genauigkeit = 5E-04)

i	$S(\beta\Delta u^i, \beta\Delta\mu^i)$	$R(u^i, \mu^i)$	$y^i(T)$	β^i	$\Theta(\beta^i)$	Zeit (in Sek.)
0	0	40,2520	-80,9414	0	19578,9126	0
1	449,8003	54,3496	-79,7538	0,6669	13049,6149	149,96
2	168,7931	50,8764	-98,4457	0,1691	11938,9444	293,53
3	400,4253	39,9472	-56,1246	0,4343	9347,3750	194,56
4	74,6015	39,4616	-54,7843	0,0156	14509,7127	162,31
5	384,7633	11,5442	-36,6451	1	1227,5604	81,78
6	44,7994	10,2470	-35,4025	0,2543	1069,8805	279,69
7	114,8037	9,7844	-36,0923	0,6331	740,3224	196,71
8	79,2584	6,0975	-38,6402	0,4673	561,5425	242,14
9	74,6013	6,0999	-41,8413	0,5910	394,2191	136,13
10	Iteration bricht ab					

Tabelle C.22: Der FB-terationsverlauf bei Θ_{exakt} und $\beta_{\max} \geq \left(\frac{1}{2}\right)^6$ bei einem sehr schlechten Startwert ($u^0 \equiv 0$, $\mu^0 \equiv 1$) - das Iterationsverfahren bricht nun nach 9 Schritten ab (91 Diskretisierungspunkte, NB-Genauigkeit = 5E-04)

i	$S(\beta\Delta u^i, \beta\Delta\mu^i)$	$R(u^i, \mu^i)$	$y^i(T)$	β^i	$\Theta(\beta^i)$	Zeit (in Sek.)
0	0	40,2520	-80,9414	0	19578,9126	0
1	282,0585	43,1597	-77,6273	0,4182	10328,2170	129,43
2	142,7514	45,0196	-82,5468	0,2278	8016,2531	144,67
3	53,9879	43,6276	-90,2490	0,0575	7607,5074	234,66
4	356,0088	32,8408	-55,2475	0,2545	6452,1475	294,04
5	163,5513	30,4398	-71,3530	0,0882	7956,9299	362,89
6	161,7145	25,5179	-46,2993	0,2625	3577,7347	159,72
7	483,5523	40,9583	-103,7504	0,9999	14206,2102	269,50
8	125,3247	39,2439	-103,8004	0,0735	10826,2282	354,52
9	172,1766	25,6179	-46,3413	0,3363	4952,9946	170,88
10	180,4665	20,3655	-50,2669	0,3256	3348,4919	222,46
11	191,6613	11,2847	-40,7625	0,5426	786,2202	199,86
12	313,8584	54,6365	-75,5699	0,9999	27801,4645	172,67
13	410,7111	31,1398	-88,4686	0,5312	12245,4787	287,62
14	491,3880	26,8738	-84,0610	0,3586	12863,3340	354,93
15	320,7305	20,9349	-59,4190	0,1013	3705,8583	601,43
16	275,6517	58,1262	-110,5203	0,9955	42019,2061	213,29
17	470,1391	49,6519	-129,4231	0,2716	30929,9791	439,11
18	145,7559	49,0733	-148,7868	0,0158	30800,7220	505,46
19	618,9325	40,5357	-96,3978	0,0675	11048,5365	482,71
20	616,5790	18,4306	-58,6672	0,7885	2252,8346	352,87
21	91,4286	11,4814	-51,0444	0,3615	770,8135	332,01
22	51,5825	6,8960	-47,3569	0,4262	339,6791	267,01
23	21,9023	6,2458	-46,3249	0,2264	250,2696	309,82
24	11,9946	5,7684	-45,9118	0,1429	209,6996	250,40
25	10,8387	5,3525	-45,6092	0,1440	181,7236	277,39
26	8,0453	4,9419	-45,4226	0,1225	157,7064	247,10
27	7,4124	4,5439	-45,2754	0,1260	136,2331	286,21
28	7,0124	4,1378	-45,1572	0,1330	116,7455	249,42
29	6,8371	3,7376	-45,0591	0,1457	98,3889	275,29
30	6,7628	3,3196	-44,9789	0,1630	81,0819	270,63
31	6,8724	2,8754	-44,9135	0,1902	64,3228	284,23
32	7,1355	2,3998	-44,8623	0,2319	48,0387	262,79
33	7,2035	1,8872	-44,8260	0,2858	32,0765	278,04
34	8,4846	1,2836	-44,8029	0,4331	17,0598	284,38
35	10,9275	0,4360	-44,8019	0,8547	2,7876	288,47
36	1,7431	0,0710	-44,8041	0,5111	0,0291	304,71
37	0,0294	0,0748	-44,8041	0,0157	0,0296	371,13
38	0,0290	0,0786	-44,8042	0,0157	0,0313	365,61
39	0,0286	0,0823	-44,8042	0,0157	0,0340	369,01
40	0,0282	0,0859	-44,8043	0,0157	0,0378	369,00
41	0,0399	0,0910	-44,8043	0,0225	0,0435	359,58
42	0,0272	0,0936	-44,8043	0,0157	0,0493	366,46
43	0,0268	0,0970	-44,8043	0,0157	0,0559	368,67
...						
95	0,0124	0,2214	-44,8060	0,0157	0,7760	352,42
96	0,0122	0,2229	-44,8060	0,0157	0,7897	357,07
97	0,0120	0,2244	-44,8061	0,0157	0,8034	357,18
98	0,0118	0,2259	-44,8061	0,0157	0,8170	355,44
99	0,0116	0,2274	-44,8061	0,0157	0,8304	353,21
100	0,0114	0,2288	-44,8061	0,0157	0,8436	350,02

Tabelle C.23: Der FB-terationsverlauf bei Θ_{exakt} und $\beta_{opt} \geq \left(\frac{1}{2}\right)^6$ bei einem sehr schlechten Startwert ($u^0 \equiv 0$, $\mu^0 \equiv 1$) – das Verfahren bricht nun nicht wie bei $\beta_{opt} \geq \left(\frac{1}{2}\right)^4$ ab, sondern berechnet im 36. Schritt die Lösung mit minimalem Θ_{exakt}. Danach verschlechtern sich R und Θ permanent, wobei das Verfahren erst mit dem Erreichen der maximalen Iterationsanzahl stoppt. (91 Diskretisierungspunkte, NB-Genauigkeit = 5E-04)

i	$S(\beta\Delta u^i, \beta\Delta\mu^i)$	$R(u^i, \mu^i)$	$y^i(T)$	β^i	$\Theta(\beta^i)$	Zeit (in Sek.)
			Verwendung der Quasilinearisierung			
0	0	2,6967	-44,9114	0	504,3585	0
1	173,5912	1,2339	-44,8155	0,9405	21,3756	94,92
2	26,2723	0,4375	-44,8098	0,9999	2,4314	457,77
3	2,4157	0,4559	-44,8115	-0,9999	2,1650	440,71
4	4,2170	0,4589	-44,8160	-0,9999	1,6461	226,52
5	7,2432	0,4361	-44,8275	-0,9999	0,9388	372,46
6	1,0720	0,4332	-44,8291	-0,0868	0,9111	411,24
7	13,1067	0,3237	-44,8127	0,9999	0,6774	440,44
8	3,3182	0,2167	-44,8184	-0,9362	0,0682	288,47
9	0,1615	0,2097	-44,8185	-0,0286	0,0657	256,25
10	5,71E-05	0,2097	-44,8185	9,92E-06	0,0657	278,86
			Verwendung des Fischer-Burmeister-Ansatzes			
0	0	2,6967	-44,9114	0	41,8427	0
1	159,9854	1,7715	-44,8918	0,2151	27,3211	227,03
2	48,1658	0,8977	-44,8380	0,5923	3,5365	641,19
3	12,0547	0,3568	-44,8096	0,9999	0,7602	249,58
4	1,2634	0,3843	-44,8113	-0,7971	0,6284	243,49
5	0,0116	0,3846	-44,8113	-4,40E-03	0,6284	248,45
6	0	0,3846	-44,8113	0	0,6284	205,77

Tabelle C.24: Vergleich der Iterationsläufe bei Verwendung von Θ_{exakt} und $\beta_{opt} \in [-1, 1]$ – im Vergleich zu $\beta_{opt} \in [0.0625, 1]$ (Tab. C.7) wirkt sich das Zulassen negativer Schrittweiten positiv auf die Lösungen und die Anzahl der benötigten Iterationsschritte aus (91 Diskretisierungspunkte, NB-Genauigkeit = 5E-04)

i	$S(\beta\Delta u^i, \beta\Delta\mu^i)$	$R(u^i, \mu^i)$	$y^i(T)$	β^i	$\Theta(\beta^i)$	Zeit (in Sek.)
			Verwendung der Quasilinearisierung			
0	0	2,6907	-44,9119	0	47716,2808	0
1	184,0199	1,1621	-44,8161	0,9999	76,4565	155,79
2	16,9493	0,3693	-44,8096	0,9999	1,9048	223,14
3	0,1103	0,3716	-44,8095	0,0626	1,9326	174,36
4	0,1052	0,3737	-44,8095	0,0626	1,9614	186,25
5	0,1004	0,3755	-44,8094	0,0626	1,9885	179,61
6	0,0956	0,3772	-44,8094	0,0626	2,0180	184,36
7	0,0910	0,3787	-44,8093	0,0626	2,0477	188,29
8	0,0867	0,3801	-44,8093	0,0626	2,0772	189,05
9	0,0827	0,3813	-44,8092	0,0626	2,1064	194,78
10	0,0788	0,3821	-44,8092	0,0626	2,1315	173,95
...						
16	0,0592	0,3851	-44,8090	0,0626	2,2664	174,42
17	0,0564	0,3858	-44,8090	0,0626	2,2860	175,00
18	0,0537	0,3864	-44,8089	0,0626	2,3047	174,40
19	0,0512	0,3869	-44,8089	0,0626	2,3225	174,25
20	0,0487	0,3873	-44,8089	0,0626	2,3395	173,89
21	0,0464	0,3877	-44,8089	0,0626	2,3556	174,41
22	0,0442	0,3880	-44,8089	0,0626	2,3710	178,34
23	0,0421	0,3882	-44,8089	0,0626	2,3855	179,33
24	0,0401	0,3884	-44,8088	0,0626	2,3993	178,98
25	0,0382	0,3885	-44,8088	0,0626	2,4123	179,19
26	0,0363	0,3885	-44,8088	0,0626	2,4246	180,38
27	0,0346	0,3885	-44,8088	0,0626	2,4361	182,01
28	0,0329	0,3884	-44,8088	0,0626	2,4469	182,87
29	0,0313	0,3883	-44,8088	0,0626	2,4570	187,72
30	0,0298	0,3882	-44,8088	0,0626	2,4665	188,06
31	0,0283	0,3880	-44,8088	0,0626	2,4753	187,97
32	0,0269	0,3878	-44,8088	0,0626	2,4835	186,69
33	0,0256	0,3875	-44,8087	0,0626	2,4911	186,27
34	0,0243	0,3872	-44,8087	0,0626	2,4981	186,03
35	0,1532	0,3832	-44,8086	0,4142	2,5198	218,41
36	0,0155	0,3827	-44,8086	0,0626	2,5224	263,26
37	0,0221	0,3819	-44,8086	0,0944	2,5248	243,64
38	0,1477	0,3717	-44,8085	0,6860	2,4934	262,34
39	0,0936	0,3636	-44,8085	0,9999	2,4469	269,47
40	0,0166	0,3660	-44,8085	0,9999	2,3610	261,52
41	1,48E-03	0,3604	-44,8087	0,9999	2,2865	294,48
42	2,09E-05	0,3604	-44,8087	0,0626	2,2870	221,53
			Verwendung des Fischer-Burmeister-Ansatzes			
0	0	2,6907	-44,9119	0	1790,8875	0
1	178,7194	1,8276	-44,9047	0,2412	238,0168	191,99
2	28,0183	0,7472	-44,8308	0,6063	54,3488	261,38
3	10,6984	0,3835	-44,8099	0,8886	10,6406	156,28
4	1,9570	0,3744	-44,8086	0,9914	2,5923	337,03
5	0,2787	0,3254	-44,8087	0,9999	1,9421	280,08
6	0,0249	0,3141	-44,8087	0,9999	1,8055	235,27
7	8,97E-04	0,3125	-44,8087	0,9999	1,7909	197,6
8	7,48E-05	0,3124	-44,8087	0,9999	1,7905	197,73

Tabelle C.25: Vergleich der Iterationsläufe bei Verwendung von Θ_{exakt} und β_{opt}, wobei die φ-Komponente mit 100 multipliziert wurde, um sie höher zu gewichten – im Vergleich zum ungewichteten Fehler (Tab. C.7) verbessert sich das Konvergenzverhalten beim FB-Ansatz deutlich und bei der Quasilinearisierung etwas (91 Diskretisierungspunkte, NB-Genauigkeit = 5E-04)

Anhang D

Konvergenzverhalten bei dem Minimum-Energy-Problem

D.1 Ohne Beschränkung

i	$S(\Delta u^i, \Delta\mu^i)$	$R(u^i, \mu^i)$	Zielfunktional ZF	ν_1^i	ν_2^i
0	0	14	-2	10	10
1	105,9995	8,36E-05	-2	-6,29E-07	-2
2	4,61E-04	1,01E-05	-2	3,35E-07	-2
3	6,36E-06	1,06E-05	-2	2,59E-09	-2

Tabelle D.1: Iterationsverlauf für das unrestringierte Problem, bei den Startwerten $u^0 \equiv 2$, $\nu_1^0 = 10$, $\nu_2^0 = 10$ - das Iterationsverfahren benötigt nur echten Schritt um die korrekte Lösung zu bestimmen (21 Diskretisierungspunkte).

D.2 Mit Beschränkung und 2 Umschaltpunkten

i	$S(\Delta u^i, \Delta\mu^i)$	$R(u^i, \mu^i)$	ZF	τ_1^i	τ_2^i	ν_1^i	ν_2^i	p_1^i	p_2^i
0	0	13,1399	-0,5000	0,4	0,6	0	0	20	2
1	113,9468	11,3897	-4,3846	0,3333300881	0,6666699117	-18,7503	-6,2500	37,5006	3,7501
2	47,5841	10,4398	-4,4553	0,3055541795	0,6944458204	-21,6002	-6,6000	43,2003	7,2002
3	17,7857	5,4884	-4,4453	0,3001947534	0,6998052466	-22,2005	-6,6645	44,4009	8,6336
4	9,8631	5,0364	-4,4445	0,3000002589	0,6999997411	-22,2222	-6,6667	44,4444	8,8802
5	8,9567	5,0007	-4,4444	0,2999999901	0,7000000099	-22,2222	-6,6667	44,4444	8,8889
6	8,8902	8,83E-05	-4,4444	0,3000000200	0,6999999800	-22,2222	-6,6667	44,4444	8,8889
7	1,23E-05	5,6864	-4,4444	0,3000000072	0,6999999900	-22,2222	-6,6667	44,4444	8,8889
8	5,6865	8,92E-05	-4,4444	0,3000000098	0,6999999900	-22,2222	-6,6667	44,4444	8,8889
9	1,32E-06	0,5698	-4,4444	0,3000000085	0,6999999900	-22,2222	-6,6667	44,4444	8,8889
10	0,5699	8,64E-05	-4,4444	0,3000000085	0,6999999900	-22,2222	-6,6667	44,4444	8,8889
11	2,93E-08	8,64E-05	-4,4444	0,3000000085	0,6999999900	-22,2222	-6,6667	44,4444	8,8889

Tabelle D.2: Iterationsverlauf für $A = 0.1$ und den Startwerten $u^0 \equiv -1$, $\mu^0(t_i) = 2$ für $\tau_1^0 \leq t_i \leq \tau_2^0$ und sonst 0, $\nu_1^0 = \nu_2^0 = 0$, $p_1^0 = 20$, $p_2^0 = 2$, $\tau_1^0 = 0.4$, $\tau_2^0 = 0.6$ (30 Diskretisierungsstellen)

i	$S(\Delta u^i, \Delta\mu^i)$	$R(u^i, \mu^i)$	ZF	τ_1^i	τ_2^i	ν_1^i	ν_2^i	p_1^i	p_2^i
0	0	15,6999	-2,0000	0,4	0,55	-22	-6,5	44	9
1	127,6034	23,3412	-6,5182	0,288883773	0,678577353	-28,1259	-8,1251	51,172	3,295
2	256,1114	253,7204	-12,3904	0,218078817	0,761525395	-47,0088	-10,2516	87,017	15,581
3	309,2793	942,0140	-21,3245	0,176166342	0,812314977	-68,3105	-12,0340	129,573	33,542
4	216,2265	94,4104	-8,8577	0,155992232	0,839203311	-83,5888	-13,0392	163,166	51,077
5	123,8197	60,1298	-8,8867	0,150427341	0,848722071	-88,5056	-13,3137	176,246	60,288
6	71,0751	57,2133	-8,8889	0,150002409	0,849978803	-88,8868	-13,3332	177,757	62,131
7	62,4155	57,2218	-8,8889	0,150000007	0,849999985	-88,8889	-13,3333	177,778	62,222
8	62,2227	9,93E-03	-8,8889	0,150000010	0,849999990	-88,8889	-13,3333	177,778	62,222
9	9,57E-05	35,8557	-8,8889	0,149999999	0,849999984	-88,8889	-13,3333	177,778	62,222
10	35,8558	8,71E-03	-8,8889	0,150000010	0,849999989	-88,8889	-13,3333	177,778	62,222
11	2,30E-05	6,1182	-8,8889	0,150000008	0,849999993	-88,8889	-13,3333	177,778	62,222
12	6,1182	3,00E-007	-8,8889	0,150000008	0,849999987	-88,8889	-13,3333	177,778	62,222
13	1,01E-005	8,57E-008	-8,8889	0,150000008	0,849999988	-88,8889	-13,3333	177,778	62,222

Tabelle D.3: Iterationsverlauf für A=0.05 und den Startwerten $u^0 \equiv -2$, $\mu^0(t) = 2$ für $\tau_1^0 \leq t \leq \tau_2^0$ und sonst 0, $\nu_1^0 = -22$, $\nu_2^0 = -6.5$, $p_1^0 = 44$, $p_2^0 = 9$, $\tau_1^0 = 0.4$, $\tau_2^0 = 0.55$ (30 Diskretisierungsstellen)

i	$S(\Delta u^i, \Delta\mu^i)$	$R(u^i, \mu^i)$	ZF	τ_1^i	τ_2^i	ν_1^i	ν_2^i	p_1^i	p_2^i
0	0	13,1497	-2	0,2	0,9	-22	-6,5	44	9
1	1936,6379	1,12E+04	-1341,9246	0,144440328	0,916670033	-112,51	-16,25	412,53	208,76
2	4,57E+04	3,55E+07	-3,62E+06	0,109038043	0,923612522	-188,04	-20,50	533,65	262,63
3	2,19E+04	8,21E+06	-8,23E+05	0,088081889	0,924951448	-273,25	-24,07	628,46	284,09
4	1,09E+04	1,93E+06	-1,82E+05	0,077995332	0,924999931	-334,36	-26,08	689,92	294,20
5	5468,6960	4,72E+05	-3,66E+04	0,075213475	0,924999995	-354,02	-26,63	709,58	300,17
6	2784,5562	1,15E+05	-5909,1083	0,075001200	0,924999988	-355,55	-26,67	711,10	302,07
7	1408,9428	2,58E+04	-606,4236	0,075000009	0,924999990	-355,56	-26,67	711,11	302,22
8	690,2695	4090,6890	-38,4492	0,075000009	0,924999990	-355,56	-26,67	711,11	302,22
9	76,3557	525,1221	-17,8428	0,074999962	0,924999990	-355,56	-26,67	711,11	302,22
10	301,2664	0,8997	-17,7778	0,075000014	0,924999990	-355,56	-26,67	711,11	302,22
11	0,0159	68,9658	-17,7778	0,075000009	0,924999990	-355,56	-26,67	711,11	302,22
12	68,9655	1,82E-04	-17,7778	0,075000009	0,924999990	-355,56	-26,67	711,11	302,22
13	3,44E-06	1,49E-04	-17,7778	0,075000009	0,924999990	-355,56	-26,67	711,11	302,22
14	2,20E-07	1,49E-04	-17,7778	0,075000009	0,924999990	-355,56	-26,67	711,11	302,22

Tabelle D.4: Iterationsverlauf für A=0.025 und den Startwerten $u^0 \equiv -2$, $\mu^0(t) = 2$ für $\tau_1^0 \leq t \leq \tau_2^0$ und sonst 0, $\nu_1^0 = -22$, $\nu_2^0 = -6.5$, $p_1^0 = 44$, $p_2^0 = 9$, $\tau_1^0 = 0.2$, $\tau_2^0 = 0.9$ (30 Diskretisierungspunkte)

D.3 Mit Beschränkung und einem Berührpunkt

i	$S(\Delta u^i, \Delta\mu^i)$	$R(u^i, \mu^i)$	ZF	τ^i	ν_1^i	ν_2^i	p_1^i	p_2^i
0	0	3,18	-0,5	0,5	0	0	-2	-1
1	41,4	2,67E-05	-2,24	0,5	-4,8	-3,2	9,6	0
2	1,51E-06	2,62E-05	-2,24	0,5	-4,8	-3,2	9,6	0

Tabelle D.5: Iterationsverlauf für $A = 0.2$ und bei festem $\tau = \frac{1}{2}$ - das Verfahren konvergiert sehr gut und bestimmt die korrekte innerhalb eines Schrittes (Startwert $u^0 \equiv 0$, 20 Diskretisierungspunkte)

i	$S(\Delta u^i, \Delta\mu^i)$	$R(u^i, \mu^i)$	ZF	τ^i	ν_1^i	ν_2^i	p^i
0	0	8,1250	0	0,1	-5	0	10
1	1394,4445	132,3569	-38,9565	0,3363637547	540,0000	43,0000	-555,5556
2	1291,7906	0,1062	-2,0003	0,4980917982	0,3530	-1,9290	-0,4792
3	15,8958	0,0119	-2,0604	0,5004088337	-2,4135	-2,6022	4,7995
4	0,0698	2,48E-03	-2,0601	0,4999123171	-2,3970	-2,5995	4,8000
5	0,0150	5,53E-04	-2,0600	0,5000187992	-2,4006	-2,6001	4,8000
6	3,20E-03	1,11E-04	-2,0600	0,4999959816	-2,3999	-2,6000	4,8000
7	6,85E-04	3,10E-05	-2,0600	0,5000008711	-2,4000	-2,6000	4,8000
8	1,49E-04	6,06E-06	-2,0600	0,4999998233	-2,4000	-2,6000	4,8000
9	3,34E-05	6,88E-06	-2,0600	0,5000000479	-2,4000	-2,6000	4,8000
10	6,90E-06	5,86E-06	-2,0600	0,4999999997	-2,4000	-2,6000	4,8000
11	1,40E-06	5,91E-06	-2,0600	0,5000000101	-2,4000	-2,6000	4,8000
12	2,85E-07	5,86E-06	-2,0600	0,5000000101	-2,4000	-2,6000	4,8000

Tabelle D.6: Iterationsverlauf für $A = 0.225$ und Alternative (a) - obwohl τ^0 sehr weit von $\frac{1}{2}$ entfernt ist, konvergiert das Verfahren sehr gut (Startwert $u^0 \equiv 0$, 20 Diskretisierungspunkte)

i	$S(\Delta u^i, \Delta\mu^i)$	$R(u^i, \mu^i)$	ZF	τ^i	ν_1^i	ν_2^i	p^i
0	0	6,0833	0	0,375	-5	0	10
1	49,9547	2,4212	-2,6409	0,578025473	-4,7407	-3,5556	11,9087
2	11,8745	0,8692	-2,6680	0,486512378	-7,6020	-3,9271	14,6803
3	4,0281	0,0031	-2,6667	0,500059164	-7,9812	-3,9969	15,9649
4	0,1096	4,45E-05	-2,6667	0,500000001	-8	-4	16
5	1,84E-06	2,22E-05	-2,6667	0,500000001	-8	-4	16
6	2,56E-08	2,22E-05	-2,6667	0,500000001	-8	-4	16

Tabelle D.7: Iterationsverlauf für $A = \frac{1}{6}$ und Alternative (b) - das Iterationsverfahren benötigt hier nur 6 Schritte und konvergiert schnell gegen das korrekte τ (Startwert $u^0 \equiv 0$, 20 Diskretisierungspunkte)

i	$S(\Delta u^i, \Delta\mu^i)$	$R(u^i, \mu^i)$	ZF	τ^i	ν_1^i	ν_2^i	p^i
0	0	2,1500	-2	0,550000	0	0	1
1	29,7392	0,9007	-2,2513	0,461538	-4,2074	-3,1019	9,8939
2	5,2752	0,7094	-2,2566	0,530835	-5,5601	-3,3344	9,9719
3	4,1971	0,5707	-2,2586	0,474743	-4,5432	-3,1698	10,0112
4	3,5268	0,4761	-2,2625	0,520952	-5,3969	-3,3143	10,0341
5	2,8871	0,3961	-2,2647	0,482478	-4,7087	-3,2013	10,0486
6	2,4217	0,3373	-2,2659	0,514733	-5,2933	-3,2997	10,0581
7	2,0220	0,2815	-2,2665	0,487568	-4,8099	-3,2199	10,0645
8	1,7109	0,2423	-2,2668	0,510518	-5,2222	-3,2891	10,0690
9	1,4414	0,2022	-2,2669	0,491086	-4,8772	-3,2320	10,0721
10	1,2243	0,1751	-2,2668	0,507565	-5,1719	-3,2813	10,0743
11	1,0361	0,1459	-2,2667	0,493575	-4,9236	-3,2402	10,0759
12	0,8815	0,1268	-2,2665	0,505461	-5,1356	-3,2756	10,0771
13	0,7478	0,1056	-2,2664	0,495356	-4,9564	-3,2458	10,0779
14	0,6367	0,0920	-2,2662	0,503950	-5,1094	-3,2714	10,0785
15	0,5409	0,0765	-2,2660	0,496639	-4,9797	-3,2498	10,0789
16	0,4606	0,0668	-2,2658	0,502860	-5,0904	-3,2683	10,0792
17	0,3916	0,0554	-2,2657	0,497566	-4,9965	-3,2527	10,0794
18	0,3335	0,0484	-2,2655	0,502072	-5,0766	-3,2661	10,0796
19	0,2837	0,0402	-2,2654	0,498237	-5,0085	-3,2547	10,0797
20	0,2416	0,0351	-2,2653	0,501501	-5,0665	-3,2644	10,0798
21	0,2056	0,0291	-2,2652	0,498722	-5,0172	-3,2562	10,0798
22	0,1751	0,0255	-2,2651	0,501087	-5,0593	-3,2632	10,0799
23	0,1490	0,0211	-2,2650	0,499074	-5,0235	-3,2572	10,0799
24	0,1268	0,0185	-2,2650	0,500788	-5,0540	-3,2623	10,0799
25	0,1079	0,0153	-2,2649	0,499329	-5,0281	-3,2580	10,0800
26	0,0919	0,0134	-2,2649	0,500571	-5,0501	-3,2617	10,0800
27	0,0782	0,0111	-2,2648	0,499514	-5,0314	-3,2586	10,0800
28	0,0666	9,72E-03	-2,2648	0,500414	-5,0473	-3,2612	10,0800
29	0,0567	8,03E-03	-2,2648	0,499648	-5,0337	-3,2590	10,0800
30	0,0483	7,06E-03	-2,2647	0,500300	-5,0453	-3,2609	10,0800
31	0,0411	5,82E-03	-2,2647	0,499745	-5,0355	-3,2592	10,0800
32	0,0350	5,13E-03	-2,2647	0,500217	-5,0439	-3,2606	10,0800
33	0,0298	4,22E-03	-2,2647	0,499815	-5,0367	-3,2595	10,0800
34	0,0254	3,72E-03	-2,2647	0,500158	-5,0428	-3,2605	10,0800
35	0,0216	3,06E-03	-2,2647	0,499866	-5,0376	-3,2596	10,0800
36	0,0184	2,71E-03	-2,2647	0,500114	-5,0420	-3,2603	10,0800
37	0,0156	2,22E-03	-2,2646	0,499903	-5,0383	-3,2597	10,0800
38	0,0133	1,97E-03	-2,2646	0,500083	-5,0415	-3,2602	10,0800
39	0,0113	1,60E-03	-2,2646	0,499930	-5,0387	-3,2598	10,0800
40	9,65E-03	1,44E-03	-2,2646	0,500060	-5,0411	-3,2602	10,0800
41	8,22E-03	1,16E-03	-2,2646	0,499949	-5,0391	-3,2598	10,0800
42	7,00E-03	1,05E-03	-2,2646	0,500043	-5,0408	-3,2601	10,0800
43	5,96E-03	8,42E-04	-2,2646	0,499963	-5,0393	-3,2599	10,0800
44	5,07E-03	7,67E-04	-2,2646	0,500032	-5,0406	-3,2601	10,0800
45	4,32E-03	6,09E-04	-2,2646	0,499973	-5,0395	-3,2599	10,0800
46	3,68E-03	5,64E-04	-2,2646	0,500023	-5,0404	-3,2601	10,0800
47	3,13E-03	4,41E-04	-2,2646	0,499981	-5,0397	-3,2599	10,0800
48	2,66E-03	4,16E-04	-2,2646	0,500017	-5,0403	-3,2600	10,0800
49	2,27E-03	3,19E-04	-2,2646	0,499986	-5,0397	-3,2600	10,0800
50	1,93E-03	3,09E-04	-2,2646	0,500012	-5,0402	-3,2600	10,0800
51	1,64E-03	2,30E-04	-2,2646	0,499990	-5,0398	-3,2600	10,0800
52	1,40E-03	2,32E-04	-2,2646	0,500009	-5,0402	-3,2600	10,0800
53	1,19E-03	1,66E-04	-2,2646	0,499993	-5,0399	-3,2600	10,0800
54	1,02E-03	1,76E-04	-2,2646	0,500006	-5,0401	-3,2600	10,0800
55	8,65E-04	1,19E-04	-2,2646	0,499995	-5,0399	-3,2600	10,0800
56	7,36E-04	3,53E-05	-2,2646	0,499995	-5,0401	-3,2600	10,0800
57	2,53E-06	3,40E-05	-2,2646	0,499995	-5,0401	-3,2600	10,0800
58	2,43E-06	3,52E-05	-2,2646	0,499995	-5,0401	-3,2600	10,0800
59	2,27E-07	3,53E-05	-2,2646	0,499995	-5,0401	-3,2600	10,0800

Tabelle D.8: Iterationsverlauf für $A = 0.1975$ und Alternative (a) - das Iterationsverfahren benötigt sehr lang und konvergiert nur sehr langsam gegen das korrekte τ (Startwert $u^0 \equiv -2$, 20 Diskretisierungsstellen, $\Delta\tau$-Genauigkeit 1E-05).

i	$S(\Delta u^i, \Delta\mu^i)$	$R(u^i, \mu^i)$	ZF	τ^i	ν_1^i	ν_2^i	p^i
0	0	6,71	-2	0,55	-5	0	1
1	29,7163	0,7153	-2,3650	0,4519576	-6,1307	-3,5041	10,7398
2	5,9810	0,7160	-2,3608	0,5454184	-4,6767	-3,2694	10,8020
3	5,7778	0,6978	-2,3556	0,4579428	-6,1171	-3,5016	10,8808
4	5,3126	0,6938	-2,3497	0,5379895	-4,8696	-3,2987	10,9746
5	4,9789	0,7042	-2,3436	0,4666154	-6,0878	-3,4963	11,0774
6	4,3509	0,6942	-2,3379	0,5285345	-5,1153	-3,3365	11,1800
7	3,9213	0,0473	-2,3597	0,4762222	-6,0361	-3,4872	11,2728
8	3,0946	0,0474	-2,3551	0,5194014	-5,3456	-3,3727	11,3491
9	2,5852	0,0275	-2,3518	0,4844208	-5,9691	-3,4755	11,4066
10	2,0181	0,0253	-2,3496	0,5123691	-5,5115	-3,3993	11,4470
11	1,6299	0,0155	-2,3481	0,4902539	-5,9046	-3,4644	11,4741
12	1,2573	0,0134	-2,3471	0,5076416	-5,6141	-3,4159	11,4915
13	0,9969	0,0088	-2,3465	0,4940270	-5,8543	-3,4558	11,5025
14	0,7683	0,0073	-2,3462	0,5046598	-5,6742	-3,4258	11,5093
15	0,6036	0,0051	-2,3459	0,4963691	-5,8194	-3,4500	11,5135
16	0,4662	0,0041	-2,3458	0,5028272	-5,7092	-3,4316	11,5161
17	0,3645	0,0030	-2,3457	0,4977995	-5,7968	-3,4462	11,5176
18	0,2822	0,0024	-2,3457	0,5017121	-5,7297	-3,4350	11,5185
19	0,2201	0,0018	-2,3456	0,4986680	-5,7826	-3,4438	11,5191
20	0,1707	0,0014	-2,3456	0,5010362	-5,7418	-3,4370	11,5195
21	0,1330	0,0011	-2,3456	0,4991940	-5,7738	-3,4423	11,5197
22	0,1032	8,59E-04	-2,3456	0,5006269	-5,7491	-3,4382	11,5198
23	0,0804	6,70E-04	-2,3456	0,4995124	-5,7684	-3,4414	11,5199
24	0,0625	5,26E-04	-2,3456	0,5003793	-5,7534	-3,4389	11,5199
25	0,0486	4,12E-04	-2,3456	0,4997050	-5,7651	-3,4408	11,5200
26	0,0378	3,29E-04	-2,3456	0,5002294	-5,7560	-3,4393	11,5200
27	0,0294	2,61E-04	-2,3456	0,4998215	-5,7631	-3,4405	11,5200
28	0,0228	2,11E-04	-2,3456	0,5001388	-5,7576	-3,4396	11,5200
29	0,0178	1,71E-04	-2,3456	0,4998920	-5,7619	-3,4403	11,5200
30	0,0138	1,40E-04	-2,3456	0,5000840	-5,7585	-3,4398	11,5200
31	0,0107	1,16E-04	-2,3456	0,4999347	-5,7611	-3,4402	11,5200
32	0,0084	9,72E-05	-2,3456	0,5000508	-5,7591	-3,4399	11,5200
33	0,0065	8,26E-05	-2,3456	0,4999605	-5,7607	-3,4401	11,5200
34	0,0051	7,14E-05	-2,3456	0,5000307	-5,7595	-3,4399	11,5200
35	0,0039	6,26E-05	-2,3456	0,4999761	-5,7604	-3,4401	11,5200
36	0,0031	5,57E-05	-2,3456	0,5000186	-5,7597	-3,4399	11,5200
37	0,0024	5,04E-05	-2,3456	0,4999855	-5,7602	-3,4400	11,5200
38	0,0019	4,63E-05	-2,3456	0,5000112	-5,7598	-3,4400	11,5200
39	0,0014	4,32E-05	-2,3456	0,4999913	-5,7602	-3,4400	11,5200
40	0,0011	4,07E-05	-2,3456	0,5000068	-5,7599	-3,4400	11,5200
41	8,74E-04	3,69E-05	-2,3456	0,4999947	-5,7601	-3,4400	11,5200
42	6,80E-04	3,68E-05	-2,3456	0,5000041	-5,7599	-3,4400	11,5200
43	5,27E-04	3,61E-05	-2,3456	0,4999968	-5,7601	-3,4400	11,5200
44	4,13E-04	3,37E-05	-2,3456	0,5000025	-5,7600	-3,4400	11,5200
45	3,21E-04	3,43E-05	-2,3456	0,4999981	-5,7600	-3,4400	11,5200
46	2,54E-04	3,05E-05	-2,3456	0,5000015	-5,7600	-3,4400	11,5200
47	1,95E-04	3,15E-05	-2,3456	0,4999988	-5,7600	-3,4400	11,5200
48	1,60E-04	2,59E-05	-2,3456	0,5000009	-5,7600	-3,4400	11,5200
49	1,32E-04	3,33E-05	-2,3456	0,4999993	-5,7600	-3,4400	11,5200
50	9,29E-05	3,19E-05	-2,3456	0,5000006	-5,7600	-3,4400	11,5200
51	7,25E-05	4,15E-05	-2,3456	0,5000006	-5,7600	-3,4400	11,5200
52	9,41E-06	3,68E-05	-2,3456	0,5000006	-5,7600	-3,4400	11,5200
53	1,12E-05	4,24E-05	-2,3456	0,5000006	-5,7600	-3,4400	11,5200
54	1,72E-06	4,33E-05	-2,3456	0,5000006	-5,7600	-3,4400	11,5200
55	6,44E-06	4,01E-05	-2,3456	0,5000006	-5,7600	-3,4400	11,5200
56	1,83E-06	3,91E-05	-2,3456	0,5000006	-5,7600	-3,4400	11,5200
57	8,35E-06	4,33E-05	-2,3456	0,5000006	-5,7600	-3,4400	11,5200
58	1,01E-08	4,33E-05	-2,3456	0,5000006	-5,7600	-3,4400	11,5200

Tabelle D.9: Iterationsverlauf für $A = 0.19$ und Alternative (b) - das Iterationsverfahren benötigt wiederum sehr lang und konvergiert nur sehr langsam gegen das korrekte τ (Startwert $u^0 \equiv -2$, 20 Diskretisierungsstellen, $\Delta\tau$-Genauigkeit 1E-06):

Anhang E

Konvergenzverhalten bei dem HIV-Problem

E.1 Ohne Nebenbedingung

i	$S(\Delta u^i, \Delta\mu^i)$	$R(u^i, \mu^i)$	β^i	$\Theta(\beta^i)$
0	0	0,5957	0	2816,1397
1	2069,7571	2,7067	1	104,0716
2	642,2915	0,8735	1	1,8570
3	81,9728	0,3938	1	2,46E-03
4	2,1020	0,2990	1	7,90E-09
5	1,47E-03	0,2988	1	8,51E-09
6	6,01E-06	0,2988	1	8,55E-09

(a) Verwendung der Quasilinearisierung

i	$S(\Delta u^i, \Delta\mu^i)$	$R(u^i, \mu^i)$	β^i	$\Theta(\beta^i)$
0	0	0,5957	0	7,3532
1	1196,0350	1,0588	0,125	4,9449
2	802,4664	1,3117	0,125	5,5793
3	465,5135	1,4005	0,125	6,8512
4	214,6050	1,3547	0,125	5,8273
5	67,6637	1,2532	0,125	3,9494
6	46,6577	1,7047	0,5	1,5914
7	27,4175	0,9120	1	8,85E-03
8	0,8751	0,8274	1	6,57E-05
9	0,0422	0,8192	1	1,93E-08
10	4,43E-04	0,8191	1	8,68E-09
11	8,02E-08	0,8191	1	8,67E-09

(b) Verwendung des Fischer-Burmeister-Ansatzes

Tabelle E.1: Iterationsverlauf bei Verwendung des guten Startwertes für die Endzeit 35 – die FB-Lösung hat den deutlich größeren R-Fehler, während sich die Lösungen bezüglich Θ kaum unterscheiden.

i	$S(\Delta z^i)$	$R(u^i,\mu^i)$	β^i	$\Theta(\beta^i)$
0	0	0,5957	0	2,82E+4
1	2,07E+38	2,7065	0,9999	127,7352
2	642,3593	0,8737	0,9999	2,6661
3	46,0718	0,6892	0,5616	2,0817
4	1,1824	0,6838	0,0314	2,0813
5	0,1449	0,6832	3,97E-3	2,0813
6	0,1444	0,6825	3,97E-3	2,0813
7	0,1438	0,6819	3,97E-3	2,0813
8	0,1432	0,6812	3,97E-3	2,0814
9	0,1427	0,6806	3,97E-3	2,0814
10	0,1421	0,6799	3,97E-3	2,0815
...				
90	0,1040	0,6311	3,97E-3	2,1103
91	0,1036	0,6305	3,97E-3	2,1108
92	0,1032	0,6300	3,97E-3	2,1114
93	0,1028	0,6294	3,97E-3	2,1120
94	0,1024	0,6288	3,97E-3	2,1126
95	0,1020	0,6282	3,97E-3	2,1131
96	0,1016	0,6277	3,97E-3	2,1137
97	0,1012	0,6271	3,97E-3	2,1143
98	0,1008	0,6265	3,97E-3	2,1149
99	0,1004	0,6260	3,97E-3	2,1155
100	0,1000	0,6254	3,97E-3	2,1161

(a) Verwendung der Quasilinearisierung

i	$S(\Delta z^i)$	$R(u^i,\mu^i)$	β^i	$\Theta(\beta^i)$
0	0	0,5957	0	7,3532
1	657,5060	0,7159	0,0687	6,5588
2	480,9192	0,7805	0,0596	6,0585
3	457,0321	0,8476	0,0674	5,5287
4	666,2222	1,0586	0,1246	4,6449
5	351,3541	1,1275	0,1316	3,3201
6	124,9195	1,0790	0,1313	2,9744
7	21,5587	1,0042	0,1229	2,8355
8	0,2716	1,0034	3,97E-3	2,8554
9	0,2700	1,0027	3,97E-3	2,8758
10	0,2685	1,0020	3,97E-3	2,8968
...				
90	0,1771	0,9511	3,97E-3	5,8166
91	0,1763	0,9505	3,97E-3	5,8635
92	0,1754	0,9500	3,97E-3	5,9105
93	0,1746	0,9494	3,97E-3	5,9577
94	0,1738	0,9489	3,97E-3	6,0050
95	0,1729	0,9484	3,97E-3	6,0525
96	0,1721	0,9478	3,97E-3	6,1000
97	0,1713	0,9473	3,97E-3	6,1478
98	0,1705	0,9468	3,97E-3	6,1956
99	0,1697	0,9462	3,97E-3	6,2436
100	0,1689	0,9457	3,97E-3	6,2918

(b) Verwendung des Fischer-Burmeister-Ansatzes

Tabelle E.2: Iterationsverlauf bei Verwendung des guten Startwertes für die Endzeit 35 mit $\Theta_{exakt}(\beta_{opt})$ – beide Iterationen enden erst mit dem Erreichen der maximalen Iterationsanzahl.

i	$S(\Delta z^i)$	$R(u^i,\mu^i)$	β^i	$\Theta(\beta^i)$
0	0	0,5957	0	2,82E+3
1	2,07E+3	2,7067	1	127,7028
2	642,2915	0,8735	1	2,6647
3	40,9889	0,7108	0,5000	2,0884
4	5,9562	0,6848	0,1400	2,0789
5	5,1530	0,6606	0,1403	2,0857
6	0	0,6606	0	2,0857

(a) Verwendung der Quasilinearisierung

i	$S(\Delta z^i)$	$R(u^i,\mu^i)$	β^i	$\Theta(\beta^i)$
0	0	0,5957	0	7,3532
1	657,1255	0,7158	0,0687	6,5588
2	480,8836	0,7803	0,0596	6,0583
3	457,4073	0,8476	0,0674	5,5285
4	666,3379	1,0587	0,1247	4,6448
5	351,3397	1,1275	0,1316	3,3199
6	124,8905	1,0790	0,1314	2,9743
7	21,5434	1,0042	0,1229	2,8352
8	0	1,0042	0	2,8352

(b) Verwendung des Fischer-Burmeister-Ansatzes

Tabelle E.3: Iterationsverlauf bei Verwendung des guten Startwertes für die Endzeit 35 mit $\Theta_{exakt}(\beta_{opt})$ und ohne Minimalschweite – beide Iterationen enden nun nach nur wenigen Iterationsschritten.

i	$S(\Delta u^i, \Delta\mu^i)$	$R(u^i, \mu^i)$	β^i	$\Theta(\beta^i)$
0	0	2,01E+04	0	1,34E+10
1	1,04E+06	144,2369	1	5,00E+05
2	1,30E+05	224,1288	1	2,65E+05
3	3,80E+04	38,4230	1	8125,5523
4	1,72E+04	1,4448	1	27,2984
5	5359,2752	0,4072	1	3,4131
6	1461,4802	0,4293	1	2,9904
7	326,5802	0,4453	1	2,9814
8	46,6711	0,3913	1	2,9815
9	8,6767	0,4121	1	2,9816
10	0,6191	0,4198	1	2,9816
11	0,0140	0,4200	1	2,9816
12	1,31E-05	0,4200	1	2,9816

(a) Verwendung der Quasilinearisierung

i	$S(\Delta u^i, \Delta\mu^i)$	$R(u^i, \mu^i)$	β^i	$\Theta(\beta^i)$
0	0	2,01E+04	0	1,34E+10
1	1,41E+06	2,14E+04	1	4,38E+09
2	1,94E+05	21,5256	1	1321,1738
3	826,4285	2,2990	1	2,62E-05
4	0,0559	2,2980	1	8,86E-07
5	3,0125	2,2885	1	8,28E-07
6	655,2361	0,4597	1	7,55E-07
7	14,9342	0,7825	1	1,04E-08
8	8,21E-04	0,7825	1	1,09E-08
9	4,75E-08	0,7825	1	1,09E-08

(b) Verwendung des Fischer-Burmeister-Ansatzes

Tabelle E.4: Iterationsverlauf bei Verwendung des schlechten Startwertes für die Endzeit 35 – beide Lösungen verschlechtern sich deutlich gegenüber Tab. E.1, wobei die QL-Lösung den deutlich schlechteren Θ-Wert hat, während ihr R-Fehler deutlich geringer ist. Die QL-Lösung nähert sich bei kleineren NB-Genauigkeiten als den hier verwendeten 1E-04 noch stärker an die Lösung aus Tab. E.1 an.

i	$S(\Delta z^i)$	$R(u^i, \mu^i)$	β^i	$\Theta(\beta^i)$
0	0	2,01E+4	0	1,34E+10
1	1,04E+6	123,8910	0,9940	7,45E+5
2	5,35E+4	86,9810	0,3961	4,34E+5
3	3,93E+4	74,5376	0,4039	2,63E+5
4	3,28E+4	57,8935	0,4792	1,46E+5
5	3,01E+4	36,8180	0,6923	5,87E+4
6	2,25E+4	9,4930	0,9999	4,34E+4
7	8,63E+4	0,1653	0,9918	2,4255
8	460,2769	0,2203	0,1853	2,1437
9	20,7356	0,2226	9,58E-3	2,1432
10	8,5354	0,2236	3,97E-3	2,1433
...				
90	6,7391	0,3023	3,97E-3	2,7837
91	6,7201	0,3032	3,97E-3	2,7958
92	6,7013	0,3040	3,97E-3	2,8080
93	6,6824	0,3048	3,97E-3	2,8203
94	6,6637	0,3056	3,97E-3	2,8326
95	6,6449	0,3064	3,97E-3	2,8449
96	6,6262	0,3073	3,97E-3	2,8573
97	6,6076	0,3081	3,97E-3	2,8698
98	6,5890	0,3089	3,97E-3	2,8824
99	6,5705	0,3097	3,97E-3	2,8949
100	6,5520	0,3105	3,97E-3	2,9076

(a) Verwendung der Quasilinearisierung

i	$S(\Delta z^i)$	$R(u^i, \mu^i)$	β^i	$\Theta(\beta^i)$
0	0	2,01E+4	0	1,34E+10
1	1,10E+6	1,11E+4	0,7779	6,83E+8
2	1,13E+5	7521,0545	0,5734	2,40E+8
3	7,28E+4	3513,7043	0,8350	2,98E+7
4	1,97E+4	310,4924	0,9929	9,66E+4
5	Iteration bricht ab			

(b) Verwendung des Fischer-Burmeister-Ansatzes

Tabelle E.5: Iterationsverlauf bei Verwendung des schlechteren Startwertes für die Endzeit 35 mit $\Theta_{exakt}(\beta_{opt})$ – die Quasilinearisierung endet erst mit dem Erreichen der maximalen Iterationsanzahl, während der FB-Ansatz abbricht.

i	$S(\Delta z^i)$	$R(u^i,\mu^i)$	β^i	$\Theta(\beta^i)$
0	0	2,01E+4	0	1,34E+10
1	1,04E+6	123,5742	0,9940	7,45E+5
2	5,35E+4	87,0399	0,3958	4,35E+5
3	3,93E+4	74,5785	0,4038	2,63E+5
4	3,28E+4	57,9257	0,4792	1,46E+5
5	3,01E+4	36,8406	0,6928	5,88E+4
6	2,25E+4	9,4845	1	4,33E+3
7	8,63E+3	0,1651	0,9919	2,4207
8	460,1518	0,2201	0,1853	2,1394
9	22,4134	0,2227	0,0104	2,1389
10	0	0,2227	0	2,1389

(a) Verwendung der Quasilinearisierung

i	$S(\Delta z^i)$	$R(u^i,\mu^i)$	β^i	$\Theta(\beta^i)$
0	0	2,01E+4	0	1,34E+10
1	1,10E+6	1,11E+4	0,7779	6,83E+8
2	1,13E+5	7,52E+3	0,5734	2,40E+8
3	7,28E+4	3,51E+3	0,8350	2,98E+7
4	1,97E+4	310,4930	0,9929	9,66E+4
5	Iteration bricht ab			

(b) Verwendung des Fischer-Burmeister-Ansatzes

Tabelle E.6: Iterationsverlauf bei Verwendung des schlechteren Startwertes für die Endzeit 35 mit $\Theta_{exakt}(\beta_{opt})$ und ohne Minimalschweite – beide Iterationen enden nun nach nur wenigen Iterationsschritten.

i	$S(\Delta u^i,\Delta\mu^i)$	$R(u^i,\mu^i)$	β^i	$\Theta(\beta^i)$
0	0	0,4480	0	1236,8123
1	2889,4123	3,3579	1	107,8443
2	1184,2141	1,0645	1	15,2689
3	267,2095	0,5084	1	0,3578
4	26,1751	0,3786	1	2,40E-04
5	0,4707	0,3635	1	5,37E-05
6	1,22E-03	0,3635	1	5,36E-05
7	2,73E-07	0,3635	1	5,36E-05

(a) Verwendung der Quasilinearisierung

i	$S(\Delta u^i,\Delta\mu^i)$	$R(u^i,\mu^i)$	β^i	$\Theta(\beta^i)$
0	0	0,4480	0	3,3948
1	660,6458	0,5983	0,0625	3,0194
2	586,7811	0,7257	0,0625	2,7403
3	1026,8090	1,1171	0,125	2,9741
4	720,8577	1,3557	0,125	3,4999
5	503,7284	1,4812	0,125	4,9471
6	343,2909	1,5221	0,125	7,5220
7	225,9069	1,5019	0,125	11,7272
8	138,7634	1,4841	0,125	17,8605
9	68,9451	1,4617	0,125	25,3895
10	229,9230	1,9347	1	0,3176
11	14,2507	1,5184	1	4,14E-03
12	1,8161	1,4720	1	2,79E-05
13	0,1100	1,4675	1	2,92E-08
14	1,01E-03	1,4674	1	3,00E-08
15	7,93E-07	1,4674	1	3,00E-08

(b) Verwendung des Fischer-Burmeister-Ansatzes

Tabelle E.7: Iterationsverlauf bei Verwendung des guten Startwertes für die Endzeit 40 – die FB-Lösung hat den deutlich größeren R-Fehler (der sich gegenüber dem Startwert auch deutlich verschlechtert), während sich die Lösungen bezüglich Θ kaum unterscheiden.

i	$S(\Delta z^i)$	$R(u^i, \mu^i)$	β^i	$\Theta(\beta^i)$
0	0	0,4480	0	1,24E+4
1	2889,2220	3,3575	0,9999	111,6505
2	1184,2642	1,0648	0,9999	3,9882
3	89,7067	0,8714	0,3356	3,2758
4	2,0627	0,8671	0,0108	3,2755
5	0,7484	0,8655	3,97E-3	3,2755
6	0,7458	0,8640	3,97E-3	3,2757
7	0,7432	0,8624	3,97E-3	3,2759
8	0,7406	0,8609	3,97E-3	3,2762
9	0,7380	0,8594	3,97E-3	3,2766
10	0,7354	0,8578	3,97E-3	3,2771
...				
90	0,5537	0,7506	3,97E-3	3,5183
91	0,5517	0,7494	3,97E-3	3,5231
92	0,5498	0,7483	3,97E-3	3,5279
93	0,5478	0,7471	3,97E-3	3,5327
94	0,5458	0,7459	3,97E-3	3,5375
95	0,5439	0,7448	3,97E-3	3,5424
96	0,5419	0,7436	3,97E-3	3,5473
97	0,5400	0,7425	3,97E-3	3,5522
98	0,5380	0,7413	3,97E-3	3,5571
99	0,5361	0,7402	3,97E-3	3,5621
100	0,5341	0,7390	3,97E-3	3,5670

(a) Verwendung der Quasilinearisierung

i	$S(\Delta z^i)$	$R(u^i, \mu^i)$	β^i	$\Theta(\beta^i)$
0	0	0,4480	0	3,3948
1	727,8065	0,6270	0,0689	3,1134
2	89,6564	0,6332	9,70E-3	3,1056
3	35,8974	0,6351	3,95E-3	3,1070
4	35,5904	0,6371	3,94E-3	3,1111
5	35,3069	0,6390	3,94E-3	3,1181
6	35,3355	0,6410	3,97E-3	3,1278
7	35,0568	0,6429	3,97E-3	3,1403
8	34,7691	0,6448	3,97E-3	3,1555
9	34,4677	0,6468	3,96E-3	3,1735
10	34,1077	0,6487	3,95E-3	3,1941
...				
90	11,4548	1,0769	3,95E-3	15,8325
91	11,3312	1,0772	3,95E-3	16,0792
92	11,2087	1,0775	3,95E-3	16,3280
93	11,0873	1,0778	3,95E-3	16,5786
94	10,9670	1,0781	3,95E-3	16,8313
95	10,8477	1,0784	3,95E-3	17,0859
96	10,7292	1,0786	3,95E-3	17,3423
97	10,6109	1,0789	3,95E-3	17,6007
98	10,4927	1,0791	3,95E-3	17,8609
99	10,3743	1,0793	3,94E-3	18,1229
100	10,2562	1,0795	3,94E-3	18,3865

(b) Verwendung des Fischer-Burmeister-Ansatzes

Tabelle E.8: Iterationsverlauf bei Verwendung des guten Startwertes für die Endzeit 40 mit $\Theta_{exakt}(\beta_{opt})$ – beide Iterationen enden erst mit dem Erreichen der maximalen Iterationsanzahl.

i	$S(\Delta z^i)$	$R(u^i, \mu^i)$	β^i	$\Theta(\beta^i)$
0	0	0,4480	0	1236,8123
1	2,89E+3	3,3579	1	111,6477
2	1,18E+3	1,0645	1	3,9861
3	89,7334	0,8710	0,3358	3,2752
4	1,9158	0,8671	0,0101	3,2749
5	0,0931	0,8669	4,94E-4	3,2749
6	0	0,8669	0	3,2749

(a) Verwendung der Quasilinearisierung

i	$S(\Delta z^i)$	$R(u^i, \mu^i)$	β^i	$\Theta(\beta^i)$
0	0	0,4480	0	3,3948
1	727,8162	0,6269	0,0689	3,1134
2	89,2280	0,6331	9,65E-3	3,1056
3	0	0,6331	0	3,1056

(b) Verwendung des Fischer-Burmeister-Ansatzes

Tabelle E.9: Iterationsverlauf bei Verwendung des guten Startwertes für die Endzeit 40 mit $\Theta_{exakt}(\beta_{opt})$ und ohne Minimalschweite – beide Iterationen enden nun nach nur wenigen Iterationsschritten.

i	$S(\Delta u^i, \Delta\mu^i)$	$R(u^i, \mu^i)$	β^i	$\Theta(\beta^i)$
0	0	0,9138	0	2,74E+06
1	1,09E+05	182,4499	0,5	1,03E+06
2	6,22E+04	216,4333	0,5	1,12E+06
3	6,23E+04	280,7729	1	4,71E+05
4	3,46E+04	12,1417	1	791,6553
5	9619,5562	0,5452	1	6,2614
6	1273,0608	0,5929	0,5	3,1069
7	1598,7089	0,5363	1	2,4526
8	369,8520	0,3757	1	2,4420
9	89,9569	0,3126	1	2,4420
10	1,8297	0,3249	1	2,4420
11	0,0394	0,3251	1	2,4421
12	6,69E-05	0,3251	1	2,4421

(a) Verwendung der Quasilinearisierung

i	$S(\Delta u^i, \Delta\mu^i)$	$R(u^i, \mu^i)$	β^i	$\Theta(\beta^i)$
0	0	0,9138	0	6,00E+01
1	7021,4227	1,3226	0,015625	5,95E+01
2	6849,2956	207,3295	0,015625	4,24E+04
3	6552,1732	204,5036	0,015625	5,45E+04
4	6259,9103	201,6982	0,015625	5,29E+04
5	5977,5678	198,8970	0,015625	5,13E+04
...				
20	6345,0348	153,7170	0,03125	8,21E+04
21	3024,6338	151,4784	0,015625	8,10E+04
22	5778,6745	147,4519	0,03125	7,63E+04
23	2756,6315	145,3050	0,015625	7,44E+04
24	5263,0164	141,3626	0,03125	7,01E+04
25	2510,1636	139,2491	0,015625	6,82E+04
26	2453,6179	137,2211	0,015625	7,19E+04
27	4692,3469	133,5031	0,03125	6,78E+04
28	2241,4129	131,5566	0,015625	6,60E+04
29	2191,2920	129,7265	0,015625	7,05E+04
30	8368,3392	123,9290	0,0625	6,65E+04
31	7453,0452	118,1272	0,0625	6,05E+04
32	1701,2092	116,4584	0,015625	6,40E+04
33	6492,7194	110,7958	0,0625	5,71E+04
34	1483,6260	109,1799	0,015625	5,69E+04
35	5653,4057	103,6051	0,0625	5,08E+04
36	2576,8137	100,5631	0,03125	4,86E+04
37	1229,1615	99,0887	0,015625	4,90E+04
38	4711,9099	93,8671	0,0625	4,37E+04
39	2149,3584	91,0908	0,03125	4,17E+04
40	1030,6015	89,7361	0,015625	4,07E+04
41	7850,4773	82,0864	0,125	3,30E+04
42	813,5159	80,8362	0,015625	3,50E+04
43	6205,0249	73,2766	0,125	2,83E+04
44	2560,3350	69,0676	0,0625	2,92E+04
45	4575,0256	62,1335	0,125	2,35E+04
46	1890,2344	58,4740	0,0625	2,19E+04
47	866,6621	56,7003	0,03125	2,07E+04
48	416,5658	55,8677	0,015625	2,04E+04
49	6322,2448	46,5624	0,25	1,36E+04
50	1053,4462	43,6740	0,0625	1,51E+04
51	244,4551	43,0100	0,015625	1,46E+04
52	7413,4659	31,2339	0,5	7,05E+03
53	5532,5976	10,1589	1	8,66E+02
54	636,4725	1,4617	1	1,95E-05
55	0,4592	1,4675	1	4,76E-08
56	9,20E-04	1,4674	1	3,00E-08
57	5,96E-06	1,4674	1	3,00E-08

(b) Verwendung des Fischer-Burmeister-Ansatzes

Tabelle E.10: Iterationsverlauf bei Verwendung des schlechten Startwertes für die Endzeit 40 – beide Verfahren benötigen nun deutlich mehr Iterationsschritte, wobei sich die FB-Lösung minimal verbessert und die QL-Lösung insbesondere bezüglich Θ verschlechtert.

i	$S(\Delta z^i)$	$R(u^i,\mu^i)$	β^i	$\Theta(\beta^i)$
0	0	0,9138	0	2,74E+6
1	6,98E+4	73,2642	0,3194	1,61E+6
2	3,92E+4	89,7634	0,2450	1,19E+6
3	2,80E+4	93,3255	0,2258	9,13E+5
4	2,20E+4	91,3360	0,2266	7,06E+5
5	1,81E+4	86,0456	0,2425	5,38E+5
6	1,54E+4	78,1225	0,2772	3,94E+5
7	1,34E+4	67,3417	0,3455	2,66E+5
8	1,43E+4	52,2187	0,4961	1,47E+5
9	2,17E+4	26,3056	0,9794	3,48E+4
10	1,06E+4	0,5351	0,9957	3,6586
...				
90	7,4089	0,5684	0,0040	4,4322
91	7,3879	0,5686	0,0040	4,4549
92	7,3669	0,5689	0,0040	4,4776
93	7,3461	0,5691	0,0040	4,5005
94	7,3253	0,5693	0,0040	4,5235
95	7,3045	0,5696	0,0040	4,5466
96	7,2838	0,5698	0,0040	4,5698
97	7,2631	0,5700	0,0040	4,5932
98	7,2425	0,5702	0,0040	4,6167
99	7,2220	0,5705	0,0040	4,6402
100	7,2015	0,5708	0,0040	4,6639

(a) Verwendung der Quasilinearisierung

i	$S(\Delta z^i)$	$R(u^i,\mu^i)$	β^i	$\Theta(\beta^i)$
0	0	0,9138	0	59,9620
1	2601,3727	0,9652	5,79E-3	59,4371
2	1774,8230	0,9877	3,98E-3	59,1565
3	1745,9765	1,0095	3,94E-3	58,9478
4	1738,9660	1,0313	3,95E-3	58,8092
5	1726,7728	20,8912	3,96E-3	453,0723
6	3851,6695	20,8325	9,05E-3	447,9365
7	2999,9185	20,7635	7,15E-3	444,2821
8	1640,9128	20,7067	3,96E-3	567,0603
9	3054,6427	20,6311	7,57E-3	562,0742
10	2688,0499	20,5557	6,74E-3	557,7608
...				
90	1367,0081	11,8007	0,0125	401,2044
91	1697,2324	11,6154	0,0161	389,1356
92	1692,2935	11,4293	0,0165	377,2949
93	1680,3396	11,2435	0,0168	365,7625
94	1655,7380	11,0608	0,0169	354,7097
95	1583,9595	10,8901	0,0166	344,6557
96	495,1139	10,8275	5,31E-3	340,7344
97	1675,4499	10,6318	0,0185	329,3809
98	1676,7607	10,4344	0,0190	318,2337
99	1669,8837	10,2365	0,0195	307,3560
100	1649,8965	10,0421	0,0198	296,8850

(b) Verwendung des Fischer-Burmeister-Ansatzes

Tabelle E.11: Iterationsverlauf bei Verwendung des schlechteren Startwertes für die Endzeit 40 mit $\Theta_{exakt}(\beta_{opt})$ – beide Iterationen enden erst mit dem Erreichen der maximalen Iterationsanzahl, wobei beim FB-Ansatz die Schrittweite fast in jedem Iterationsschritt wächst.

i	$S(\Delta z^i)$	$R(u^i,\mu^i)$	β^i	$\Theta(\beta^i)$
0	0	0,9138	0	2,74E+6
1	6,98E+4	73,2640	0,3194	1,61E+6
2	3,92E+4	89,7652	0,2450	1,19E+6
3	2,80E+4	93,3266	0,2258	9,13E+5
4	2,20E+4	91,3380	0,2266	7,06E+5
5	1,81E+4	86,0472	0,2425	5,38E+5
6	1,54E+4	78,1252	0,2773	3,94E+5
7	1,34E+4	67,3407	0,3455	2,66E+5
8	1,43E+4	52,2126	0,4962	1,47E+5
9	2,17E+4	26,2869	0,9800	3,47E+4
10	1,06E+4	0,5336	0,9958	3,5789
11	420,7698	0,5405	0,1588	3,2241
12	0	0,5405	0	3,2241

(a) Verwendung der Quasilinearisierung

i	$S(\Delta z^i)$	$R(u^i,\mu^i)$	β^i	$\Theta(\beta^i)$
0	0	0,9138	0	59,9620
1	2,49E-11	0,9138	5,55E-17	59,9620

(b) Verwendung des Fischer-Burmeister-Ansatzes

Tabelle E.12: Iterationsverlauf bei Verwendung des schlechteren Startwertes für die Endzeit 40 mit $\Theta_{exakt}(\beta_{opt})$ und ohne Minimalschweite – die Quasilinearisierung bestimmt nach zwölf Iterationsschritten eine Lösung, während der FB-Ansatz im Startwert stehen bleibt.

i	$S(\Delta u^i, \Delta\mu^i)$	$R(u^i, \mu^i)$	β^i	$\Theta(\beta^i)$
0	0	0,4483	0	4542,0071
1	7440,8102	9,3351	1	794,3803
2	2041,2265	5,7769	0,5	336,6207
3	1477,0920	3,5939	0,5	141,4734
4	1045,9864	2,2676	0,5	83,0456
5	360,7230	1,8478	0,25	20,8285
6	302,6956	1,5280	0,25	12,7677
7	252,7489	1,2892	0,25	8,6198
8	210,0800	1,1032	0,25	6,6035
9	173,8829	0,9663	0,25	5,7262
10	143,3968	0,8694	0,25	5,4424
11	117,8819	0,8024	0,25	5,4533
12	96,6562	0,7466	0,25	5,5970
13	158,0991	0,6881	0,5	5,9373
14	99,1321	0,6230	0,5	3,8157
15	123,1163	0,5391	1	4,2993
16	24,3340	0,4704	1	0,0755
17	4,6270	0,4575	1	2,46E-03
18	0,6877	0,4597	1	5,25E-04
19	0,0351	0,4590	1	3,91E-04
20	1,38E-04	0,4590	1	3,91E-04
21	3,91E-05	0,4590	1	3,91E-04

(a) Verwendung der Quasilinearisierung

i	$S(\Delta u^i, \Delta\mu^i)$	$R(u^i, \mu^i)$	β^i	$\Theta(\beta^i)$
0	0	0,4483	0	5,2578
1	1317,6977	0,6706	0,0625	4,7547
2	1204,6403	0,8617	0,0625	4,4981
3	1093,5756	1,0231	0,0625	4,7813
4	988,7565	1,1579	0,0625	5,3041
5	892,0581	1,2691	0,0625	5,9277
6	803,9745	1,3594	0,0625	6,6108
7	724,3299	1,4316	0,0625	7,3690
8	652,6404	1,4880	0,0625	8,2464
9	588,2930	1,5307	0,0625	9,2972
10	530,6338	1,5614	0,0625	10,5730
11	479,0127	1,5820	0,0625	12,1163
12	865,6387	1,7063	0,125	14,8658
13	690,7190	1,7620	0,125	18,6439
14	563,3872	1,7708	0,125	23,1470
15	462,2645	1,7431	0,125	28,2230
16	381,1733	1,6837	0,125	34,3057
17	318,2536	1,6269	0,125	42,2232
18	261,9132	1,5582	0,125	48,6929
19	220,1891	1,5429	0,125	57,2233
20	179,9277	1,5030	0,125	62,8378
21	153,6695	1,4976	0,125	72,8658
22	252,8758	2,5705	0,25	81,3723
23	164,6993	2,3610	0,25	74,6175
24	211,8742	2,6973	0,5	88,7869
25	165,7639	5,4119	1	68,7111
26	39,5178	1,4228	1	0,6986
27	7,9883	1,6109	1	0,0535
28	0,0404	1,6109	1	0,0617
29	0,0232	1,6114	1	0,0623
30	6,64E-04	1,6114	1	0,0623
31	2,33E-06	1,6114	1	0,0623

(b) Verwendung des Fischer-Burmeister-Ansatzes

Tabelle E.13: Iterationsverlauf bei Verwendung des guten Startwertes und Endzeit 45 – die QL-Lösung hat die deutlich kleineren Fehler und wird auch innerhalb weniger Iterationsschritte bestimmt. (NB-Genauigkeit 1E-04)

i	$S(\Delta z^i)$	$R(u^i, \mu^i)$	β^i	$\Theta(\beta^i)$
0	0	0,4483	0	4,54E+4
1	5,97E+4	6,0609	0,8024	920,0646
2	4,15E+4	4,6135	0,8713	216,3389
3	2,57E+4	2,4179	0,9999	29,3410
4	674,9517	1,5281	0,6987	11,5743
5	176,6022	1,2304	0,3458	10,6281
6	57,8397	1,1295	0,1485	10,5357
7	22,1483	1,0904	0,0634	10,5227
8	8,6094	1,0752	0,0258	10,5207
9	3,6067	1,0688	0,0110	10,5204
10	1,4759	1,0662	4,53E-3	10,5203
...				
90	1,0336	0,9097	3,97E-3	10,6339
91	1,0307	0,9081	3,97E-3	10,6363
92	1,0278	0,9065	3,97E-3	10,6387
93	1,0249	0,9049	3,97E-3	10,6411
94	1,0221	0,9034	3,97E-3	10,6435
95	1,0192	0,9018	3,97E-3	10,6459
96	1,0163	0,9002	3,97E-3	10,6484
97	1,0134	0,8987	3,97E-3	10,6508
98	1,0106	0,8971	3,97E-3	10,6533
99	1,0077	0,8956	3,97E-3	10,6557
100	1,0049	0,8940	3,97E-3	10,6582

(a) Verwendung der Quasilinearisierung

i	$S(\Delta z^i)$	$R(u^i, \mu^i)$	β^i	$\Theta(\beta^i)$
0	0	0,4483	0	5,2578
1	971,6076	0,5723	0,0461	4,9012
2	650,0956	0,6312	0,0329	4,7431
3	480,5279	0,6651	0,0254	4,6592
4	330,1044	0,6822	0,0181	4,6219
5	182,2507	0,6882	0,0103	4,6107
6	75,7409	0,6896	4,34E-3	4,6087
7	68,7346	0,6909	3,96E-3	4,6091
8	68,3297	0,6921	3,96E-3	4,6116
9	67,9249	0,6934	3,96E-3	4,6164
10	67,5202	0,6946	3,96E-3	4,6233
...				
90	32,7409	1,1458	3,96E-3	13,3306
91	32,5575	1,1454	3,96E-3	13,5039
92	32,3748	1,1451	3,96E-3	13,6789
93	32,1928	1,1447	3,96E-3	13,8556
94	32,0113	1,1444	3,96E-3	14,0340
95	31,8304	1,1440	3,96E-3	14,2142
96	31,6501	1,1437	3,96E-3	14,3960
97	31,4706	1,1433	3,96E-3	14,5795
98	31,2919	1,1430	3,96E-3	14,7645
99	31,1139	1,1426	3,96E-3	14,9514
100	30,9368	1,1423	3,96E-3	15,1399

(b) Verwendung des Fischer-Burmeister-Ansatzes

Tabelle E.14: Iterationsverlauf bei Verwendung des guten Startwertes für die Endzeit 45 mit $\Theta_{exakt}(\beta_{opt})$ – beide Iterationen enden erst mit dem Erreichen der maximalen Iterationsanzahl.

i	$S(\Delta z^i)$	$R(u^i, \mu^i)$	β^i	$\Theta(\beta^i)$
0	0	0,4483	0	4,54E+3
1	5,97E+3	6,0612	0,8025	920,0646
2	4,15E+3	4,6142	0,8717	216,3313
3	2,57E+3	2,4175	1	29,3112
4	671,8968	1,5291	0,6959	11,5737
5	182,6516	1,2238	0,3566	10,6191
6	60,8589	1,1181	0,1574	10,5357
7	17,0125	1,0880	0,0494	10,5270
8	13,2195	1,0648	0,0397	10,5261
9	0,0174	1,0647	5,38E-5	10,5261
10	0,2065	1,0644	6,38E-4	10,5261
11	0,0753	1,0642	2,33E-4	10,5261
12	0	1,0642	0	10,5261

(a) Verwendung der Quasilinearisierung

i	$S(\Delta z^i)$	$R(u^i, \mu^i)$	β^i	$\Theta(\beta^i)$
0	0	0,4483	0	5,2578
1	969,9759	0,5719	0,0460	4,9012
2	650,8958	0,6310	0,0329	4,7428
3	482,3170	0,6651	0,0255	4,6589
4	319,0558	0,6812	0,0175	4,6218
5	192,1299	0,6877	0,0108	4,6102
6	70,3043	0,6890	4,03E-3	4,6083
7	0,2740	0,6890	1,58E-5	4,6083
8	0	0,6890	0	4,6083

(b) Verwendung des Fischer-Burmeister-Ansatzes

Tabelle E.15: Iterationsverlauf bei Verwendung des guten Startwertes für die Endzeit 45 mit $\Theta_{exakt}(\beta_{opt})$ und ohne Minimalschweite – beide Iterationen enden nun nach nur wenigen Iterationsschritten.

i	$S(\Delta u^i, \Delta\mu^i)$	$R(u^i, \mu^i)$	β^i	$\Theta(\beta^i)$
0	0	5067,9567	0	1,47E+08
1	4,40E+04	677,4152	1	2,75E+06
2	5,52E+04	12,9322	1	4261,1308
3	6642,2231	1,6476	1	885,4170
4	430,9355	1,3706	0,25	6,7582
5	712,1772	0,9617	0,5	5,9754
6	456,4353	0,7250	0,5	3,3318
7	575,0648	0,4744	1	3,9052
8	124,5387	0,4283	1	0,0799
9	22,4495	0,4406	1	3,20E-03
10	1,8453	0,4588	1	1,23E-03
11	0,0755	0,4601	1	1,12E-03
12	4,15E-03	0,4601	1	1,12E-03
13	2,92E-05	0,4601	1	1,12E-03

(a) Verwendung der Quasilinearisierung

i	$S(\Delta u^i, \Delta\mu^i)$	$R(u^i, \mu^i)$	β^i	$\Theta(\beta^i)$
0	0	5067,9567	0	1,46E+08
1	3,26E+04	5359,4661	0,5	5,20E+07
2	3,67E+04	1781,9792	1	3,38E+06
3	1,48E+04	1,2903	1	367,4056
4	31,4658	1,6304	1	0,0352
5	0,8240	1,6112	1	0,0623
6	0,0280	1,6119	1	0,0626
7	3,66E-03	1,6119	1	0,0626
8	3,17E-03	1,6119	1	0,0626
9	2,77E-03	1,6119	1	0,0626
10	3,86E-04	1,6119	1	0,0626
11	0,0176	1,6116	1	0,0626
12	0,0174	1,6120	1	0,0626
13	3,02E-03	1,6119	1	0,0626
14	5,32E-05	1,6119	1	0,0626

(b) Verwendung des Fischer-Burmeister-Ansatzes

Tabelle E.16: Iterationsverlauf bei Verwendung eines schlechten Startwertes und Endzeit 45 – die Verfahren konvergieren nun schneller und Lösungen werden nur minimal schlechter. (NB-Genauigkeit 1E-06)

i	$S(\Delta z^i)$	$R(u^i, \mu^i)$	β^i	$\Theta(\beta^i)$
0	0	5,07E+3	0	1,47E+8
1	3,56E+4	968,4190	0,8090	1,50E+7
2	4,66E+4	76,4131	0,9999	3,30E+5
3	1,19E+4	1,8144	0,9987	11,1675
4	723,4674	1,5052	0,3000	8,2220
5	17,1839	1,4978	9,20E-3	8,2204
6	7,3744	1,4946	3,97E-3	8,2205
7	7,3543	1,4914	3,97E-3	8,2212
8	7,3342	1,4882	3,97E-3	8,2224
9	7,3142	1,4851	3,97E-3	8,2242
10	7,2942	1,4819	3,97E-3	8,2264
...				
90	5,8453	1,2644	3,97E-3	9,5921
91	5,8289	1,2621	3,97E-3	9,6191
92	5,8127	1,2598	3,97E-3	9,6462
93	5,7964	1,2575	3,97E-3	9,6735
94	5,7802	1,2552	3,97E-3	9,7010
95	5,7640	1,2529	3,97E-3	9,7286
96	5,7479	1,2507	3,97E-3	9,7563
97	5,7318	1,2484	3,97E-3	9,7842
98	5,7157	1,2462	3,97E-3	9,8122
99	5,6997	1,2439	3,97E-3	9,8403
100	5,6838	1,2417	3,97E-3	9,8685

(a) Verwendung der Quasilinearisierung

i	$S(\Delta z^i)$	$R(u^i, \mu^i)$	β^i	$\Theta(\beta^i)$
0	0	5,07E+3	0	1,46E+8
1	3,58E+4	5,43E+3	0,5501	5,20E+7
2	3,36E+4	1,55E+3	0,9059	4,23E+6
3	1,41E+4	1,5912	0,9999	65,7893
4	58,9801	0,5568	0,3915	1,3855
5	0,3593	0,5504	3,97E-3	1,3879
6	0,3578	0,5440	3,97E-3	1,3951
7	0,3564	0,5376	3,97E-3	1,4071
8	0,3549	0,5313	3,97E-3	1,4239
9	0,3535	0,5250	3,97E-3	1,4454
10	0,3521	0,5187	3,97E-3	1,4715
...				
90	0,2545	0,7192	3,97E-3	14,4036
91	0,2534	0,7219	3,97E-3	14,6581
92	0,2524	0,7246	3,97E-3	14,9141
93	0,2513	0,7272	3,97E-3	15,1714
94	0,2503	0,7298	3,97E-3	15,4301
95	0,2493	0,7325	3,97E-3	15,6902
96	0,2483	0,7351	3,97E-3	15,9516
97	0,2473	0,7377	3,97E-3	16,2143
98	0,2464	0,7403	3,97E-3	16,4784
99	0,2453	0,7429	3,97E-3	16,7437
100	0,2443	0,7454	3,97E-3	17,0103

(b) Verwendung des Fischer-Burmeister-Ansatzes

Tabelle E.17: Iterationsverlauf bei Verwendung des schlechteren Startwertes für die Endzeit 45 mit $\Theta_{exakt}(\beta_{opt})$ – beide Iterationen enden erst mit dem Erreichen der maximalen Iterationsanzahl.

i	$S(\Delta z^i)$	$R(u^i, \mu^i)$	β^i	$\Theta(\beta^i)$
0	0	5,07E-3	0	1,47E+8
1	3,56E+4	968,4279	0,8090	1,50E+7
2	4,66E+4	76,3956	1	3,30E+5
3	1,19E+	1,8141	0,9988	11,1638
4	725,9049	1,5039	0,3011	8,2209
5	13,1121	1,4982	7,03E-3	8,2197
6	6,1989	1,4956	3,34E-3	8,2197
7	0	1,4956	0	8,2197

(a) Verwendung der Quasilinearisierung

i	$S(\Delta z^i)$	$R(u^i, \mu^i)$	β^i	$\Theta(\beta^i)$
0	0	5,07E+3	0	1,46E+8
1	3,58E+4	5,43E+3	0,5501	5,20E+7
2	3,36E+4	1,55E+3	0,9059	4,23E+6
3	1,41E+4	1,4970	1	64,4695
4	58,3362	0,5058	0,3890	1,3679
5	0	0,5058	0	1,3679

(b) Verwendung des Fischer-Burmeister-Ansatzes

Tabelle E.18: Iterationsverlauf bei Verwendung des schlechteren Startwertes für die Endzeit 45 mit $\Theta_{exakt}(\beta_{opt})$ und ohne Minimalschweite – beide Iterationen enden nun nach nur wenigen Iterationsschritten.

i	$S(\Delta u^i, \Delta\mu^i)$	$R(u^i, \mu^i)$	β^i	$\Theta(\beta^i)$
0	0	0,4488	0	1,16E+04
1	1,53E+04	20,1297	1	3571,1770
2	4562,7919	12,3479	0,5	2130,1373
3	3212,0599	7,3643	0,5	1557,5821
4	1070,6847	5,7427	0,25	470,6892
5	881,3373	4,5017	0,25	299,2800
6	720,2193	3,5616	0,25	198,4475
7	292,5595	3,1906	0,125	106,1222
8	264,7993	2,8644	0,125	80,8654
9	239,3900	2,5829	0,125	61,8222
10	216,2102	2,3532	0,125	47,4559
11	195,1568	2,1488	0,125	36,6849
12	175,9992	1,9662	0,125	28,6223
13	158,5960	1,8026	0,125	22,6136
14	142,8136	1,6559	0,125	18,1514
15	128,5208	1,5225	0,125	14,8575
16	115,5968	1,4031	0,125	12,4455
17	103,9242	1,2960	0,125	10,6936
18	93,4164	1,1973	0,125	9,4387
19	83,9383	1,1092	0,125	8,5550
20	75,3957	1,0292	0,125	7,9467
21	67,6995	0,9554	0,125	7,5427
22	60,7713	0,8886	0,125	7,2887
23	54,5360	0,8284	0,125	7,1424
24	48,9282	0,7741	0,125	7,0734
25	87,7702	0,6859	0,25	7,4161
26	69,5652	0,6105	0,25	6,5591
27	55,0428	0,5470	0,25	6,1194
28	43,6164	0,4988	0,25	5,9209
29	68,8807	0,4796	0,5	5,3168
30	39,7488	0,4649	0,5	3,2182
31	45,8254	0,4540	1	1,9621
32	5,7635	0,4814	1	0,0214
33	1,0262	0,4962	1	1,64E-03
34	0,1057	0,5017	1	1,09E-03
35	0,0218	0,5020	1	1,13E-03
36	0,0443	0,5014	1	1,13E-03
37	0,0391	0,5019	1	1,13E-03
38	0,0243	0,5017	1	1,13E-03
39	7,20E-05	0,5017	1	1,13E-03

(a) Verwendung der Quasilinearisierung

i	$S(\Delta u^i, \Delta\mu^i)$	$R(u^i, \mu^i)$	β^i	$\Theta(\beta^i)$
0	0	0,4488	0	7,1850
1	2196,7316	0,6872	0,0625	6,6118
2	2032,9770	0,8846	0,0625	7,5725
3	1873,8550	1,0452	0,0625	11,0925
4	1723,4679	1,1730	0,0625	15,7779
5	1583,6350	1,2718	0,0625	20,6955
6	1454,7558	1,3451	0,0625	25,2514
7	1336,5493	1,3959	0,0625	29,0980
8	1228,4261	1,4272	0,0625	32,0691
9	1129,6697	1,4417	0,0625	34,1197
10	1048,0379	1,5256	0,0625	35,3778
11	968,4817	1,6331	0,0625	30,1609
12	893,0981	1,7285	0,0625	23,9137
13	823,9823	1,8101	0,0625	19,7215
14	760,7197	1,8789	0,0625	17,7973
15	702,6900	1,9354	0,0625	18,0905
16	649,6851	1,9817	0,0625	20,4136
17	600,8335	2,0180	0,0625	24,6167
18	556,2913	2,0471	0,0625	30,5115
19	514,8911	2,0674	0,0625	37,8302
20	477,3675	2,0833	0,0625	46,5673
21	442,3598	2,0936	0,0625	56,2512
22	409,9416	2,0969	0,0625	66,8421
23	380,7943	2,0993	0,0625	78,5805
24	706,5404	2,1387	0,125	94,4989
25	601,4575	2,2016	0,125	117,6812
26	517,4303	2,2584	0,125	143,3447
27	441,5163	2,2870	0,125	165,3695
28	382,4193	2,3306	0,125	192,1452
29	324,0376	2,3459	0,125	211,6050
30	279,8522	2,3529	0,125	234,4944
31	241,8545	2,3761	0,125	256,4934
32	202,7429	2,5009	0,125	269,9376
33	173,6332	2,5972	0,125	283,7409
34	150,3017	2,6530	0,125	300,2056
35	255,4772	4,0312	0,25	333,6615
36	172,6698	3,7295	0,25	281,3683
37	123,5876	3,3817	0,25	262,6343
38	169,8087	3,0499	0,5	219,7479
39	156,7816	4,7799	1	167,4229
40	18,6476	2,3467	1	0,2211
41	2,5489	2,4889	1	0,0469
42	0,0522	2,4862	1	0,0690
43	0,0603	2,4860	1	0,0689
44	0,0585	2,4865	1	0,0685
45	0,0166	2,4865	1	0,0688
46	9,15E-06	2,4865	1	0,0688

(b) Verwendung des Fischer-Burmeister-Ansatzes

Tabelle E.19: Iterationsverlauf bei Verwendung des guten Startwertes und Endzeit 50 – die QL-Lösung hat die deutlich kleineren Fehler und wird auch innerhalb weniger Iterationsschritte bestimmt (NB-Genauigkeit 1E-04).

i	$S(\Delta z^i)$	$R(u^i, \mu^i)$	β^i	$\Theta(\beta^i)$
0	0	0,4488	0	1,16E+4
1	1,03E+4	8,8866	0,6732	3,30E+3
2	6,83E+3	8,1952	0,6125	1,38E+3
3	5,26E+3	5,9393	0,6715	511,7297
4	3,13E+3	4,5066	0,6704	163,6120
5	1,44E+3	3,3601	0,5902	64,6217
6	753,9543	2,3810	0,5598	32,4853
7	471,7719	1,6286	0,6224	18,6963
8	330,9972	0,9423	0,8666	11,7755
9	112,0831	0,4306	0,9999	8,9405
10	21,7360	0,4302	0,9999	8,8239
11	0,0208	0,4303	3,97E-3	8,8242
12	0,0208	0,4303	3,97E-3	8,8246
13	0,0207	0,4304	3,97E-3	8,8249
14	0,0207	0,4304	3,97E-3	8,8252
15	0,0206	0,4305	3,97E-3	8,8256
...				
95	0,0162	0,4346	3,97E-3	8,8588
96	0,0162	0,4347	3,97E-3	8,8593
97	0,0161	0,4347	3,97E-3	8,8598
98	0,0161	0,4348	3,97E-3	8,8604
99	0,0160	0,4348	3,97E-3	8,8609
100	0,0159	0,4349	3,97E-3	8,8614

(a) Verwendung der Quasilinearisierung

i	$S(\Delta z^i)$	$R(u^i, \mu^i)$	β^i	$\Theta(\beta^i)$
0	0	0,4488	0	7,1850
1	995,9918	0,4916	0,0283	6,8961
2	628,0556	0,5077	0,0185	6,7738
3	491,0749	0,5172	0,0148	6,6910
4	415,0440	0,5234	0,0127	6,6265
5	365,7434	0,5284	0,0114	6,5731
6	330,3432	0,5321	0,0104	6,5272
7	303,6557	0,5351	9,68E-3	6,4864
8	282,4994	0,5373	9,11E-3	6,4496
9	265,4176	0,5393	8,66E-3	6,4162
10	251,2475	0,5411	8,28E-3	6,3851
...				
90	54,1812	1,2085	3,96E-3	4,8934
91	53,9200	1,2121	3,96E-3	5,0894
92	53,6597	1,2157	3,96E-3	5,2954
93	53,3999	1,2193	3,96E-3	5,5121
94	53,1403	1,2229	3,96E-3	5,7389
95	52,8808	1,2266	3,96E-3	5,9763
96	52,6217	1,2302	3,96E-3	6,2230
97	52,3632	1,2338	3,96E-3	6,4798
98	52,1055	1,2374	3,96E-3	6,7467
99	51,8490	1,2410	3,96E-3	7,0235
100	51,5917	1,2446	3,96E-3	7,3089

(b) Verwendung des Fischer-Burmeister-Ansatzes

Tabelle E.20: Iterationsverlauf bei Verwendung des guten Startwertes für die Endzeit 50 mit $\Theta_{exakt}(\beta_{opt})$ – beide Iterationen enden erst mit dem Erreichen der maximalen Iterationsanzahl.

i	$S(\Delta z^i)$	$R(u^i, \mu^i)$	β^i	$\Theta(\beta^i)$
0	0	0,4488	0	1,16E+4
1	1,03E+4	8,8906	0,6733	3,30E+3
2	6,83E+3	8,1965	0,6126	1,38E+3
3	5,26E+3	5,9390	0,6716	511,6213
4	3,13E+3	4,5066	0,6704	163,5478
5	1,43E+3	3,3550	0,5857	64,6019
6	757,6955	2,3829	0,5592	32,5176
7	471,3931	1,6336	0,6177	18,7515
8	312,4662	0,9699	0,8062	11,8876
9	133,5630	0,4499	1	9,0306
10	24,7345	0,4270	1	8,7813
11	3,0085	0,4345	0,5000	8,8381
12	1,2648	0,4398	0,3414	8,9028
13	0,4472	0,4429	0,1762	8,9460
14	0	0,4429	0	8,9460

(a) Verwendung der Quasilinearisierung

i	$S(\Delta z^i)$	$R(u^i, \mu^i)$	β^i	$\Theta(\beta^i)$
0	0	0,4488	0	7,1850
1	996,5415	0,4917	0,0284	6,8961
2	626,6452	0,5077	0,0184	6,7739
3	491,4796	0,5172	0,0148	6,6911
4	400,8898	0,5230	0,0123	6,6266
5	367,9558	0,5279	0,0114	6,5727
6	331,6688	0,5318	0,0104	6,5265
7	294,2138	0,5345	9,38E-3	6,4855
8	284,5776	0,5368	9,17E-3	6,4484
9	266,1924	0,5388	8,68E-3	6,4147
10	253,6535	0,5407	8,36E-3	6,3833
...				
60	160,3820	0,5419	8,26E-3	5,4284
61	206,5634	0,5420	0,0108	5,4064
62	168,5977	0,5417	8,91E-3	5,3818
63	169,2017	0,5412	9,04E-3	5,3566
64	220,1738	0,5410	0,0119	5,3332
65	171,0887	0,5402	9,40E-3	5,3062
66	172,2350	0,5392	9,58E-3	5,2784
67	181,0234	0,5382	0,0102	5,2499
68	1,11E+3	1,0950	0,0626	4,3810
69	744,0509	1,1303	0,0458	3,4037
70	236,3944	1,1443	0,0155	3,2880
71	62,6684	1,1482	4,18E-3	3,2812
72	7,1029	1,1487	4,76E-4	3,2811
73	0	1,1487	0	3,2811

(b) Verwendung des Fischer-Burmeister-Ansatzes

Tabelle E.21: Iterationsverlauf bei Verwendung des guten Startwertes für die Endzeit 50 mit $\Theta_{exakt}(\beta_{opt})$ und ohne Minimalschweite – die Quasilinearisierung endet nun nach nur wenigen Iterationsschritten, während der FB-Ansatz viele kleine Schritte macht.

i	$S(\beta\Delta u^i, \beta\Delta\mu^i)$	$R(u^i, \mu^i)$	β^i	$\Theta(\beta^i)$
	Verwendung der Ersten Variationen			
0	0	0,8314	0	29390,1733
1	31699,8447	2,5026	0,5	9753,3636
2	22127,6278	2,3796	0,5	3265,5858
3	14991,5474	1,7343	0,5	1111,3333
4	9868,5539	1,1051	0,5	360,5259
5	6302,9913	0,7933	0,5	103,5857
6	3919,1708	0,6320	0,5	26,4535
7	2388,0391	0,5213	0,5	6,6595
8	1431,5002	0,4636	0,5	2,3833
9	1694,3189	0,4246	1	1,1358
10	264,6855	0,4371	1	0,0137
11	66,9219	0,4053	1	1,35E-03
12	23,0810	0,3666	1	1,04E-03
13	6,3808	0,3590	1	1,05E-03
14	0,4093	0,3634	1	1,05E-03
15	2,13E-04	0,3634	1	1,05E-03
16	0,0174	0,3634	1	1,05E-03
17	8,62E-05	0,3634	1	1,05E-03

Tabelle E.22: Iterationsverlauf bei Verwendung eines schlechten Startwertes und Endzeit 50 – die Quasilinearisierung konvergiert nun schneller als zuvor, während das FB-Verfahren abbricht (NB-Genauigkeit 1E-06).

i	$S(\Delta z^i)$	$R(u^i, \mu^i)$	β^i	$\Theta(\beta^i)$
0	0	0,8314	0	2,94E+4
1	5,96E+4	7,4512	0,9402	3,43E+3
2	2,60E+4	1,5914	0,9999	71,1528
3	5,73E+3	0,7436	0,7942	5,3960
4	11,3302	0,7431	3,97E-3	5,4080
5	11,2969	0,7426	3,97E-3	5,4204
6	11,2640	0,7421	3,97E-3	5,4334
7	11,2308	0,7416	3,97E-3	5,4467
8	11,1982	0,7411	3,97E-3	5,4606
9	11,1648	0,7406	3,97E-3	5,4749
10	11,1319	0,7401	3,97E-3	5,4895
...				
33	10,4003	0,7287	3,97E-3	5,9312
34	10,3677	0,7282	3,97E-3	5,9543
35	10,3379	0,7277	3,97E-3	5,9779
36	10,3071	0,7272	3,97E-3	6,0017
37	10,2766	0,7267	3,97E-3	6,0258
38	10,2465	0,7263	3,97E-3	6,0502
39	10,2160	0,7258	3,97E-3	6,0749
40	10,1857	0,7253	3,97E-3	6,0998
41	10,1552	0,7248	3,97E-3	6,1250
42	10,1253	0,7243	3,97E-3	6,1505
43	Iteration bricht ab			

(a) Verwendung der Quasilinearisierung

i	$S(\Delta z^i)$	$R(u^i, \mu^i)$	β^i	$\Theta(\beta^i)$
0	0	0,8314	0	32,5397
1	1,00E+4	0,9047	0,0463	29,4981
2	9,68E+3	0,9031	0,0494	26,3647
3	9,26E+3	1,0666	0,0527	25,3718
4	617,8100	1,0858	3,95E-3	25,8049
5	614,6011	1,1048	3,94E-3	26,3413
6	611,4208	1,1236	3,94E-3	26,9779
7	613,4149	1,1424	3,97E-3	27,7177
8	610,2365	1,1609	3,97E-3	28,5517
9	607,0817	1,1792	3,97E-3	29,4751
10	603,9492	1,1971	3,96E-3	30,4818
...				
90	230,0380	14,3011	3,94E-3	824,1534
91	230,7265	14,2883	3,97E-3	836,0337
92	229,3052	14,2752	3,96E-3	847,8822
93	227,7429	14,2661	3,95E-3	859,6244
94	226,0616	14,2518	3,94E-3	871,1829
95	226,2850	14,2366	3,96E-3	882,5288
96	224,2456	14,2201	3,95E-3	893,3572
97	223,9306	14,2017	3,96E-3	903,4390
98	222,8237	14,1802	3,96E-3	912,1312
99	221,6551	14,1527	3,97E-3	918,0912
100	218,1485	14,1128	3,97E-3	944,9633

(b) Verwendung des Fischer-Burmeister-Ansatzes

Tabelle E.23: Iterationsverlauf bei Verwendung des schlechteren Startwertes für die Endzeit 50 mit $\Theta_{exakt}(\beta_{opt})$ – der FB-Ansatz endet erst mit dem Erreichen der maximalen Iterationsanzahl, während die Quasilinearisierung abbricht.

i	$S(\Delta z^i)$	$R(u^i, \mu^i)$	β^i	$\Theta(\beta^i)$
0	0	0,8314	0	2,94E+4
1	5,96E+4	7,4512	0,9402	3,43E+3
2	2,60E+4	1,5919	1	71,1886
3	5,85E+3	0,7316	0,8116	5,4191
4	0	0,7316	0	5,4191

(a) Verwendung der Quasilinearisierung

i	$S(\Delta z^i)$	$R(u^i, \mu^i)$	β^i	$\Theta(\beta^i)$
0	0	0,8314	0	32,5397
1	1,20E-11	0,8314	5,55E-17	32,5397

(b) Verwendung des Fischer-Burmeister-Ansatzes

Tabelle E.24: Iterationsverlauf bei Verwendung des schlechteren Startwertes für die Endzeit 50 mit $\Theta_{exakt}(\beta_{opt})$ und ohne Minimalschweite – die Quasilinearisierung benötigt vier Iterationsschritte, während der FB-Ansatz im Startwert stehen bleibt.

E.2 Mit Beschränkung der T-Zellen

i	$S(\beta\Delta z^i)$	$R(z^i)$	β^i	$\Theta(\beta^i)$	ω^i	τ_1^i
0	0	4,44E+03	0	2,25E+08	10	28,5756
1	2,08E+04	93,8707	1	1,24E+05	6,1294	28,5756
2	1,10E+04	30,7157	1	2,54E+03	5,3366	28,5756
3	3,44E+03	6,8715	1	46,0435	5,5316	28,5756
4	1,19E+03	1,5864	1	0,1310	5,6074	28,5756
5	169,2319	0,7208	1	6,74E-05	5,6174	28,5756
6	8,6141	0,7119	1	3,68E-07	5,6179	28,5756
7	0,4840	0,7217	1	3,62E-07	5,6180	28,5756
8	0,0152	0,7222	1	3,61E-07	5,6180	28,5756
9	1,26E-05	0,7222	1	3,61E-07	5,6180	28,5756

Tabelle E.25: Iterationsverlauf der Quasilinearisierung zu $t_f = 35$ und $T_{\max} = 600$ bei festem $\tau_1 = 28.5756$ – die optimale Lösung wird sehr schnell erreicht (NB-Genauigkeit 1E-04).

i	$S(\beta\Delta z^i)$	$R(z^i)$	β^i	$\Theta(\beta^i)$	ω^i	τ_1^i
0	0	3,64E+03	0	1,41E+08	10	25
1	2,32E+04	1,37E+03	1	1,29E+05	6,1176	27,2755
2	1,16E+04	623,0493	1	1,08E+03	5,3329	28,9239
3	3,49E+03	329,9188	1	7,8163	5,5448	28,6667
4	1,05E+03	366,0504	1	0,0517	5,6094	28,6029
5	137,6388	370,6199	1	5,99E-04	5,6171	28,5953
6	15,1951	0,7088	1	1,87E-04	5,6178	28,5953
7	2,3886	371,1425	1	3,63E-07	5,6179	28,5942
8	0,9501	0,7223	1	1,39E-04	5,6180	28,5942
9	0,0209	0,7230	1	3,61E-07	5,6180	28,5942
10	3,81E-05	0,7230	1	3,61E-07	5,6180	28,5942

Tabelle E.26: Iterationsverlauf der Quasilinearisierung zu $t_f = 35$ und $T_{\max} = 600$ (mit variabler Bestimmung von τ_1) – das Verfahren benötigt nun einen Iterationsschritt mehr und berechnet dabei ein geringfügig anderes τ_1 als in Tab. E.25, wodurch der R-Fehler etwas schlechter ist (NB-Genauigkeit 1E-04).

i	$S(\beta\Delta z^i)$	$R(z^i)$	β^i	$\Theta(\beta^i)$	ω^i	τ_1^i
0	0	8,58E+03	0	2,15E+09	20	34,9956
1	2,83E+04	452,2410	1	8,24E+05	13,7069	34,9956
2	1,72E+04	111,3834	1	1,64E+04	14,1250	34,9956
3	2,55E+03	2,0606	1	2,4721	14,2586	34,9956
4	751,1042	1,4882	1	2,83E-03	14,2888	34,9956
5	195,5842	1,2183	1	9,77E-05	14,2963	34,9956
6	63,7353	0,9175	1	5,26E-06	14,2985	34,9956
7	25,0447	0,7152	1	4,04E-07	14,2993	34,9956
8	7,9060	0,6563	1	2,14E-07	14,2995	34,9956
9	1,3457	0,6604	1	2,09E-07	14,2996	34,9956
10	0,0954	0,6625	1	2,09E-07	14,2996	34,9956
11	1,47E-03	0,6625	1	2,09E-07	14,2996	34,9956
12	3,82E-06	0,6625	1	2,09E-07	14,2996	34,9956

Tabelle E.27: Iterationsverlauf der Quasilinearisierung zu $t_f = 50$ und $T_{\max} = 700$ bei festem τ_1 (NB- und $\Delta\tau_1$-Genauigkeit 1E-04, 80 Gitterpunkte) – Das Iterationsverfahren benötigt nun einen Schritt weniger, bestimmt dafür aber die etwas schlechtere Lösung, obwohl das optimale τ_1 verwendet wird.

i	$S(\beta\Delta z^i)$	$R(z^i)$	β^i	$\Theta(\beta^i)$	ω^i	τ_1^i
0	0	1,01E+04	0	2,67E+09	20	38
1	2,44E+04	5,30E+03	1	1,59E+06	13,3143	32,3525
2	2,25E+04	1,38E+03	1	6,61E+04	13,8865	34,5726
3	7,87E+03	20,3286	1	30,6130	14,2527	35,0495
4	855,5987	4,00E+03	1	4,32E-03	14,2874	35,0080
5	228,0981	4,00E+03	1	0,0859	14,2959	34,9993
6	78,1236	3,99E+03	1	0,0512	14,2983	34,9969
7	34,5648	3,99E+03	1	0,0253	14,2992	34,9960
8	15,4263	3,99E+03	1	0,0126	14,2995	34,9958
9	7,5722	0,6585	1	9,25E-03	14,2996	34,9958
10	0,1554	0,6637	1	2,09E-07	14,2996	34,9960
11	0,0885	0,6606	1	2,09E-07	14,2996	34,9960
12	0,0135	0,6610	1	2,09E-07	14,2996	34,9960
13	6,05E-05	0,6610	1	2,09E-07	14,2996	34,9960

Tabelle E.28: Iterationsverlauf der Quasilinearisierung zu $t_f = 50$ und $T_{\max} = 700$ bei variablem τ_1 (NB- und $\Delta\tau_1$-Genauigkeit 1E-04, 80 Gitterpunkte) - die Iteration benötigt nun einen Schritt mehr, bestimmt dafür aber die etwas bessere Lösung.

i	$S(\beta\Delta z^i)$	$R(z^i)$	β^i	$\Theta(\beta^i)$	ω^i	τ_1^i
0	0	5,49E+03	0	6,62E+08	20	30
1	6,19E+04	172,6307	1	3,47E+05	20,2210	28,1486
2	9,03E+03	21,3977	1	615,5702	20,4725	28,7280
3	2,64E+03	350,2846	1	0,2018	20,5818	28,6274
4	703,3889	364,9564	1	2,12E-03	20,6073	28,6025
5	179,4149	368,7576	1	1,11E-04	20,6138	28,5962
6	50,0649	369,7148	1	4,89E-05	20,6154	28,5945
7	19,4301	0,3210	1	2,77E-05	20,6159	28,5945
8	7,1710	0,2664	1	3,60E-08	20,6161	28,5945
9	1,7436	0,2592	1	3,27E-08	20,6162	28,5945
10	0,1688	0,2616	1	3,26E-08	20,6162	28,5945
11	5,74E-03	0,2619	1	3,26E-08	20,6162	28,5945
12	2,55E-05	0,2619	1	3,26E-08	20,6162	28,5945

Tabelle E.29: Iterationsverlauf der Quasilinearisierung zu $t_f = 50$ und $T_{\max} = 600$ bei variablem τ_1 (NB-Genauigkeit 1E-04, $\Delta\tau_1$-Genauigkeit 1E-03, 100 Gitterpunkte).

i	$S(\beta\Delta z^i)$	$R(z^i)$	β^i	$\Theta(\beta^i)$	ω^i	τ_1^i
0	0	1,32E+04	0	5,51E+09	40	30
1	1,14E+05	9,88E+03	1	2,30E+07	35,7402	27,3595
2	2,21E+04	2,15E+03	1	2,40E+05	35,2596	29,0286
3	4,88E+03	9,35E+03	1	7,5503	35,5688	28,6385
4	1,13E+03	9,37E+03	1	0,4888	35,6032	28,6051
5	279,4978	9,38E+03	1	0,0222	35,6111	28,5965
6	82,9285	9,38E+03	1	0,0155	35,6131	28,5950
7	35,2307	0,4304	1	0,0123	35,6137	28,5950
8	5,2316	9,38E+03	1	1,12E-08	35,6138	28,5939
9	16,2793	0,4339	1	8,45E-03	35,6138	28,5939
10	0,0353	0,4335	1	1,06E-08	35,6138	28,5939
11	2,34E-04	0,4335	1	1,06E-08	35,6138	28,5939
12	2,47E-07	0,4335	1	1,06E-08	35,6138	28,5939

Tabelle E.30: Iterationsverlauf der Quasilinearisierung zu $t_f = 65$ und $T_{\max} = 600$ bei variablem τ_1 (NB-Genauigkeit 1E-04, $\Delta\tau_1$-Genauigkeit 1E-03, 130 Gitterpunkte).

i	$S(\beta\Delta z^i)$	$R(z^i)$	β^i	$\Theta(\beta^i)$	ω^i	τ_1^i
0	0	1,19E+04	0	3,26E+09	40	30
1	1,48E+05	2,06E+04	1	1,16E+08	48,4146	28,5870
2	1,45E+04	1,86E+04	1	5,01E+05	50,5805	28,1643
3	2,41E+03	785,6627	1	3,56E+03	50,5768	28,6637
4	405,9147	1,84E+04	1	5,60E-03	50,6082	28,5968
5	115,9925	0,7424	1	0,0969	50,6107	28,5968
6	24,4701	1,84E+04	1	2,35E-07	50,6114	28,5941
7	37,6382	0,5529	1	0,0370	50,6116	28,5941
8	1,0675	0,5199	1	1,06E-08	50,6116	28,5941
9	0,0602	0,5231	1	1,06E-08	50,6116	28,5941
10	7,36E-04	0,5232	1	1,06E-08	50,6116	28,5941
11	1,12E-06	0,5232	1	1,06E-08	50,6116	28,5941

Tabelle E.31: Iterationsverlauf der Quasilinearisierung zu $t_f = 80$ und $T_{\max} = 600$ bei variablem τ_1 (NB-Genauigkeit 1E-04, $\Delta\tau_1$-Genauigkeit 1E-03, 160 Gitterpunkte).

i	$S(\beta\Delta z^i)$	$R(z^i)$	β^i	$\Theta(\beta^i)$	ω^i	τ_1^i
0	0	3,14E+04	0	2,77E+10	50	30
1	2,97E+03	1,42E+04	1	1,29E+09	63,0763	28,5900
2	5,14E+03	1,26E+04	1	5,90E+06	69,9966	28,3326
3	1,02E+03	47,0334	1	1818,4417	70,5841	28,6696
4	306,2822	1,24E+04	1	3,15E-03	70,6025	28,5995
5	116,0452	1,24E+04	1	0,8836	70,6070	28,5964
6	38,1367	1,24E+04	1	0,1219	70,6082	28,5944
7	22,1405	1,9540	1	0,1430	70,6083	28,5944
8	0,0797	1,9627	1	3,62E-07	70,6083	28,5944
9	5,68E-04	1,9629	1	3,61E-07	70,6083	28,5944
10	1,50E-06	1,9629	1	3,61E-07	70,6083	28,5944

Tabelle E.32: Iterationsverlauf der Quasilinearisierung zu $t_f = 100$ und $T_{\max} = 600$ bei variablem τ_1 (NB-Genauigkeit 1E-04, $\Delta\tau_1$-Genauigkeit 1E-03, 170 Gitterpunkte).

i	$S(\beta\Delta z^i)$	$R(z^i)$	β^i	$\Theta(\beta^i)$	ω^i	τ_1^i
0	0	2,08E+04	0	1,04E+10	50	45
1	6,16E+04	7,01E+03	1	4,40E+07	54,9512	42,7514
2	1,05E+04	143,7984	1	3,59E+05	56,1553	43,1001
3	1,18E+03	5,37E+03	1	0,6449	56,3107	43,0647
4	299,5671	5,38E+03	1	0,4252	56,3179	43,0576
5	84,2055	5,38E+03	1	0,3171	56,3199	43,0556
6	22,5620	6,4753	1	0,3011	56,3204	43,0556
7	1,8999	6,5441	1	0,0185	56,3204	43,0556
8	0,0439	6,5461	1	0,0185	56,3204	43,0556
9	7,01E-05	6,5461	1	0,0185	56,3204	43,0556

Tabelle E.33: Iterationsverlauf der Quasilinearisierung zu $t_f = 100$ und $T_{\max} = 850$ bei variablem τ_1 (NB-Genauigkeit 1E-04, $\Delta\tau_1$-Genauigkeit 1E-03, 150 Gitterpunkte).

i	$S(\beta\Delta z^i)$	$R(z^i)$	β^i	$\Theta(\beta^i)$	ω^i	τ_1^i
0	0	3,71E+04	0	3,92E+10	30	55
1	1,98E+05	2,46E+04	1	5,88E+08	44,7545	50,4720
2	2,99E+04	2,08E+04	1	1,57E+07	50,3070	49,5199
3	3,23E+03	70,4741	1	2,65E+04	49,4486	50,1027
4	703,6607	1,95E+04	1	73,6409	49,5031	49,9376
5	200,4871	1,95E+04	1	22,9292	49,5068	49,9348
6	70,1815	1,95E+04	1	9,6391	49,5081	49,9326
7	23,2747	12,2809	1	11,5924	49,5082	49,9326
8	0,2153	10,8646	1	0,1151	49,5082	49,9326
9	0,1014	10,8634	1	0,1178	49,5082	49,9326
10	0,1299	10,8653	1	0,1153	49,5082	49,9326
11	0,1302	10,8634	1	0,1183	49,5082	49,9326
12	0,0340	10,8634	1	0,1172	49,5082	49,9326
13	1,70E-04	10,8635	1	0,1169	49,5082	49,9326
14	6,37E-05	10,8635	1	0,1169	49,5082	49,9326

Tabelle E.34: Iterationsverlauf der Quasilinearisierung zu $t_f = 100$ und $T_{\max} = 1000$ bei variablem τ_1 (NB-Genauigkeit 1E-04, $\Delta\tau_1$-Genauigkeit 1E-03, 100 Gitterpunkte).

MIX
Papier aus verantwortungsvollen Quellen
Paper from responsible sources
FSC® C105338

Printed by Books on Demand GmbH, Norderstedt / Germany